Alfred Urlaub

Flugtriebwerke

Grundlagen, Systeme, Komponenten

Zweite Auflage mit 160 Abbildungen

Springer-Verlag
Berlin Heidelberg New York
London Paris Tokyo
Hong Kong Barcelona Budapest

Professor Dr.-Ing. Alfred Urlaub
Technische Universität Braunschweig
Institut für Verbrennungskraftmaschinen
und Flugtriebwerke
Langer Kamp 6
38106 Braunschweig

ISBN-13: 978-3-540-57009-7   e-ISBN-13: 978-3-642-78386-9
DOI: 10.1007/978-3-642-78386-9

Die Deutsche Bibliothek - CIP-Einheitsaufnahme
Urlaub, Alfred:
Flugtriebwerke / Alfred Urlaub
2. Aufl.-
Berlin ; Heidelberg ; New York ; London ; Paris ; Tokyo ;
Hong Kong ; Barcelona ; Budapest : Springer, 1995
  ISBN-13: 978-3-540-57009-7
  ISBN-13: 978-3-540-57009-7

Satz: Reproduktionsfertige Vorlag des Autors
SPIN: 10123509   68/3020 - 5 4 3 2 1 0 - Gedruckt auf säurefreiem Papier

Vorwort zur zweiten Auflage

In der vorliegenden Schrift hat der Verfasser die von ihm an der Technischen Universität Braunschweig abgehaltenen Vorlesungen über das Fachgebiet der Flugtriebwerke zur Ergänzung der kurzgefaßten Vorlesungsumdrucke in vollständiger Form ausgearbeitet. Sie soll also in erster Linie dem Studenten eine weitere Lernhilfe bieten.

Das Buch ist in zwei Teile gegliedert. Im ersten Teil werden alle verfahrenstheoretischen Grundlagen zur Projektierung von Flugtriebwerkssystemen und zur Vorausberechnung ihrer Leistungscharakteristiken behandelt. Der zweite Teil beschäftigt sich dann mit weitergehenden Betrachtungen über das Funktionsverhalten und über die Berechnung und Ausführung einzelner Triebwerkskomponenten. Diese Stoffanordnung soll es dem Leser ermöglichen, sich zunächst ohne Beschäftigung mit Detailfragen der Komponentenauslegung durch das Studium des ersten Teils schon über die wichtigsten Grundlagen der Flugtriebwerkstechnik zu informieren. Dabei werden ihm einige aus den vorlesungsbegleitenden Übungen ausgewählte Zahlenbeispiele das Verständnis der Triebwerksprozeßberechnungen erleichtern.

Der Verfasser möchte auch an dieser Stelle Herrn Dipl.-Ing. *T. Schilling* für die kritische Textdurchsicht und Herrn *H.-W. Quast* für die sorgfältige Ausarbeitung des Bildmaterials seinen Dank aussprechen.

Sickte, im Februar 1995   *Alfred Urlaub*

Inhaltsverzeichnis

Teil I.   Triebwerkssysteme

1 Einführung

1.1 Luftraum

Die Leistung aller "luftatmenden" Triebwerke wird in einem ganz entscheidenden Maße durch den Druck und durch die Temperatur bzw. durch die Dichte der ihnen zugeführten Umgebungsluft mitbestimmt. Deshalb soll hier zunächst einmal die Abhängigkeit dieser Zustandswerte von der Flughöhe beschrieben werden.

Die Erdatmosphäre besteht aus einer Reihe annähernd sphärischer Schichten, die jeweils durch den vertikalen Gradienten der in ihnen herrschenden Temperaturen charakterisiert sind. Da die unterste Schicht, die sogenannte Troposphäre, für die kurzwellige Sonnenstrahlung kaum ein Hindernis darstellt, die von der Erdoberfläche ausgehende, langwellige Wärmestrahlung aber weitgehend absorbiert - und z.T. als Gegenstrahlung auch wieder reflektiert (Treibhauseffekt) - , ergibt sich in dieser Atmosphärenzone entsprechend der Darstellung von Bild 1.1 ein negativer Temperaturgradient. Die von der geografischen Breite sowie von der Tages- und Jahreszeit abhängigen Werte für die Höhe der Troposphäre und ihrer Minimaltemperatur liegen im Mittel etwa bei 11 km bzw. -60 $^{\circ}$C.

In der an die Troposphäre anschließenden Stratosphäre bleibt die Temperatur zunächst konstant, um dann in dem Höhenbereich von 20 bis 50 km wieder bis auf ca. 0 $^{\circ}$C anzusteigen. Dieser Temperaturanstieg ist zurückzuführen auf eine verstärkte Absorption der Sonnen-UV-Strahlung durch Ozon, das in einer Höhe von etwa 25 km eine maximale Konzentration erreicht. (In größeren Höhen finden die ozonbildenden Reaktionen zwischen dem molekularen Sauerstoff und dem durch Fotodissoziation entstandenen, atomaren Sauerstoff mit abnehmender Gasdichte immer seltener statt.)

Für unsere Triebwerksberechnungen sind schon die Luftzustandswerte im oberen Bereich der Stratosphäre ohne Bedeutung. Mit luftatmenden Triebwerken können nämlich so große Flughöhen gar nicht erreicht werden und auf die auch vom Gegendruck der Treibstoffexpansion , d.h. vom Umgebungsdruck, abhängige Schubkraft eines Raketenantriebs haben die weiteren Veränderungen der in dieser Atmosphärenzone bereits sehr kleinen

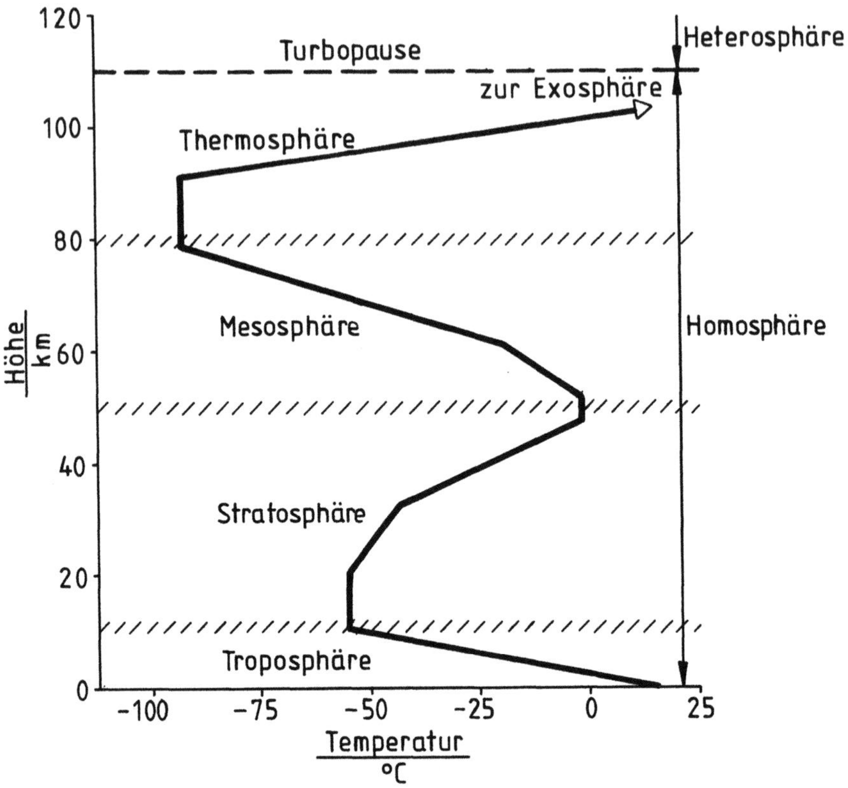

Bild 1.1. Vertikale Temperaturverteilung in der Atmosphäre

Luftdrücke praktisch keinen Einfluß mehr. Der Vollständigkeit halber sind aber in Bild 1.1 auch noch die Temperaturverläufe in der Mesosphäre und im Anfangsbereich der Thermosphäre skizziert. (Die an die Thermosphäre anschließende Exosphäre bildet den Übergang zum interplanetaren Medium.)

Wichtig ist noch die Feststellung, daß sich innerhalb der von der Erdoberfläche bis in eine Höhe von etwa 110 km erstreckenden Homosphäre die Zusammensetzung der trockenen Luft nicht verändert. Sie besteht hier zu 21 Vol.-% aus Sauerstoff, zu 78 Vol.-% aus Stickstoff und aus einem - bei technischen Rechnungen immer durch Stickstoff ersetzten - Restgemisch von Argon und dem "Treibhausgas" Kohlendioxid mit Spuren von Neon, Helium, Methan, Krypton, Wasserstoff und Xenon. Erst in der Heterosphäre, das ist der Bereich oberhalb der sogenannten Turbopause, in dem nur noch Laminarströmungen auftreten und damit der Vermischungseffekt turbulenter Bewegungen ausbleibt [1], bewirkt die Gravitation eine Entmischung, also eine den spezifischen Gewichten entsprechende Schichtung der Gaskomponenten.

Die vertikalen Temperaturgradienten bestimmen nun auch die vertikalen Verteilungen des Luftdrucks und der Luftdichte. Für das Volumenelement einer Luftsäule mit der Querschnittsfläche A und der Höhe ΔH wird das Kräftegleichgewicht beschrieben durch

$$A p_1 = A p_2 + g \, \varrho \, A \, \Delta H \, .$$

Darin sind p_1 und p_2 die auf die untere bzw. auf die obere Fläche einwirkenden Luftdrücke, ϱ die Luftdichte und g die Erdbeschleunigung. Für den vertikalen Druckgradienten gilt also

$$\frac{dp}{dH} = - g \, \varrho \, . \tag{1.1}$$

Betrachten wir den allgemeinen Fall einer polytropen Zustandsänderung und kennzeichnen durch den Index i einen beliebigen Bezugszustand, dann folgt aus (1.1) und aus der Polytropengleichung - mit dem Polytropenexponenten n -

$$\frac{p}{\varrho^n} = \frac{p_i}{\varrho_i^{\,n}} = const \tag{1.2}$$

für den Druckgradienten

$$\frac{dp}{dH} = - g \, \varrho_i \left(\frac{p}{p_i} \right)^{\frac{1}{n}} \, . \tag{1.3}$$

Bei $n \neq 1$ liefert die Integration

$$\frac{n}{n-1} \left(p^{\frac{n-1}{n}} - p_i^{\frac{n-1}{n}} \right) = - g \, \varrho_i \, p_i^{-\frac{1}{n}} \left(H - H_i \right) \, .$$

Daraus erhält man mit Berücksichtigung der allgemeinen Zustandsgleichung

$$p = \varrho \, R \, T \, . \tag{1.4}$$

(R = individuelle Gaskonstante, T = absolute Temperatur) für den Luftdruck

$$p = p_i \left[1 - \frac{n-1}{n} \frac{g}{RT_i} (H - H_i) \right]^{\frac{n}{n-1}}$$

(1.5)

und für die Luftdichte

$$\varrho = \varrho_i \left[1 - \frac{n-1}{n} \frac{g}{RT_i} (H - H_i) \right]^{\frac{1}{n-1}} .$$

(1.6)

Der zunächst noch unbekannte Polytropenexponent kann als eine Funktion des vertikalen Temperaturgradienten dargestellt werden. Aus (1.4) in der Schreibweise

$$\frac{T}{T_i} = \frac{p}{p_i} \frac{\varrho_i}{\varrho}$$

folgt nämlich mit (1.5) und (1.6) für die Temperatur

$$T = T_i - \frac{n-1}{n} \frac{g}{R} (H - H_i)$$

und für den Temperaturgradienten

$$\frac{dT}{dH} = - \frac{n-1}{n} \frac{g}{R} .$$

Bei bekanntem Temperaturgradient kann also der Polytropenexponent aus der Gleichung

$$n = \left(1 + \frac{R}{g} \frac{dT}{dH} \right)^{-1}$$

(1.7)

berechnet werden.

Für den Fall der isothermen Zustandsänderung, d.h. bei $n = 1$, ergibt die Integration der Gleichung 1.3 mit Berücksichtigung von (1.4)

$$\left(\frac{p}{p_i} \right)_{n=1} = \left(\frac{\varrho}{\varrho_i} \right)_{n=1} = e^{-\frac{g \varrho_i}{p_i} (H - H_i)} .$$

(1.8)

Als eine international einheitliche Rechengrundlage benutzt man die ICAO (International Civil Aviation Organisation) -Standardatmosphäre mit folgenden Werten für den Normzustand in Meereshöhe und für die Temperaturgradienten:

$$p_{H=0\,km} = 1{,}0133 \text{ bar};$$
$$T_{H=0\,km} = 288{,}15 \text{ K};$$
$$\varrho_{H=0\,km} = 1{,}2250 \text{ kg/m}^3;$$

$$(dT/dH)_{H=0\text{-}11\,km} = -6{,}5 \text{ K/km};$$
$$(dT/dH)_{H=11\text{-}20\,km} = 0 \text{ K/km};$$
$$(dT/dH)_{H=20\text{-}32\,km} = 1 \text{ K/km}.$$

Für den vertikalen Temperaturverlauf (in K) und für die mit den Gleichungen 1.5 bis 1.8 ermittelte Höhenabhängigkeit des Drucks (in bar) und der Dichte (in kg/m^3) gilt dann (mit H in km):

$$T_{H=0\div11km} = 288{,}15 - 6{,}5\,H \tag{1.9}$$

$$T_{H=11\div20km} = 216{,}65 \tag{1.10}$$

$$T_{H=20\div32km} = 216{,}65 + (H-20) \tag{1.11}$$

$$p_{H=0\div11km} = 1{,}0133\,(1-0{,}02256\,H)^{5{,}2559} \tag{1.12}$$

$$p_{H=11\div20km} = 0{,}2263\,e^{-0{,}1577(H-11)} \tag{1.13}$$

$$p_{H=20\div32km} = 0{,}0547\,[1+0{,}004616\,(H-20)]^{-34{,}1632} \tag{1.14}$$

$$\varrho_{H=0\div11km} = 1{,}2250\,(1-0{,}02256\,H)^{4{,}2559} \tag{1.15}$$

$$\varrho_{H=11\div20km} = 0{,}3639\,e^{-0{,}1577(H-11)} \tag{1.16}$$

$$\varrho_{H=20\div32km} = 0{,}0880\,[1+0{,}004616\,(H-20)]^{-35{,}1632} \tag{1.17}$$

Tabelle 1.1. Zustandsgrenzwerte der ICAO-Standardatmosphäre

Höhe in km	Temperatur in K	Druck in bar	Dichte in kg/m^3
0	288,15	1,0133	1,2250
11	216,65	0.2263	0,3639
20	216,65	0,0547	0,0880
32	228,65	0,0087	0,0132

8

In Tabelle 1.1 sind die Zustandsgrenzwerte der ICAO-Standardatmosphäre zusammengestellt.

1.2 Triebwerksanforderungen

Die Grundvoraussetzung zur Erfüllung der Aufgaben eines Fluggerätes und der damit verbundenen Flugleistungsanforderungen ist natürlich die Verfügbarkeit einer in jeder Flugphase ausreichenden Vortriebskraft. In der Luftfahrttechnik sind die Leistungsanforderungen durch Vorgaben für das Startverhalten, für das Steigvermögen, für die Flugbeschleunigungsfähigkeit, für die Fluggeschwindigkeit und für die Flughöhe, in der Raketentechnik z.B. durch die zu realisierende Umlaufbahn eines Satelliten definiert.

Mit dem Hinweis auf die ausführliche Darstellung der Flugleistungsberechnungen in [2] sollen an dieser Stelle nur einige elementare flugleistungstechnische Zusammenhänge angegeben werden, mit denen zumindest eine grobe Abschätzung der in ein Flugzeug zu installierenden Triebwerksleistung vorgenommen werden kann. (Mit dem notwendigen Antriebsvermögen von Raketentriebwerken werden wir uns in Kap. 10.2 beschäftigen.)

Betrachten wir zunächst den Start eines Flugzeugs, bei dem die Triebwerksschubkraft neben dem aerodynamischen Widerstand auch noch die Fahrwerks-Rollreibung zu überwinden hat und das Flugzeug auf die zum Abheben erforderliche Geschwindigkeit beschleunigen muß. Mit den Abkürzungen

A	= Flügelfläche,	g	= Erdbeschleunigung,
F	= Triebwerksschub,	m	= Flugzeugmasse,
F_A	= Auftrieb,	s_R	= Rollweg,
F_W	= Luftwiderstand,	w_0	= Fluggeschwindigkeit,
c_A	= Auftriebsbeiwert,	w_R	= Rollgeschwindigkeit,
c_W	= Widerstandsbeiwert,	μ_R	= Rollreibungskoeffizient,

gilt zunächst für die Auftriebs- und Widerstandskräfte

$$F_A = c_A \, \frac{\varrho}{2} \, w_{0;R}^2 \, A_F \, , \tag{1.18}$$

$$F_W = c_W \, \frac{\varrho}{2} \, w_{0;R}^2 \, A_F \, . \tag{1.19}$$

Mit der Bedingung $F_A = mg$ ergibt sich aus (1.18) ganz allgemein für die Fluggeschwindigkeit

$$W_0 = \sqrt{\frac{2\sigma}{c_A \, g}} \; .$$
(1.20)

Hierin ist

$$\sigma = \frac{mg}{A_F}$$
(1.21)

die Flächenbelastung, die bei Verkehrsflugzeugen - bezogen auf das Maximalgewicht beim Start (Index 0) - im Mittel etwa in einer Größenordnung von $\sigma_0 = 5000 \; \text{N/m}^2$ und bei kleinen Reiseflugzeugen im Bereich von $\sigma_0 = 1000 \; \text{N/m}^2$ liegt.

Bezeichnen wir die für das Abheben notwendige Geschwindigkeit mit w_{LOF} (Index LOF: lift **off**), den zugehörigen Auftriebsbeiwert mit $c_{A,LOF}$ und die Auftriebs- und Widerstandsbeiwerte während des Rollens mit $c_{A,R}$ bzw. $c_{W,R}$, dann erhält man aus der Startschubgleichung

$$F_0 = m_0 \frac{dw_R}{dt} + \mu_R \, (m_0 \, g - F_A) + F_W$$
(1.22)

mit Berücksichtigung von (1.18) bis (1.21) für die erste Ableitung der Rollstrecke nach der Rollgeschwindigkeit

$$\frac{ds_R}{dw_R} = \frac{w_R / g}{(F/mg)_0 - \mu_R + [(\mu_R c_{A,R} - c_{W,R})/c_{A,LOF}](w_R/w_{LOF})^2} \; .$$
(1.23)

Mit Einführung der dimensionslosen Größen

$$\overline{w}_R = \frac{w_R}{w_{LOF}} \quad , \quad \overline{s}_R = s_R \, \frac{g[(F/mg)_0 - \mu_R]}{w_{LOF}^2}$$

und der Abkürzung

$$B = \frac{\mu_R c_{A,R} - c_{W,R}}{[(F/mg)_0 - \mu_R] c_{A,LOF}}$$
(1.24)

kann (1.23) ersetzt werden durch

10

$$\frac{d\bar{s}_R}{d\bar{w}_R} = \frac{\bar{w}_R}{1 + B\,\bar{w}_R^2} \cdot \tag{1.25}$$

Bei Annahme konstanter Werte für F_0, $c_{A,R}$, $c_{W,R}$ und μ_R ergibt die Integration dieser Differentialgleichung von $\bar{w}_R = 0$ bis $\bar{w}_R = 1$

$$\bar{s}_R = \frac{\ln(1+B)}{2B}$$

und damit für die Rollstrecke

$$s_R = \frac{w_{LOF}^2 \ln(1+B)}{2g\,B[(F/mg)_0 - \mu_R]} \cdot \tag{1.26}$$

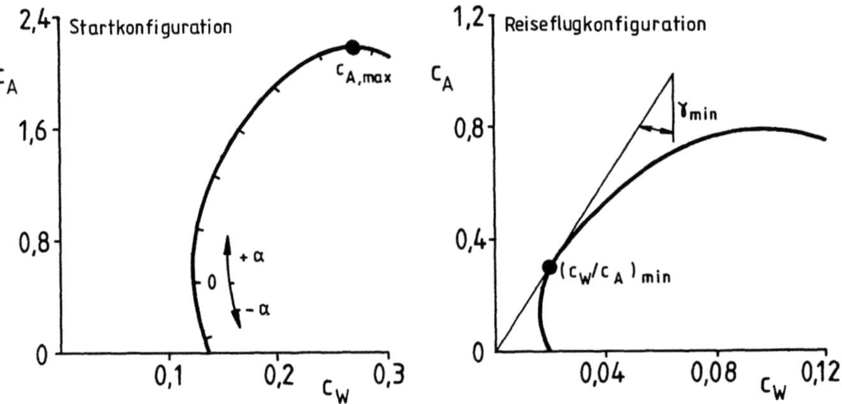

Bild 1.2. Polaren eines Unterschall-Verkehrsflugzeugs

Bild 1.2 zeigt jeweils ein Beispiel für die Polaren $c_A = f(c_W)$ eines Unterschall-Verkehrsflugzeugs in der Start- und Reiseflugkonfiguration, d.h. mit und ohne Wirkung auftriebsvergrößernder Klappensysteme [3, 4, 5]. (Die verschiedenen c_A - und die entsprechenden c_W-Werte einer Polaren sind durch eine Veränderung des Anstellwinkels α - das ist der Winkel zwischen der Flügelanströmrichtung und der Flügelprofilsehne - zu verwirklichen.) In der Startkonfiguration könnte demnach ein größter Auftriebsbeiwert von $c_{A,max}=2,2$ erreicht werden. Aus Sicherheitsgründen muß aber das Abheben schon bei einem kleineren Auftriebsbeiwert möglich sein. Zur Abschätzung des Startschubbedarfs wollen wir hier mit $c_{A,LOF} = 1,5$ rechnen. Mit $\sigma_0 = 5000\ \text{N/m}^2$ ergibt sich dann aus (1.20) für die

Abhebegeschwindigkeit w_{LOF} = 74 m/s. Weiterhin sei angenommen, daß zur Verringerung des Luftwiderstands das Rollen zunächst mit einem Anstellwinkel von $\alpha = 0^O$, nach der Startpolaren von Bild 1.2 also mit $c_{A,R}$ = 0,5 und $c_{W,R}$ = 0,12 erfolgt. Setzen wir schließlich für den Rollreibungskoeffizienten einen Wert von μ_R = 0,03 ein und fordern ein Abheben nach einer Rollstrecke von s_R = 1200 m, um auch bei einer Startbahnlänge von nur 2000 m (das ist etwa der untere Grenzwert der Startbahnlängen von Verkehrsflughäfen) noch eine ausreichende Startabbruchstrecke zur Verfügung zu haben, dann erhält man aus Gleichung 1.26 für den relativen Startschubbedarf $(F/mg)_0 \approx 0,3$. Dieser Wert stimmt recht gut überein mit dem in Tabelle 1.2 angegebenen Mittelwert ausgeführter Unterschall-Verkehrsflugzeuge [2, 6]. Mit dem erhöhten Startschub der Überschallflugzeuge werden auch schon die größeren Schubkraftanforderungen im Überschallflug berücksichtigt. Die höheren Startschubwerte der Kurz- und Senkrechtstarter bedürfen keiner weiteren Erläuterung.

Tabelle 1.2. Relative Startschubwerte von Strahltriebwerksflugzeugen

	Verkehrsflugzeuge für den		Flugzeuge für den	
	Unterschallflug	Überschallflug	Kurzstart	Senkrechtstart
$(F/mg)_0$	0,29	0,40	0,60	1,30

Ergänzend seien auch noch die mittleren, auf das maximale Startgewicht bezogenen Startleistungen der Triebwerke von Propellerflugzeugen angegeben, die bei Ottomotoren in einer Größenordnung von 0,013 kW/N und bei Gasturbinen etwa bei 0,022 kW/N liegen. (Den Zusammenhang zwischen der Startleistung und dem Startschub der Propellertriebwerke werden wir in Kap. 5.1 erläutern.)

Für den Schubbedarf des Reiseflugs, also des unbeschleunigten Höhenflugs, kann mit der Bedingung $F = F_W$ unter Verwendung von (1.18) und (1.19) sofort angeschrieben werden

$$\frac{F}{mg} = \frac{c_W}{c_A} \, . \tag{1.27}$$

Das Verhältnis c_W/c_A wird auch als Gleitzahl ε bezeichnet, denn beim antriebslosen Sinkflug mit dem Bahnneigungs- oder Gleitwinkel γ gilt für das Kräftegleichgewicht

$$F_W = mg \sin\gamma \, ,$$

$$F_A = mg \cos\gamma$$

und somit für den Gleitwinkel

12

$$\tan \gamma = \frac{F_W}{F_A} = \frac{c_W}{c_A} = \varepsilon \; . \tag{1.28}$$

Der Darstellung im rechten Teil von Bild 1.2 ist zu entnehmen, daß der Gleitwinkel bzw. die Gleitzahl und damit nach (1.27) auch der Reiseschubbedarf ein Minimum erreicht bei den c_A- und c_W-Werten, die durch den Berührungspunkt der vom Koordinatenursprung ausgehenden Polarentangente festgelegt sind. In unserem Beispiel ist der minimale, relative Reiseschubbedarf mit $(F/mg)_{min}$ = 0,02/0,3 = 0,067 = 0,22 $(F/mg)_0$ zwar wesentlich kleiner als der Startwert. Wie wir später sehen werden, nimmt aber mit zunehmender Flughöhe auch der verfügbare Triebwerksschub sehr stark ab.

Wir werden auch noch zeigen, daß eine Strahltriebwerksberechnung sofort die Schubkraft und damit auch z.B. die Reiseflug-Vortriebsleistung

$$P_V = F\,w_0 = F_W w_0 \tag{1.29}$$

liefert. Dagegen ergibt die Berechnung eines Propellerantriebsaggregats zunächst nur die an die Antriebswelle abgegebene Leistung (und bei Gasturbinentriebwerken auch die Restschubkraft des Abgasstrahls, dessen Antriebsleistung wir hier der Wellenleistung zuordnen wollen, siehe Kap. 5.2). Die Vortriebsleistung erhält man dann aus

$$P_V = P_{We}\,\eta_P \; . \tag{1.30}$$

Darin ist η_P der Wirkungsgrad des Propellers. Mit Berücksichtigung von (1.19) bis (1.21) berechnet sich demnach die für den Reiseflug erforderliche Wellenleistung aus

$$P_{We} = \frac{mg}{\eta_P} \sqrt{2\sigma} \; \sqrt{\frac{c_W^2}{c_A^3}} \; \sqrt{\frac{1}{g}} \; . \tag{1.31}$$

Kleinere Luftdichten, d.h. größere Flughöhen, verlangen also größere Antriebsleistungen. Man sieht auch, daß ein Flug mit einem Anstellwinkel, bei dem das Verhältnis c_W^2/c_A^3 einen Minimalwert erreicht, jeweils die kleinste Vortriebsleistung benötigt. (In unserem Polarenbeispiel ist das der Fall bei c_A = 0,53 und c_W = 0,04.)

Die Vorgaben für die Triebwerksleistungen sind nun selbstverständlich auch immer gekoppelt mit der Forderung, diese Leistungen mit einem Minimum an Triebwerksmasse (und Triebwerksstirnfläche) zu realisieren. In Tabelle 1.3 sind einige Zahlenwerte für die leistungs- oder schubspezifischen Massen moderner Triebwerke zusammengestellt, wobei neben mittleren Werten in Klammern auch die beim gegenwärtigen Stand der Technik erzielbaren, unteren Grenzwerte angeführt sind [7, 8, 9, 10, 11].

Tabelle 1.3. Leistungs- oder schubspezifische Triebwerksmassen

| | Propellertriebwerke | | Strahltriebwerke | |
	Ottomotoren	Gasturbinen	Marschtriebwerke	Hubtriebwerke
$m_{Tr}/P_{We,0}$ in kg/kW	0,95 (0,85)	0,25 (0,20)		
m_{Tr}/F_0 in kg/kN			20 (15)	8 (5)

Verlangt werden muß natürlich auch ein möglichst geringer Kraftstoffverbrauch, der z.B. bei einem Unterschall-Verkehrsflugzeug und bei den heutigen Kraftstoffpreisen etwa zu 50% die gesamten Betriebskosten bestimmt. Als Anhaltswerte sind in Tabelle 1.4 die mittleren, auf die Startleistung oder auf den Startschub bezogenen Kraftstoffverbräuche verschiedener Triebwerke wiedergegeben. (Die Bezeichnungen "Ein- und Zweistromtriebwerk" werden im nächsten Kapitel erläutert.)

Tabelle 1.4. Leistungs- oder schubspezifische Kraftstoffverbräuche

| | Propellertriebwerke | | Strahltriebwerke | |
	Ottomotoren	Gasturbinen	Einstromtriebwerke	Zweistromtriebwerke
$\dot{m}_K/P_{We,0}$ in kg/kWh	0,29	0,35		
$\dot{m}_K/F_0$ in kg/kNh			100	40

Weitere Forderungen betreffen das Umweltverhalten der Triebwerke, das sowohl durch die Höhe der Emission schädlicher Abgasinhaltsstoffe als auch durch den Grad der Lärmbelästigungen gekennzeichnet ist.

Bei den für die Umwelt gefährlichen Abgasschadstoffkomponenten handelt es sich im wesentlichen um

* Kohlenmonoxid (CO),
* Stickoxide (NO_x),
* unverbrannte Kohlenwasserstoffe (HC, **hydro carbons**),
* Ruß (koagulierte, amorphe Kohlenstoffteilchen).

Die schädigenden Wirkungen dieser Abgasbestandteile können in kurzer Form wie folgt beschrieben werden:

Kohlenmonoxid, ein farb- und geruchloses Gas, bildet mit dem im roten Blutfarbstoff Hämoglobin vorhandenen Eisen einen Komplex, wodurch die Sauerstoffaufnahme des Hämoglobins unterbunden wird. Eine CO-Beladung des Blutfarbstoffs verringert also die Sauerstofftransportfähigkeit des Blutes und damit die lebensnotwendige Sauerstoffversorgung der Körperzellen.

Stickoxide entstehen in der Triebwerksbrennkammer vorwiegend in der Form des Stickstoffmonoxids (NO), das sich aber in der Atmosphäre zu Stickstoffdioxid (NO_2), einem rotbraunen, stechend riechenden und die Atmungsorgane schädigenden Gas umbildet. Daneben ist NO_2 auch mitverantwortlich für die Entstehung des "Sauren Regens".

Von den in großer Vielfalt im Abgas vorhandenen Kohlenwasserstoffverbindungen weisen besonders die Aromaten eine starke Toxizität auf, wobei vor allem einigen polyzyklischen Verbindungen, wie dem Benzo(a)pyren, eine krebserregende Wirkung zuzuweisen ist. Die Kohlenwasserstoffe sind aber nicht nur wegen ihrer unmittelbaren toxischen Wirkung, sondern auch wegen ihrer Beteiligung an der Smogbildung als gefährliche Substanzen zu betrachten. Verantwortlich für die Gefährlichkeit des Smogs sind Oxidantien wie das Ozon, Aldehyde, Acroleine und Peroxiacetylnitrate, die Augenreizungen hervorrufen und eine verätzende Wirkung auf die Schleimhäute der Atmungsorgane haben. Diese Oxidantien bilden sich aus Kohlenwasserstoffen und Stickoxiden unter Einwirkung der UV-Strahlung, d.h. durch fotochemische Prozesse [12].

Die Schädlichkeit des Rußes wird vor allem darauf zurückgeführt, daß die Partikel mit toxischen Kohlenwasserstoffen (Polyzyklen) beladen sind.

Tabelle 1.5. ICAO-Schadstoffemissions-Testzyklus

| Lastfall | n | Strahltriebwerke für den | | | |
| | | Unterschallflug | | Überschallflug | |
		Schub F/F_0	Zeitdauer in min	Schub $F/F_{0,NV}$	Zeitdauer in min
Start	1	1,00	0,70	1,00	1,2
Steigflug	2	0,85	2,2	0,65	2,0
Sinkflug	3	keine Messung		0,15	1,2
Landeanflug	4	0,30	4,0	0,34	2,3
Bodenbetrieb	5	0,07	26,0	0,06	26,0

Die Prüfung des Schadstoffemissionsverhaltens der Flugtriebwerke erfolgt in einem Testverfahren, bei dem die innerhalb der in Tabelle 1.5 angegebenen Zeitdauern der verschiedenen Betriebsphasen (Lastfälle) eines Start- und Landevorgangs emittierten Schadstoffmassen bestimmt werden. Dabei sollten von den Triebwerken der zivilen Luftfahrt nach den ICAO-Vorschriften pro Testzyklus die in Tabelle 1.6 zusammengestellten, auf den Startschub - das ist bei einem Triebwerk für den Überschallflug der mit Nachverbrennung (siehe Kap. 7.2) erzielbare Startschub - bezogenen und nach der Gleichung

$$E_i = \frac{\sum\limits_{n=1}^{5} e_i \, \dot{m}_K \, t}{F_0} \tag{1.32}$$

berechneten Emissionswerte nicht überschritten werden [13]. In dieser Gleichung ist e_i der sogenannte Emissionsindex, das ist die auf die Kraftstoffmasse bezogene Emissionsrate der Schadstoffkomponente i in g/kg Kraftstoff, $\dot{m}_K$ der zeitliche Kraftstoffmassenstrom in kg/min und t die Zeitdauer des Lastfalls n in min. Den Emissionsindex erhält man mit den Abgasanalysewerten aus der Gleichung

$$e_i = \frac{1000 \, M_i}{M_A} \, x_i \left(1 + \frac{\dot{m}_L}{\dot{m}_K}\right) \tag{1.33}$$

mit den weiteren Abkürzungen

M_i = Molmasse der Schadstoffkomponente i,

M_A = Molmasse des Abgases,

x_i = Molanteil der Schadstoffkomponente i,

$\dot{m}_L$ = Luftmassenstrom.

Tabelle 1.6. ICAO-Schadstoffemissionsgrenzwerte pro Testzyklus

	Strahltriebwerke für den	
Schadstoffgrenzwert	Unterschallflug	Überschallflug
pro Testzyklus	Herstellung nach dem	
	31.12.1985	17.2.1982
E_{HC} in g/kN	19,6	$140 \cdot 0{,}92^{\pi_0}$
E_{CO} in g/kN	118	$4550 \, \pi_0^{-1{,}03}$
E_{NOx} in g/kN	$40 + 2 \, \pi_0$	$36 + 2{,}42 \, \pi_0$
SN	$83{,}6 \, F_0^{-0{,}274}$, Maximalwert: 50	

(π_0 ist das Startschub-Verdichterdruckverhältnis.) Der Rußemissionsgrenzwert wird durch die maximal zulässige Smoke Number (SN) definiert. Dieser Zahlenwert ist nur ein Maß für die durch den Ruß verursachte Schwärzung der Abgase. Um dem Leser eine Vorstellung zu vermitteln über den Zusammenhang zwischen der Smoke Number und der

Rußmassenemission, sei hier als grober Richtwert angegeben, daß ein SN-Wert von 50 etwa einer Rußmasse von 0,02 g pro Normalkubikmeter Abgas entspricht.

Einen besonders hohen Stellenwert hat auch die Forderung nach einer möglichst geringen Lärmemission, wobei zumindest die in entsprechenden Zulassungsvorschriften festgelegten Lärmpegelgrenzwerte nicht überschritten werden dürfen. Zum besseren Verständnis solcher Lärmgrenzwerte seien hier kurz einige Grundlagen der Akustik in Erinnerung gebracht.

Da die vom menschlichen Ohr wahrnehmbaren Luftdruckschwankungen den sehr großen Wertebereich von $\tilde{p}_{S,0} = 2 \cdot 10^{-5}$ N/m^2 an der Hörschwelle bei 1000 Hz bis zu $\tilde{p}_S = 20$ N/m^2 an der Schmerzgrenze überdecken (die Tilde soll die Effektivwerte der Schwingungsamplituden kennzeichnen), verwendet man zur Skalierung der Schallfeldgrößen einen logarithmischen Maßstab. Dabei geht man aus von der Schallintensität I_S - das ist die durch die Flächeneinheit (senkrecht zur Ausbreitungsrichtung) transportierte Schalleistung - und definiert den Schallpegel durch

$$L' = \lg \frac{J_S}{J_{S,0}}$$

($I_{S,0}$ = Schallintensität an der Hörschwelle.) Die dimensionslose Einheit dieses Schallpegels ist Bel. Zur feineren Abstufung rechnet man aber mit

$$L = 10 \lg \frac{J_S}{J_{S,0}} \quad , \tag{1.34}$$

also mit der dimensionslosen Schallpegeleinheit dB (Dezibel). Mit den weiteren Abkürzungen

a = Schallgeschwindigkeit,
w_S = Schwingungsgeschwindigkeit (Schallschnelle)

kann für die Schalldruckamplitude p_S angeschrieben werden (siehe Gleichung 3.7)

$$p_S = a \varrho w_S \quad . \tag{1.35}$$

Für die Schallintensität (Schallstärke)

$$J_S = \tilde{p}_S \tilde{w}_S$$

gilt deshalb auch

$$J_S = \frac{1}{a\varrho}\, \tilde{p}_S^{\,2} \quad \cdot \tag{1.36}$$

(Mit dem oben angebenen Hörschwellendruck und mit den Normzustandswerten der Luft a = 340 m/s, ϱ = 1,225 kg/m^3 erhält man daraus den Hörschwellen-Schallintensitätswert $I_{S,0}$ = 10^{-12} W/m^2.) Der Schallpegel kann also auch ausgedrückt werden durch

$$L = 10\lg \left(\frac{p_S}{p_{S,0}}\right)^2 = 20\lg \frac{p_S}{p_{S,0}} \quad \cdot \tag{1.37}$$

Schließlich gilt noch für den von n Schallquellen erzeugten Gesamtschallpegel

$$L_{ges} = 10\lg \sum_{i=1}^{n} \frac{J_{S,i}}{J_{S,0}} = 10\lg \sum_{i=1}^{n} 10^{0,1\,L_i} \quad \cdot \tag{1.38}$$

Wir wollen hier nun gleich festhalten, daß nach (1.34) z.B. eine Schallpegelabsenkung um 10 db einer Verringerung der Schallstärke um den Faktor 10 entspricht. Die vom menschlichen Ohr empfundene "Lautheit" geht zwar nicht ganz so stark zurück. Immerhin kann aber davon ausgegangen werden, daß eine Schallpegelabnahme um 10 db etwa eine Halbierung der Lautheitsempfindung bewirkt [14].

Bei der subjektiven Schallbewertung muß nun auch noch unterschieden werden zwischen der von der Schallintensität und von der Schallfrequenz abhängigen Stärke der Schallwahrnehmung und der Größe des Belästigungsgrads verschiedener Geräuschspektren. Ein Maß für diesen Belästigungsgrad ist der Lärmpegel PNL (perceived noise level). Schließlich wird die vom Menschen empfundene Lärmbelästigung auch noch sehr stark durch den zeitlichen Verlauf der Lärmeinwirkung beeinflußt, was mit dem effektiven Lärmstärkepegel EPNL (effective perceived noise level) - mit der Einheit EPNdb - berücksichtigt wird.

In Bild 1.3 sind die für den zivilen Luftverkehr gültigen FAA (Federal Aviation Administration) -Lärmstärkepegelgrenzwerte [15] wiedergegeben. Die Skizze im oberen Bildteil zeigt die vorgegebenen Schallmeßorte, wobei noch anzumerken ist, daß die Meßstelle C der Punkt auf der zur Startbahn parallelen Seitenlinie ist, an dem entlang dieser Seitenlinie der größte Lärmstärkepegel $EPNL_{max}$ gemessen wird.

Es versteht sich, daß neben den bisher erwähnten Triebwerksanforderungen stets ein Höchstmaß an Betriebssicherheit vorauszusetzen ist und schließlich auch noch weitere Wirtschaftlichkeitsfaktoren wie der Entwicklungsaufwand, die Fertigungskosten, die Le-

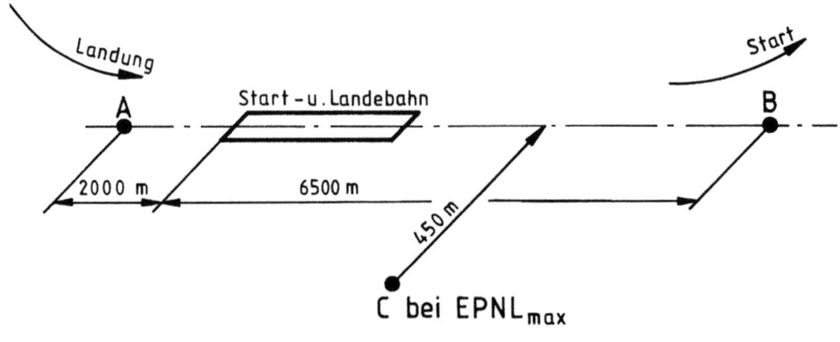

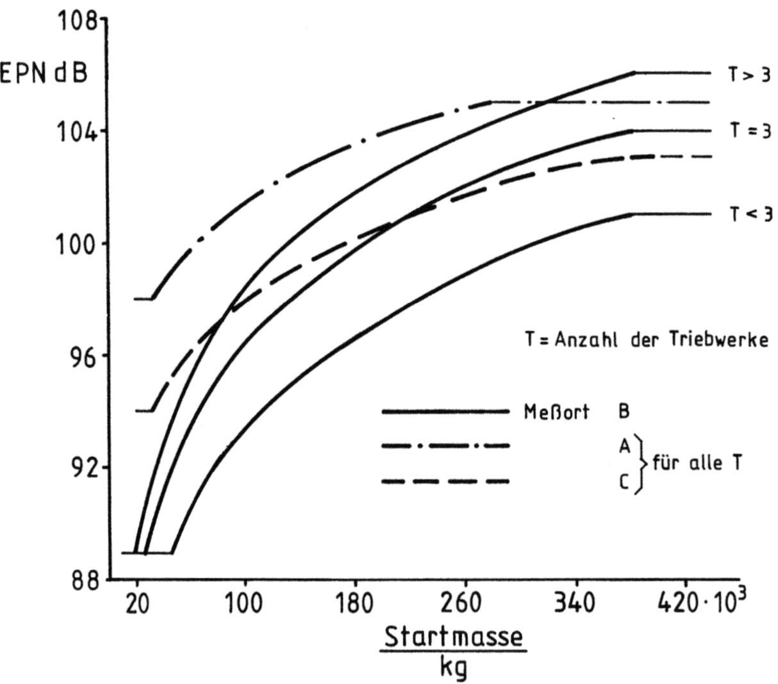

Bild 1.3. FAA-Grenzwerte für den Lärmstärkepegel von Flugtriebwerken

bensdauer der Triebwerkskomponenten und die Wartungsansprüche zu berücksichtigen sind.

Da es nicht gelingt, einen solchen Anforderungskatalog in allen Punkten gleich gut zu erfüllen, wird das Ergebnis einer Triebwerksprojektierung immer nur eine Kompromißlösung sein, die natürlich der jeweiligen, vom Einsatzfall abhängigen Prioritätenfolge der
einzelnen Bewertungskriterien anzupassen ist.

1.3 Triebwerksarten

Das Wirkungsprinzip aller Flugtriebwerke besteht darin, daß sie die Reaktionskraft der zur
Beschleunigung einer Stützmasse aufgewandten Aktionskraft für den Vortrieb nutzen. Die
praktische Anwendung dieses Prinzips der Vortriebserzeugung kann aber in sehr unterschiedlicher Weise erfolgen, wobei je nach Aufgabenstellung die eine oder andere technische Ausführung die bessere - oder auch einzige - Problemlösung darstellt.

Verfahrensunterschiede ergeben sich z.B. durch die Form der eingesetzten Primärenergie
(chemisch, nuklear, solar), durch die für die Stützmassenbeschleunigung verwendete Energieform (mechanisch, thermisch, elektromagnetisch, elektrostatisch), durch die Art der
Stützmasse (Luft, Verbrennungsgas, Wasserstoff, Plasmen, Gasionen) und ihrer Herkunft
(aus der Umgebung und/oder aus Bordvorratsbehältern) oder auch durch den zeitlichen
Prozeßablauf (intermittierend oder kontinuierlich). Wir wollen hier zur Klassifizierung der
Triebwerke zunächst einmal unterscheiden zwischen den atmosphärischen oder luftatmenden Triebwerken, die zur Durchführung ihres Arbeitsprozesses mit Umgebungsluft versorgt werden müssen und den funktionell von der Atmosphäre unabhängigen Raketentriebwerke. Dem Massenfluß entsprechend kann man diese beiden Hauptkategorien auch
als Durchström- bzw. Ausströmtriebwerke bezeichnen.

Die Bilder 1.4 a und b geben bei weiterer Systemeinteilung eine Übersicht über die - natürlich auch in vielfältigen Kombinationen einzusetzenden - Varianten dieser Triebwerksgruppen, deren Funktionsweise schon an dieser Stelle kurz beschrieben werden soll. (Zu
den Angaben der Beschleunigungsenergieformen sei noch angemerkt, daß hier mit "mechanischer Energie" die über eine Antriebswelle geführte Energie bezeichnet und unter
"thermischer Energie" die Summe der inneren Energie und der Druckenergie eines Gases,
also die Enthalpie, verstanden wird.)

Die Reihenfolge der in Bild 1.4 a skizzierten Ausführungsbeispiele atmosphärischer Triebwerke kennzeichnet ihre Eignung für zunehmende Fluggeschwindigkeiten.

20

Triebwerksart	Propeller –Triebwerk		Strahl – Triebwerk		
	Kolbenmotor	Propeller – Turbinen – Luftstrahl – T.	Zweistrom – Turbinen – Luftstrahl – T.	(Einstrom –) Turbinen – Luftstrahl – T.	Staustrahl – T.
Stützmasse	Luft		Verbrennungsgas		
Beschleunigungs – E.	Mechanische E.		Thermische E.		
Primär – Energie	Chemische E.				

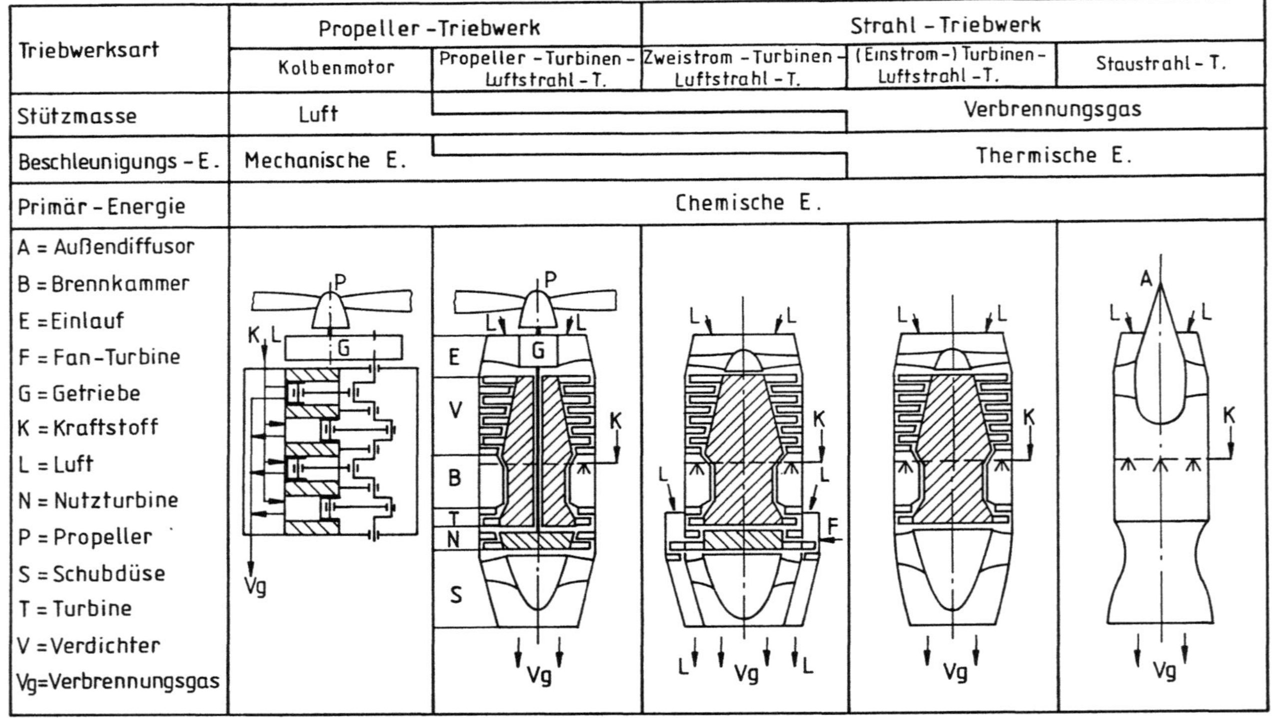

A = Außendiffusor
B = Brennkammer
E = Einlauf
F = Fan-Turbine
G = Getriebe
K = Kraftstoff
L = Luft
N = Nutzturbine
P = Propeller
S = Schubdüse
T = Turbine
V = Verdichter
Vg = Verbrennungsgas

Bild 1.4a. Atmosphärische Triebwerke (Durchströmtriebwerke)

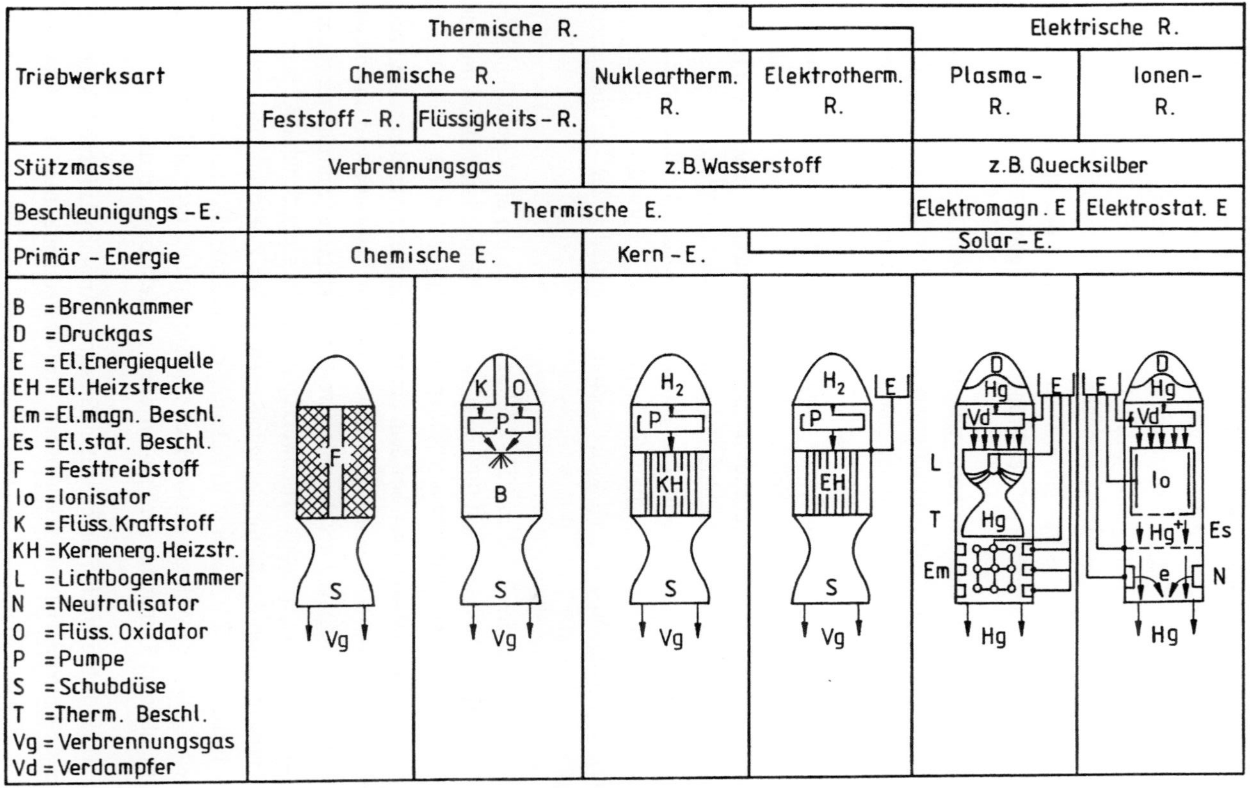

Triebwerksart
Thermische R.
Elektrische R.
Chemische R.
Feststoff - R.
Flüssigkeits - R.
Nukleartherm. R.
Elektrotherm. R.
Plasma - R.
Ionen - R.
Stützmasse
Verbrennungsgas
z.B. Wasserstoff
z.B. Quecksilber
Beschleunigungs - E.
Thermische E.
Elektromagn. E
Elektrostat. E
Primär - Energie
Chemische E.
Kern - E.
Solar - E.
B = Brennkammer
D = Druckgas
E = El. Energiequelle
EH = El. Heizstrecke
Em = El. magn. Beschl.
Es = El. stat. Beschl.
F = Festtreibstoff
Io = Ionisator
K = Flüss. Kraftstoff
KH = Kernenerg. Heizstr.
L = Lichtbogenkammer
N = Neutralisator
O = Flüss. Oxidator
P = Pumpe
S = Schubdüse
T = Therm. Beschl.
Vg = Verbrennungsgas
Vd = Verdampfer
F
S
Vg
K
O
P
B
S
Vg
H2
P
KH
S
Vg
H2
P
E
EH
S
Vg
D
Hg
E
Vd
L
T
Hg
Em
Hg
E
D
Hg
Vd
Io
Hg+
Es
e
N
Hg

Bild 1.4b. Raketentriebwerke (Ausströmtriebwerke)

Beim Kolbenverbrennungsmotor vollziehen sich die Teilvorgänge eines motorischen Kreisprozesses - Verdichtung des Arbeitsmediums, Wärmezufuhr, Expansion der Heißgase und Restwärmeabfuhr - im Rhythmus der oszillierenden Kolbenbewegung, also intermittierend, in einem Arbeitsraum (Zylinder), dem über gesteuerte Ein- und Auslaßöffnungen das Frischgas zugeführt bzw. das Abgas entzogen wird. Die Nutzarbeit dieses Kreisprozesses wird dann als mechanische Energie von der Kurbelwelle des Motors - bei größerer Motordrehzahl über ein Getriebe - auf den Propeller übertragen.

In einem PTL (Propeller-Turbinen-Luftstrahl)-Triebwerk wird die bei höheren Fluggeschwindigkeiten schon durch den Aufstau etwas vorverdichtete Luft in einem Turbokompressor weiter verdichtet und der Brennkammer zugeführt, in der bei fast konstantem Druck die Umwandlung der im Kraftstoff gebundenen, chemischen Energie in thermische Energie stattfindet. Das Heißgas wird dann zunächst in einer den Verdichter antreibenden Turbine teilentspannt. (Man bezeichnet das aus dem Verdichter, der Brennkammer und der Verdichterantriebsturbine bestehende Teilsystem auch als "Gasgenerator".) Eine weitere Expansion erfolgt in der Nutzturbine, deren Arbeit über eine Welle und über ein Getriebe dem Propeller als mechanische Energie zugeführt wird. Schließlich wird noch ein kleiner Anteil des insgesamt verfügbaren Enthalpiegefälles in Form der kinetischen Energie des aus einer Schubdüse austretenden Gasstrahls unmittelbar zur Vortriebserzeugung genutzt.

Im Prinzip handelt es sich bei dem PTL-Triebwerk bereits um ein Zweistromtriebwerk, d.h. um ein Antriebssystem mit zwei Stützmassenströmen (Propellerluftstrom und innerer Triebwerksgasstrom). Als ZTL (Zweistrom-Turbinen-Luftstrahl)-Triebwerk bezeichnet man aber nur ein Antriebsaggregat, bei dem ein mechanischer Nutzarbeitsanteil zur Verdichtung der sekundären Stützmasse (Luft) einem Gebläse zugeführt wird und dieser - im Vergleich zum Luftdurchsatz eines Propellers wesentlich kleinere - Stützmassenstrom dann genauso wie der innere, primäre Triebwerksgasstrom in einer Schubdüse beschleunigt wird. Die verschiedenen Ausführungsmöglichkeiten solcher Zweistromtriebwerke werden wir später diskutieren. Zur weiteren Erläuterung der Schemaskizze sei nur noch erwähnt, daß hier ein ZTL-Triebwerk mit einem Heck-Gebläse (aft-fan) dargestellt ist, bei dem die Gebläseschaufeln an Trennstege der Fan-Turbinenschaufeln angeschlossen sind.

Bei dem wesentlich einfacher aufgebauten Einstrom-Turbinen-Luftstrahltriebwerk, kurz TL (Turbinen-Luftstrahl)-Triebwerk genannt, wird das gesamte, nach dem Gasgenerator vorhandene Nutzenthalpiegefälle direkt, also ohne Energieaufteilung, in einer Schubdüse verarbeitet.

Die letzte Skizze zeigt das Schema eines Staustrahltriebwerks, bei dem die Luft allein durch ihren Aufstau verdichtet und das Verbrennungsgas dann auch nur in einer Schubdüse entspannt wird. Im Überschallflug erfolgt die Luftkompression hauptsächlich durch

Verdichtungsstöße, die z.T. schon durch den äußeren Stoßdiffusor ausgelöst werden (siehe Kap. 11). Am Ende dieser Stoßverdichtung hat die Strömung immer Unterschallgeschwindigkeit und kann dann vor Eintritt in die Brennkammer durch eine Verzögerung in dem sich erweiternden Einlaufkanal noch etwas weiter verdichtet werden. Zur besseren Ausnutzung der bei hohen Fluggeschwindigkeiten sehr großen Schubdüsengefälle verwendet man für die Schubdüse die hier dargestellte Strömungskanalform einer *Laval*-Düse (siehe Kap. 3.1), die übrigens, genauso wie der Stoßdiffusor, auch bei Überschall-TL-Triebwerken eingesetzt wird.

Ein Staustrahltriebwerk - die baulich einfachste Form eines Strahltriebwerks - wird natürlich erst ab einer bestimmten Mindestfluggeschwindigkeit, d.h. nach Erreichen eines Mindeststaudrucks, funktionsfähig. Es muß also durch andere Flugantriebe erst auf diese untere Grenzgeschwindigkeit gebracht werden. (Auf die intermittierend - und sehr unwirtschaftlich - arbeitenden Pulsstaustrahltriebwerke [16, 17], die auch schon im Stand einen Schub erzeugen können, soll hier wegen ihrer praktischen Bedeutungslosigkeit nicht eingegangen werden.)

Wie der Tabelle 1.7 zu entnehmen ist, entspricht die Reihenfolge der in Bild 1.4 b skizzierten Raketentypen einer Zunahme der Stützmassenausströmgeschwindigkeit, die zusammen mit dem Treibstoffanteil der Raketengesamtmasse das Antriebsvermögen einer Rakete bestimmt.

Tabelle 1.7. Größenordnung der maximalen Stützmassenausströmgeschwindigkeiten verschiedener Raketentypen

Raketentyp	$w_{a,max}$ in km/s
Feststoff-R.	2,7
Hybrid-R.	3,7
Flüssigkeits-R.	4
Nuklearthermische R.	10
Elektrothermische R.	15
Plasma-R.	50
Ionen-R.	100

Bei den chemischen Raketen unterscheidet man nach dem Aggregatzustand der Treibstoffe zwischen den Feststoffraketen, den Flüssigkeitsraketen und den Feststoff/Flüssigkeits- oder Hybridraketen. Als eine Untergruppe der thermischen Raketen verwenden sie die thermische Energie (Enthalpie) der in der Brennkammer bei hohem Druck entstehenden Verbrennungsgase zur Beschleunigung dieser Stützmassen in einer (*Laval*-)Schubdüse. Die beiden Prinzipskizzen der chemischen Raketen zeigen neben einem Antrieb mit einem

Feststofftreibmittel - das ist z.B. eine Mischung von Nitrocellulose und Nitroglyzerin - eine Flüssigkeitsrakete, bei der die Reaktionspartner (z.B. flüssiger Wasserstoff als Brennstoff und flüssiger Sauerstoff als Oxidator) mit Hochdruckpumpen in die Brennkammer eingespritzt werden. Die hier nicht dargestellte Mischform der Hybridrakete arbeitet meist als sogenanntes Lithergol-Triebwerk mit einem festen Energieträger (Lith-Ergol) und einem flüssigen Oxidator (z.B. festes Lithiumhydrid und flüssiges Fluor).

Während die Temperatur der Endprodukte chemischer Reaktionen durch den Energiegehalt des Treibstoffs begrenzt wird, läßt sich die Stützmasse durch einen Kernreaktor oder durch die Zufuhr elektrischer Energie wesentlich stärker aufheizen. Da man außerdem noch als Stützmasse ein Gas mit einer geringen Molekularmasse bzw. mit einer großen Gaskonstanten (z.B. Wasserstoff) verwenden kann, sind die mit nuklear- und elektrothermischen Raketen erzielbaren Ausströmgeschwindigkeiten (siehe Kap. 3.1) beträchtlich größer als bei chemischen Raketentriebwerken.

Noch weit höhere Stützmassenausflußgeschwindigkeiten sind mit Plasma- und Ionentriebwerken zu realisieren [18, 19]. Bei dem in Bild 1.4 b schematisch dargestellten Beispiel eines Plasmatriebwerks wird flüssiges, mit einem Druckgas beaufschlagtes Quecksilber zunächst durch einen Verdampfer transportiert und danach in einer Lichtbogenkammer in ein elektrisch leitfähiges Plasma umgewandelt. Der schon in einer Düse beschleunigte Plasmastrom gelangt dann in eine elektromagnetische Beschleunigungsstrecke, in der er von einem elektrischen Strom durchflossen wird. Das mit diesem elektrischen Strom gekoppelte Magnetfeld überlagert sich einem senkrecht zu den Strombahnen von außen angelegten Magnetfeld und erzeugt dadurch eine *Lorentz*-Kraft, die das Plasma weiter beschleunigt.

Bei einem z.B. ebenfalls mit Quecksilber betriebenen Ionentriebwerk werden die in einem Ionisator - etwa durch Stoßionisation in einer Gasentladungsstrecke - entstandenen Ionen durch eine Ziehelektrode abgesaugt und einer elektrostatischen Beschleunigungsstrecke zugeführt. Die Ladungswolke muß dann nach ihrem Durchtritt durch das Beschleunigungsgitter durch Zufuhr von Elektronen - die z.B. von einer Glühkathode geliefert werden - elektrisch neutralisiert werden, da die Ionen sonst ein Raumladungsfeld aufbauen, das dem Ionenstrom entgegenwirkt.

In der elektrostatischen Beschleunigungsstrecke können die Ionen als eine unipolare Stützmasse noch größere Geschwindigkeiten erreichen als ein elektromagnetisch beschleunigter, aus einem Gemisch von Ionen, Elektronen und Neutralteilchen bestehender Plasmastrom. Die Einheitlichkeit der Ladungsträger bewirkt aber andererseits durch ihre abstoßenden Kräfte auch ein seitliches Auseinanderdriften der Stützmassenteilchen, so daß hier die Massenstromdichte erheblich kleiner bleiben muß als bei einem Plasmatriebwerk. Während dort eine Schubdichte - das ist das Verhältnis des Schubs zum Stützmassenausflußquerschnitt - in der Größenordnung von 10^3 N/m^2 zu erzielen ist, liegt die Schubdichte bei den Ionentriebwerken nur etwa bei 5 N/m^2. Stellt man diesen Zahlenwerten die Schubdichte chemischer Raketen gegenüber, die in einer Größenordnung von 10^6 N/m^2 liegen, dann wird deutlich, daß elektrische Raketenantriebe die chemischen Raketen nicht ersetzen können. Sie ergänzen sie aber in ganz hervorragender Weise, da sie durch ihren geringen Stützmassenverbrauch Schubkräfte erzeugen, die zwar nur sehr klein sind, aber über lange Zeiträume zur Verfügung stehen. Deshalb können sie z.B. eingesetzt werden zur Lageregelung und zur Bahnstabilisierung von Satelliten und Raumstationen, zum Auf- und Abspulen von Satelliten auf höhere oder tiefere Umlaufbahnen oder auch als Antriebe für interplanetare Raumfahrtaufgaben.

Wir wollen hier jetzt noch auf folgendes hinweisen: Wenn oben erwähnt wurde, daß die Ausströmgeschwindigkeit w_a der Stützmasse das Arbeitsvermögen einer Rakete mitbestimmt, dann ist es nun keineswegs so, daß die großen w_a-Werte elektrischer Triebwerke in jedem Fall erstrebenswert sind. Wie später nämlich noch gezeigt wird, ist es sowohl mit Rücksicht auf ein möglichst günstiges Schub/Leistungsverhältnis als auch zur besseren Anpassung der Stützmassenausflußgeschwindigkeit an die jeweilige Flugmission meist vorteilhafter, ihre w_a-Werte zu begrenzen. Das geschieht bei den Ionentriebwerken z.B. dadurch, daß man dem Beschleunigungsgitter noch ein Bremsgitter nachschaltet. Eine hohe Beschleunigungsspannung hat dann nur die Aufgabe, einen möglichst großen Stützmassenstrom zu erzeugen, während mit dem Potential des Bremsgitters die Ausströmgeschwindigkeit variiert wird.

Abschließend sollen nun auch die Energieversorgungsanlagen elektrischer Triebwerke kurz angesprochen werden [20], von denen verlangt werden muß, daß sie über lange Zeiträume ohne Wartung störungsfrei arbeiten.

Als Primärenergie wird die Kernenergie und die Sonnenenergie genutzt. Die Umwandlung der Kernenergie in elektrische Energie kann in konventioneller Weise in einem Zweiphasen- oder Einphasen-Wärmekraftmaschinenkreisprozeß (*Rankine*- bzw. *Brayton*-Prozeß [21]) mit einem nachgeschalteten Stromgenerator vorgenommen werden.

Eine direkte Umwandlung der im Kernreaktorkühlmedium anfallenden Wärme in elektrische Energie erfolgt z.B. mit Hilfe von Thermoelementen. Mit solchen thermoelektrischen Energiewandlern können allerdings nur Wirkungsgrade von etwa 6 % erreicht werden. Energetisch günstiger - mit Wirkungsgraden bis zu 20% - ist die Nutzung der Kernenergie in thermionischen Dioden. In diesen Dioden wird der Stromfluß erzeugt durch Elektronen, die von der Oberfläche eines aufgeheizten Metallzylinders emittiert werden und auf einen in sehr engem Abstand konzentrisch angeordneten Außenzylinder übertreten. Für kleine Leistungen können auch Isotopen-Batterien eingesetzt werden, in denen die beim natürlichen Zerfall radioaktiver Substanzen (z.B. Plutonium-238) entstehende Wärme mit Thermoelementen in elektrische Energie umgewandelt wird.

Aus der Sonnenenergie gewinnt man die elektrische Energie durch Nutzung des fotoelektrischen Effektes in Solarzellen (Halbleiter-Fotozellen). Mit Siliziumzellen, die einen Wirkungsgrad von ca. 10 % erreichen, können im erdnahen Bereich elektrische Leistungen von etwa 0,1 kW pro m^2 Solarzellenfläche bereitgestellt werden. Prinzpiell möglich wäre auch der Einsatz von Sonnenspiegelanlagen, die die Solarenergie z.B. zur Aufheizung des Arbeitsmediums eines *Rankine*-Prozesses auf den Verdampfer konzentrieren.

2 Kolbenmotoren

2.1 Saugmotor

Der mit innerer Verbrennung arbeitende Kolbenmotor (Verbrennungsmotor) wird heute in der Luftfahrt nur noch bis zu einem Antriebsleistungsbedarf von etwa 300 kW eingesetzt. In dieser unteren Leistungsklasse ist er aber in seiner häufigsten Ausführungsart als luftgekühlter Viertakt-Ottomotor das bei weitem wirtschaftlichste Flugtriebwerk.

Da vom Verfasser die Verbrennungsmotoren schon an anderer Stelle [22, 23, 24] ausführlich behandelt wurden, sollen hier nur einige Gleichungen zur angenäherten Leistungs- und Wirkungsgradberechnung zusammengestellt und dabei vor allem die für einen Flugantrieb so bedeutsamen Höhenabhängigkeiten der Motorbetriebsdaten diskutiert werden.

Die Arbeitsweise des Viertakt-Ottomotors kann anhand von Bild 2.1 beschrieben werden. Beim Ansaughub (erster Takt) saugt der über die Pleuelstange mit der Kurbelwelle verbundene, vom oberen zum unteren Totpunkt bewegte Kolben durch das geöffnete Einlaßventil ein Luft-Kraftstoffgemisch an. Dieses Gemisch wird nach dem Schließen des Einlaßventils beim Kompressionshub (zweiter Takt) verdichtet und kurz vor dem oberen Totpunkt durch einen elektrischen Funken entzündet. Während des Expansionshubes (dritter Takt) wird die Verbrennung abgeschlossen und das Heißgas im Zylinder entspannt. Bei geöffnetem Auslaßventil erfolgt dann der Ausschub der Abgase (vierter Takt).

Zur Berechnung des ottomotorischen Wirkungsgrades gehen wir aus von dem in Bild 2.2 in einem Temperatur-Entropie-Diagramm und einem Druck-Volumen-Diagramm dargestellten, idealisierten Vergleichsprozeß. Bei diesem Idealprozeß verlaufen die Zustandsänderungen des Arbeitsmediums mit den Schritten

1 - 2: isentrope Kompression,
2 - 3: isochore Wärmezufuhr,
3 - 4: isentrope Expansion,
4 - 1: isochore Wärmeabfuhr.

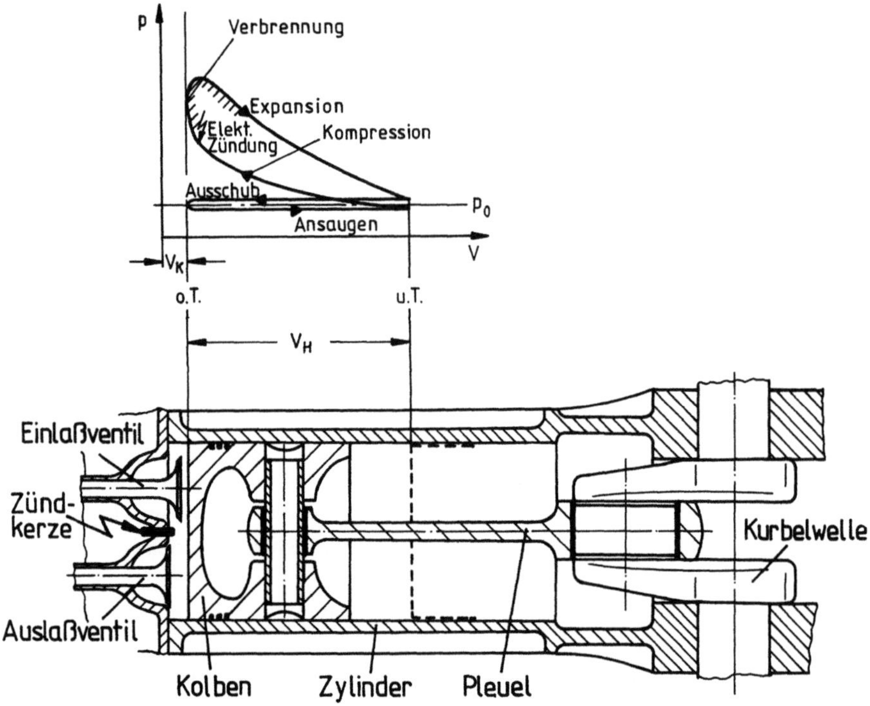

Bild 2.1. Schema und Druck-Volumen-Diagramm eines Viertakt-Ottomotors

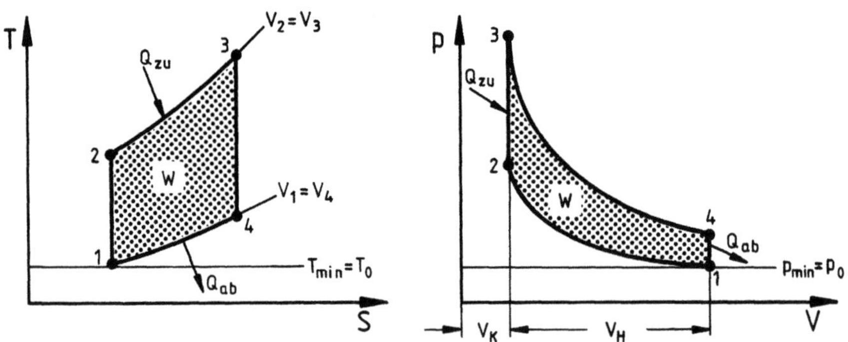

Bild 2.2. Idealisierter Vergleichsprozeß des Ottomotors

Der Ladungswechsel wird bei diesem geschlossenen Vergleichsprozeß also ersetzt durch die isochore Wärmeabfuhr nach außen. Lassen wir weiterhin die Temperaturabhängigkeit der spezifischen Wärmekapazitäten und ihre Abhängigkeit von der durch die Verbrennung geänderten Gaszusammensetzungen außer acht, dann kann der Kreisprozeßwirkungsgrad in geschlossener Form berechnet werden. Mit den Bezeichnungen

Q_{zu} = zugeführte Wärmemenge,
Q_{ab} = abgeführte Wärmemenge,
W = Nutzarbeit,
c_v = spezifische Wärmekapazität bei konstantem Volumen,
m = Arbeitsgasmasse,
$\varkappa$ = Isentropenexponent

gilt allgemein für den thermischen Wirkungsgrad

$$\eta_{th} = \frac{W}{Q_{zu}} = \frac{Q_{zu} - Q_{ab}}{Q_{zu}} = 1 - \frac{Q_{ab}}{Q_{zu}} \ . \tag{2.1}$$

Bei unserem Vergleichsprozeß wird also

$$\eta_{th} = 1 - \frac{c_v\,(T_4 - T_1)}{c_v\,(T_3 - T_2)} = 1 - \frac{T_1}{T_2}\,\frac{(T_4/T_1) - 1}{(T_3/T_2) - 1} \ .$$

Mit Berücksichtigung der Isentropenbeziehung

$$\frac{T_2}{T_1} = \left(\frac{V_1}{V_2}\right)^{\varkappa - 1} = \left(\frac{V_4}{V_3}\right)^{\varkappa - 1} = \frac{T_3}{T_4} \ ,$$

d.h. mit $T_4/T_1 = T_3/T_2$, kann nach Einführung des Verdichtungsverhältnisses

$$\varepsilon = \frac{V_1}{V_2} = \frac{V_H + V_K}{V_K}$$

(V_H = Hubraum, V_K = Kompressionsraum) für den thermischen Wirkungsgrad angeschrieben werden

$$\eta_{th} = 1 - \frac{1}{\varepsilon^{\varkappa - 1}} \ . \tag{2.2}$$

Sollen die Abhängigkeiten der spezifischen Wärmekapazitäten von der Gaszusammenset-

30

zung und von der Temperatur und außerdem auch noch die Gleichgewichtszustände der chemischen Reaktionen und die bei höheren Temperaturen auftretenden Dissoziationsreaktionen berücksichtigt werden, dann läßt sich der thermische Wirkungsgrad - man nennt ihn dann den Wirkungsgrad η_v des vollkommenen Motors - nur schrittweise berechnen [22, 23]. Für unsere Betrachtungen ist es aber ausreichend, zur η_v-Berechnung Gleichung 2.2 zu benutzen und dabei für den Isentropenexponenten den Mittelwert $\varkappa = 1,27$ einzusetzen. Wir schreiben also an

$$\eta_v \approx 1 - \frac{1}{\varepsilon^{0,27}} \ .$$ (2.3)

Zur Ermittlung der hubraumspezifischen Arbeit des vollkommenen Motors muß neben dem Wirkungsgrad auch die in der Zylinderladung freigesetzte Kraftstoffenergie bekannt sein, die wiederum abhängig ist von der verfügbaren Sauerstoff- bzw. Luftmenge. Die im Benzin vorhandenen, brennbaren Elemente sind im wesentlichen der Kohlenstoff C und der Wasserstoff H. Die für die C- und H-Verbrennung benötigten Sauerstoffmengen ergeben sich aus folgenden Gleichungen:

$$1 \, \text{kmol C} + 1 \, \text{kmol O}_2 \longrightarrow 1 \, \text{kmol CO}_2 \ ,$$
$$1 \, \text{kg C} + 2,667 \, \text{kg O}_2 \longrightarrow 3,667 \, \text{kg CO}_2 \ ,$$ (2.4)

$$1 \, \text{kmol H}_2 + 0,5 \, \text{kmol O}_2 \longrightarrow 1 \, \text{kmol H}_2\text{O} \ ,$$
$$1 \, \text{kg H}_2 + 8 \, \text{kg O}_2 \longrightarrow 9 \, \text{kg H}_2\text{O} \ .$$ (2.5)

Bedeuten nun c und h die Kohlenstoff- bzw. Wasserstoffmassenanteile im Kraftstoff, dann ergibt sich aus diesen Gleichungen die für eine vollständige Verbrennung der Kraftstoffmenge m_K notwendige Mindestsauerstoffmasse aus

$$m_{O_2 \, min} = m_K \left(2,667 \, c + 8 \, h \right) \ \text{kg O}_2 \ .$$ (2.6)

Mit dem Luftsauerstoffanteil von 0,232 Gew.-% erhält man dann für den auf die Kraftstoffmasseneinheit bezogenen Mindestluftbedarf

$$\overline{m}_{L \, min} = \frac{m_{L \, min}}{m_K} = 11,49 \, (c + 3h) \ \frac{\text{kg Luft}}{\text{kg Krst.}} \ .$$ (2.7)

Bei der Benzinverbrennung ist $\overline{m}_{L\,min} \approx 14,8$ kg Luft/kg Kraftstoff.

Das Verhältnis der in einem Brenngasgemisch tatsächlich vorhandenen Luftmenge m_L zur Mindestluftmenge wird durch die Luftverhältniszahl

$$\lambda = \frac{m_L}{m_{L\,min}} \tag{2.8}$$

definiert. Bei $\lambda < 1$ kann der Kraftstoff nicht vollständig verbrannt werden, bei $\lambda > 1$ wird die für den Arbeitsprozeß verfügbare Luftmenge nur unvollständig genutzt. Wir gehen deshalb von einer stöchiometrischen Gemischzusammensetzung aus, rechnen also mit $\lambda = 1$.

Da einem Motor ein vorgegebenes Volumen, nämlich das Hubvolumen für die Füllung mit Frischgas zur Verfügung steht, wird die bereitgestellte Kraftstoffenergie bestimmt durch den Heizwert der in dieses Gasvolumen eingebrachten Kraftstoffmenge. Bei den in einem Verbrennungsmotor auftretenden Gastemperaturen ist das bei der Reaktion entstehende Wasser immer als Dampf vorhanden, so daß wir bei der Wärmezufuhr nicht mit der Verbrennungswärme (früher oberer Heizwert genannt), sondern mit dem um die Verdampfungswärme des Verbrennungswassers geringeren (unteren) Heizwert H_u zu rechnen haben. Ein Maß für die pro Arbeitsspiel vorhandene Kraftstoffenergie ist also der auf das Gemischvolumen bezogene (volumetrische) Gemischheizwert H_{ug}. Mit Berücksichtigung des in der Frischladung bereits vorhandenen Kraftstoffdampfs berechnet sich der Gemischheizwert aus

$$H_{ug} = H_u \frac{m_K}{m_K/\varrho_{0K} + m_L/\varrho_0} = H_u \frac{\varrho_0}{\lambda\, \overline{m}_{L\,min} + \varrho_0/\varrho_{0K}} \; . \tag{2.9}$$

Darin ist $\varrho_{0;0K}$ die Dichte der Luft bzw. des dampfförmigen Kraftstoffs beim Umgebungszustand p_0, T_0. (Wir wollen nachfolgend die atmosphärischen Zustandswerte immer durch den Index 0 kennzeichnen.) Wenn wir beim vollkommenen Motor davon ausgehen, daß ihm ein dem Hubraum entsprechendes Frischgasvolumen zugeführt und die darin freigesetzte Kraftstoffenergie mit dem Wirkungsgrad η_v in mechanische Arbeit umgewandelt wird, dann erhält man für die Nutzarbeit W_v des vollkommenen Motors

$$W_v = V_H\, H_{ug}\, \eta_v \; . \tag{2.10}$$

Wir wollen jetzt noch den in der Motorentechnik üblichen Begriff des mittleren Drucks einführen und erläutern. Wie in Bild 2.3 dargestellt, kann die Arbeitsfläche W_v ersetzt werden durch die gleichgroße Rechtecksfläche $V_H p_v$. Dabei ist p_v ein während des Nutzarbeitshubes mit konstanter Größe auf den Kolben einwirkender, mittlerer (Über-)Druck. Dieser oft auch kurz als Mitteldruck bezeichnete Druckwert ist also nichts anderes als die

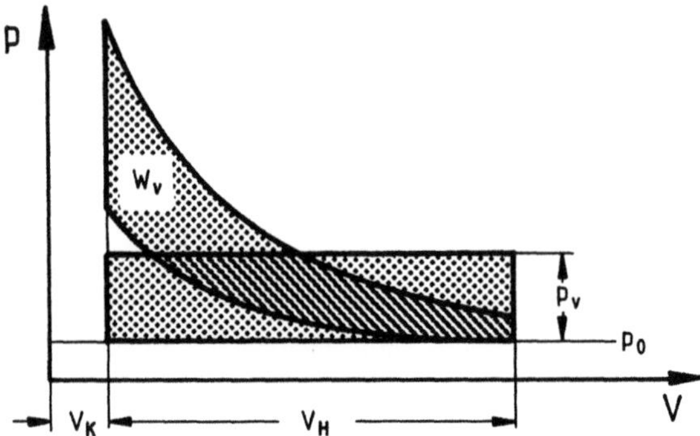

Bild 2.3. Definition des mittleren Drucks

auf den Hubraum bezogene, d.h. die hubraumspezifische Nutzarbeit, die ja die Dimension eines Druckes hat. Für den mittleren Durck des vollkommenen Motors gilt also

$$p_v = H_{ug}\, \eta_v \; . \tag{2.11}$$

Beim realen Motor treten nun neben den durch η_v quantifizierten und auch theoretisch nicht vermeidbaren Verlusten noch eine Reihe anderer Verluste auf, die bedingt sind durch

* Unvollkommenheiten der Verbrennung,
* Abweichungen vom isochoren Verlauf der Wärmezufuhr, durch den
* Wärmeaustausch zwischen dem Arbeitsgas und den Brennraumwänden und durch den
* Arbeitsaufwand für den Ladungswechsel.

Diese Verlust werden mit dem Gütegrad η_g berücksichtigt, für den wir bei Vollast einen Wert $\eta_g \approx 0{,}80$ einsetzen können. Der innere Wirkungsgrad berechnet sich dann aus

$$\eta_i = \eta_v\, \eta_g \; . \tag{2.12}$$

Für den mittleren inneren (oder indizierten, d.h. bei einer Messung des Zylinderdrucks angezeigten,) Druck gilt

$$p_i = p_v\, \eta_g\, \lambda_L \; . \tag{2.13}$$

Dabei wird mit dem Liefergrad

$$\lambda_L = \frac{m_F}{\rho_{0F} V_H} \tag{2.14}$$

noch berücksichtigt, daß die in den Zylinder gelangende Frischladungsmasse m_F durch Drossel- und Aufheizvorgänge beim Ansaughub kleiner ist als der theoretische Wert $\varrho_{0,F} V_H$ ($\varrho_{0,F}$ = Dichte des Luftkraftstoffgemischs beim Umgebungszustand). Dieser Liefergrad kann mit $\lambda_L \approx 0{,}85$ angenommen werden.

Die am Schwungrad verfügbare, effektive Nutzarbeit ist um die Summe aller mechanischen Verluste ΔW_m geringer als die innere Arbeit. Die mechanischen Verluste setzen sich zusammen aus den Reibungsverlusten an den Gleitstellen, der Arbeit zum Antrieb des Ventiltriebs und der Zusatzgeräte und den Strömungsverlusten (z.B. Pumparbeit der Kolbenunterseiten, Ventilationsarbeit der umlaufenden Bauelemente). Wir wollen auch die mechanische Verlustarbeit mit dem Hubraum relativieren und den mittleren mechanischen Verlustdruck

$$p_m = \frac{\Delta W_m}{V_H} \tag{2.15}$$

definieren. Für den mechanischen Wirkungsgrad gilt dann

$$\eta_m = \frac{p_i - p_m}{p_i} = 1 - \frac{p_m}{p_i} \; . \tag{2.16}$$

Der mittlere mechanische Verlustdruck (in bar) kann näherungsweise aus

$$p_m \approx 1{,}0 + 0{,}8 \left(\frac{s\,n}{3 \cdot 10^5} \right)^2 \tag{2.17}$$

ermittelt werden. Darin ist n die Motordrehzahl in 1/min und s der Kolbenhub in mm.

Für den mittleren effektiven Druck kann nun angeschrieben werden

$$p_e = H_{ug} \, \eta_v \, \eta_g \, \lambda_L \, \eta_m \tag{2.18}$$

und für den effektiven Wirkungsgrad

$$\eta_e = \eta_v \, \eta_g \, \eta_m \; . \tag{2.19}$$

Die effektive Leistung berechnet sich mit den üblichen Dimensionen - P_e in kW, p_e in bar, V_H in l, n in 1/min - für einen Viertaktmotor (zwei Umdrehungen pro Arbeitsspiel) mit dem Gesamthubraum V_{Hg} aus

$$P_e = \frac{p_e \, V_{Hg} \, n}{1200} \; . \tag{2.20}$$

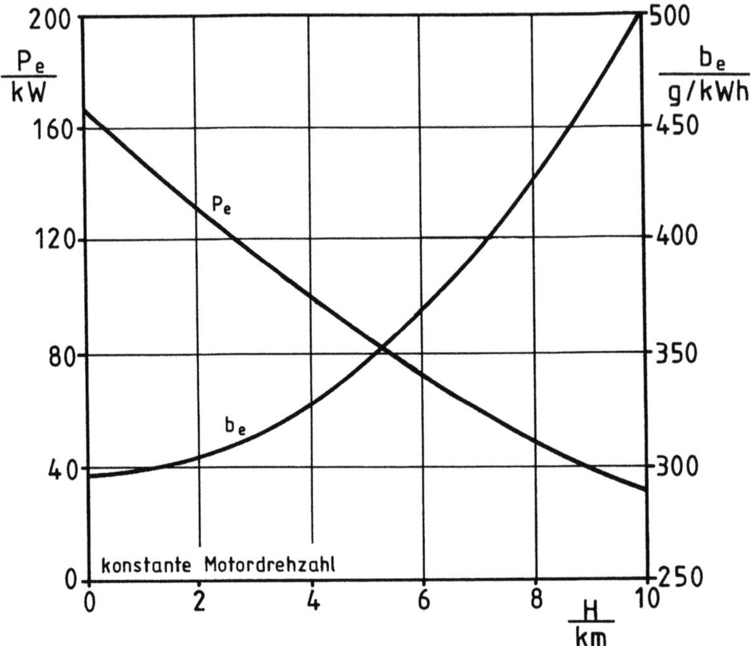

Bild 2.4. Höhenverhalten eines Saugmotors

Zur Kennzeichnung des energetischen Nutzungsgrades wird an Stelle des effektiven Wirkungsgrades oft der auf die Zeit- und Leistungseinheit bezogene, effektive spezifische Kraftstoffverbrauch b_e in g/kWh angegeben (H_u in J/kg):

$$b_e = \frac{\dot{m}_K}{P_e} = \frac{3{,}6 \cdot 10^9}{H_u \, \eta_e} \; . \tag{2.21}$$

Bild 2.4 zeigt ein Beispiel für die mit diesen Gleichungen berechneten Leistungen und spezifischen Kraftstoffverbräuche eines mit unveränderter Drehzahl arbeitenden, selbstansaugenden Viertakt-Ottomotors in Abhängigkeit von der Flughöhe H. Dabei wurden etwas vereinfachend die für den Gütegrad und für den Liefergrad angegebenen Richtwerte für alle Flughöhen verwendet. Verantwortlich für die mit zunehmender Höhe stark abfallende Leistung ist einmal der nach Gleichung 2.9 mit der Luftdichte abnehmende, volumetrische Gemischheizwert. Es kommt noch hinzu, daß bei der - sehr realistischen - Annahme eines konstanten mittleren mechanischen Verlustdrucks nach Gleichung 2.16 bei Verkleinerung des mittleren indizierten Drucks auch der mechanische Wirkungsgrad verschlechtert wird.

Diese η_m-Verschlechterung ist auch der Grund für den mit der Höhe rasch anwachsenden spezifischen Kraftstoffverbrauch.

Es ist natürlich klar, daß die in Bild 2.4 dargestellten Kurvenverläufe im größeren H-Bereich keine praktische Bedeutung mehr haben, da diese Flughöhen wegen der zu geringen Leistungen gar nicht zu erreichen sind, siehe Gleichung 1.31. Das ist aber für die hier anzustellenden Motorleistungsbetrachtungen ohne Belang.

2.2 Motor mit mechanischer Aufladung

Die wirkungsvollste Maßnahme zur Steigerung der hubraumspezifischen Motorleistung ist die Aufladung, bei der die Zylinder mit bereits vorverdichteter Luft beschickt werden, in der dann auch größere Kraftstoffmengen verbrannt werden können. Bei der mechanischen Aufladung erfolgt die Vorkompression nach dem Schema von Bild 2.5 durch einen von der

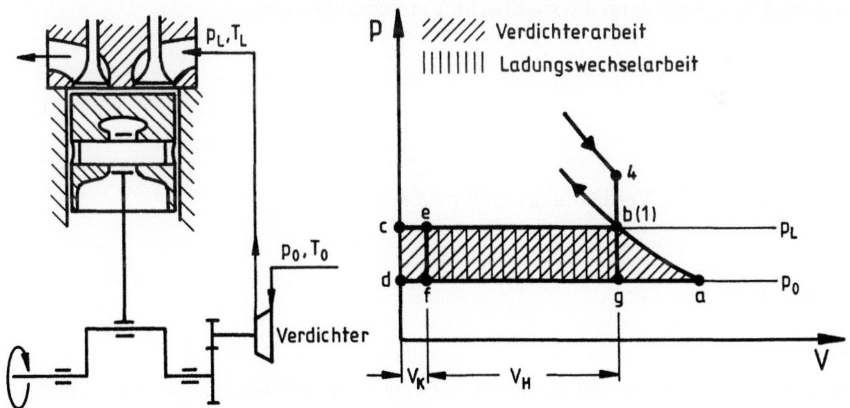

Bild 2.5. Motor mit mechanischer Aufladung

Motorkurbelwelle angetriebenen Lader. Das Bild zeigt auch die idealisierten Druck-Volumen-Diagramme von Kompressor und Motor, wobei die Kompressions- und Expansionslinien des Motors nur in ihrem Anfangs- bzw. Endverlauf skizziert sind. Danach leistet der Lader eine durch die Fläche a-b-c-d-a dargestellte Kompressionsarbeit. Mit den Bezeichnungen

36

p_0 = Druck vor dem Lader (Umgebungsdruck),

p_L = Druck nach dem Lader,

T_0 = Temperatur vor dem Lader (Umgebungstemperatur),

T_L = Temperatur nach dem Lader,

c_{pL} = spezifische Wärmekapazität der Luft bei konstantem Druck,

$\varkappa_L$ = Isentropenexponent der Luft,

gilt für die spezifische, auf die Einheit der Arbeitsgasmasse bezogene und mit der Enthalpieänderung Δh_V identische Verdichtungsarbeit

$$H_V = \Delta h_V = c_{pL} \left(T_L - T_0 \right) = c_{pL} T_0 \left(\frac{T_L}{T_0} - 1 \right) . \tag{2.22}$$

und bei isentroper Kompression

$$H_{V,is} = c_{pL} T_0 \left[\left(\frac{p_L}{p_0} \right)^{\frac{\varkappa_L - 1}{\varkappa_L}} - 1 \right] . \tag{2.23}$$

Im Realfall ist der Verdichtungsvorgang verlustbehaftet. Mit dem isentropen Verdichterwirkungsgrad $\eta_{V,is}$ wird dann die spezifische Verdichtungsarbeit

$$H_V = \frac{H_{V,is}}{\eta_{V,is}} . \tag{2.24}$$

Die Endtemperatur der Verdichtung erhält man aus

$$T_L = T_0 + \frac{H_V}{c_{pL}} . \tag{2.25}$$

Wenn wir davon ausgehen, daß der Kraftstoff erst nach dem Kompressor in die Luft eingebracht wird, dann kann für die auf den Hubraum bezogene Laderarbeit, also für den "mittleren Druck" p_V der Verdichterarbeit, mit Berücksichtigung von (2.8) und (2.14) angeschrieben werden

$$p_V = H_V \, \varrho_{0F} \, \lambda_L \, \frac{\lambda \bar{m}_{L\,min}}{1 + \lambda \bar{m}_{L\,min}} . \tag{2.26}$$

Dieser p_V-Wert ist dem mittleren mechanischen Verlustdruck zuzuordnen. Die vom Motor aufzubringende Arbeit zum Antrieb des Laders ist aber nicht völlig verloren, da sie ja zu einem Teil durch die - hier idealisierte - positive Ladungswechselarbeit entsprechend der Fläche e-b-g-f-e zurückgewonnen wird. (Von Strömungsdruckverlusten und von Abweichungen durch den wirklichen Ansaug- und Ausschubdruckverlauf abgesehen, wird dem Motor das Frischgas ja mit dem Druck p_L zugeführt, die Abgase werden aber beim Druck p_0 ausgeschoben.) Für den mittleren Druck der Ladungswechselarbeit, der den mittleren indizierten Druck erhöht, gilt beim mechanisch aufgeladenen Motor (Index MA)

$$p_{LW,MA} \approx p_L - p_0 \ . \tag{2.27}$$

Berechnen wir also mit dem für den Saugmotor angegebenen Gütegrad von $\eta_g \approx 0{,}8$ den p_i-Wert aus Gleichung 2.13 und den mechanischen Verlustdruck aus Gleichung 2.17, dann wird der mittlere effektive Druck des mechanisch aufgeladenen Motors

$$p_{e,MA} = \left(p_i + p_{LW,MA} \right) - \left(p_m + p_v \right) = p_{i,MA} - p_{m,MA} \tag{2.28}$$

und der mechanische Wirkungsgrad

$$\eta_{m,MA} = 1 - \frac{p_{m,MA}}{p_{i,MA}} \ . \tag{2.29}$$

Es ist schließlich noch auf folgendes hinzuweisen:

* In dem mit $\eta_g \approx 0{,}8$ angegebenen Gütegrad hatten wir auch den Arbeitsaufwand für den Ladungswechsel des Saugmotors berücksichtigt. Durch die positive Ladungswechselarbeit wird dieser Wert aber beim aufgeladenen Motor verbessert. Bei der Aufladung (IndexA) rechnen wir deshalb in (2.19) entsprechend (2.13) mit dem Gütegrad

$$\eta_{g,A} = \frac{p_{i,A}}{p_v \ \lambda_L} \ . \tag{2.30}$$

* Da wir die Liefergraddefinition (2.14) auch beim aufgeladenen Motor verwenden, ist der oben für den Saugmotor mit $\lambda_L \approx 0{,}85$ angegebene Richtwert bei der Aufladung zu ersetzen durch den Anhaltswert

$$\lambda_{L,A} \approx 0{,}85 \ \frac{\varrho_L}{\varrho_0} \ . \tag{2.31}$$

Bild 2.6 zeigt die Ergebnisse der Leistungs- und Kraftstoffverbrauchsberechnungen für einen mechanisch aufgeladenen Motor. In diesem Beispiel wurde davon ausgegangen, daß

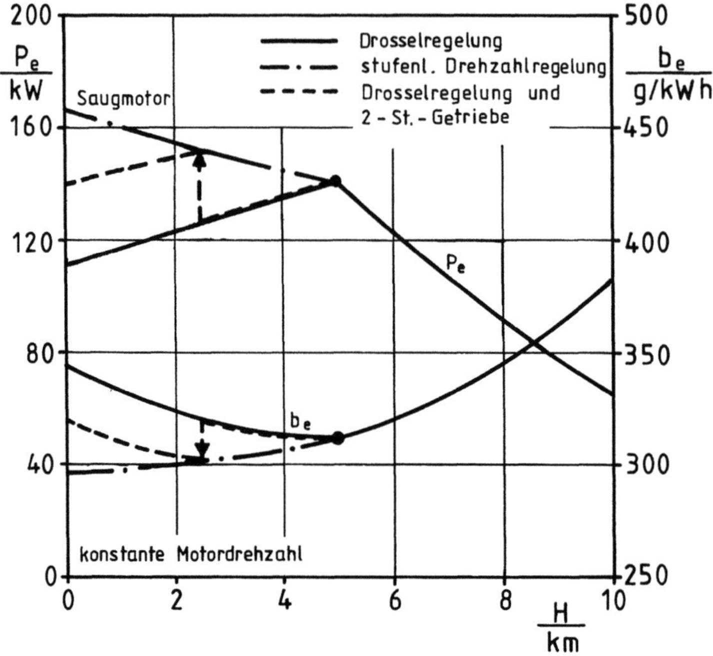

Bild 2.6. Höhenverhalten eines Motors mit mechanischer Aufladung

der wieder mit konstanter Drehzahl arbeitende Motor, dessen Betriebsdaten in Bild 2.4 für den Saugbetrieb wiedergegeben sind, in einer Höhe von 5 km durch einen mechanischen Lader bis auf den Bodendruck p_0 = 1,013 bar aufgeladen wird. Zur Vemeidung einer mechanischen und thermischen Überlastung wird dann der Aufladegrad so geregelt, daß dieser Druckwert auch bei kleineren Flughöhen eingehalten wird.

Die einfachste Regelungsmöglichkeit ist eine Drosselung der Verdichterluft. Wie man sieht, nimmt dabei aber die Motorleistung, bei einer Verschlechterung des Kraftstoffverbrauchs, mit der Höhe ziemlich stark ab. (Zur Erläuterung des P_e- und b_e-Verlaufs im Höhenbereich über 5 km kann auf die Ausführungen im letzten Kapitel verwiesen werden.) Dieser Leistungsrückgang hat zwei Ursachen. Zum einen wird nämlich die dem Motor zugeführte Frischgasmenge kleiner, denn bei konstanten Ladedrücken werden die Ladelufttemperaturen größer. Zum anderen wird auch noch die positive Ladungswechselarbeit verringert. (Am Boden ist schließlich p_{LW} = 0.) Beides führt zu einer Abnahme der $p_{i,A}$-Werte. Die mit der Verkleinerung der Ladungswechselarbeit verbundene Verschlechterung des Gütegrades und die durch den abnehmenden indizierten Mitteldruck bedingte

Verschlechterung des mechanischen Wirkungsgrades bewirken den Anstieg des spezifischen Kraftstoffverbrauchs.

Wenn also die Motorauslegung am Boden keine Aufladung zuläßt - was hier angenommen wurde - dann können bei der einfachen Drosselregelung mit der mechanischen Aufladung keine sehr großen Bodendruckhöhen realisiert werden, weil sonst die Startleistung zu klein wird. Ein zu hohes Kompressordruckverhältnis verbietet sich bei dieser Regelungsart aber auch noch aus einem anderen Grunde. Bei einem Ottomotor besteht nämlich die Möglichkeit, daß die von der Zündkerze ausgehende Flammenfront das noch unverbrannte Gemisch zu stark aufheizt und dadurch die Selbstentzündung eines Gemischrestes herbeiführt. Eine solche schlagartige (klopfende) Teilverbrennung ist natürlich mit Rücksicht auf die thermisch-mechanische Bauteilbeanspruchung zu vermeiden. Da nun die Gefahr einer klopfenden Verbrennung durch zunehmende Frischgastemperaturen vergrößert wird und die T_L-Werte bei etwa unveränderter Laderverdichtungsarbeit am Boden wesentlich größer werden als in der Verdichter-Auslegungshöhe, müssen sie durch eine Beschränkung des Höhen-Aufladegrades begrenzt werden.

Diese Probleme der Drosselregelung können völlig eliminiert werden durch die Anwendung einer stufenlosen Drehzahlregelung des Laders, mit der die Leistung und der Kraftstoffverbauch auch im Bereich H < 5 km bei abnehmender Flughöhe verbessert wird, siehe Bild 2.6. Da der Motor am Boden jetzt ohne Aufladung arbeitet, entsprechen seine Bodenbetriebsdaten den Saugmotorenwerten von Bild 2.4. Als eine Kompromißlösung kann schließlich auch die Drosselregelung in Verbindung mit einem Lader-Stufengetriebe angewandt werden.

2.3 Motor mit Abgasturboaufladung

So wie bei der mechanischen Aufladung wird dem Motor auch bei der Abgasturboaufladung eine bereits vorverdichtete Ladung zugeführt. Der Kompressor wird aber von einer mit dem Motorabgas beaufschlagten Turbine angetrieben. Bild 2.7 zeigt wieder eine Prinzipskizze und die idealisierten Druck-Volumen-Diagramme. Vom Endpunkt 4 der Motorexpansionslinie werden die Verbrennungsgase bis auf den Druck p_T vor der Turbine entspannt. Dabei werden sie in den Auslaßventilquerschnitten zunächst auf hohe Geschwindigkeiten gebracht. Ihr kinetischer Energiegehalt entspricht der Dreiecksfläche 4-h-g-4. In der anschließenden Abgassammelleitung, die mit einem relativ großen Querschnittssprung dem Ventil nachgeschaltet ist, wird die kinetische Energie durch die Verwirbelung der

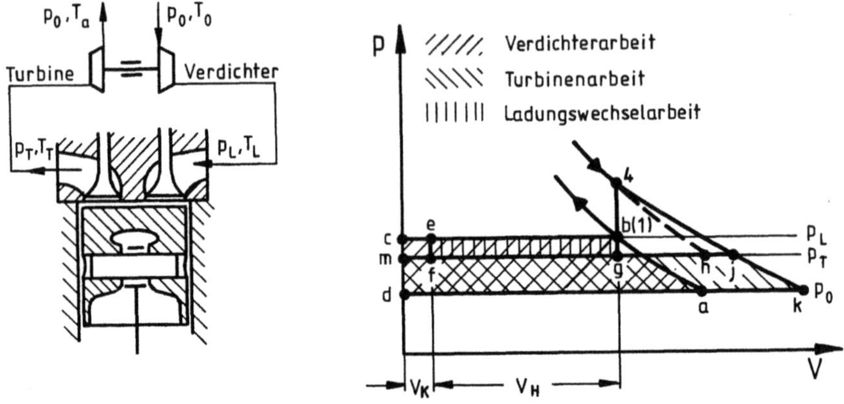

Bild 2.7. Motor mit Abgasturboaufladung

Strömung wieder weitgehend in Wärme umgewandelt, wodurch mit der Temperatur das Volumen anwächst und so der Punkt j erreicht wird. Bei unseren Überschlagsrechnungen können wir für die Temperatur in diesem Punkt, d.h. für die Turbineneintrittstemperatur, einen Wert von $T_T \approx 1000$ K einsetzen.

Vom Punkt j aus expandiert das Gas in der Turbine und leistet dort eine Arbeit entsprechend der Fläche j-k-d-m-j in Bild 2.7. Die von der Turbine aufzubringende Verdichterarbeit entspricht der Fläche a-b-c-d-a. Da nun beide Arbeitsflächen übereinstimmen müssen, erreicht man mit dem Verdichter einen Druck p_L, der größer ist als der Druck p_T vor der Turbine. Der Motor gewinnt demnach die positive Ladungswechselarbeit entsprechend der - hier wieder idealisierten - Fläche e-b-g-f-e. Dieser Energiebetrag wird noch dem Motorabgas entzogen. Im praktischen Fall sind natürlich die Verluste in der Turbine und im Verdichter zu berücksichtigen. Bei richtiger Auslegung des Abgasturboladers bleibt aber zumindest im oberen Lastbereich des Motors ein kleiner Arbeitsgewinn.

Wir wollen jetzt noch einige, z.T. schon definierte, Abkürzungen zusammenstellen.

$H_{V,is}$ = isentrope, spezifische Verdichterarbeit,

$H_{T,is}$ = isentrope, spezifische Turbinenarbeit,

c_{pA} = spezifische Wärmekapazität der Abgase bei p = const.,

c_{pL} = spezifische Wärmekapazität der Luft bei p = const.,

$\dot{m}_L$ = Ladermassendurchsatz,

$\dot{m}_T$ = Turbinenmassendurchsatz,

$\eta_{T,is}$ = isentroper Turbinenwirkungsgrad,

$\eta_{V,is}$ = isentroper Verdichterwirkungsgrad,

$\varkappa_A$ = Isentropenexponent der Abgase,

$\varkappa_L$ = Isentropenexponent der Ladeluft.

Für die spezifische Turbinenarbeit gilt

$$H_T = \Delta h_T = \eta_{T,is}\, H_{T,is} = \eta_{T,is}\, c_{pA}\, T_T \left[1 - \left(\frac{p_0}{p_T}\right)^{\frac{\varkappa_A - 1}{\varkappa_A}} \right] . \tag{2.32}$$

Für das Leistungsgleichgewicht zwischen Verdichter und Turbine kann angeschrieben werden

$$\dot{m}_L\, H_{V,is}\, \frac{1}{\eta_{V,is}} = \dot{m}_T\, H_{T,is}\, \eta_{T,is}\, \eta_{m,ATL} . \tag{2.33}$$

Mit der Abgasturboladerkennzahl

$$\tau_A = \frac{T_T}{T_0}\, \eta_{V,is}\, \eta_{T,is}\, \eta_{m,ATL} \tag{2.34}$$

und mit der Abkürzung

$$\chi = \frac{c_{pL}}{c_{pA}}\, \frac{\dot{m}_L}{\dot{m}_T} = \frac{c_{pL}}{c_{pA}}\, \frac{\lambda\, \overline{m}_{Lmin}}{1 + \lambda\, \overline{m}_{Lmin}} \tag{2.35}$$

erhält man aus den Gleichungen 2.23, 2.24, 2.32 und 2.33 das Turbinendruckverhältnis

$$\frac{p_0}{p_T} = \left\{ 1 - \frac{\chi}{\tau_A} \left[\left(\frac{p_L}{p_0}\right)^{\frac{\varkappa_L - 1}{\varkappa_L}} - 1 \right] \right\}^{\frac{\varkappa_A}{\varkappa_A - 1}} \tag{2.36}$$

Bei Vorgabe des Ladedrucks ist damit auch der Turbineneintrittsdruck bekannt. Die Ladungswechselarbeit des abgasturboaufgeladenen Motors (Index ATL) wird dann

$$P_{LW,ATL} \approx P_L - P_T . \tag{2.37}$$

Da die Verdichterarbeit jetzt von der Turbine aufgebracht wird, hat sie natürlich - anders als bei der mechanischen Aufladung - keinen Einfluß auf die mechanische Verlustarbeit des Motors. Mit dem p_m-Näherungswert nach Gleichung 2.17 gilt hier also für den mittleren effektiven Druck

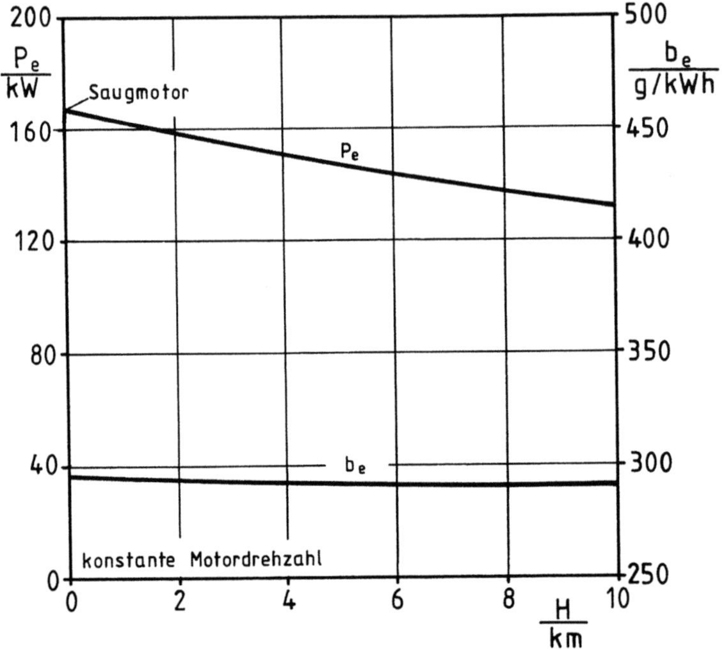

Bild 2.8. Höhenverhalten eines Motors mit Abgasturboaufladung und Bypassregelung

$$P_{e,ATL} = \left(P_i + P_{LW,ATL}\right) - P_m = P_{i,ATL} - P_m \tag{2.38}$$

und für den mechanischen Wirkungsgrad

$$\eta_{m,ATL} = 1 - \frac{P_m}{P_{i,ATL}} \; . \tag{2.39}$$

Als ein Beispiel zeigt Bild 2.8 die Rechnungsergebnisse für die Leistung und für den spezifischen Kraftstoffverbrauch eines mit konstanter Drehzahl arbeitenden Motors, der in der Höhe H = 10 km mit einem Abgasturbolader bis auf den Bodendruck aufgeladen wird. (Die Motorauslegung entspricht wieder der des Saugmotors mit den Betriebsdaten von Bild 2.4) Für diesen Betriebspunkt soll hier einmal eine Zahlenrechnung durchgeführt werden.

Zylinderdurchmesser: d = 130 mm;
Kolbenhub: s = 110 mm;
Zylinderzahl: z = 6;

Motorgesamthubraum: V_{Hg} = 8,76 l;

Motordrehzahl: n = 2750 1/min;

Verdichtungsverhältnis: ε = 8,0;

Luftverhältniszahl: λ = 1,0;

Ladedruck: p_L = 1,013 bar;

Isentroper Verdichterwirkungsgrad: η_{Vis} = 0,70;

Abgasturboladerkennzahl: τ_A = 2,35;

Atmosphärische Zustandswerte: p_0 = 0,264 bar, T_0 = 223 K, ϱ_0 = 0,41 kg/m^3;

Mindestluftbedarf: $\bar{m}_{Lmin}$ = 14,8 kg Luft/kg Kraftstoff;

Luft/Kraftstoffdampf-Dichteverhältnis: $\varrho_0/\varrho_{0K} \approx$ 0,25;

Kraftstoffheizwert: H_u = 43$\cdot$10^6 J/kg;

Spezifische Wärme der Luft: c_{pL} = 1005 J/kg K;

Spezifische Wärme der Abgase: c_{pA} = 1150 J/kg K;

Isentropenexponent der Luft: $\varkappa_L$ = 1,40;

Isentropenexponent der Abgase: $\varkappa_A$ = 1,33.

Wirkungsgrad des vollkommenen Motors nach (2.3): η_v = 0,43;

Gemischheizwert nach (2.9): H_{ug} = 1,17$\cdot$10^6 J/m^3;

Mittlerer Druck des vollkommenen Motors nach (2.11): p_v = 5,04 bar;

Ladelufttemperatur nach (2.23) bis (2.25): T_L = 372 K;

Ladeluftdichte: ϱ_L = 0,95 kg/m^3;

Liefergrad nach (2.31): $\lambda_{L,A}$ = 1,97;

Mittlerer indizierter Druck (ohne Berücksichtigung der positiven Ladungswechselarbeit und mit η_g = 0,8) nach (2.13): p_i = 7,94 bar;

Turbineneintrittsdruck nach (2.35) und (2.36): p_T = 0,54 bar;

Mittlerer Druck der Ladungswechselarbeit nach (2.37): $p_{LW,ATL}$ = 0,47 bar;

Mittlerer mechanischer Verlustdruck nach (2.17): p_m = 1,81 bar;

Mittlerer indizierter Druck nach (2.38): $p_{i,ATL}$ = 8,41 bar;

Gütegrad nach (2.30): $\eta_{g,A}$ = 0,85;

Mechanischer Wirkungsgrad nach (2.39): η_m = 0,79;

Mittlerer effektiver Druck nach (2.38): $p_{e,ATL}$ = 6,60 bar;

Effektiver Wirkungsgrad nach Glg. 2.19 (mit $\eta_{g,A}$ anstelle von η_g): η_e = 0,29;

Effektive Leistung nach (2.20): P_e = 132 kW;

Effektiver spezifischer Kraftstoffverbrauch nach (2.21): b_e = 290 g/kWh.

Wenn dieser Motor nun in anderen Flughöhen betrieben wird, dann verändert sich seine Leistung weit weniger als die eines Saugmotors und über größere Höhenbereiche auch weniger als die eines mechanisch aufgeladenen Motors. Das ist darauf zurückzuführen, daß z.B. bei Abnahme des Umgebungsdrucks mit dem Turbinendruckverhältnis nach (2.36) auch das Verdichterdruckverhältnis zunimmt und dadurch die Wirkung des kleineren Umgebungsdrucks weitgehend kompensiert wird.

Zur Berechnung der Motorleistung bei einem vom Auslegungspunkt abweichenden Betriebszustand (z.B. bei konstanter Motordrehzahl und veränderter Flughöhe) ist es erforderlich, neben den Bedingungen des Leistungsgleichgewichts (Gleichung 2.33) und der Drehzahlgleichheit von Verdichter und Turbine des Abgasturboladers noch die Durchsatzbedingung

$$\dot{m}_T = \dot{m}_M = \frac{\rho_{0F}\, V_{Hg}\, n}{2 \cdot 60 \cdot 10^3}\, \lambda_L = \frac{1 + \lambda\, \bar{m}_{L,min}}{\lambda\, \bar{m}_{L,min}}\, \dot{m}_L \qquad (2.40)$$

zu berücksichtigen. (Der Motormassenstrom $\dot{m}_M$ in kg/s ist hier angeschrieben für den Viertakter mit V_{Hg} in l und n in 1/min.) Der Rechnungsgang entspricht dann der später ausführlich erläuterten Vorgehensweise zur Ermittlung der Betriebskennfelder von TL-Triebwerken. Wesentliche Unterschiede ergeben sich nur daraus, daß beim abgasturboaufgeladenen Motor die für das TL-Triebwerk gültige Turbinen/Schubdüsen-Durchsatzbedingung durch (2.40) zu ersetzen und der Zusammenhang zwischen dem Verdichterausgangs- und dem Turbineneingangsdruck durch (2.36) vorgegeben ist. (Beim TL-Triebwerk unterscheiden sich diese Drücke nur durch den in der Brennkammer auftretenden Druckverlust.)

Bei den Rechnungen zu Bild 2.8 wurde neben der vereinfachenden Annahme konstanter Werte für $\eta_{v,is}$ und τ_A noch vorausgesetzt, daß der Druck am Motoreinlaß auch bei kleinerer Flughöhe auf den Bodenumgebungsdruck begrenzt wird. Das läßt sich in relativ einfacher Weise durch eine Bypassregelung realisieren, bei der mit abnehmender Flughöhe ein zunehmender Abgasteilstrom unter Umgehung der Turbine über ein Bypassventil sofort in die Atmosphäre geleitet wird. Am Boden arbeitet dann auch dieser Motor nur noch im Saugbetrieb.

3 Grundlagen der Gasturbinentriebwerke

3.1 Thermogasdynamik

Als Basis für die späteren Triebwerksberechnungen sollen hier zunächst einmal einige gas-dynamische Grundgleichungen zusammengestellt werden, wobei wir ausgehen von einer eindimensionalen, isentropen und stationären Strömung kompressibler Medien.

Abkürzungen:

A	= Strömungsquerschnitt,	h	= spezifische Enthalpie,
M	= *Mach*-Zahl,	m	= Masse,
R	= Gaskonstante,	p	= Druck,
T	= absolute Temperatur,	u	= spezifische innere Energie,
V	= Volumen,	t	= Zeit,
a	= Schallgeschwindigkeit,	w	= Strömungsgeschwindigkeit,
c_p	= spezifische Wärme bei p = const.,	$\varkappa$	= Isentropenexponent,
c_v	= spezifische Wärme bei v = const.,	ϱ	= Dichte.

Mit dem Index g sollen die Gesamtzustandswerte gekennzeichnet werden.

Aus der Energiegleichung

$$h_g = c_p\, T_g = h + \frac{w^2}{2} = c_p T + \frac{w^2}{2} = const \tag{3.1}$$

erhält man für die Strömungsgeschwindigkeit

$$w = \sqrt{2\, c_p T_g \left(1 - \frac{T}{T_g}\right)} \; . \tag{3.2}$$

Bei isentroper Expansion gilt dann mit

$$\frac{T}{T_g} = \left(\frac{p}{p_g}\right)^{\frac{\kappa-1}{\kappa}}$$

(3.3)

und mit

$$R = c_p - c_v = c_p \frac{\kappa-1}{\kappa}$$

(3.4)

für die Geschwindigkeit

$$w_{is} = \sqrt{2\,\frac{\kappa}{\kappa-1}\,R\,T_g\left[1-\left(\frac{p}{p_g}\right)^{\frac{\kappa-1}{\kappa}}\right]}\;.$$

(3.5)

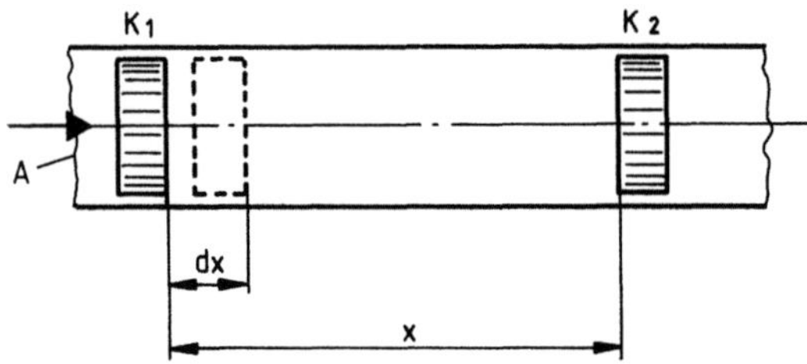

Bild 3.1. Druckausbreitung in einem Rohr

Wir wollen jetzt gleich noch die Schallgeschwindigkeit einführen, die sich wie folgt ableiten läßt [25]: In einem gasgefüllten Rohr mit dem Querschnitt A befinden sich im Abstand x die Kolben K_1 und K_2, siehe Bild 3.1. Der Kolben K_1 soll nun sehr rasch um die Strecke dx verschoben werden. Wegen der Elastizität des Gases kann der Kolben K_2 dieser Bewegung erst folgen, nachdem die durch die Verschiebung von K_1 ausgelöste Druckwelle mit der Amplitude dp die Laufstrecke x durcheilt hat. In der Zwischenzeit wird aber die Gassäule erst einmal komprimiert, wobei man für die Dichteänderung anschreiben kann

$$\frac{d\varrho}{\varrho} = \frac{dx}{x}\;.$$

(3.6)

Ist a die Geschwindigkeit der Druckwellenausbreitung (Schallgeschwindigkeit), dann bewegt sich nach der Wellenlaufzeit

$$t = \frac{x}{a}$$

mit dem Kolben K_2 die gesamte Gassäule mit der mittleren Geschwindigkeit

$$w = a \frac{dx}{x} \ .$$

Die mittlere Beschleunigung der Gassäule ist dann

$$\frac{w}{t} = \frac{a^2}{x^2} \ dx \ .$$

Für die Massenkraft gilt

$$dp \ A = m \ \frac{w}{t} = A x \varrho \frac{w}{t} \ .$$

Aus diesen Gleichungen erhält man für die Druckänderung

$$dp = \varrho \, a \, w = \varrho \, a^2 \ \frac{dx}{x} \tag{3.7}$$

und mit 3.6 für die Schallgeschwindigkeit

$$a = \sqrt{\frac{dp}{d\varrho}} \ . \tag{3.8}$$

Diese Gleichung ist für alle Medien gültig. Für die Schallgeschwindigkeit in Gasen erhält man bei isentroper Zustandsänderung mit

$$\frac{dp}{p} = \kappa \ \frac{d\varrho}{\varrho}$$

oder umgeformt mit

$$\frac{dp}{d\varrho} = \kappa \ \frac{p}{\varrho} = \kappa R T \tag{3.9}$$

den Wert

48

$$a = \sqrt{\kappa R T} \ . \tag{3.10}$$

Die Zusammenhänge zwischen den statischen Zustandswerten und den Gesamtzustandswerten können nun ausgedrückt werden durch die *Mach*-Zahl

$$M = \frac{w}{a} \ . \tag{3.11}$$

Für die Gesamttemperatur gilt

$$T_g = T + M^2 \, \frac{a^2}{2\,c_p} = T + M^2 \, \frac{\kappa\,(c_p - c_v)}{2\,c_p} \, T \tag{}$$

oder in anderer Schreibweise

$$T_g = T \left(1 + \frac{\kappa - 1}{2} \, M^2 \right) \ . \tag{3.12}$$

Mit der Isentropengleichung erhält man dann für den Gesamtdruck

$$p_g = p \left(1 + \frac{\kappa - 1}{2} \, M^2 \right)^{\frac{\kappa}{\kappa - 1}} \tag{3.13}$$

und für die Gesamtdichte

$$\varrho_g = \varrho \left(1 + \frac{\kappa - 1}{2} \, M^2 \right)^{\frac{1}{\kappa - 1}} \ . \tag{3.14}$$

Der Massenstrom berechnet sich aus

$$\dot{m}_{is} = w_{is} \, \varrho \, A \ .$$

Dabei ist ϱ die Dichte im Ausflußquerschnitt A. Mit Gleichung 3.5 und mit

$$\varrho = \varrho_g \, \frac{p}{p_g} \, \frac{T_g}{T} = \frac{p_g}{R\,T_g} \left(\frac{p}{p_g} \right)^{\frac{1}{\kappa}}$$

ergibt sich nach einigen Umformungen für den Massenstrom

$$\dot{m}_{is} = \sqrt{\frac{2}{R\,T_g}}\; p_g\, \psi\, A \tag{3.15}$$

mit der Ausflußfunktion

$$\psi = \sqrt{\frac{\kappa}{\kappa-1}\left[\left(\frac{p}{p_g}\right)^{\frac{2}{\kappa}} - \left(\frac{p}{p_g}\right)^{\frac{\kappa+1}{\kappa}}\right]}\; . \tag{3.16}$$

Bild 3.2 zeigt den Verlauf der Ausflußfunktionen für einige κ-Werte. Die Lage des Maximums der ψ-Kurve ergibt sich durch Nullsetzen der ersten Ableitung von (3.16). Kennzeichnen wir die diesem Maximum zugeordneten, sogenannten kritischen Zustandswerte durch ein Sternchen, dann erhält man für das kritische Druckverhältnis

$$\frac{p^*}{p_g} = \left(\frac{2}{\kappa+1}\right)^{\frac{\kappa}{\kappa-1}} \tag{3.17}$$

und damit für den Maximalwert der Ausflußfunktion

$$\psi_{max} = \left(\frac{2}{\kappa+1}\right)^{\frac{1}{\kappa-1}} \sqrt{\frac{\kappa}{\kappa+1}}\; . \tag{3.18}$$

Für das kritische Temperaturverhältnis gilt

$$\frac{T^*}{T_g} = \frac{2}{\kappa+1}\; . \tag{3.19}$$

In Verbindung mit (3.2) und (3.4) erhält man dann für die kritische Geschwindigkeit

$$w_{is}^* = \sqrt{\frac{2\kappa}{\kappa+1}\, R\,T_g} = \sqrt{\kappa R T^*} = a^*\; . \tag{3.20}$$

Die kritische Ausflußgeschwindigkeit ist also identisch mit der Schallgeschwindigkeit bei der kritischen Temperatur. Soll diese Geschwindigkeit durch eine weitere Absenkung des statischen Druckes noch überschritten werden, dann ist das unter Berücksichtigung der Kontinuitätsbedingung, die bei Vorgabe der Gesamtzustandswerte p_g und T_g nach Gleichung 3.15 ausgedrückt werden kann durch

$$\psi A = const\, ,$$

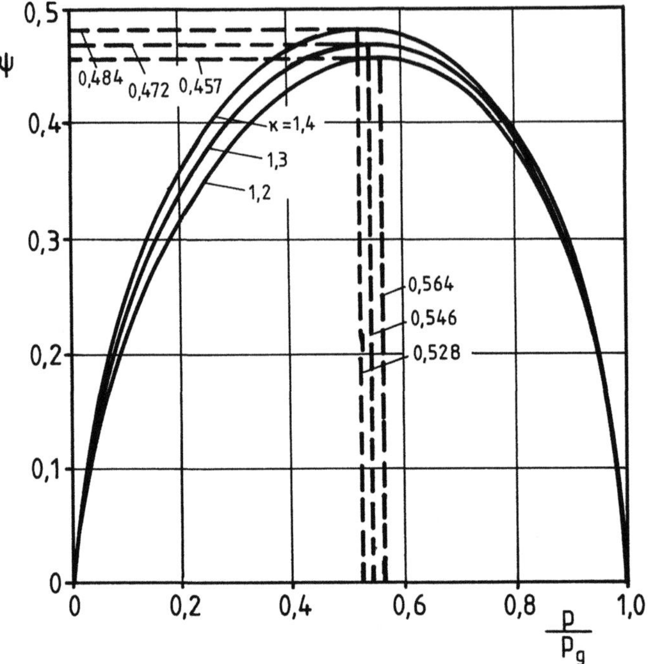

Bild 3.2. Ausflußfunktion

nur möglich, wenn die nach Bild 3.2 jetzt wieder abnehmenden ψ -Werte durch eine entsprechende Vergrößerung des Strömungsquerschnittes kompensiert werden (*Laval*-Düse).

Mit einer kurzen Nebenbetrachtung sollen diese Zusammenhänge noch einmal in einer etwas anderen Form dargestellt werden:

Aus dem Impulssatz

$$-A\, dp = \dot{m}\, dw = A\, \varrho\, w\, dw \tag{3.21}$$

folgt nach Erweiterung mit $d\varrho$

$$\frac{dp}{d\varrho}\, \frac{d\varrho}{\varrho} = -w^2\, \frac{dw}{w}\ .$$

Mit Berücksichtigung von (3.8) und (3.11) gilt dann für die Dichteänderung

$$\frac{d\varrho}{\varrho} = -M^2 \frac{dw}{w} \; .$$

In Verbindung mit der Kontinuitätsbedingung

$$w \varrho A = const$$

in ihrer differentiellen Form

$$\frac{dw}{w} + \frac{d\varrho}{\varrho} + \frac{dA}{A} = 0 \tag{3.22}$$

erhält man daraus

$$\frac{dw}{w} = - \frac{dA/A}{1-M^2} \; . \tag{3.23}$$

Im Unterschallbereich ist also eine Vergrößerung der Strömungsgeschwindigkeit mit einer Abnahme des Strömungsquerschnitts (konvergente Düse) und im Überschallbereich mit einer Querschnittszunahme (divergente Düse) verbunden.

Aus den Gleichungen 3.13 und 3.17 erhält man noch für das statische Druckverhältnis

$$\frac{p}{p^*} = \left\{ \frac{\kappa+1}{2\left[1+(\kappa-1)M^2/2\right]} \right\}^{\frac{\kappa}{\kappa-1}} \; . \tag{3.24}$$

Mit der Isentropengleichung gilt dann für das statische Temperaturverhältnis

$$\frac{T}{T^*} = \frac{\kappa+1}{2\left[1+(\kappa-1)M^2/2\right]} \; . \tag{3.25}$$

Für die kritische *Mach*-Zahl M^* (sie wird auch *Laval*-Zahl genannt) kann dann angeschrieben werden

$$M^* = \frac{w}{a^*} = M\,\frac{a}{a^*} = M\sqrt{\frac{T}{T^*}} = M\left\{ \frac{\kappa+1}{2\left[1+(\kappa-1)M^2/2\right]} \right\}^{\frac{1}{2}} \; . \tag{3.26}$$

Aus der Kontinuitätsgleichung folgt für das Querschnittsverhältnis mit Berücksichtigung von (3.24) bis (3.26)

$$\frac{A}{A^*} = \frac{\varrho^* w^*}{\varrho\, w} = \frac{p^* T\, a^*}{p\, T^* w} = \frac{1}{M}\left\{\frac{2\left[1+(\varkappa-1)M^2/2\right]}{\varkappa+1}\right\}^{\frac{\varkappa+1}{2(\varkappa-1)}}. \tag{3.27}$$

Schließlich gilt noch für die Massenstromdichte

$$\frac{\dot{m}}{A} = \varrho\, w = \varrho\, M a = \frac{p}{p_g}\,\frac{T_g}{T}\,\frac{p_g}{R\, T_g}\, M\sqrt{\varkappa R\,\frac{T}{T_g}}\,\sqrt{T_g}$$

oder mit (3.12) und (3.13)

$$\frac{\dot{m}}{A} = \sqrt{\frac{\varkappa}{R}}\,\frac{p_g}{\sqrt{T_g}}\,\frac{M}{\left[1+(\varkappa-1)M^2/2\right]^{\frac{\varkappa+1}{2(\varkappa-1)}}}. \tag{3.28}$$

Damit sind alle, für uns wichtigen, gasdynamischen Gleichungen zusammengestellt.

3.2 Kreisprozesse

3.2.1 Idealprozesse

Der Basisprozeß aller Gasturbinen- und Staustrahltriebwerke ist der in Bild 3.3 für die Einheit der Arbeitsgasmasse in einem Temperatur-Entropie-Diagramm dargestellte Isentropen-Isobaren-Prozeß (*Joule*-Prozeß) mit folgenden Zustandsänderungen des Arbeitsmediums:

* Isentrope Kompression,
* isobare Wärmezufuhr,
* isentrope Expansion,
* isobare Wärmeabfuhr.

Der Ladungswechsel, d.h. das Abströmen der Heißgase und das Zuströmen der Frischluft, wird demnach bei diesem geschlossenen Vergleichsprozeß ersetzt durch die isobare Wärmeabfuhr nach außen. Weiterhin rechnen wir wieder - so wie bei dem idealisierten Ottomotorenprozeß (siehe Kap. 2.1) - mit konstanten Werten für die spezifischen Wärmekapazitäten. Da wir auch noch Kreisprozesse behandeln, die mit Wärmetauschern arbeiten und

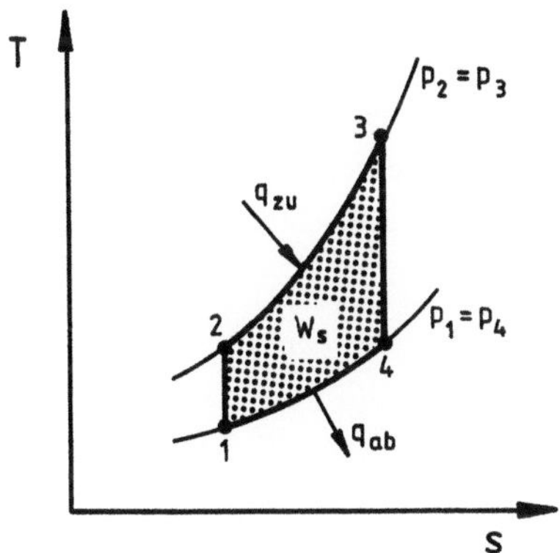

Bild 3.3. Isentropen-Isobaren-Prozeß im T-s-Diagramm

für den Wärmedurchgang die statischen Temperaturgefälle maßgebend sind, soll schließlich mit den Annahmen T_g = T und p_g = p auch noch die in den einzelnen Triebwerkskomponenten vorhandene kinetische Energie des Arbeitsmediums vernachlässigt werden.
Den thermischen Wirkungsgrad erhält man dann nach Gleichung 2.1 aus

$$\eta_{th,1} = 1 - \frac{c_p(T_4 - T_1)}{c_p(T_3 - T_2)} = 1 - \frac{T_1}{T_2} \frac{(T_4/T_1) - 1}{(T_3/T_2) - 1} \,. \tag{3.29}$$

(Index 1: Isentropen-Isobaren-Prozeß.) Mit Berücksichtigung der Isentropenbeziehungen

$$\frac{T_2}{T_1} = \left(\frac{p_2}{p_1}\right)^{\frac{\kappa - 1}{\kappa}} = \frac{T_3}{T_4} \,, \tag{3.30}$$

d.h. mit $T_4/T_1 = T_3/T_2$ und mit Einführung der Abkürzung

$$\pi = \frac{p_2}{p_1}$$

für das Verdichterdruckverhältnis kann für den thermischen Wirkungsgrad angeschrieben
werden

$$\eta_{th,1} = 1 - \frac{1}{\pi^{\frac{\kappa - 1}{\kappa}}} \,. \tag{3.31}$$

54

Es sei nun gleich an dieser Stelle sehr nachdrücklich darauf hingewiesen, daß neben dem Wirkungsgrad auch die auf die Masseneinheit des Arbeitsgases bezogene, spezifische Arbeit W_s ein ganz entscheidendes Bewertungskriterium ist. Ein kleiner W_s-Wert verlangt nämlich zur Erzielung einer bestimmten Triebwerksleistung einen entsprechend großen Gasmassendurchsatz und damit auch große Triebwerksabmessungen und Triebwerksgewichte, die natürlich genauso zu vermeiden sind wie ein schlechter Triebwerkswirkungsgrad. Die spezifische Arbeit

$$W_s = q_{zu}\, \eta_{th}$$

wird hier

$$W_{s,1} = c_p\,(T_3 - T_2)\,\eta_{th,1} \; . \tag{3.32}$$

Mit der weiteren Abkürzung

$$\tau = \frac{T_3}{T_1}$$

für das Verhältnis von größter zu kleinster Prozeßtemperatur kann die Temperaturdifferenz T_3-T_2 unter Verwendung von (3.30) ausgedrückt werden durch

$$T_3 - T_2 = T_1\left(\frac{T_3}{T_1} - \frac{T_2}{T_1}\right) = T_1\left(\tau - \pi^{\frac{\kappa-1}{\kappa}}\right) \; . \tag{3.33}$$

Für die spezifische Arbeit gilt dann

$$W_{s,1} = c_p T_1 \left(\tau - \pi^{\frac{\kappa-1}{\kappa}}\right)\left(1 - \frac{1}{\pi^{\frac{\kappa-1}{\kappa}}}\right) \; . \tag{3.34}$$

Die untere Temperatur T_1 (Verdichtereintrittstemperatur) ist - so wie der untere Druckwert p_1 - durch die atmosphärischen Bedingungen festgelegt. Bei Vorgabe der technologisch begrenzten Temperatur T_3 (Turbineneintrittstemperatur) bzw. des Temperaturverhältnisses τ erreicht der Wirkungsgrad bei dem Druckverhältnis

$$\pi_{\eta_{th,1,max}} = \tau^{\frac{\kappa}{\kappa-1}} \tag{3.35}$$

das Maximum

$$\eta_{th,1,max} = 1 - \frac{T_1}{T_3} \qquad (3.36)$$

und entspricht damit dem Wirkungsgrad des *Carnot*-Prozesses [21]. Das ist natürlich nur ein theoretischer Grenzfall, da bei dem π -Wert von Gleichung 3.35 nach (3.34) die spezifische Arbeit $W_s = 0$ wird. (Es wird dann ja schon bei der Kompression die vorgegebene Höchsttemperatur erreicht, also keine Wärme mehr zugeführt.) Für das Druckverhältnis, bei dem W_s ein Maximum erreicht, erhält man aus der Bedingung ($\partial W_s / \partial \pi$) = 0 den Wert

$$\pi_{W_{s,max}} = \tau^{\frac{\kappa}{2(\kappa-1)}} . \qquad (3.37)$$

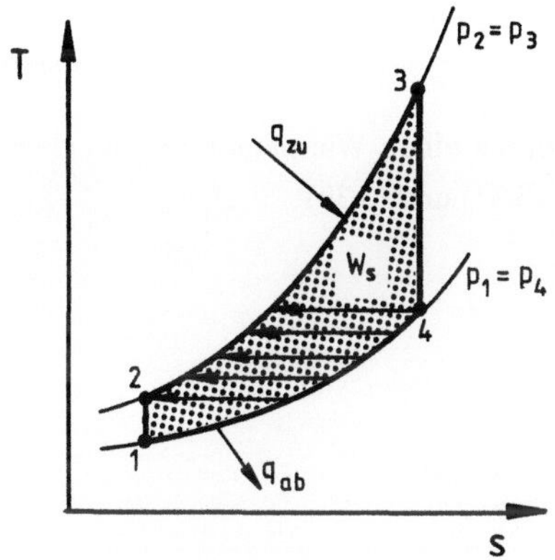

Bild 3.4. Isentropen-Isobaren-Prozeß mit Wärmeaustausch im T-s-Diagramm

Wenn die Expansionsendtemperatur T_4 eines *Joule*-Prozesses größer ist als die Verdichtungsendtemperatur T_2, dann könnte der Wirkungsgrad verbessert werden durch den Einsatz eines Wärmetauschers, der einen Teil der Abwärme auf das verdichtete Arbeitsgas überträgt. Ein solcher Isentropen-Isobaren-Prozeß mit Wärmeaustausch (Index 2) ist in dem T-s-Diagramm von Bild 3.4 skizziert. Dabei wurde eine vollständige Wärmeübertragung angenommen, bei der im Wärmetauscher das Frischgas bis auf die Temperatur T_4 aufgeheizt und das Abgas bis auf die Temperatur T_2 abgekühlt wird. Hier gilt für den thermischen Wirkungsgrad

$$\eta_{th,2} = 1 - \frac{T_2 - T_1}{T_3 - T_4} = 1 - \frac{T_2}{T_3}\,\frac{1 - (T_1/T_2)}{1 - (T_4/T_3)} \cdot \tag{3.38}$$

Mit Berücksichtigung von (3.30) und mit

$$\frac{T_2}{T_3} = \frac{T_1}{T_3}\,\frac{T_2}{T_1} = \frac{1}{\tau}\,\frac{T_2}{T_1}$$

wird daraus

$$\eta_{th,2} = 1 - \frac{1}{\tau}\,\pi^{\frac{\kappa-1}{\kappa}} \cdot \tag{3.39}$$

Die spezifische Arbeit bleibt unverändert. Es ist also

$$W_{s,2} = W_{s,1} \cdot \tag{3.40}$$

Wie oben schon erwähnt, kann der Wirkungsgrad durch einen Wärmetauscher nur dann verbessert werden, wenn $T_4 > T_2$ ist, sofern also nach (3.31) und (3.39)

$$\frac{\pi^{\frac{\kappa-1}{\kappa}}}{\tau} < \frac{1}{\pi^{\frac{\kappa-1}{\kappa}}}$$

ist. Es gilt somit

$$\pi_{\eta_{th,2} > \eta_{th,1}} < \tau^{\frac{\kappa}{2(\kappa-1)}} \cdot \tag{3.41}$$

Nach (3.37) ist also auch

$$\pi_{\eta_{th,2} > \eta_{th,1}} < \pi_{W_{s(1,2)\,max}} \cdot$$

Zur Vergrößerung der spezifischen Arbeit kann das Arbeitsmedium stufenweise verdichtet und zwischengekühlt und/oder das Heißgas stufenweise expandiert und zwischenerhitzt werden. Bild 3.5 zeigt das T-s-Diagramm bei einer Kombination dieser Maßnahmen, wobei wir den allgemeinen Fall einer n-stufigen Verdichtung und Expansion und einer (n-1)-stufigen Zwischenkühlung und Zwischenerhitzung betrachten. (Dieser Prozeß ist für uns deshalb von Interesse, weil er - z.T. zwar in einer abgewandelten Form - auch bei Flugtrieb-

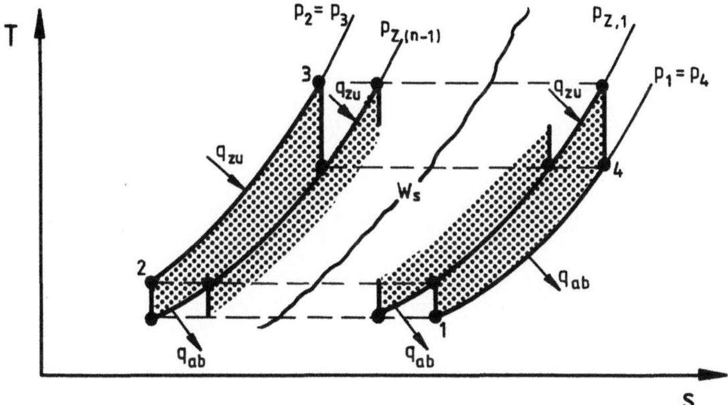

Bild 3.5. Isentropen-Isobaren-Prozeß mit Zwischenkühlung und Zwischenerhitzung im T-s-Diagramm

werken verwendet wird, siehe Kap. 7.) Die Verdichtungsstufendruckverhältnisse und die entsprechenden Temperaturverhältnisse sind hier alle gleich, d.h. es ist

$$\pi_Z = \frac{p_{Z,1}}{p_1} = \frac{p_{Z,2}}{p_{Z,1}} = \ldots = \frac{p_{Z,n-1}}{p_{Z,n-2}} = \frac{p_2}{p_{Z,n-1}}$$

und somit das gesamte Druckverhältnis

$$\pi = \frac{p_2}{p_1} = \frac{p_2}{p_{Z,n-1}} \, \frac{p_{Z,n-1}}{p_{Z,n-2}} \ldots \frac{p_{Z,2}}{p_{Z,1}} \, \frac{p_{Z,1}}{p_1} = \pi_Z^n \,. \tag{3.42}$$

Gleich groß sind auch die Temperaturverhältnisse der Expansionsstufen, so daß für den Wirkungsgrad angeschrieben werden kann

$$\eta_{th,3} = 1 - \frac{\Sigma q_{ab}}{\Sigma q_{zu}} = 1 - \frac{c_p(T_4 - T_1) + c_p(n-1)(T_2 - T_1)}{c_p(T_3 - T_2) + c_p(n-1)(T_3 - T_4)}$$

oder etwas umgeformt

$$\eta_{th,3} = 1 - \frac{(T_3/T_1)\left[(T_4/T_3) - (T_1/T_3)\right] + (n-1)\left[(T_2/T_1) - 1\right]}{(T_3/T_1) - (T_3/T_1) + (n-1)(T_3/T_1)\left[1 - (T_4/T_3)\right]} \,. \tag{3.43}$$

58

(Index 3: Isentropen-Isobaren-Prozeß mit Zwischenkühlung und Zwischenerhitzung.)
Führt man jetzt neben τ und π noch mit Berücksichtigung von (3.42) die Abkürzung

$$\Lambda = \frac{T_2}{T_1} = \frac{T_3}{T_4} = \pi_Z^{\frac{\kappa-1}{\kappa}} = \pi^{\frac{\kappa-1}{n\kappa}} \tag{3.44}$$

ein, dann gilt für den Wirkungsgrad

$$\eta_{th,3} = 1 - \frac{(\tau/\Lambda) - \Lambda + n(\Lambda-1)}{(\tau/\Lambda) - \Lambda + n\tau[(\Lambda-1)/\Lambda]} \; . \tag{3.45}$$

Für die spezifische Arbeit

$$W_{s,3} = \Sigma q_{zu} - \Sigma q_{ab} = c_p T_1 \left[\frac{\tau}{\Lambda} - \Lambda + n\tau \frac{\Lambda-1}{\Lambda} - \frac{\tau}{\Lambda} + \Lambda - n(\Lambda-1) \right]$$

erhält man

$$W_{s,3} = c_p T_1 \, n(\Lambda-1) \left(\frac{\tau}{\Lambda} - 1 \right) \; . \tag{3.46}$$

Mit n = 1 ergeben sich wieder die Gleichungen des *Joule*-Prozesses.

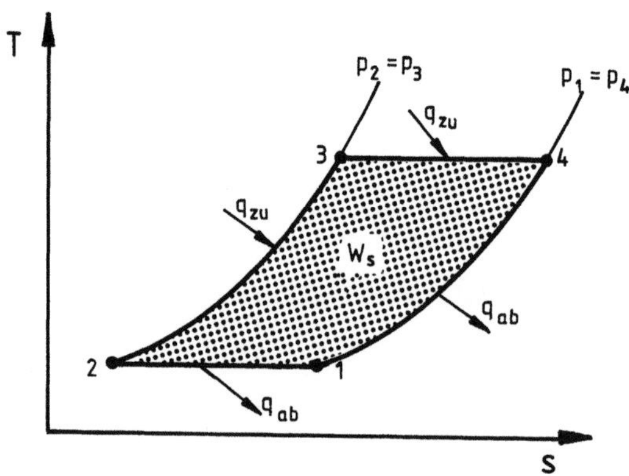

Bild 3.6. Isothermen-Isobaren-Prozeß im T-s-Diagramm

Der Wirkungsgrad und die spezifische Arbeit des im T-s-Diagramm von Bild 3.6 wiedergegebenen Isothermen-Isobaren-Prozeß (Index 4) ergeben sich aus den Gleichungen 3.45
und 3.46 für den Grenzfall $n \to \infty$. Dabei wird nach (3.44) $\Lambda = 1$ und somit das Produkt
$n(\Lambda - 1)$ in (3.45) und (3.46) unbestimmt. Mit der Regel von *L'Hospital* [26] erhält man

$$\lim_{n \to \infty} n\left(\pi^{\frac{\kappa-1}{n\kappa}} - 1\right) = \frac{\kappa-1}{\kappa} \ln \pi \ .$$

Für den Wirkungsgrad gilt also

$$\eta_{th,4} = 1 - \frac{\tau - 1 + [(\kappa-1)/\kappa] \ln \pi}{\tau - 1 + \tau [(\kappa-1)/\kappa] \ln \pi} \tag{3.47}$$

und für die spezifische Arbeit

$$W_{s,4} = c_p T_1 \ (\tau - 1) \ \frac{\kappa-1}{\kappa} \ln \pi \ . \tag{3.48}$$

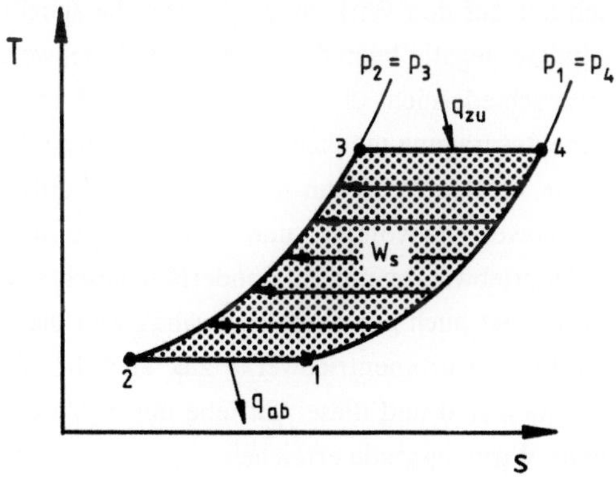

Bild 3.7. Isothermen-Isobaren-Prozeß mit Wärmeaustausch im T-s-Diagramm

Zur Vervollständigung zeigt das T-s-Diagramm von Bild 3.7 auch noch den Isothermen-
Isobaren-Prozeß mit Wärmeaustausch (*Ericsson*-Prozeß). Hier ergibt sich mit der zugeführten Wärmemenge

$$q_{zu} = T_3 \ (s_4 - s_3)$$

60

und der abgeführten Wärmemenge

$$q_{ab} = T_1 (s_1 - s_2)$$

sowie mit s_4-s_3 = s_1-s_2 sofort für den Wirkungsgrad

$$\eta_{th,5} = 1 - \frac{T_1}{T_3} \tag{3.49}$$

(das ist wieder der Wirkungsgrad des *Carnot*-Prozesses) und für die spezifische Arbeit

$$W_{s,5} = W_{s,4} \cdot \tag{3.50}$$

Bild 3.8 zeigt in einer zusammenfassenden Darstellung die Wirkungsgrade und die mit der Anfangsenthalpie $c_p T_1$ relativierten, spezifischen Arbeiten aller Vergleichsprozesse für ein Temperaturverhältnis von τ = 5. (Die Zahlen kennzeichnen die Prozesse, die in den vorstehenden Gleichungen durch die Indizes 1 bis 5 unterschieden wurden.) Wenn die hier wiedergegebenen η_{th}- und W_s-Werte der Idealprozesse auch sehr weit von der Realität entfernt sind, geben sie doch schon einige sehr wertvolle Hinweise auf die Wirkung von Prozeßmodifikationen. So wird noch einmal deutlich, daß der kompliziertere Kreisprozeß mit Wärmeaustausch dem einfachen *Joule*-Prozeß nur im unteren π-Bereich überlegen ist. Diese Überlegenheit bezieht sich aber auch nur auf den Wirkungsgrad, denn die spezifische Arbeit wird durch kleine Druckverhältnisse negativ beeinflußt. Im realen Triebwerk werden natürlich auch die Wirkungsgradunterschiede nicht die Werte von Bild 3.8 erreichen, da zum einen keine vollständige Wärmeübertragung möglich ist und zum andern der Wärmetauscher zusätzliche Strömungsverluste verursacht. Wenn man jetzt noch berücksichtigt, daß der Wärmetauscher auch das Triebwerksbauvolumen und -baugewicht erhöht, dann wird verständlich, daß sein Einsatz in Flugtriebwerken nur auf Sonderfälle beschränkt sein kann. Der Kreisprozeß nach Bild 3.4 wird hier auch nur deshalb erwähnt, weil die in dieser Schrift behandelten Grundlagen der Fluggasturbinentriebwerke z.B. auch bei der Auslegung von Fahrzeuggasturbinen anzuwenden sind und diese Antriebe nur in Verbindung mit einem Wärmetauscher befriedigende Wirkungsgrade erreichen.

Das Diagramm zeigt weiterhin, daß die Kombination von Zwischenkühlung und Zwischenerhitzung (mit dem Grenzfall des Isothermen-Isobaren-Prozesses) zwar die spezifische Arbeit vergrößert, den Wirkungsgrad aber deutlich verschlechtert. Das gilt natürlich - bei entsprechend geringeren Wirkungen - auch für den Fall, daß entweder nur eine Zwischenkühlung (in der Praxis arbeitet man mit einer Verdampfungskühlung, siehe Kap. 7.1) oder nur eine Zwischenerhitzung (Nachverbrennung, siehe Kap. 7.2) vorgenommen wird.

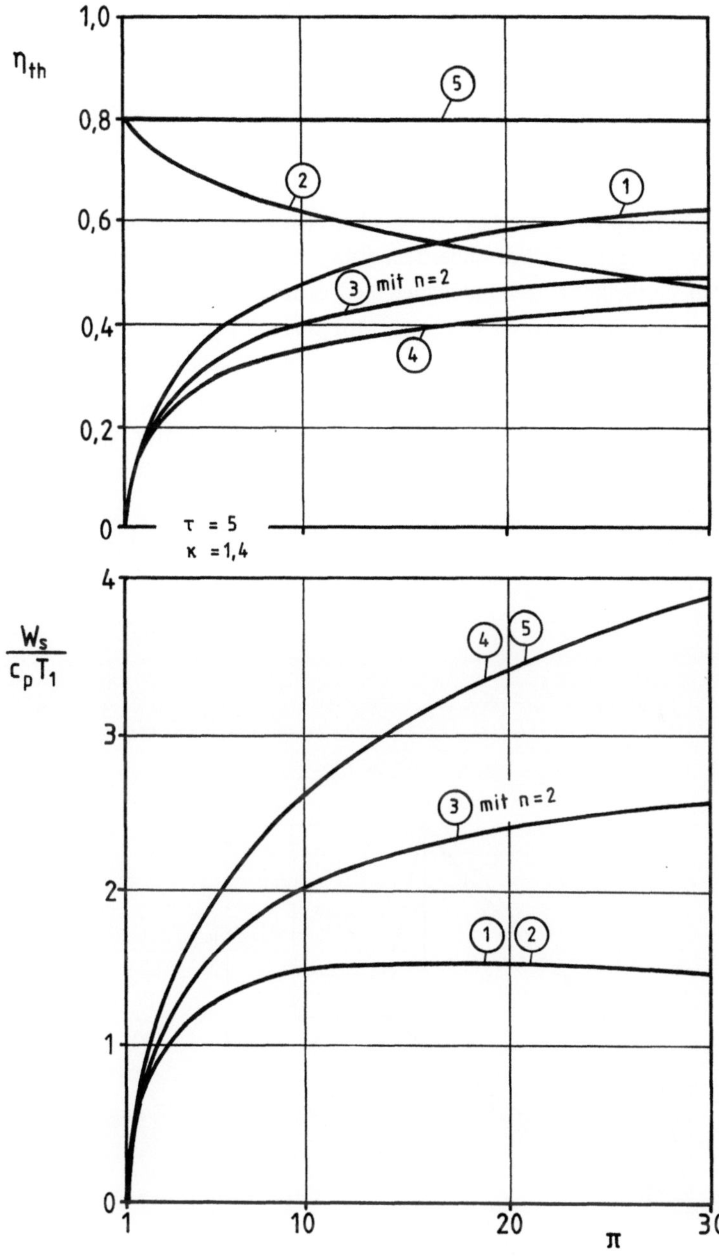

Bild 3.8. Wirkungsgrade und spezifische Arbeiten von Idealprozessen

62

3.2.2 Realprozeß

Bei einem realen Gasturbinenprozeß treten in allen Triebwerkskomponenten Verluste auf, die die Wirkungsgrade und die spezifischen Arbeiten im Vergleich zu den Werten eines Idealprozesses ganz erheblich verschlechtern. Bild 3.9 zeigt in einem Enthalpie-Entropie-Diagramm die Zustandsänderungen eines verlustbehafteten Prozesses, wobei von einem ruhenden Triebwerk ausgegangen wird. Außerdem erfolgt die Heißgasexpansion nur in einer Turbine, die den Verdichter antreibt und auch die Nutzarbeit liefert. Zur Berücksichtigung der kinetischen Energie des Arbeitsmediums wird jetzt mit den Gesamtzustandswerten gerechnet. Die Strömungsverluste im Triebwerkseinlauf verursachen einen Druckabfall vom Druck p_{0g} auf den Druck p_{1g}. (Bei unserem ruhenden Triebwerk - d.h. ohne die Wirkung eines Flugstaus - ist p_{0g} natürlich identisch mit dem statischen Druck p_0 der Umgebungsluft.) Wir wollen diesen Druckverlust durch den Einlauf-Druckverlustfaktor

$$\pi_E = \frac{p_{1g}}{p_{0g}} \tag{3.51}$$

definieren.

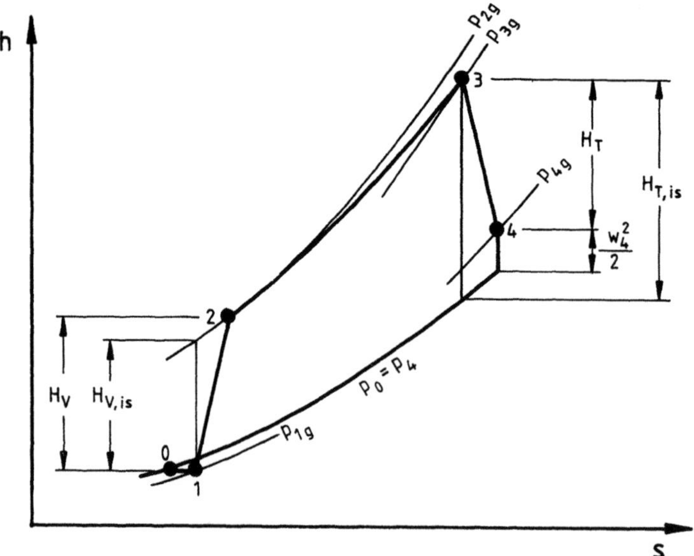

Bild 3.9. Verlustbehafteter Prozeß im h-s-Diagramm

Für die verlustbehaftete Kompression der Luft ist vom Verdichter entsprechend (2.23) und (2.24) die spezifische Arbeit

$$H_V = \frac{1}{\eta_{V,is}}\, c_{pL}\, T_{1g}\left[\left(\frac{p_{2g}}{p_{1g}}\right)^{\frac{\kappa_L-1}{\kappa_L}} - 1\right]$$
(3.52)

aufzubringen. Die Verdichtungsendtemperatur erhält man aus

$$T_{2g} = T_{1g} + \frac{H_V}{c_{pL}}\,.$$
(3.53)

Der Brennkammerdruckverlust wird durch Einführung des Verlustfaktors

$$\pi_{BK} = \frac{p_{3g}}{p_{2g}}$$
(3.54)

in Rechnung gestellt. Außerdem sollen mit dem Ausbrenngrad η_A noch Unvollständigkeiten der Verbrennung berücksichtigt werden. Ohne Beachtung der Flüssigkeitswärme des Kraftstoffs und mit der Abkürzung $\alpha = \dot{m}_K/\dot{m}_L$ für das Kraftstoff-Luftverhältnis gilt dann für die pro Masseneinheit der Verbrennungsluft mit dem Kraftstoff zugeführte Energie

$$q_K = \frac{1}{\eta_A}\left[(1+\alpha)\, h_{3g} - h_{2g}\right]\,.$$
(3.55)

Lassen wir den Unterschied zwischen den auf den gleichen Temperaturbereich bezogenen c_p-Werten von Luft und Verbrennungsgas außer acht und vernachlässigen auch den kleinen Kraftstoffmassenanteil im Heißgasstrom, dann kann angeschrieben werden

$$q_K = \frac{c_{pA}}{\eta_A}\left(T_{3g} - T_{2g}\right)\,.$$
(3.56)

Die spezifische Turbinenarbeit erhält man entsprechend (2.32) aus

$$H_T = \eta_{T,is}\, c_{pA}\, T_{3g}\left[1 - \left(\frac{p_4}{p_{3g}}\right)^{\frac{\kappa_A-1}{\kappa_A}}\right]$$
(3.57)

und die Expansionsendtemperatur aus

$$T_{4g} = T_{3g} - \frac{H_T}{c_{pA}} \; . \tag{3.58}$$

Abweichend von den beim Kolbenmotor eingeführten Definitionen wollen wir nun in Übereinstimmung mit der im Flugtriebwerksbau üblichen Nomenklatur die für die Vortriebserzeugung nutzbare und somit auch schon die mechanischen Triebwerksverluste (z.B. Lagerreibung, Antrieb der Hilfsgeräte) berücksichtigende Arbeit (Leistung) als innere Arbeit W_i (innere Leistung P_i) und den entsprechenden Wirkungsgrad als inneren Wirkungsgrad η_i bezeichnen. (Beim Kolbenmotor sind das die Effektivwerte.) Mit dem mechanischen Wirkungsgrad η_m wird dann die innere spezifische Arbeit

$$W_{i,s} = \left[(1+\alpha)\, H_T - H_V \right] \eta_m \tag{3.59}$$

und der innere Wirkungsgrad

$$\eta_i = \frac{W_{i,s}}{q_K} \; . \tag{3.60}$$

Verwenden wir weiterhin die Abkürzungen $\pi_V = p_{2g}/p_{1g}$ und $\tau = T_{3g}/T_{1g}$, ersetzen das Druckverhältnis p_4/p_{3g} durch

$$\frac{p_4}{p_{3g}} = \frac{p_0}{p_{3g}} = \frac{p_{0g}}{p_{3g}} = \frac{p_{0g}}{p_{1g}} \frac{p_{1g}}{p_{2g}} \frac{p_{2g}}{p_{3g}} = \frac{1}{\pi_E \, \pi_V \, \pi_{BK}}$$

und führen die Abkürzungen

$$A = \left[1 - \left(\frac{1}{\pi_E \, \pi_V \, \pi_{BK}} \right)^{\frac{\kappa_A - 1}{\kappa_A}} \right] \eta_{T,is} \; , \tag{3.61}$$

$$B = \frac{\pi_V^{\frac{\kappa_L - 1}{\kappa_L}} - 1}{\eta_{V,is}} \tag{3.62}$$

ein, dann erhält man mit $\alpha \approx 0$ für den inneren Wirkungsgrad

$$\eta_i = \frac{\tau A - B\, c_{pL}/c_{pA}}{\tau - (1+B)} \, \eta_A \, \eta_m \tag{3.63}$$

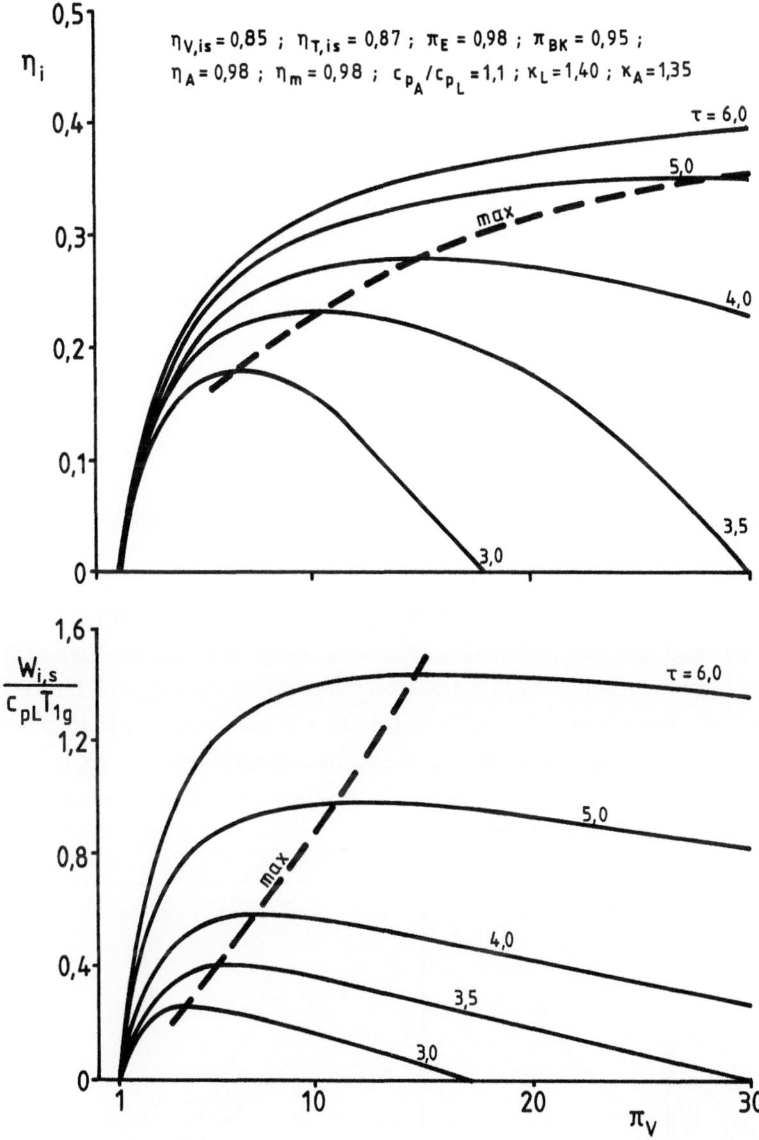

Bild 3.10. Innere Wirkungsgrade und innere spezifische Arbeiten verlustbehafteter Prozesse

und für die innere spezifische Arbeit

$$W_{i,s} = c_{pL}\, T_{1g} \left(\frac{c_{pA}}{c_{pL}}\, \tau A - B \right) \eta_m \; . \tag{3.64}$$

Die mit diesen Gleichungen ermittelten η_i- und $W_{s,i}$-Werte von Bild 3.10 zeigen sehr deutlich, daß die Realprozeßdaten schon bei den in dem Diagramm zusammengestellten und keineswegs sehr ungünstig angenommenen Verlustfaktoren wesentlich schlechter sind als die entsprechenden Werte eines Idealprozesses. Während dort für den *Joule*-Prozeß z.B. bei $\tau = 5$ und $\pi_V = 10$ ein thermischer Wirkungsgrad von $\eta_{th,1} = 0,48$ ermittelt wurde, siehe Bild 3.8, ergibt sich hier nur ein innerer Wirkungsgrad von $\eta_i = 0,33$. Man sieht weiterhin, daß bei einem Realprozeß nicht nur die spezifischen Arbeiten, sondern auch die Wirkungsgrade bei Überschreiten eines bestimmten π_V-Wertes wieder abnehmen. Hohe Temperaturverhältnisse verlangen zur Prozeßoptimierung auch hohe Druckverhältnisse, wobei aber hinsichtlich des Wirkungsgrades und der spezifischen Arbeit wieder ein Kompromiß erforderlich wird.

Zur Veranschaulichung der bei einem Realprozeß gegenüber dem Idealprozeß veränderten Wirkungsgrade und spezifischen Arbeiten ist es völlig ausreichend, für die Verlustfaktoren - so wie bei den Rechnungen zu Bild 3.10 - konstante Werte anzunehmen. Im Realfall werden sich die Verluste mit den Auslegungsdaten natürlich etwas verändern. Wir wollen hier jetzt nur noch zeigen, daß die bei unseren Rechnungen verwendeten, isentropen Wirkungsgrade der Strömungsmaschinen von der gesamten Arbeitsleistung eines Verdichters oder einer Turbine abhängig sind.

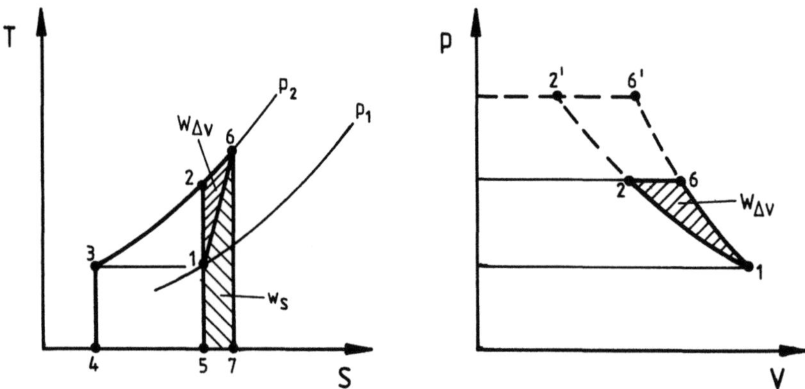

Bild 3.11. Verdichtungsvorgang im T-S- und p-V-Diagramm

In Bild 3.11 ist ein Verdichtungsvorgang in einem Temperatur-Entropie- und in einem Druck-Volumen-Diagramm dargestellt, wobei wir nur die statischen Zustandswerte betrachten. Bei isentroper Verdichtung von p_1 auf p_2 entspricht der Arbeitsaufwand W_{is} der Fläche 5-2-3-4-5. Die Strömungsverluste W_S werden dargestellt durch die Fläche 5-1-6-7-5. Diese Verluste setzen sich in Wärme um, wirken also auf den Verdichtungsvorgang wie eine äußere Wärmezufuhr. Die Verdichtung erfolgt demnach polytrop vom Punkt 1 zum Punkt 6. Die vom Verdichter zu leistende Arbeit W entspricht der Fläche 7-6-3-4-7. Sie ist nicht nur um die Strömungsverluste größer als die isentrope Kompressionsarbeit, sondern auch noch um die Fläche 1-2-6-1, das ist der Arbeitsmehraufwand $W_{\Delta V}$ zur Verdichtung des durch die Wärmezufuhr entstehenden Zusatzvolumens. Dieser - und nur dieser - Arbeitsmehraufwand erscheint auch in dem p-V-Diagramm. Für den isentropen Verdichterwirkungsgrad kann angeschrieben werden

$$\eta_{V,is} = \frac{W_{is}}{W_{is} + W_S + W_{\Delta V}} = \frac{1}{1 + \left(W_S / W_{is}\right) + \left(W_{\Delta V} / W_{is}\right)} \qquad (3.65)$$

Wie dem p-V-Diagramm zu entnehmen ist, wird $W_{\Delta V}/W_{is}$ mit wachsendem Druckverhältnis größer. Bei konstantem W_S/W_{is}, d.h. bei einer bestimmten strömungstechnischen Güte der Verdichtung, wird also nach (3.65) der isentrope Verdichterwirkungsgrad bei zunehmendem Verdichtungsverhältnis schlechter. Das bedeutet auch, daß bei der Hintereinanderschaltung strömungstechnisch gleichwertiger Verdichterstufen der isentrope Wirkungsgrad des Gesamtverdichters kleiner ist als der einer Einzelstufe.

Die Größe der Strömungsverluste kann auch durch den Polytropenexponenten $m > \varkappa$ gekennzeichnet und für den isentropen Verdichterwirkungsgrad angeschrieben werden

$$\eta_{V,is} = \frac{T_2 - T_1}{T_6 - T_1} = \frac{\left(p_2/p_1\right)^{\frac{\varkappa-1}{\varkappa}} - 1}{\left(p_2/p_1\right)^{\frac{m-1}{m}} - 1} \ . \qquad (3.66)$$

Auch aus dieser Gleichung geht hervor, daß der isentrope Wirkungsgrad bei zunehmendem Verdichtungsverhältnis kleiner wird.

Um nun z.B. für einen Gütevergleich von Verdichtern mit unterschiedlichen Stufenzahlen nur die Strömungsverluste wirkungsgradmäßig zu erfassen, definiert man den strömungstechnischen oder polytropischen Wirkungsgrad

$$\eta_{V,pol} = \frac{W_{is} + W_{\Delta V}}{W_{is} + W_S + W_{\Delta V}} \ . \qquad (3.67)$$

Als Vergleichsgröße dient hier also der Arbeitsaufwand einer polytropen Verdichtung mit einer der Strömungsverlustarbeit äquivalenten Wärmezufuhr. Für diesen Wirkungsgrad gilt

$$\eta_{V,pol} = \frac{\int_1^6 V\,dp}{\int_1^6 mc_p\,dT} = \frac{\int_1^6 dp/p}{(c_p/R)\int_1^6 dT/T}$$

Mit $c_p/R = \varkappa/(\varkappa-1)$ und $p_6 = p_2$ ergibt die Integration

$$\eta_{V,pol} = \frac{\varkappa-1}{\varkappa}\ \frac{\ln(p_2/p_1)}{\ln(T_6/T_1)}\ .$$

Daraus folgt für das reale Temperaturverhältnis

$$\frac{T_6}{T_1} = \left(\frac{p_2}{p_1}\right)^{\frac{\varkappa-1}{\varkappa}\frac{1}{\eta_{V,pol}}}\ . \tag{3.68}$$

Mit (3.66) und (3.68) gilt dann für den isentropen Verdichterwirkungsgrad

$$\eta_{V,is} = \frac{(p_2/p_1)^{\frac{\varkappa-1}{\varkappa}}-1}{(p_2/p_1)^{\frac{\varkappa-1}{\varkappa}\frac{1}{\eta_{v,pol}}}-1}\ . \tag{3.69}$$

Die entsprechende Ableitung des für den Turbinenwirkungsgrad gültigen Zusammenhangs ergibt

$$\eta_{T,is} = \frac{1-(p_2/p_1)^{\frac{\varkappa-1}{\varkappa}\eta_{T,pol}}}{1-(p_2/p_1)^{\frac{\varkappa-1}{\varkappa}}}\ . \tag{3.70}$$

Aus dieser Gleichung wird ersichtlich, daß der isentrope Wirkungsgrad einer Turbine bei unveränderter strömungstechnischer Güte mit dem Druckgefälle zunimmt. Aus (3.66) und (3.69) folgt schließlich noch für den Zusammenhang zwischen dem polytropischen Verdichtungswirkungsgrad und dem Polytropenexponent

$$\eta_{V,pol} = \frac{\varkappa-1}{\varkappa}\ \frac{m}{m-1}\ . \tag{3.71}$$

Bei der Turbine lautet dieser Zusammenhang

$$\eta_{T,pol} = \frac{\kappa}{\kappa - 1} \; \frac{m-1}{m} \; .$$

(3.72)

Dabei ist zu beachten, daß der Polytropenexponent der Turbinenströmung - im Unterschied zu dem der Verdichterströmung - $m < \kappa$ ist.

4 Turbinen-Luftstrahltriebwerke

4.1 Kenngrößen

Die Vortriebskraft eines Flugtriebwerks läßt sich in einfacher Weise mit Hilfe des Impulssatzes ableiten. Angewandt auf das in Bild 4.1 schematisch dargestellte, in x-Richtung stationär durchströmte Triebwerk gilt danach für die Summe der auf das Fluid einwirkenden Kräfte

$$\Sigma F_x = \dot{m}_a\, w_a - \dot{m}_0\, w_0 \; . \tag{4.1}$$

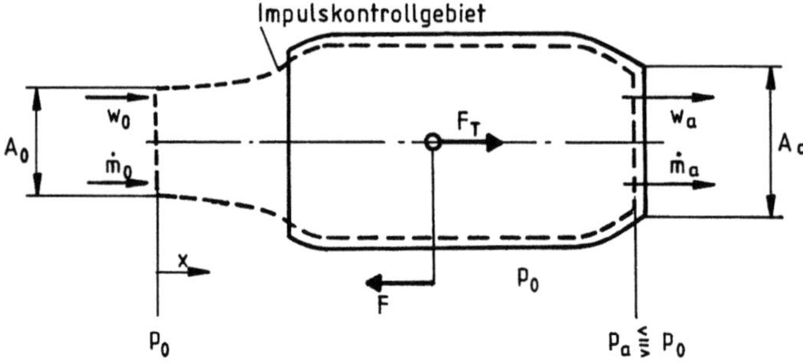

Bild 4.1. Triebwerkskontur und Impulskontrollgebiet

Darin sind $w_{0;a}$ und $\dot{m}_{0;a}$ die Geschwindigkeiten und Massenströme am Eingang bzw. am Ausgang des Impulskontrollraums, der am Triebwerkseinlauf bis in das Gebiet der ungestörten Strömung (Index 0) reicht. An der Eingangsfläche A_0 ist also der Druck gleich dem außerhalb des Kontrollraums herrschenden Umgebungsdruck p_0. (Die Triebwerksaußenströmung lassen wir hier außer acht.) An der Ausgangsfläche A_a ist der Druck p_a abhängig von den Expansionsverhältnissen in der Düse, siehe Kap. 3.1. (Da der Druck in einer konvergenten Düse höchstens bis auf den kritischen Druck p^* abgebaut werden kann, ist hier entweder $p_a = p_0$ bei $p_0 \gtrless p^*$ oder $p_a > p_0$ bei $p_0 < p^*$. In einer *Laval*-Düse kann aber bei einem zu großen Erweiterungsverhältnis auch noch $p_a < p_0$ werden.) Mit der von dem Triebwerk auf das Fluid übertragenen Kraft F_T gilt deshalb allgemein für die Kräftesumme

$$\Sigma F_x = F_T - (p_a - p_0) A_a \, . \tag{4.2}$$

In unserem Fall ist nun w_0 die Fluggeschwindigkeit, $\dot{m}_0 = \dot{m}_L$ und $\dot{m}_a = \dot{m}_L + \dot{m}_K$. Für die Schubkraft F - das ist die mit positivem Vorzeichen versehene Reaktionskraft von F_T - erhält man also aus (4.1) und (4.2) mit dem Kraftstoff-Luftverhältnis $\alpha = \dot{m}_K / \dot{m}_L$

$$F = \dot{m}_L \left[(1+\alpha) w_a - w_0 \right] + (p_a - p_0) A_a \, . \tag{4.3}$$

Wir wollen nun gleich an dieser Stelle die resultierende Austrittsgeschwindigkeit

$$w_{a,res} = w_a + \frac{p_a - p_0}{\dot{m}_L (1+\alpha)} A_a = w_a + \frac{p_a - p_0}{g_a \, w_a} \tag{4.4}$$

einführen, mit der die massenspezifische Schubkraft der auf die Austrittsfläche wirkenden Druckdifferenz (spezifischer "Druckschub") durch eine äquivalente Zusatzaustrittsgeschwindigkeit ersetzt wird. Für den (Brutto-) Schub gilt dann

$$F = \dot{m}_L \left[(1+\alpha) w_{a,res} - w_0 \right] \, . \tag{4.5}$$

(Da wir hier die durch die Außenströmung bedingten Widerstände nicht berücksichtigen, ist die in die Triebwerksabstützung eingeleitete Schubkraft natürlich kleiner als der mit dieser Gleichung berechnete Bruttoschub.)

Für den spezifischen Schub kann schließlich noch angeschrieben werden

$$F_s = \frac{F}{\dot{m}_L} = (1+\alpha) w_{a,res} - w_0 \, . \tag{4.6}$$

Das Triebwerk erhöht die kinetische Energie $m_L w_0^2 / 2$ der mit der Fluggeschwindigkeit w_0 eintretenden Luftmasse m_L auf die kinetische Austrittsenergie $m_L w_{a,res}^2 / 2$. Unter Berücksichtigung der bereits vorhandenen Bewegungsenergie $m_K w_0^2 / 2$ des Kraftstoffs und seiner kinetischen Austrittsenergie $m_K w_{a,res}^2 / 2$ gilt für die gesamte innere Triebwerksarbeit

$$W_i = m_L \left(\frac{w_{a,res}^2}{2} - \frac{w_0^2}{2} \right) + m_K \left(\frac{w_0^2}{2} + \frac{w_{a,res}^2}{2} \right) \tag{4.7}$$

und für die innere Triebwerksleistung

$$P_i = \dot{m}_L \left(\frac{w_{a,res}^2}{2} - \frac{w_0^2}{2} \right) + \dot{m}_K \left(\frac{w_0^2}{2} + \frac{w_{a,res}^2}{2} \right) \ . \tag{4.8}$$

Für die innere spezifische Triebwerksleistung kann also angeschrieben werden

$$P_{i,s} = (1+\alpha) \, \frac{w_{a,res}^2}{2} - (1-\alpha) \, \frac{w_0^2}{2} \ . \tag{4.9}$$

Die innere Leistung wird aber nur teilweise als Vortriebsleistung

$$P_V = F \, w_0 = \left[(\dot{m}_L + \dot{m}_K) \, w_{a,res} - \dot{m}_L w_0 \right] w_0 \tag{4.10}$$

oder, wieder bezogen auf den Luftmassenstrom, als spezifische Vortriebsleistung

$$P_{V,s} = \left[(1+\alpha) \, w_{a,res} - w_0 \right] w_0 \tag{4.11}$$

genutzt. Die restliche Innenleistung geht dadurch verloren, daß der Abgasstrahl mit der auf das erdfeste Koordinatensystem bezogenen Geschwindigkeit $w_{a,res} - w_0$ das Triebwerk verläßt. Dadurch ergibt sich die Strahlverlustleistung

$$P_{SV} = (\dot{m}_L + \dot{m}_K) \, \frac{(w_{a,res} - w_0)^2}{2} \ . \tag{4.12}$$

Die Addition dieser Gleichung mit (4.10) führt wieder zu der Innenleistungsgleichung 4.8. Da unter Bezugnahme auf das erdfeste Koordinatensystem für die Kraftstoffleistung

$$P_K = \dot{m}_K \left(H_u + \frac{w_0^2}{2} \right) \tag{4.13}$$

anzuschreiben ist, erhält man den inneren Wirkungsgrad aus

$$\eta_i = \frac{P_i}{P_K} = \frac{(1+\alpha) \, w_{a,res}^2 - (1-\alpha) \, w_0^2}{2\alpha(H_u + w_0^2/2)} \ . \tag{4.14}$$

Zu dieser Wirkungsgradgleichung ist folgendes anzumerken: Bezogen auf ein mit dem Triebwerk bewegtes Koordinatensystem gilt für die Innenleistung

$$P_i = (\dot{m}_L + \dot{m}_K) \, \frac{w_{a,res}^2}{2} - \dot{m}_L \, \frac{w_0^2}{2} \tag{4.15}$$

und für die Kraftstoffleistung

$$P_K = \dot{m}_K H_u \; .$$

$$(4.16)$$

Der innere Wirkungsgrad wird dann

$$\eta_i = \frac{(1+\alpha)\, w_{a,res}^2 - w_0^2}{2\alpha H_u} \; .$$

$$(4.17)$$

Dieser Ausdruck entspricht der üblichen Definition des energiewirtschaftlichen Nutzungsgrades eines Kreisprozesses. Bei der Definition nach (4.14) ist zu beachten, daß die Bereitstellung der hier mitberücksichtigten kinetischen Energie des bewegten Kraftstoffs bei der
vorangegangenen Beschleunigung mit einem Arbeitsaufwand verbunden war. Da der Anteil der Kraftstoffmasse an der gesamten Stützmasse bei einem Gasturbinentriebwerk aber
nur sehr klein ist ($\alpha \approx 0{,}02$), ist bei diesen Triebwerken der Unterschied zwischen (4.14)
und (4.17) praktisch bedeutungslos. Wir können auch noch den Kraftstoffmassenanteil des
Schubstrahls vernachlässigen und anschreiben

$$\eta_i \approx \frac{w_{a,res}^2 - w_0^2}{2\alpha H_u} \; .$$

$$(4.18)$$

Für den Vortriebswirkungsgrad gilt

$$\eta_V = \frac{P_V}{P_i} = \frac{2\left[(1+\alpha)\, w_{a,res} - w_0\right] w_0}{w_{a,res}^2 - w_0^2 + \alpha \left(w_0^2 + w_{a,res}^2\right)}$$

$$(4.19)$$

oder angenähert

$$\eta_V \approx \frac{2\,(w_{a,res} - w_0)\, w_0}{(w_{a,res} - w_0)\,(w_{a,res} + w_0)} = \frac{2}{1 + w_{a,res}/w_0} \; .$$

$$(4.20)$$

Der Vortriebswirkungsgrad, der bei einem Fahrzeugantrieb dem Wirkungsgrad der Kraft-
übertragung von der Motorkurbelwelle zu den Antriebsrädern entspricht, erreicht also bei
$w_0 = w_{a,res}$ das Maximum $\eta_V = 1$. Das ist natürlich nur wieder ein theoretischer Grenzwert, denn bei $w_0 = w_{a,res}$ verschwindet ja nicht nur die Strahlverlustleistung, sondern
nach (4.5) mit $\alpha \approx 0$ auch die Vortriebskraft.

Für den Gesamtwirkungsgrad gilt schließlich

$$\eta_{ges} = \frac{P_V}{P_K} = \frac{P_i}{P_K} \; \frac{P_V}{P_i} = \eta_i \; \eta_V = \frac{[(1+\alpha) \, w_{a,res} - w_0] \, w_0}{\alpha (H_u + w_0^2 / 2)} \tag{4.21}$$

oder angenähert

$$\eta_{ges} \approx \frac{(w_{a,res} - w_0) \, w_0}{\alpha \, H_u} \; . \tag{4.22}$$

Gleichung 4.20 führt zu der sehr wichtigen Feststellung,. daß es zur Erzielung guter Vortriebswirkungsgrade günstiger ist, mit der verfügbaren Triebwerksleistung einen möglichst großen Stützmassenstrom zu beschleunigen, also den Geschwindigkeitszuwachs $w_{a,res}$- w_0 zu begrenzen. Man sieht weiterhin, daß sich z.B. beim Start das Verhältnis der Schubkraft zur Innenleistung nach (4.5) und (4.15) mit $\alpha \approx 0$ aus

$$\frac{F_0}{P_{i,0}} = \frac{2}{w_{a,res}} \tag{4.23}$$

berechnet. Auch hier wird der Vorteil kleinerer Ausströmgeschwindigkeiten deutlich. Auf diese Zusammenhänge werden wir später noch zurückkommen.

Abschließend sollen jetzt noch einige Kraftstoffverbrauchskenngrößen eingeführt werden. Eine sehr häufig verwendetete Vergleichsgröße ist der schubspezifische Kraftstoffverbrauch

$$b_F = \frac{\dot{m}_K}{F} = \frac{\alpha}{F_s} \; , \tag{4.24}$$

der allerdings kein Maß ist für den energetischen Nutzungsgrad. Wie beim Kolbenmotor (siehe Gleichung 2.21) kennzeichnen aber die leistungsspezifischen Kraftstoffverbräuche

$$b_i = \frac{\dot{m}_K}{P_i} = \frac{\alpha}{P_{i,s}} \; , \tag{4.25}$$

also der innere spezifische Kraftstoffverbrauch (er entspricht dem b_e-Wert des Kolbenmotors) und der auf die Vortriebsleistung bezogene Wert

$$b_V = \frac{\dot{m}_K}{P_V} = \frac{\alpha}{P_{V,s}} \qquad\qquad (4.26)$$

den Wirkungsgrad der Energieumsetzung.

4.2 Vorauslegung

Für erste Projektierungsrechnungen ist es ausreichend, den bei verschiedenen Flugge-schwindigkeiten und in unterschiedlichen Flughöhen verfügbaren Triebwerksschub und die Triebwerkswirkungsgrade mit der Annahme konstanter Verlustfaktoren zu berechnen. Entsprechend der schematischen Triebwerksdarstellung von Bild 4.2 werden zunächst fol-gende Strömungsebenen definiert:

0 : Ungestörte Umgebung,

1 : Verdichtereingang,

2 : Verdichterausgang bzw. Brennkammereingang,

3 : Brennkammerausgang bzw. Turbineneingang,

4 : Turbinenausgang bzw. Eingang in das Übergangsstück,

4' : Einlauf in die Schubdüse,

5 : Schubdüsenausgang.

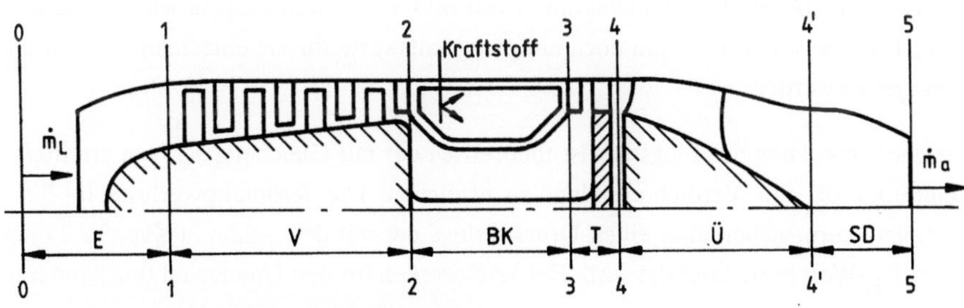

Bild 4.2. Schema eines TL-Triebwerks

Das Übergangsstück verringert die Verluste beim Übergang der Strömung von dem Kreis-ringkanal des Turbinenausgangs zum Kreisquerschnitt der Schubdüse, wobei die als Um-lenkgitter wirkenden Stützrippen des Übergangskegels auch die für die Schuberzeugung

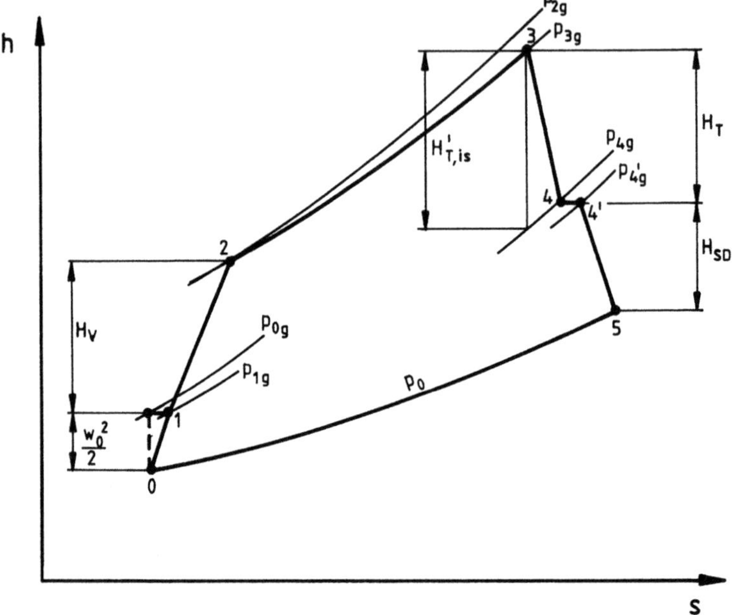

Bild 4.3. TL-Prozeß im h-s-Diagramm

nutzlose Umfangskomponente der Turbinenausströmgeschwindigkeiten weitgehend ab-
bauen.

Zur Berechnung des in dem h-s-Diagramm von Bild 4.3 für den Flugfall wiedergegebenen
Triebwerksprozesses müssen nun noch einige Anhaltswerte für die einzelnen Verlustfaktoren angegeben werden.

Unter der Einwirkung des Flugstaus ist theoretisch der mit Gleichung 3.13 zu ermittelnde
Gesamtdruck p_{0g} am Verdichtereinlauf zu erreichen. Die Strömungsverluste im Triebwerkseinlauf verursachen aber einen Druckverlust, der mit dem schon in Kap. 3.2.2 eingeführten π_E-Wert berücksichtigt wird. Bei Triebwerken für den Unterschallflug kann mit

$$\pi_{E,M_0 \leq 1} \approx 0{,}98$$

gerechnet werden. Beim Überschallflug erfolgt die Verzögerung der dem Triebwerk mit
der Flugmachzahl M_0 zuströmenden Luft im wesentlichen durch - verlustbehaftete - Verdichtungsstöße. Hier kann das Gesamtdruckverhältnis mit der Näherungsgleichung

$$\pi_S = \frac{p_{Sg}}{p_{0g}} \approx 1 - 0{,}1 \, (M_0 - 1)^{1,5} \qquad (4.27)$$

abgeschätzt werden. Darin ist p_{Sg} der Gesamtdruck nach den Verdichtungsstößen. Eine weitere Verzögerung findet dann noch in dem inneren Einlaufdiffusor statt, für den ein Druckverhältnis von

$$\pi_D = \frac{p_{1g}}{p_{Sg}} \approx 0{,}95$$

angenommen werden kann. Das gesamte Einlaufdruckverhältnis ist dann

$$\pi_{E,M_0 > 1} = \pi_S \, \pi_D \; . \qquad (4.28)$$

(Im Unterschallbetrieb eines Überschalleinlaufs ist $\pi_E \approx \pi_D$.)

Für den Wirkungsgrad des Verdichters kann ein Wert von

$$\eta_{V,is} \approx 0{,}85$$

eingesetzt werden.

Den Brennkammerdruckverlust berücksichtigen wir wieder mit

$$\pi_{BK} \approx 0{,}95$$

und den Ausbrenngrad mit

$$\eta_A \approx 0{,}98$$

Für den Brennkammermassenstrom gilt

$$\dot{m}_3 = \dot{m}_1 \, (1 + \alpha - \beta) \; . \qquad (4.29)$$

Darin ist α der auf $\dot{m}_1$ bezogene Kraftstoffmassenstrom und $\beta = \beta_k + \beta_x = (\dot{m}_k + \dot{m}_x)/\dot{m}_1$ ein Zahlenwert, mit dem die dem Verdichter entnommene Turbinenkühlluft $\dot{m}_k$ und andere, dem Abgasstrom nicht wieder zugemischte Verdichterzapfluft $\dot{m}_x$ (z.B. zur Enteisung) in Rechnung gestellt werden. (In Gleichung 4.3 und in den daraus abgeleiteten Zusammenhängen wurde mit α nur die Kraftstoffmasse berücksichtigt. Turbinenkühlluft gelangt ja wieder in den Abgasstrom, andere Zapfluft wurde außer acht gelassen.)

Da die Flüssigkeitswärme des Kraftstoffs unberücksichtigt bleiben kann und der Heizwert H_u hier auf die Normtemperatur (T = 288 K) bezogen wird, lautet die Brennkammer-Energiebilanz

$$(1+\alpha-\beta)\, c_{pA}\,(T_{3g}-288) - (1-\beta)\, c_{pL}\,(T_{2g}-288) = \alpha\, H_u\, \eta_A \; . \tag{4.30}$$

Vernachlässigen wir wieder den Unterschied zwischen den auf den gleichen Temperaturbereich bezogenen c_p-Werten von Luft und Verbrennungsgas, dann erhält man aus (4.30) für das Kraftstoff-Luftverhältnis

$$\alpha = \frac{\dot{m}_K}{\dot{m}_1} = \frac{(1-\beta)\, c_{pA}\,(T_{3g}-T_{2g})}{H_u\,\eta_A - c_{pA}\,(T_{3g}-288)} \; , \tag{4.31}$$

wobei der Heizwert mit $H_u = 42 \cdot 10^6$ J/kg eingesetzt werden kann. Die Turbineneintrittstemperaturen liegen bei ungekühlten Turbinenschaufeln in der Größenordnung von $T_{3g} = 1250$ K und werden bei gekühlten Turbinen heute schon bis auf $T_{3g} = 1700$ K angehoben.

Bei der Definition des isentropen Turbinenwirkungsgrades $\eta_{T,is}$ in (3.57) - siehe auch Bild 3.9 - wurde die kinetische Energie der Turbinenabgase als ein Verlust betrachtet. Bei einem Flugtriebwerk wird aber auch dieser Energieanteil zur Schuberzeugung genutzt. Hier ist p_{4g} der Anfangsgesamtdruck der Schubdüsenexpansion und kann somit als Enddruck der Turbinenexpansion - mit dem isentropen Enthalpiegefälle $H'_{T,is}$ - betrachtet werden. In Gleichung 3.57 ersetzen wir deshalb p_4 durch p_{4g} und rechnen nachfolgend mit dem isentropen Turbinenwirkungsgrad

$$\eta'_{T,is} = \frac{H_T}{H'_{T,is}} = \frac{H_T}{c_{pA} T_{3g} \left[1 - (p_{4g}/p_{3g})^{\frac{\kappa_A-1}{\kappa_A}}\right]} \; , \tag{4.32}$$

der natürlich etwas größer ist als $\eta_{T,is}$. Wir übernehmen hier aber den in Kap 3.2.2 für $\eta_{T,is}$ angegebenen Anhaltswert und schreiben an

$$\eta'_{T,is} \approx 0{,}88 \; .$$

Der mechanische Wirkungsgrad des Gasgenerators liegt etwa bei

$$\eta_m \approx 0{,}98 \; .$$

Aus der Bedingung, daß die Turbine die Arbeit des Verdichters aufbringt, folgt für die spezifische Turbinenarbeit

$$H_T = \frac{H_V}{(1+\alpha-\beta)\,\eta_m} \quad . \qquad (4.33)$$

Für das Druckverhältnis im Übergangsstück kann angeschrieben werden

$$\pi_{\ddot{u}} = \frac{p_{4g}'}{p_{4g}} \approx 0,98 \qquad (4.34)$$

und für den Wirkungsgrad bzw. für den Geschwindigkeitsbeiwert der Schubdüse

$$\eta_{SD} = \frac{H_{SD}}{H_{SD,is}} \approx 0,94 \;, \qquad (4.35)$$

$$\varphi_{SD} = \frac{w_{SD}}{w_{SD,is}} = \frac{w_5}{w_{5,is}} = \sqrt{\eta_{SD}} \approx 0,97 \;. \qquad (4.36)$$

Es ist nun grundsätzlich möglich, bei diesen vereinfachten Prozeßbetrachtungen die Triebwerksleistungsdaten mit Gleichungen in der Form von (3.63) und (3.64) zu berechnen. Solche Gleichungen werden aber, vor allem bei komplexer aufgebauten Triebwerken, sehr unübersichtlich. Man führt deshalb meistens eine schrittweise Rechnung durch, die bei genaueren theoretischen Untersuchungen, d.h. bei Berücksichtigung der mit dem Betriebszustand veränderten Verlustfaktoren und der Temperaturabhängigkeit der spezifischen Wärmen, ohnehin erforderlich wird. Eine solche Schrittrechnung soll hier mit einem Zahlenbeispiel erläutert werden. Dabei benutzen wir die oben zusammengestellten Richtwerte der Verlustfaktoren, setzen $\beta = 0$ und rechnen mit den mittleren Stoffgrößen

$$c_{pL} = 1005 \text{ J/kgK}; \; c_{pA} = 1100 \text{ J/kgK}; \varkappa_L = 1,4; \; \varkappa_A = 1,35; \; R_L \approx R_A \approx 287 \text{ J/kgK}.$$

(Bei den spezifischen Wärmekapazitäten und Isentropenexponenten unterscheiden wir also nur sehr grob zwischen den jeweils als konstant angenommenen Mittelwerten auf der Luft- und Heißgasseite.)

Die spezifische Verdichterarbeit sei $H_V = 200\,000$ J/kg, die Flughöhe $H = 11$ km, die Flugmachzahl $M_0 = 0,9$ und die Turbineneintrittstemperatur $T_{3g} = 1250$ K. Als Schubdüse soll eine nur konvergente Düse verwendet werden.

Atmosphärische Zustandswerte: $p_0 = 0,226$ bar; $T_0 = 216,7$ K; $\varrho_0 = 0,364$ kg/m^3;
Schallgeschwindigkeit bei T_0 nach (3.10): $a_0 = 295$ m/s;
Fluggeschwindigkeit nach (3.11): $w_0 = 265,5$ m/s;

80

Gesamtdruck vor dem Triebwerk nach (3.13): p_{0g} = 0,382 bar;
Gesamtdruck am Verdichtereingang nach (3.51): p_{1g} = 0,375 bar;
Gesamttemperatur am Verdichtereingang nach (3.12): $T_{1g} = T_{0g}$ = 251,8 K;
Gesamtdruck am Verdichterausgang nach (3.52): p_{2g} = 2,270 bar;
Gesamttemperatur am Verdichterausgang nach (3.53): T_{2g} = 450,8 K;
Kraftstoff-Luftverhältnis nach (4.31): α = 0,022;
Gesamtdruck am Turbineneingang nach (3.54): p_{3g} = 2,156 bar;
Spezifische Turbinenarbeit nach (4.33): H_T = 199689 J/kg;
Gesamtdruck am Turbinenausgang nach (4.32): p_{4g} = 1,080 bar;
Gesamttemperatur am Turbinenausgang nach (3.58): $T_{4g} = T_{4'g}$ = 1069,6 K;
Gesamtdruck am Schubdüseneintritt nach (4.34): $p_{4'g}$ = 1,058 bar;
Kritischer Schubdüsenexpansionsdruck nach (3.17): p^* = 0,568 bar > p_0;

Bei Verwendung einer nur konvergenten Düse ist also $p_5 = p^*$ und somit, anders als in Bild 4.3 angenommen, größer als der Außendruck. (Nach der Schubdüse erfolgt noch eine freie, d.h. nicht durch Kanalwände geführte, Expansion auf p_0.)

Geschwindigkeit im Schubdüsenendquerschnitt nach (3.5) und (4.36): w_5 = 576,0 m/s;
Statische Temperatur am Düsenende nach (3.1): T_5 = 919,7 K;
Statische Dichte am Düsenende nach der allgemeinen Gasgleichung: ϱ_5 = 0,215 kg/m^3;
Resultierende Austrittsgeschwindigkeit nach (4.4): $w_{5,res}$ = 852,2 m/s.

(Es sei darauf aufmerksam gemacht, daß bei einer genaueren Berücksichtigung der Strömungsverluste die kritischen Zustandswerte im Düsenendquerschnitt von den hier berechneten Werten etwas abweichen, siehe Kap. 12.1.2)

Nebenbemerkung: Bei Einsatz einer *Laval*-Düse ergäbe sich bei der Expansion von $p_{4'g}$ auf den Umgebungsdruck p_0 nach (3.5) und (4.36) eine Austrittsgeschwindigkeit von w_5=857,8 m/s erreicht. Diese gegenüber $w_{5,res}$ nur geringfügig größere Ausströmgeschwindigkeit würde die Verwendung einer *Laval*-Düse nicht rechtfertigen. (Siehe hierzu auch Kap. 14.)

Spezifischer Schub nach (4.6): F_s = 605,5 Ns/kg;
Spezifische Innenleistung nach (4.9): $P_{i,s}$ = 336,5 kWs/kg;
Spezifische Vortriebsleistung nach (4.11): $P_{V,s}$ = 160,8 kWs/kg;
Innerer Wirkungsgrad nach (4.14): η_i = 0,36;
Vortriebswirkungsgrad nach (4.19): η_V = 0,48;
Gesamtwirkungsgrad nach (4.21): η_{ges} = 0,17;
Schubspezifischer Kraftstoffverbrauch nach (4.24): b_F = 131 g/Nh;
Leistungsspezifischer Kraftstoffverbrauch nach (4.25): b_i = 235 g/kWh;
Leistungsspezifischer Kraftstoffverbrauch nach (4.26): b_V = 493 g/kWh.

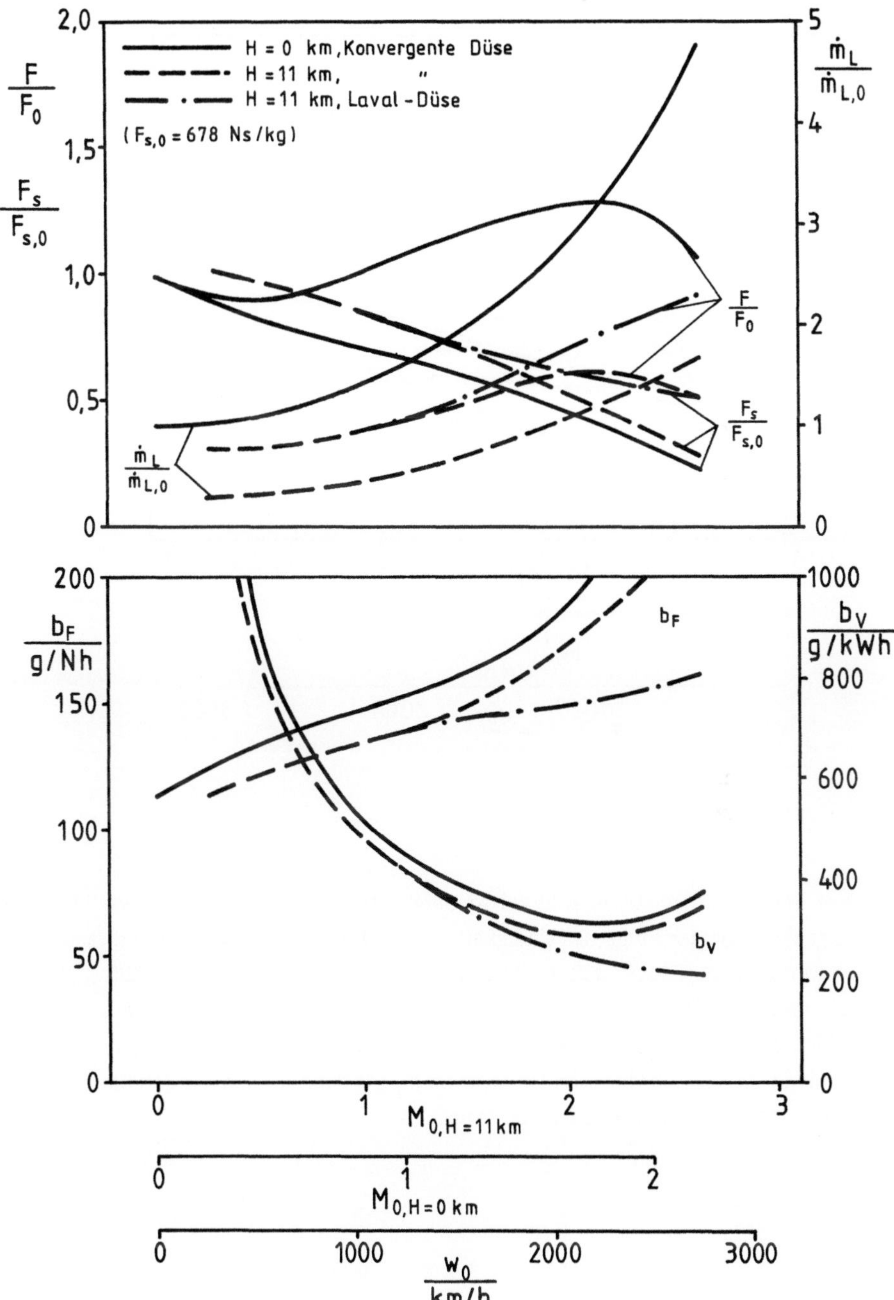

Bild 4.4a. Betriebsdaten eines TL-Triebwerks

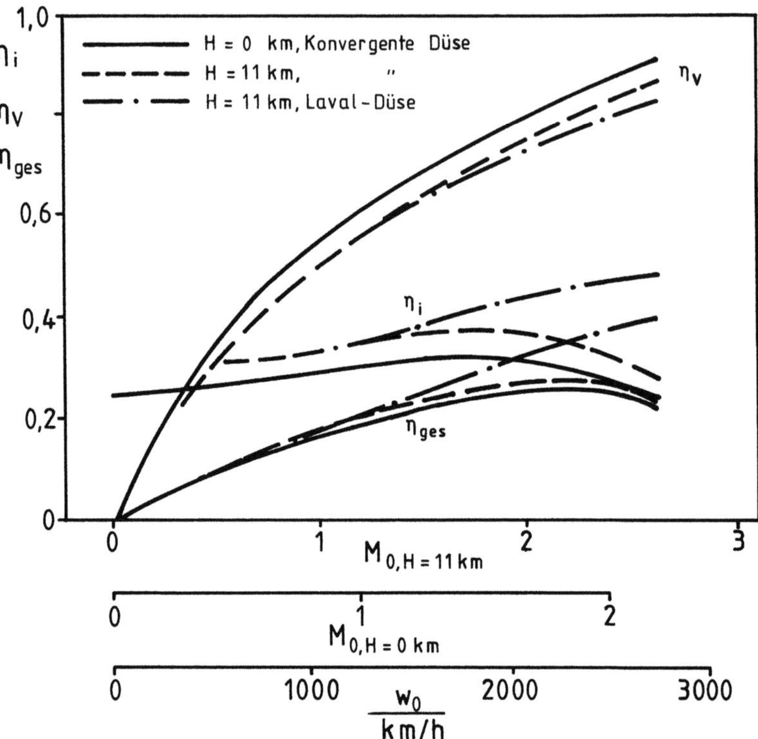

Bild 4.4b. Betriebsdaten eines TL-Triebwerks

In dieser Weise wurden die in Bild 4.4 wiedergegebenen Betriebsdaten eines TL-Triebwerks bei Variation der Fluggeschwindigkeit und der Flughöhe ermittelt. Bei diesen Rechnungen wurde vorausgesetzt, daß der Verdichter mit konstanter Drehzahl läuft und dabei auch die spezifische Verdichterarbeit und der Verdichtervolumenstrom unverändert bleiben. (Wir werden im nächsten Kapitel sehen, daß diese Annahmen nicht ganz zutreffend sind.) Bei konstantem Verdichtervolumenstrom $\dot{V}_1$ gilt dann für den auf den Startwert (Index 0) bezogenen Triebwerksluftmassenstrom

$$\frac{\dot{m}_1}{\dot{m}_{1,0}} = \frac{p_{1g}}{p_{1g,0}} \frac{T_{1g,0}}{T_{1g}} . \tag{4.37}$$

Der geringe Unterschied zwischen dem statischen Dichteverhältnis $\varrho_1/\varrho_{1,0}$ und dem entsprechenden Gesamtdichteverhältnis wird hier also vernachlässigt.

Die im oberen Teil von Bild 4.4a dargestellten Verläufe für den ebenfalls mit dem Startwert F_0 relativierten Triebwerksschub sind typisch für ein TL-Triebwerk. Mit zunehmender Fluggeschwindigkeit wird der Schub zunächst kleiner, steigt dann wieder an und fällt schließlich auf Null ab. (Es soll uns hier nicht interessieren, daß die hohen M_0-Werte für den bodennahen Flug keine praktische Bedeutung haben.) Dieser Schubverlauf ist dadurch bedingt, daß der Triebwerksmassenstrom durch die mit M_0 wachsende Luftdichte ϱ_{1g} ständig größer, der spezifische Schub aber kleiner wird. Im theoretischen Grenzfall verschwinden F_s bzw. F vollständig, wenn bei den durch den Flugstau schon sehr hohen T_{2g}-Werten und bei Einhaltung der vorgegebenen Turbineneintrittstemperatur die Kraftstoffenergiezufuhr so klein geworden ist, daß sie nur noch die inneren Triebwerksverluste aufbringen kann.

Der Absolutschub ist natürlich wegen der geringen Luftdichte in der Höhe wesentlich kleiner als in Bodennähe. Hier ergibt sich z.B. bei $M_0 = 0{,}9$ und $H = 11$ km ein Relativschub von $F/F_0 = 0{,}39$. In Kap. 1.2 hatten wir festgestellt, daß für den Reiseflug nur etwa 20 % des üblichen Startschubs eines Strahlverkehrsflugzeugs benötigt werden. Im Reiseflug kann das Triebwerk also gedrosselt werden. Unzureichend wäre aber der Schub zur Beschleunigung eines Flugzeugs auf Überschallgeschwindigkeit, denn kurz vor Erreichen der Schallgeschwindigkeit steigt der Flugwiderstand durch das Auftreten von Verdichtungsstößen sprunghaft an [2, 3, 4, 5]. Diese "Schallmauer" müßte durch eine schubsteigernde Maßnahme (Nachverbrennung, siehe Kap. 7.2) überwunden werden, bis der bei höheren Flugmachzahlen weiter ansteigende Normalschub wieder ausreichend ist.

Die Betriebsdaten für $H = 11$ km wurden bei höheren M_0-Werten sowohl mit einer konvergenten als auch mit einer geregelten *Laval*-Düse berechnet. Hier wird deutlich, daß die *Laval*-Düse im hohen M_0-Bereich erheblich bessere Werte liefert.

Die b_F- und b_V-Kurven des unteren Teils von Bild 4.4a zeigen noch einmal, daß der schubspezifische Kraftstoffverbrauch kein Maß ist für den Wirkungsgrad eines Flugantriebs. Er kann nur dazu dienen, die Energiewirtschaftlichkeit von Flugtriebwerken bei gleicher Fluggeschwindigkeit miteinander zu vergleichen. Man sieht weiterhin, daß der auf die Vortriebsleistung bezogene, spezifische Kraftstoffverbrauch bei großen Fluggeschwindigkeiten die guten Werte eines Diesel-Fahrzeugantriebs erreicht.

In Bild 4.4b sind noch die Einzelwirkungsgrade η_V, η_i und η_{ges} zusammengestellt. Hier ist zu erkennen, daß der innere Wirkungsgrad durch einen Flug in großer Höhe und zunächst auch bei einer Zunahme der Fluggeschwindigkeit verbessert wird. (Man spricht hier auch von der "Flugaufwertung" eines Gasturbinentriebwerks.) Zunehmende Fluggeschwindigkeiten verbessern den Innenwirkungsgrad durch das mit dem Flugstau vergrößerte Druckverhältnis p_{3g}/p_0, sofern dabei ein Optimalwert nicht überschritten wird, siehe auch Bild 3.10. Der positive Höheneinfluß erklärt sich daraus, daß die geringeren

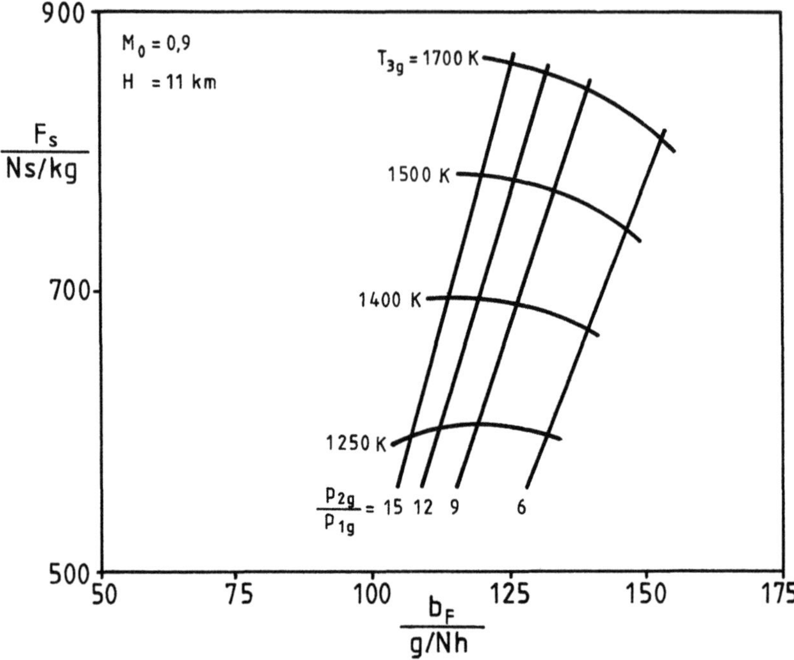

Bild 4.5. Spezifischer Schub und schubspezifischer Kraftstoffverbrauch eines TL-Triebwerks bei Variation der Turbineneintrittstemperatur und des Verdichterdruckverhältnisses

Prozeßanfangstemperaturen (Umgebungstemperaturen) bei unveränderter Verdichterarbeit nach (3.52) das Verdichterdruckverhältnis bzw. das Kreisprozeßdruckverhältnis p_{3g}/p_0 und bei unveränderter Turbineneintrittstemperatur auch noch das Prozeßtemperaturverhältnis T_{3g}/T_0 erhöhen. Leider wird aber diese η_i-Verbesserung durch die Verringerung des Vortriebswirkungsgrades wieder weitgehend kompensiert. Wie dem Bild 4.5 zu entnehmen ist, bewirkt nämlich eine Erhöhung der Turbineneintrittstemperatur (bzw. des T_{3g}/T_0-Wertes) bei unverändertem Kreisprozeßdruckverhältnis eine Zunahme des spezifischen Kraftstoffverbrauchs, weil hier die mit der η_i-Verbesserung verbundene Vergrößerung der Düsenaustrittsgeschwindigkeit den Vortriebswirkungsgrad erheblich verschlechtert. (Nur bei sehr großen Fluggeschwindigkeiten bleibt die η_V-Verschlechterung bei einer T_{3g}-Steigerung prozentual kleiner als die η_i-Verbesserung.)

4.3 Kennfelder der Strömungsmaschinen

4.3.1 Verdichterkennfeld

Wir hatten schon im letzten Kapitel darauf hingewiesen, daß die Annahmen eines bei konstanter Verdichterdrehzahl von der Flughöhe und der Fluggeschwindigkeit unabhängigen Verdichtervolumenstroms und einer unveränderten Verdichterarbeit nicht ganz zutreffend sind. Um nun bei solchen Veränderungen der Flugbedingungen das reale Betriebsverhalten der Turbomaschinen zu berücksichtigen und auch die Teillastbetriebsdaten ermitteln zu können, müssen die Arbeitskennfelder des Verdichters und der Turbine bekannt sein. Ausgehend von einer kurzen Funktionsbeschreibung der Turbomaschinen soll hier jetzt zum Verständnis solcher Arbeitsunterlagen der Verlauf der Strömungsmaschinenkennlinien erläutert werden, wobei wir zunächst den Verdichter betrachten.

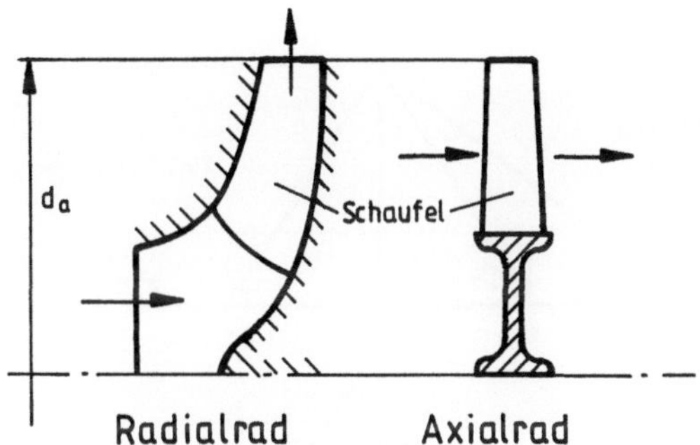

Bild 4.6. Verdichterlaufräder

Die Funktionsweise eines Verdichters ist dadurch gekennzeichnet, daß dem Arbeitsmedium durch ein rotierendes Schaufelgitter (Laufrad) Energie zugeführt wird und die Strömung in einer nachgeschalteten Leitvorrichtung, das ist im allgemeinen ein feststehendes Schaufelgitter (Leitrad), so geführt wird, daß am Ausgang einer aus Lauf- und Leitrad bestehenden Verdichterstufe ein möglichst hoher statischer Druck erreicht wird. Diese Energiezufuhr kann prinzipiell in einem Radial- oder Axialverdichter oder auch in der Zwischenform eines Diagonalverdichters erfolgen. Wie in Bild 4.6 schematisch dargestellt, wird die dem Einlauf eines Radialverdichters axial zuströmende Luft von dem Laufrad in die radiale Richtung umgelenkt, während die Schaufeln eines Axialverdichters in axialer

Richtung durchströmt werden. Durch die entlang des radialen Strömungsweges zuneh-mende Fliehkraft wird zwar der Druckaufbau in einem Radialrad gegenüber einem Axial-rad ganz erheblich verstärkt. Andererseits ist aber der verfügbare Einlaufquerschnitt und damit der Massenstrom eines Radialverdichters bei vorgegebenem Außendurchmesser d_a wesentlich kleiner als bei einem Axialverdichter. Zur Realisierung großer Massenströme arbeitet man deshalb bei Flugtriebwerken überwiegend mit Axialverdichtern, wobei zur Erzielung ausreichend hoher Druckverhältnisse mehrere Verdichterstufen hintereinander geschaltet werden. Bei einem Radialverdichter, der nur bei kleinen Triebwerken eingesetzt wird, käme man zwar mit weniger Stufen aus, die erforderlichen Strömungsumlenkungen würden aber den Wirkungsgrad des Gesamtverdichters verschlechtern und ein mit dem Axialverdichter vergleichbarer Massendurchsatz wäre nur durch eine komplizierte Paral-lelschaltung zu erreichen. Wir erläutern deshalb jetzt nur die Arbeitsweise des Axialver-dichters.

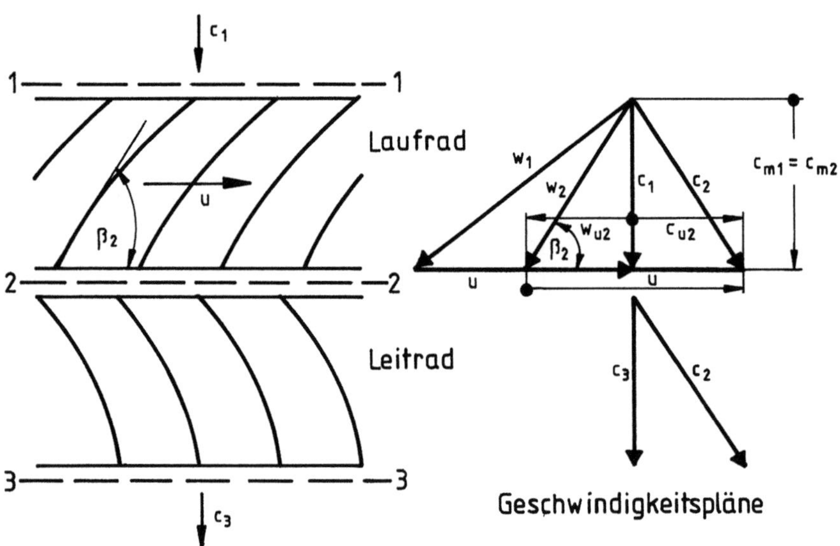

Bild 4.7. Strömungsvorgänge in einer Axialverdichterstufe

Bild 4.7 zeigt die in der Umfangsebene abgewickelten Lauf- und Leitradschaufelgitter ei-ner Axialverdichterstufe und im rechten Bildteil die Geschwindigkeitspläne der Gitter-strömungen. Relativ zu dem mit der Umfangsgeschwindigkeit u bewegten Laufrad hat das mit der Absolutgeschwindigkeit c_1 zuströmende Gas in der Ebene 1-1 der noch ungestör-ten Strömung vor dem Laufrad die Relativgeschwindigkeit w_1. Im Laufradschaufelkanal erfolgt dann eine Strömungsumlenkung auf die Relativgeschwindigkeit w_2. Durch vektori-elle Addition von w_2 und u erhält man die absolute Strömungsgeschwindigkeit c_2 in der Ebene 2-2 nach dem Laufrad. Wie den Geschwindigkeitsplänen zu entnehmen ist, bewirkt also die Strömungsumlenkung eine Zunahme der kinetischen Energie des Arbeitsmediums durch die Erhöhung der Absolutgeschwindigkeit von c_1 auf c_2. Außerdem erhöht sich der statische Druck im Laufradkanal durch die Strömungsverzögerung von w_1 auf w_2. Die Summe der statischen und dynamischen Druckenergiesteigerung entspricht der Nutzarbeit, die vom Laufrad auf das Arbeitsmedium übertragen wird. Im Leitrad findet dann durch die Strömungsverzögerung von c_2 auf c_3 nur noch eine Umwandlung von kinetischer Energie in Druckenergie statt.

Die vom Laufrad aufgebrachte, spezifische Arbeit der Verdichterstufe erhält man sofort durch Anwendung des Drehimpulssatzes. Danach ist das Drehmoment

$$M_V = \dot{m}\,(c_{u2}\,r_2 - c_{u1}\,r_1)\,, \tag{4.38}$$

wobei wir hier zunächst von dem allgemeinen Fall ausgehen, daß dem Laufrad das Gas - anders als in Bild 4.7 dargestellt - schon mit der Umfangskomponente c_{u1} der Absolutge-schwindigkeit zugeleitet wird und die Meridiangeschwindigkeit c_m nicht völlig achspa-rallel gerichtet ist (siehe z.B. die Schemaskizze des Verdichters von Bild 4.2), die Radien r_1 und r_2 der Stromlinien am Laufschaufeleintritt und -austritt also unterschiedlich sind. Mit der Winkelgeschwindigkeit

$$\omega_V = \frac{u_1}{r_1} = \frac{u_2}{r_2} \tag{4.39}$$

des Verdichters folgt aus der Leistungsbedingung

$$M_V\,\omega_V = \dot{m}\,H_V \tag{4.40}$$

und aus (4.38) für die spezifische Verdichterarbeit

$$H_V = u_2\,c_{u2} - u_1\,c_{u1}\,. \tag{4.41}$$

(Wir betrachten hier nur einen einstufigen Verdichter und übernehmen deshalb die schon an anderer Stelle eingeführte Bezeichnung H_V für die spezifische Verdichterarbeit. Das ist zwar nicht ganz korrekt, da mit Gleichung 4.41 nur die auf die Masseneinheit des Arbeits-mediums bezogene Laufschaufelarbeit beschrieben wird, während in dem früher definier-ten H_V-Wert als innere spezifische Verdichterarbeit auch noch Spaltverluste - Massen-rückfluß durch die Spalte zwischen den Laufschaufelenden und dem Verdichtergehäuse

88

bzw. zwischen den Leitradschaufeln und dem Verdichterläufer - und die Luftreibungsarbeit des Rotors berücksichtigt sind. Diese Verluste wollen wir hier aber außer acht lassen.)

Bei Anwendung des Kosinussatzes erhält man aus Bild 4.7 den Zusammenhang

$$w^2 = u^2 + c^2 - 2uc_u \; . \tag{4.42}$$

Damit kann die spezifische Verdichterarbeit auch in der Form

$$H_V = \frac{c_2^2 - c_1^2}{2} + \frac{w_1^2 - w_2^2}{2} + \frac{u_2^2 - u_1^2}{2} \tag{4.43}$$

angeschrieben werden. In dieser Gleichung kennzeichnet der erste Term der rechten Seite die Erhöhung der kinetischen Energie, der zweite eine Erhöhung des statischen Druckes durch die Strömungsverzögerung im Laufradkanal und der dritte - bei Radialverdichtern sehr wirksame - Term die statische Drucksteigerung im Zentrifugalkraftfeld der rotierenden Strömung. Rechnen wir jetzt wieder mit $c_{u1} = 0$ und $u_1 = u_2 = u$, dann wird die spezifische Verdichterarbeit

$$H_V = u\,c_{u2} = u\,(u + w_{u2}) \; . \tag{4.44}$$

Darin ist w_{u2} die Umfangskomponente der Relativgeschwindigkeit in der Ebene 2-2 nach dem Laufrad. In Bild 4.7 wurde angenommen, daß sich die c_m-Werte in den Schaufelgittern nicht verändern. Allgemein ist aber nach der Kontinuitätsgleichung anzuschreiben

$$c_{m2} = c_{m1} \frac{A_1}{A_2} \frac{\varrho_1}{\varrho_2} \; . \tag{4.45}$$

($A_{1;2}$ = Laufradeintritts- bzw. -austrittsquerschnitt senkrecht zur Richtung von c_m, $\varrho_{1;2}$ = statische Dichten am Laufradeingang- bzw. -ausgang.) Wenn die Richtung der Relativgeschwindigkeit w_2 identisch ist mit der durch den Laufschaufelwinkel β_2 definierten Abströmrichtung, kann ihre Umfangskomponente ersetzt werden durch

$$w_{u2} = -\frac{c_{m2}}{\tan \beta_2} \; . \tag{4.46}$$

Wie in Kap. 12.1.1 näher erläutert wird, bedingt aber die Endlichkeit der Schaufelzahl eine Abweichung der Strömungsumlenkung von diesem theoretischen Wert. Diese Abweichung kann durch die von der Anzahl und der Geometrie der Laufschaufeln abhängige Minderleistungszahl p berücksichtigt und für die spezifische Verdichterarbeit angeschrieben werden [27]

$$H_V = \frac{1}{1+p} u^2 \left(1 - \frac{c_{m1}}{u} \frac{A_1}{A_2} \frac{\varrho_1}{\varrho_2} \frac{1}{\tan \beta_2} \right).$$
(4.47)

Führen wir noch die üblichen Begriffe der Durchsatzziffer

$$\Phi_V = \frac{c_{m1}}{u}$$
(4.48)

und der Leistungsziffer

$$\psi_V = \frac{H_V}{u^2/2}$$
(4.49)

bzw. der isentropen Leistungsziffer

$$\psi_{V,is} = \frac{H_{V,is}}{u^2/2} = \eta_{V,is}\, \psi_V$$
(4.50)

ein, dann kann (4.47) auch in der Form

$$\psi_V = \frac{\psi_{V,is}}{\eta_{V,is}} = \frac{2}{1+p} \left(1 - \mathrm{const}\, \frac{\varrho_1}{\varrho_2}\, \Phi_V \right)$$
(4.51)

angeschrieben werden. Dabei verwendet man in (4.48) bis (4.50) als Bezugsgröße meistens die Umfangsgeschwindigkeit u_a am Laufradaußendurchmesser.

Bei Vernachlässigung der in einer einzigen Kompressorstufe nur geringen Dichteänderung erhält man für eine bestimmte Umfangsgeschwindigkeit aus (4.47) die in Bild 4.8 skizzierte, mit c_{m1} linear abnehmende H_V-Kurve. Durch die Strömungsverluste wird natürlich die für die Gesamtdrucksteigerung genutzte Arbeit kleiner. Diese Verluste können in vereinfachter Weise wie folgt dargestellt werden: Die Reibung an den Schaufeln und an den Kanalwänden verursacht die Verlustarbeit ΔH_R, die bei unserer turbulenten Strömung quadratisch mit dem Durchsatz ansteigt. Ein weiterer Verlust entsteht bei einer stoßartigen Strömungsumlenkung am Eintritt in das Lauf- und Leitrad. Bild 4.9 zeigt z.B. die Relativgeschwindigkeiten w_1 in der Ebene 1-1 und $w_{1,K}$ kurz nach dem Eintritt in das Laufrad

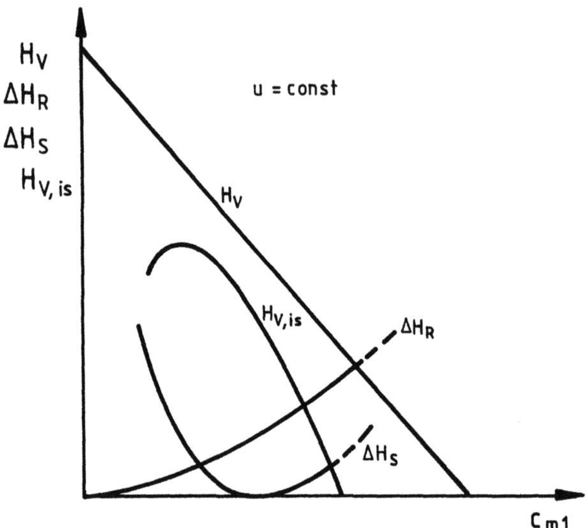

Bild 4.8. Kennlinie einer Kompressorstufe

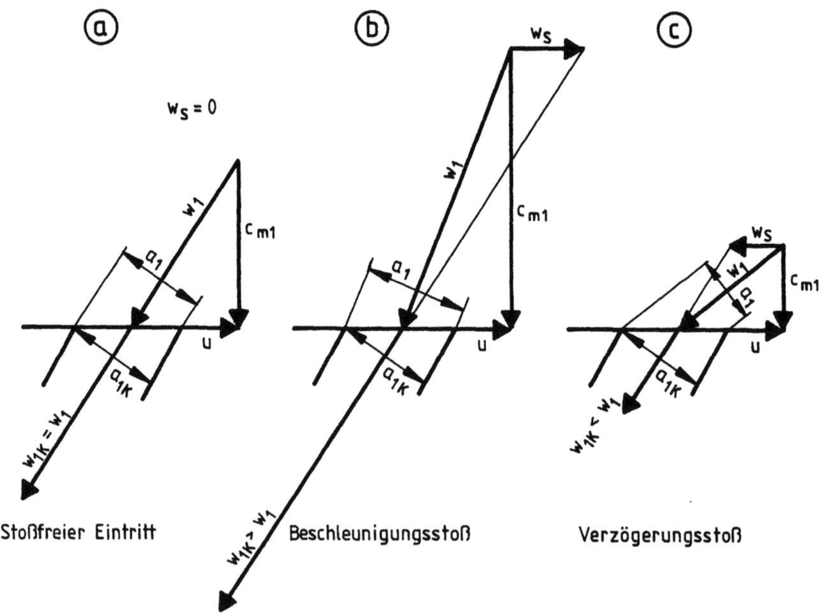

Bild 4.9. Stoßvorgänge am Laufradeintritt

für verschiedene Meridiangeschwindigkeiten bzw. Volumenströme. Im Teilbild a gelangt die Strömung ohne plötzliche Richtungsänderung in das Laufrad. Bei einer Vergrößerung des Volumenstroms, Teilbild b, wird sie plötzlich umgelenkt und beschleunigt ($a_{1K} < a_1$), bei einer Durchsatzverkleinerung ist die stoßartige Umlenkung nach Teilbild c mit einer Verzögerung verbunden ($a_{1K} > a_1$). Die durch solche plötzlichen Umlenkungen bedingten Stoßverluste ΔH_S sind etwa proportional dem Quadrat der Stoßgeschwindigkeit w_S, das ist hier beim Laufrad die vektorielle Differenz von w_1 und $w_{1,K}$. Dabei verursacht ein Verzögerungsstoß größere Verluste als ein Beschleunigungsstoß [27] und führt schließlich zu einem Strömungsabriß an den Schaufeln.

Die isentrope Verdichtungsarbeit erhält man also aus

$$H_{V,is} = H_V - \Delta H_R - \Delta H_S \; . \tag{4.52}$$

Damit ist dann auch der isentrope Verdichterwirkungsgrad $\eta_{V,is}$ als Funktion der Meridiangeschwindigkeit bekannt. (Siehe auch hierzu die Anmerkungen nach Gleichung 4.41.) Die Variation der Umfangsgeschwindigkeit ergibt schließlich ein vollständiges Verdichterkennfeld, wie es in Bild 4.10 schematisch dargestellt ist. (Die Pfeile an Kurvenscharen sollen immer die Richtung zunehmender Parameterwerte kennzeichnen.) Da man die Verdichterkennlinien $H_{V,is} = f\,(c_{m1})$ im Versuch durch Messungen bei Veränderung der Stellung einer dem Verdichter nachgeschalteten Drossel aufnimmt, bezeichnet man diese Kennlinien auch als Drosselkurven.

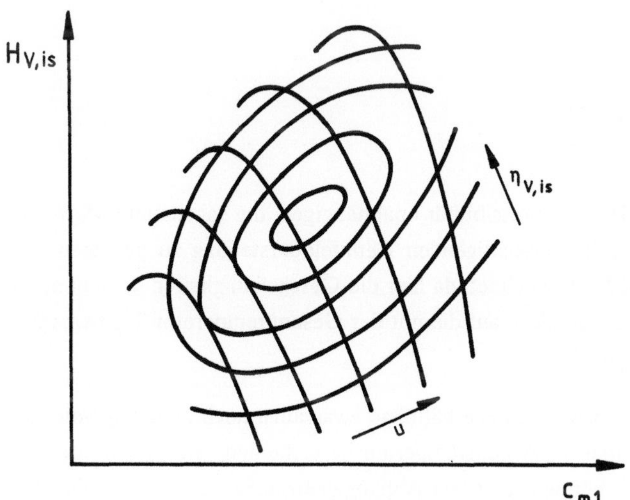

Bild 4.10. Schema eines Verdichterkennfelds

Ein solches Kennfeld ist bei unserer kompressiblen Strömung aber nur gültig für eine bestimmte Verdichtereintrittstemperatur, denn mit der Temperatur verändert sich die Schallgeschwindigkeit, d.h. nach (3.8) die Kompressibilität des Arbeitsmediums und damit auch das Dichteverhältnis ϱ_1/ϱ_2. Da dieses Dichteverhältnis nach Gleichung 4.47 nun wiederum mitbestimmend ist für die Verdichterarbeit, können die Kennfeldwerte nur für eine bestimmte Verdichtereingangstemperatur gültig sein. Aus der mit Berücksichtigung von (3.10) angeschriebenen Isentropengleichung

$$\frac{p_{2g}}{p_{1g}} = \left[1 + \frac{H_V}{a_{1g}^2}\, \eta_{V,is}(\varkappa - 1)\right]^{\frac{\varkappa}{\varkappa-1}} \tag{4.53}$$

wird ersichtlich, daß einem bestimmten Wert der dimensionslosen Größe H_V/a_{1g}^2 eines Kennfeldpunktes mit dem zugehörigen Wirkungsgrad $\eta_{V,is}$ auch nur ein bestimmtes Druckverhältnis p_{2g}/p_{1g} bzw. nur ein bestimmtes Dichteverhältnis $\varrho_{2g}/\varrho_{1g}$ zugeordnet ist. Schreiben wir jetzt (4.47) in der dimensionslosen Form

$$\frac{H_V}{a_{1g}^2} = \frac{1}{1+p}\left[\left(\frac{u}{a_{1g}}\right)^2 - \frac{c_{m1}}{a_{1g}}\ \frac{u}{a_{1g}}\ \frac{A_1}{A_2}\ \frac{\varrho_1}{\varrho_2}\ \frac{1}{\tan\beta_2}\right] \tag{4.54}$$

an, dann ist der Kompressibilitätseinfluß eliminiert. Bei konstanten Werten der mit a_{1g} relativierten Geschwindigkeiten, d.h. bei konstanten *Mach*-Zahlen, bleibt nämlich mit dem Gesamtdichteverhältnis nach (3.14) auch das statische Dichteverhältnis und somit die relative Verdichterarbeit H_V/a_{1g}^2 unverändert. Wir müssen also nur die Geschwindigkeiten durch die *Mach*-Zahlen

$$M'_u = \frac{u}{a_{1g}} \quad , \quad M'_{c_{m1}} = \frac{c_{m1}}{a_{1g}}$$

ersetzen, um zu einer von der Kompressibilität unabhängigen, die sogenannte *Mach*-Ähnlichkeit der Strömungsfelder berücksichtigenden Kennfelddarstellung zu gelangen. (Wir haben die *Mach*-Zahlen mit M' bezeichnet, da hier die Geschwindigkeiten ja nicht auf die örtliche Schallgeschwindigkeit, sondern auf die mit der Gesamttemperatur T_{1g} berechnete Schallgeschwindigkeit bezogen sind.)

Nach (4.53) sind die Druck- bzw. Dichteverhältnisse zwar auch noch abhängig vom Isentropenexponenten. Da sich aber die Arbeitstemperaturbereiche und damit die mittleren $\varkappa$-Werte nur wenig verändern, können wir diese Abhängigkeit außer acht lassen. Der Isentropenexponent kann dann natürlich auch - genauso wie die Gaskonstante des bei uns stets gleichen Arbeitsmediums - in der Bezugsgröße unberücksichtigt bleiben. Es ist deshalb üblich, an Stelle der Schallgeschwindigkeit a_{1g} nur die Temperatur T_{1g} als Relativierungsgröße zu verwenden, wobei man allerdings auf den Vorteil einer dimensionslosen Darstellungsweise verzichtet. Weiterhin ersetzt man meistens die Umfangsgeschwindigkeit durch die Verdichterdrehzahl n_V und die Meridiangeschwindigkeit c_{m1} durch den Volumenstrom $\dot{V}_{1g}$. (Bei einer Kennfeldmessung, bei der der Verdichter die Luft unmittelbar aus der Atmosphäre ansaugt, ist $\dot{V}_{1g}$ identisch mit dem auf den Zustand der Außenluft bezogenen Volumenstrom.) Dargestellt werden also die Zusammenhänge

$$\frac{H_V}{T_{1g}} = f\left(\frac{\dot{V}_{1g}}{\sqrt{T_{1g}}} \, , \, \frac{n_V}{\sqrt{T_{1g}}}\right) ,$$

$$\eta_{V,is} = g\left(\frac{\dot{V}_{1g}}{\sqrt{T_{1g}}} \, , \, \frac{n_V}{\sqrt{T_{1g}}}\right) .$$

Auf der Ordinate kann natürlich auch $H_{V,is}$ oder das Gesamtdruckverhältnis

$$\frac{p_{2g}}{p_{1g}} = f'\left(\frac{\dot{V}_{1g}}{\sqrt{T_{1g}}} \, , \, \frac{n_V}{\sqrt{T_{1g}}}\right)$$

aufgetragen werden. Die relativierten Veränderlichen bezeichnet man als reduzierte Drehzahl

$$n_{V,red} = \frac{n_V}{\sqrt{T_{1g}}} \tag{4.55}$$

und als reduzierten Volumenstrom

$$\dot{V}_{1g,red} = \frac{\dot{V}_{1g}}{\sqrt{T_{1g}}} . \tag{4.56}$$

Mit Berücksichtigung der allgemeinen Gasgleichung kann der reduzierte Volumenstrom schließlich noch durch den reduzierten Massenstrom

$$\dot{m}_{1,red} = \frac{\dot{m}_1 \sqrt{T_{1g}}}{p_{1g}} \tag{4.57}$$

ersetzt werden. (Verwendet werden häufig auch reduzierte Kenngrößen, bei denen die Gesamtzustandswerte am Verdichtereintritt auf die Normzustandsgrößen der Atmosphäre bezogen sind.)

Es ist jetzt noch darauf hinzuweisen, daß bei dieser Kennfelddarstellung veränderte Reibungsbedingungen unberücksichtigt bleiben. Strömungskennfelder, die auch in bezug auf die Reibungskräfte einander ähnlich sein sollen, müßten nämlich neben der Bedingung gleicher *Mach*-Zahlen auch noch die Forderung nach gleichen *Reynolds*-Zahlen

$$Re = \frac{w\,d}{\eta\,/\,g} = \frac{w\,d}{\nu} \tag{4.58}$$

erfüllen [1]. (d = charakteristische Längenabmessung, η ; ν = dynamische bzw. kinematische Zähigkeit des Gases.) Das ist aber bei gleichen Strömungsmedien - und gleichem Dichteniveau - nicht möglich. Ändert man z.B. nur die Verdichterabmessungen (d), dann verlangt eine Konstanz der Re-Zahl eine entsprechende Anpassung der Strömungsgeschwindigkeit, also eine Veränderung der *Mach*-Zahl. Aber auch bei gleicher Geometrie können die Bedingungen M = const. und Re = const. nicht gleichzeitig erfüllt werden, wenn sich nur die Temperatur verändert, denn für die Schallgeschwindigkeit gilt ja a~$T^{0,5}$, während für die Temperaturabhängigkeit der kinematischen Zähigkeit ν~$T^{-1,9}$ angeschrieben werden kann.

Da nun die *Reynolds*-Zahlen im normalen Betriebsbereich unserer Verdichter sehr groß sind und damit in einem Bereich liegen, in dem die Strömungswiderstände durch eine Re-Veränderung nur noch sehr wenig beeinflußt werden [25], ist die fehlende *Reynolds*-Ähnlichkeit nur von geringer Bedeutung.

In dem in Bild 4.11 wiedergegebenen Beispiel eines gemessenen Axialverdichter-Kennfelds wurden die reduzierten Kenngrößen mit den Werten eines Bezugspunktes (B) relativiert. Es bedeuten also

$$\overline{n}_V = \frac{n_{V,red}}{(n_{V,red})_B} \, , \tag{4.59}$$

$$\overline{\dot{m}}_1 = \frac{\dot{m}_{1,red}}{(\dot{m}_{1,red})_B} \, . \tag{4.60}$$

Diese Relativierung wurde vorgenommen, um das Kennfeld für unsere Beispielrechnungen in einfacher Weise als ein von speziellen Verdichterabmessungen unabhängiges Modellkennfeld verwenden zu können. Auf diese Beispielrechnungen beziehen sich auch die in

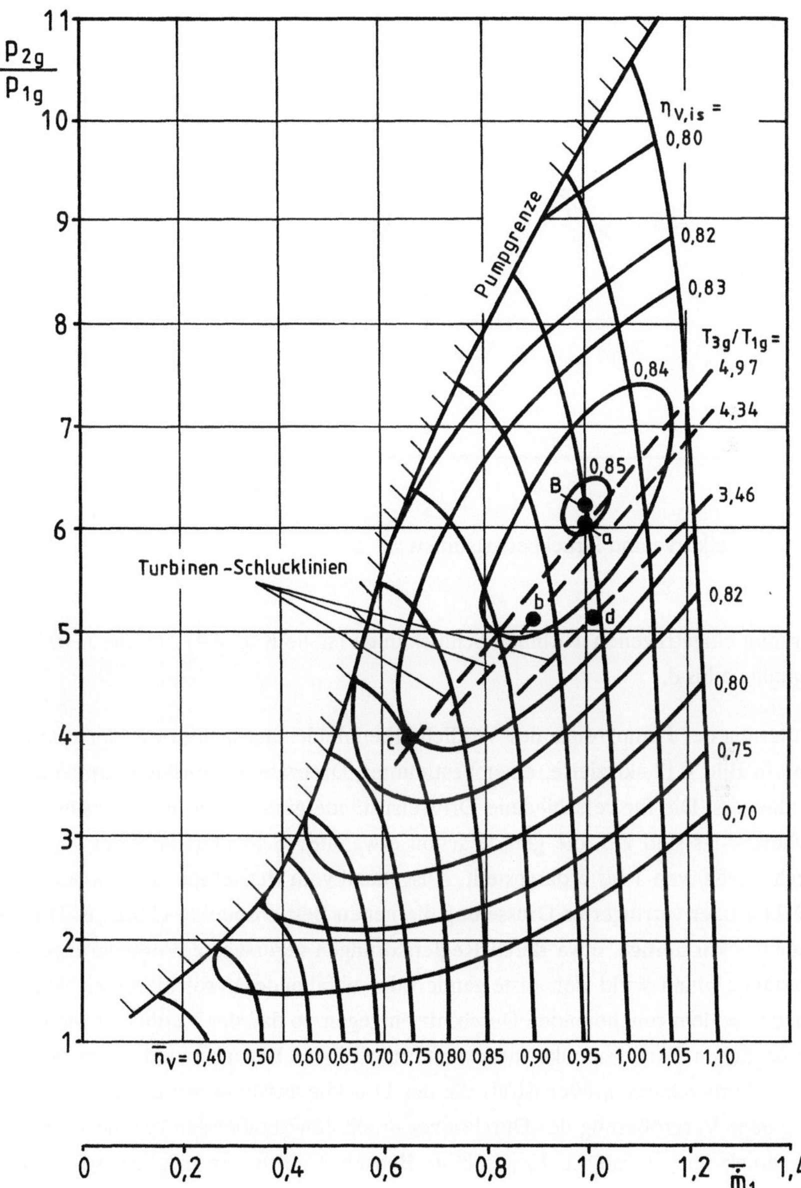

Bild 4.11. Kennfeld eines Axialverdichters

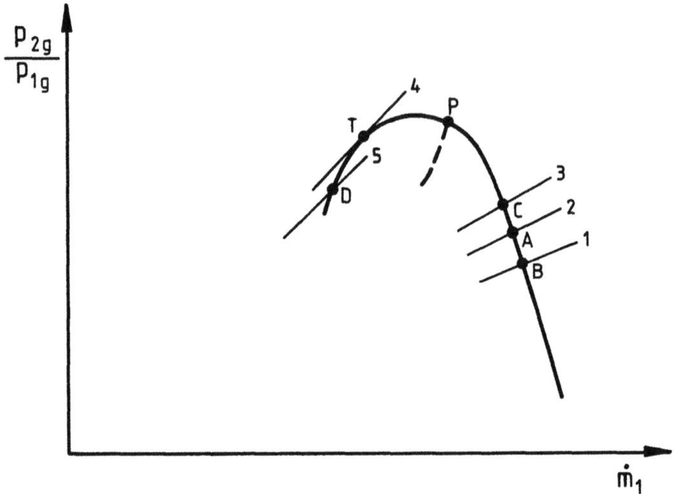

Bild 4.12. Drosselkurve und Druckbedarfslinien

das Diagramm eingetragenen Turbinen-Schlucklinien (siehe Kap. 4.4) und die markierten
Betriebspunkte a bis d.

Zur Erläuterung der Pumpgrenze des Verdichterkennfeldes betrachten wir zunächst noch
einmal die in Bild 4.12 skizzierte, einer bestimmten Drehzahl zugeordnete Drosselkurve
eines Verdichters. Die für verschiedene Drosselzustände gültigen Druckbedarfslinien des
Verbrauchers - das sind z.B. die gerade schon erwähnten Schlucklinien einer Turbine -
seien durch die Kurven 1 bis 5 dargestellt. Ausgehend vom Betriebspunkt A ergeben sich
bei verstärkter oder verringerter Drosselung die neuen Betriebspunkte C bzw. B. Handelt
es sich nur um kurzzeitige, etwa durch Reglerstörungen verursachte Veränderungen der
Drosselzustände, dann wirkt der ansteigende oder abfallende Verdichterdruck dem abnehmenden bzw. dem zunehmenden Durchsatz entgegen, so daß der Verdichter wieder auf
den ursprünglichen Betriebspunkt zurückgeführt wird. Im Betriebspunkt D, in dem die
Steigung der Drosselkurve größer ist als die der Druckbedarfslinie, würde aber eine Verkleinerung oder Vergrößerung des Durchsatzes durch den abfallenden bzw. ansteigenden
Verdichterdruck noch verstärkt. Ein stabiler Betrieb ist also nur möglich, solange der
Durchsatz des Tangierungspunktes T nicht unterschritten wird. Bewirkt eine Strömungsablösung an den Schaufeln z.B. schon im Punkt P einen Abfall des Verdichterdrucks, dann
ist natürlich an dieser Stelle schon die Stabilitätsgrenze erreicht. Bei weiterer Verringerung
des Durchsatzes wird der Verdichterausgangsdruck kleiner als der Druck in den nachgeschalteten, als Druckspeicher wirkenden Triebwerksräumen, so daß der Verdichter in um-

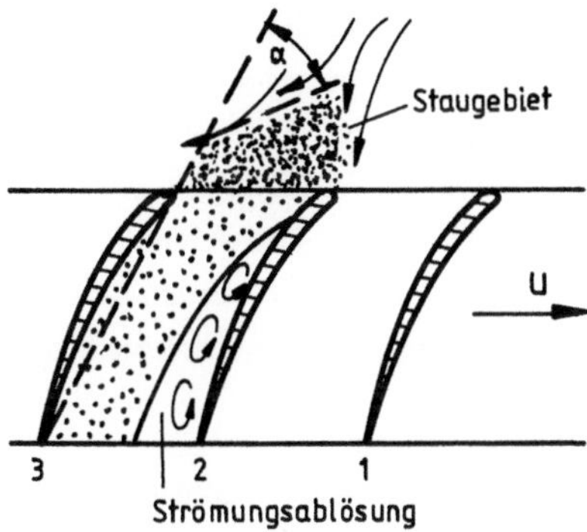

Bild 4.13. Rotierende Ablösung

gekehrter Richtung durchströmt werden kann. Ist der Druck in den Speicherräumen durch den Massenabfluß weit genug abgefallen, dann beginnt der Verdichter wieder mit dem Druckaufbau, bis dieser periodische "Pumpvorgang" erneut einsetzt, sofern der Drosselzustand zwischenzeitlich nicht verändert wurde. Es dürfte klar sein, daß eine solche instabile Arbeitsweise des Verdichters zu vermeiden ist, zumal die bei der plötzlichen Speicherraumentspannung entstehenden Druckstöße Bauteilbeschädigungen herbeiführen können.

Wenn durch örtlich begrenzte Strömungsablösungen der Verdichterenddruck nur wenig beeinflußt wird, dann kann zwar der Kompressor vielleicht auch weiterhin noch stabil arbeiten. Solche lokalen Strömungsablösungen können sich aber in einer anderen Weise ebenfalls sehr nachteilig auswirken. In Bild 4.13 ist angenommen, daß sich bei verringertem Durchsatz z.B. durch Ungleichmäßigkeiten der Zuströmung zunächst nur an der Schaufel 2 die Strömung abgelöst hat. Die damit verbundene Verengung des Strömungskanals zwischen den Schaufeln 2 und 3 erzeugt vor diesem Kanal ein Staugebiet und erzwingt damit ein Ausweichen der zulaufenden Strömung in Richtung auf die Schaufeln 3 und 1. Diese Ablenkung führt nun zu einer weiteren Vergrößerung des Anstellwinkels α der nachfolgenden Schaufel 3, so daß die Strömung jetzt an dieser Schaufel abreißt. An der weiterbewegten und dabei mit kleinerem Anstellwinkel angeströmten Schaufel 2 kann sich aber die Strömung wieder anlegen. Die Abreißzone, die bei weiterer Durchsatzverringerung an mehreren Stellen auftritt, bewegt sich also relativ zum Schaufelgitter entgegen der Laufraddrehrichtung. Dabei liegt die relative Umlaufgeschwindigkeit in einer Größenordnung von 50 bis 80 % der Laufradumfangsgeschwindigkeit. Diese sogenannten rotierenden Ablösungen sind nun deshalb sehr gefährlich, weil sie die Schaufeln zu Biegeschwingungen anregen und dadurch Schaufelbrüche verursachen können.

Im Zusammenhang mit diesen Stabilitätsfragen soll auch noch ein anderes regelungstechnisches Problem angesprochen werden. Da sich die Gasdichte in einem vielstufigen Verdichter entlang des Strömungsweges erheblich verändert, müssen die Strömungsquerschnitte zur Vergleichmäßigung der Meridiangeschwindigkeiten dieser Dichteänderung angepaßt, also in der Durchströmrichtung ständig kleiner werden. Eine solche Querschnittsanpassung kann natürlich nur für das Druckverhältnis des Auslegungspunktes, d.h. für eine bestimmte Verdichterdrehzahl und für einen bestimmten Drosselgrad, vorgenommen werden. Bei jeder Abweichung von diesem Auslegungspunkt werden sich die Durchsatz- und Leistungsziffern in den einzelnen Verdichterstufen in unterschiedlicher Weise verändern.

Betrachten wir einmal die Strömungsverhältnisse in den Eingangs- und Endstufen eines Kompressors bei konstanter Leistungsziffer des Gesamtverdichters und Variation der Drehzahl mit der vorläufigen Annahme $\dot{m}_1$ ($=\dot{m}_2$) $\sim n_V$. Wird die Drehzahl erhöht, dann steigt mit dem Druck auch die Dichte in den Endstufen. Der Volumenstrom nimmt hier also weniger als proportional mit der Drehzahl zu. Das heißt aber, daß bei der unveränderten Kanalgeometrie in den Endstufen die Durchsatzziffern kleiner und damit - dem Kennlinienverlauf entsprechend - die Leistungsziffern größer werden. Da nun die Summe der Leistungsziffern aller Stufen konstant bleiben soll, müssen die ψ_V-Werte der Eingangsstufen durch eine Vergrößerung ihrer Durchsatzziffern, d.h. durch eine stärkere als drehzahlproportionale Zunahme des Massenstroms, entsprechend kleiner werden. Wird also die Auslegungsdrehzahl überschritten, dann rücken die Arbeitspunkte auf den Drosselkurven der Endstufen näher an die Pumpgrenze heran, während die Kopfstufen entlastet werden. Man wird deshalb den Verdichter so dimensionieren, daß in den Endstufen auch bei der höchsten Betriebsdrehzahl noch ein ausreichender Sicherheitsabstand zur Pumpgrenze eingehalten wird. Schwierigkeiten ergeben sich aber auch bei verringerter Drehzahl im Teillastgebiet, denn hier werden jetzt - bei Entlastung der Endstufen - die Eingangsstufen stärker belastet, wobei es zu rotierenden Ablösungen kommen kann.

Mit zunehmendem Druckverhältnis eines Kompressors können nun schon bei relativ kleinen Drehzahlabweichungen vom Auslegungspunkt die Veränderungen der Dichteverhältnisse und damit die Arbeitspunktverschiebungen zu groß werden. Abhilfe schafft man z.B. durch verstellbare Leitradgitter, mit denen die Anströmwinkel der abrißgefährdeten Laufschaufeln verkleinert werden. Wenn die Belastung der Kopfstufen nur kurzzeitig kritisch wird (z.B. bei einer Triebwerksbeschleunigung), dann kann sie auch durch Abblasen von Luft aus den mittleren Stufen verringert werden. Sehr große Druckverhältnisse erfordern aber - manchmal in Kombination mit verstellbaren Leitschaufeln - einen Übergang auf Mehrwellenanlagen. Dabei wird die Kompressionsarbeit auf zwei oder auch drei mechanisch entkoppelte - und durch eine entsprechende Anzahl mechanisch getrennter Turbinen angetriebene - Verdichter aufgeteilt, die dann mit unterschiedlichen Drehzahlen arbeiten können. Wird z.B. die Leistung eines Zweiwellentriebwerks zurückgenommen, dann wird sowohl die Drehzahl des Hochdruckverdichters als auch die des Niederdruckverdichters kleiner. Wie oben erläutert, nimmt dabei aber die Schaufelbelastung des Hochdruckverdichters (bzw. die Belastung der Hochdruckturbine) ab, so daß er nur relativ wenig verzögert wird. Dagegen bewirkt die beim Rückgang des Massenstroms zunehmende Schaufelbelastung des Niederdruckverdichters auch eine entsprechend große Verzögerung dieses Rotors, die wiederum durch einen Anstieg der Durchsatzziffern eine Abschwächung seiner Belastungszunahme herbeiführt. Durch diese automatische Drehzahlanpassung an die Belastungsverhältnisse der beiden Rotoren bleiben die Veränderungen der Durchsatzziffern und damit die Arbeitspunktverschiebungen wesentlich kleiner als bei einer Einwellenanlage.

4.3.2 Turbinenkennfeld

In Umkehrung der Arbeitsweise des Verdichters wird dem Laufrad einer Turbine von dem Arbeitsmedium Energie zugeführt. Bild 4.14 zeigt das in der Umfangsebene abgewickelte Leitrad- und Laufradschaufelgitter einer Axialturbine und die zugehörigen Geschwindigkeitspläne. Das komprimierte Heißgas wird dem Leitrad mit der Geschwindigkeit c_0 zugeführt und bei der Expansion in den Leitradkanälen (Turbinendüsen) auf die Austrittsgeschwindigkeit c_1 beschleunigt. In dem mit der Umfangsgeschwindigkeit u bewegten Laufrad erfolgt dann je nach Ausbildung der Laufschaufeln entweder nur eine Umlenkung der Absolutströmung oder - so wie in der Skizze dargestellt - auch noch eine Beschleunigung der Laufradkanalströmung von der Relativgeschwindigkeit w_1 auf die relative Austrittsgeschwindigkeit w_2. Entsprechend Gleichung 4.41 kann für die spezifische Turbinenarbeit unter Berücksichtigung der Vorzeichenänderung und mit $u_2 = u_1 = u$ sofort angeschrieben werden

$$H_T = u \left(c_{u1} - c_{u2} \right) \, . \tag{4.61}$$

Ersetzen wir die Umfangskomponenten der Absolutgeschwindigkeiten durch

$$c_{u1} = c_1 \cos \alpha_1$$

bzw. durch

$$c_{u2} = w_{u2} + u = u - \frac{c_{m2}}{\tan \beta_2}$$

oder mit (4.45) durch

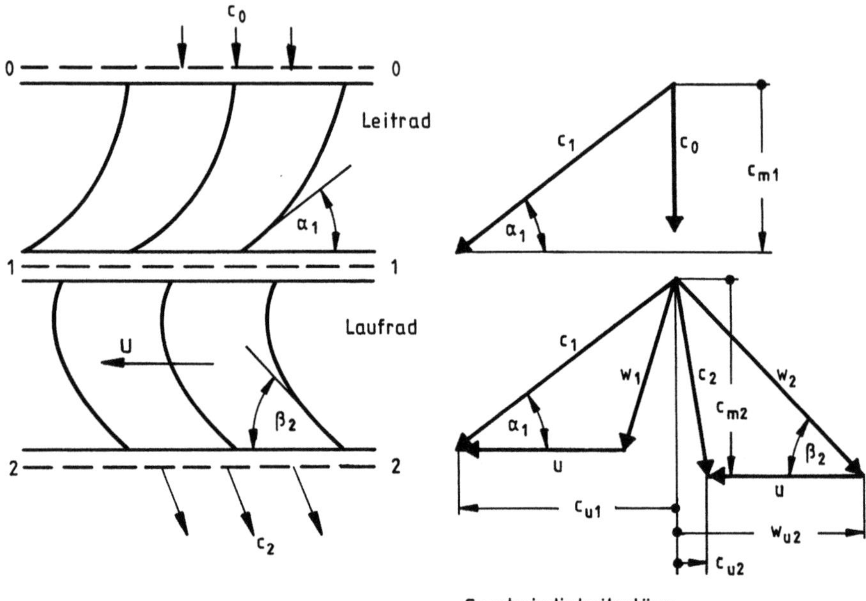

Bild 4.14. Strömungsvorgänge in einer Axialturbinenstufe

$$c_{u2} = u - \frac{A_1}{A_2}\,\frac{\sin\alpha_1}{\tan\beta_2}\,\frac{g_1}{g_2}\,c_1\,,$$

dann wird

$$H_T = u\left[c_1\left(\cos\alpha_1 + \frac{A_1}{A_2}\,\frac{\sin\alpha_1}{\tan\beta_2}\,\frac{g_1}{g_2}\right) - u\right].\tag{4.62}$$

Bezeichnen wir den Geschwindigkeitsbeiwert der Turbinendüsen entsprechend der Definition von (4.36) mit φ_{TD}, dann gilt nach (3.5) für die absolute Leitradaustrittsgeschwindigkeit

$$c_1 = \varphi_{TD}\sqrt{2\,\frac{\kappa}{\kappa-1}\,R\,T_{0g}\left[1 - \left(\frac{p_1}{p_{0g}}\right)^{\frac{\kappa-1}{\kappa}}\right]}.\tag{4.63}$$

Mit den Abkürzungen

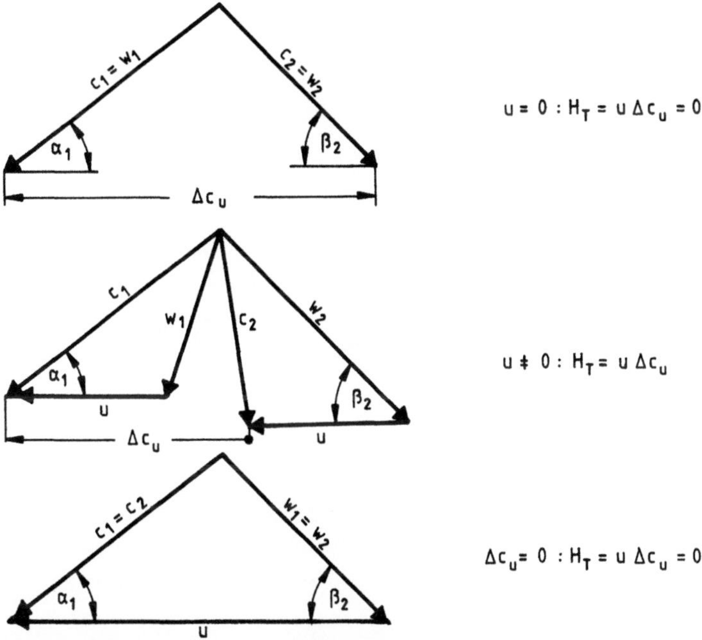

Bild 4.15. Turbinen-Geschwindigkeitspläne bei Variation der Umfangsgeschwindigkeit

$$A = \varphi_{TD}\sqrt{2\,\frac{\kappa}{\kappa-1}\,R\left[1-\left(\frac{p_1}{p_{0g}}\right)^{\frac{\kappa-1}{\kappa}}\right]}\;\cos\alpha_1 , \qquad (4.64)$$

$$B = \varphi_{TD}\sqrt{2\,\frac{\kappa}{\kappa-1}\,R\left[1-\left(\frac{p_1}{p_{0g}}\right)^{\frac{\kappa-1}{\kappa}}\right]}\;\frac{A_1}{A_2}\,\frac{\sin\alpha_1}{\tan\beta_2} , \qquad (4.65)$$

kann also bei vorgegebener Gittergeometrie und bei einem bestimmten Leitraddruckgefälle für die reduzierte spezifische Turbinenarbeit angeschrieben werden

$$\frac{H_T}{T_{0g}} = \frac{u}{\sqrt{T_{0g}}}\left(A + B\,\frac{\varrho_1}{\varrho_2} - \frac{u}{\sqrt{T_{0g}}}\right). \qquad (4.66)$$

Wie auch den Geschwindigkeitsplänen von Bild 4.15 sofort zu entnehmen ist, steigt also die Turbinenarbeit, ausgehend von $H_T = 0$ bei $u = 0$ - hier hat das Turbinendrehmoment $M_T \sim \Delta c_u$ sein Maximum - mit zunehmender Umfangsgeschwindigkeit zunächst an und fällt dann wieder auf Null ab. In Bild 4.16 ist dieser Verlauf der Turbinenarbeit für verschiedene Leitraddruckgefälle schematisch dargestellt, wobei die Parameterwerte p_1/p_{0g}

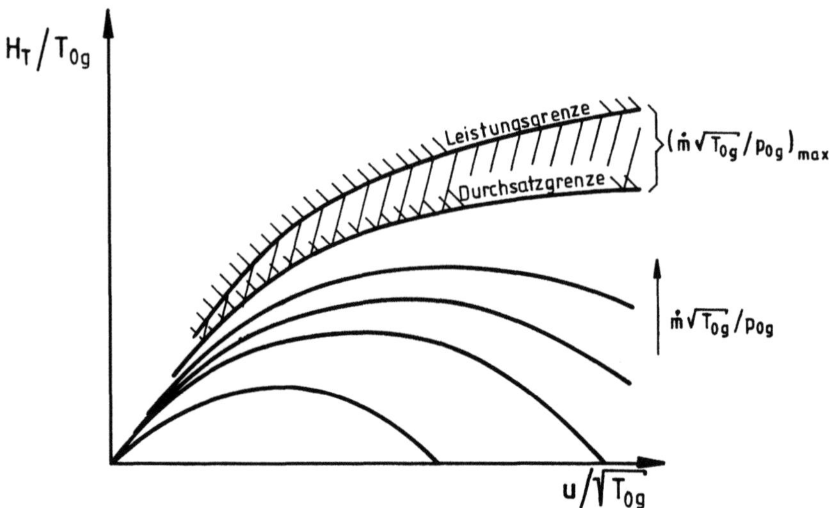

Bild 4.16. Schema eines Turbinenkennfelds

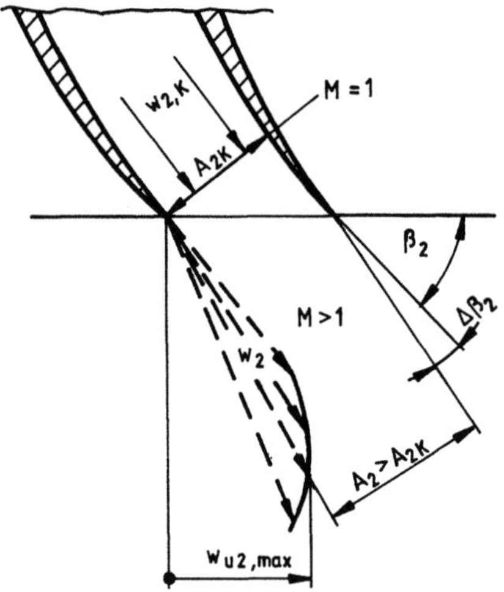

Bild 4.17. Freie Expansion am Laufradaustritt

mit Berücksichtigung von (3.15) und (3.16) durch die reduzierten Massenströme ersetzt wurden. Bei zunehmendem Turbinendruckgefälle wird schließlich z.B. zunächst am Leitradaustritt der kritische Druck und damit die Durchsatzgrenze erreicht. Bei weiterer Verringerung des Turbinengegendrucks erfolgt nach dem Leitrad eine freie Expansion, wobei mit der absoluten Austrittsgeschwindigkeit c_1 auch die Turbinenleistung noch weiter zunimmt. Wird dann auch im Laufrad das kritische Druckverhältnis überschritten - je nach Schaufelgeometrie und Betriebspunkt kann die Durchsatzgrenze auch durch die Laufradströmung vorgegeben werden -, dann findet jetzt auch am Laufradaustritt noch eine freie, d.h. nicht durch Kanalwände geführte Expansion auf Überschallgeschwindigkeit statt. Wie in der Skizze von Bild 4.17 dargestellt, erzwingt die dazu notwendige Querschnittserweiterung (siehe Kap. 3.1) von A_{2K} auf A_2 am Ende des schräg abgeschnittenen Kanals eine Umlenkung der Strömung um den Winkel $\Delta\beta_2$. Mit der relativen Austrittsgeschwindigkeit w_2 wächst zunächst auch die für die Turbinenarbeit maßgebliche Umfangskomponente w_{u2} (bzw. die Differenz $c_{u1} - c_{u2}$) noch weiter an, bis schließlich bei $w_{u2,max}$ die Leistungsgrenze der Turbine erreicht ist.

In Bild 4.18 ist das berechnete Kennfeld einer einstufigen Axialturbine wiedergegeben [17]. (Wir verwenden jetzt wieder den Index 3 zur Kennzeichnung der Triebwerksebene am Turbineneintritt.) So wie in dem Verdichterkennfeld von Bild 4.11 wurden auch hier die reduzierten Drehzahlen

$$n_{T,red} = \frac{n_T}{\sqrt{T_{3g}}} \tag{4.67}$$

und die reduzierten Massenströme

$$\dot{m}_{3,red} = \frac{\dot{m}_3\sqrt{T_{3g}}}{p_{3g}} \tag{4.68}$$

mit den Werten eines Bezugspunktes (B) relativiert. Es bedeuten also

$$\overline{n}_T = \frac{n_{T,red}}{(n_{T,red})_B} \, , \tag{4.69}$$

$$\overline{\dot{m}}_3 = \frac{\dot{m}_{3,red}}{(\dot{m}_{3,red})_B} \, . \tag{4.70}$$

Die markierten Kennfeldpunkte a bis d beziehen sich auf die Rechnungsbeispiele des nächsten Kapitels.

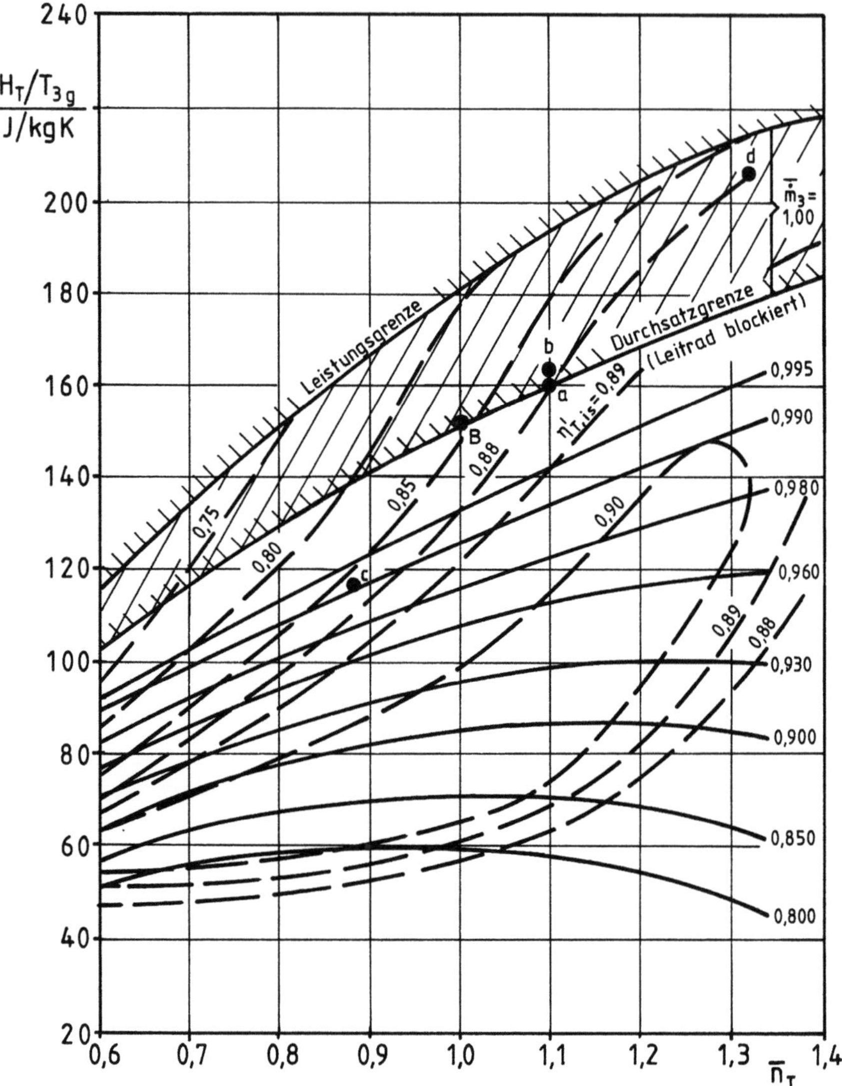

Bild 4.18. Kennfeld einer Axialturbine

4.4 Triebwerkskennfelder

Bei Vorlage der Verdichter- und Turbinenkennfelder können die Leistungsdaten eines TL-Triebwerks für den gesamten Betriebsbereich genauer ermittelt und in Triebwerkskennfeldern dargestellt werden. Zur Berechnung dieser Kennfelder gehen wir von den schon mit den Gleichungen 4.29 und 4.33 angeschriebenen Durchsatz- und Leistungsbedingungen der Strömungsmaschinen aus, wobei aber jetzt auch noch die Drehzahlgleichheit von Verdichter und Turbine berücksichtigt werden muß. Mit Einführung der reduzierten Kenngrößen und mit den Abkürzungen

$$k_a = 1 + \alpha - \beta \quad , \quad k_b = k_a \, \eta_m \, ,$$

lautet die Durchsatzbedingung für die Zusammenarbeit von Verdichter und Turbine

$$\dot{m}_{3,red} = k_a \, \dot{m}_{1,red} \sqrt{\frac{T_{3g}}{T_{1g}}} \, \frac{p_{1g}}{p_{3g}} \, , \tag{4.71}$$

die Leistungsbedingung

$$\frac{H_T}{T_{3g}} = \frac{1}{k_b} \, \frac{H_V}{T_{1g}} \, \frac{T_{1g}}{T_{3g}} \tag{4.72}$$

und die Drehzahlbedingung

$$n_{T,red} = n_{V,red} \sqrt{\frac{T_{1g}}{T_{3g}}} \, . \tag{4.73}$$

Lassen wir die bei einer Betriebspunktvariation völlig unbedeutenden k_a-Veränderungen außer acht und rechnen auch weiterhin mit einem konstanten Brennkammerdruckverlustfaktor π_{BK}, dann erhält man bei Verwendung unserer relativierten Kenngrößen die Durchsatzbedingung in der Form

$$\bar{\dot{m}}_3 = \frac{(\bar{\dot{m}}_3)_a}{(\bar{\dot{m}}_1)_a} \, \frac{\sqrt{T_{3g}/T_{1g}}}{(\sqrt{T_{3g}/T_{1g}})_a} \, \frac{(p_{2g}/p_{1g})_a}{p_{2g}/p_{1g}} \, \bar{\dot{m}}_1 \tag{4.74}$$

und als Drehzahlbedingung die Gleichung

106

$$\overline{n}_T = \frac{(\overline{n}_T)_a}{(\overline{n}_V)_a} \frac{(\sqrt{T_{3g}/T_{1g}})_a}{\sqrt{T_{3g}/T_{1g}}} \; \overline{n}_V \; .$$ (4.75)

Darin kennzeichnet der Index a die Werte eines Ausgangsrechenpunktes. (Das ist z.B. der Auslegungspunkt des Triebwerks.)

Berücksichtigen wir mit den - als konstant angenommenen - Durchflußbeiwerten $\alpha_{TD;SD}$ die realen Strömungsverhältnisse in den Turbinen- bzw. Schubdüsen (siehe Kap. 14), dann gilt mit (3.15) für den reduzierten Massenstrom im engsten Turbinendüsenquerschnitt A_{TD}

$$\dot{m}_{3,red} = \alpha_{TD} \sqrt{\frac{2}{R}} \; A_{TD} \; \psi_{TD} \; .$$ (4.76)

Mit der Abkürzung

$$k_c = \frac{k_a}{\sqrt{2/R} \; \pi_{BK} \; \alpha_{TD} \; A_{TD}}$$ (4.77)

und mit (4.71) und (4.76) wird dann das Verdichterdruckverhältnis

$$\frac{p_{2g}}{p_{1g}} = \frac{k_c}{\psi_{TD}} \; \dot{m}_{1,red} \sqrt{\frac{T_{3g}}{T_{1g}}} \; .$$ (4.78)

Arbeitet die Turbine mit kritischem oder überkritischem Leitraddruckgefälle, d.h. mit dem konstanten Wert $\psi_{TD} = \psi_{TD,max}$, dann erhält man mit der weiteren Abkürzung

$$k_d = \frac{k_c}{\psi_{TD,max}}$$ (4.79)

für diesen Arbeitsbereich die lineare Gleichung

$$\frac{p_{2g}}{p_{1g}} = k_d \sqrt{\frac{T_{3g}}{T_{1g}}} \; \dot{m}_{1,red} \; .$$ (4.80)

Für unser relativiertes Kennfeld gilt dann

$$\frac{p_{2g}}{p_{1g}} = \overline{k}_d \sqrt{\frac{T_{3g}}{T_{1g}}} \; \overline{\dot{m}}_1 \; ,$$ (4.81)

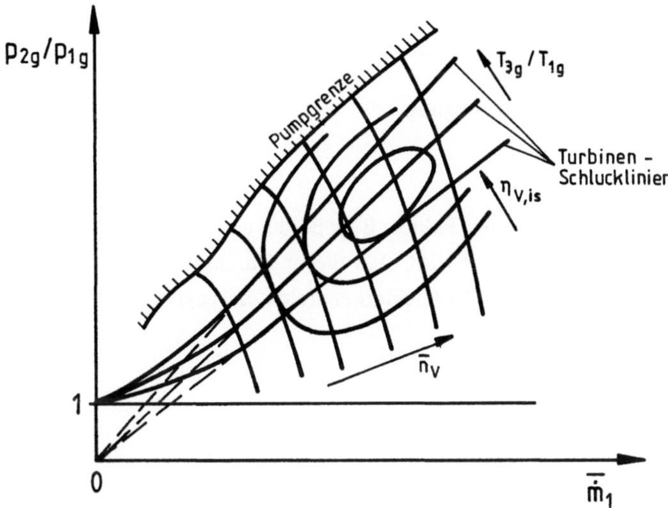

Bild 4.19. Schema eines Verdichterkennfelds mit Turbinen-Schlucklinien

wobei die Konstante

$$\bar{k}_d = \frac{(p_{2g}/p_{1g})_a}{(\sqrt{T_{3g}/T_{1g}})_a \, (\bar{\dot{m}}_1)_a} \tag{4.82}$$

mit den Daten des Ausgangsrechnungspunktes ermittelt werden kann. Wie in Bild 4.19 schematisch dargestellt, erhält man für jedes Temperaturverhältnis T_{3g}/T_{1g} im Verdichterkennfeld eine Gerade durch den Koordinatenursprung. Da diese Linien angeben, welcher Massendurchsatz von der Turbine bei einem bestimmten Verdichterdruckverhältnis geschluckt werden kann, bezeichnet man sie auch als Turbinen-Schlucklinien. Im unteren Durchsatzbereich ist ihr gerader Verlauf natürlich irreal. Sie werden von dem Punkt an, in dem das Turbinengefälle unterkritisch wird, von dem geraden Verlauf abweichen und in den Ordinatenpunkt $p_{2g}/p_{1g} = 1$ einmünden. Die Ermittlung dieser für den unterkritischen Turbinenbetrieb gültigen Schlucklinien kann nur iterativ mit folgenden Rechenschritten durchgeführt werden:

1. Vorgabe eines Betriebspunktes etwas oberhalb der geraden Schlucklinie und damit Festlegung der Werte p_{2g}/p_{1g}, $\bar{\dot{m}}_1$, $\bar{n}_V$ und $\eta_{V,is}$.
2. Berechnung von H_V/T_{1g} mit Gleichung 3.52.
3. Berechnung von H_T/T_{3g} aus der Leistungsbedingung (4.72).
4. Berechnung von $\bar{n}_T$ aus der Drehzahlbedingung (4.75).

5. Mit den Werten für H_T/T_{3g} und $\bar{n}_T$ Entnahme von $\bar{\dot{m}}_3$ aus dem Turbinenkennfeld.

6. Überprüfung von $\bar{\dot{m}}_3$ mit der Durchsatzbedingung (4.74).

Erfüllt sein muß nun auch die Durchsatzbedingung

$$\dot{m}_5 = (1 + \beta'_k)\, \dot{m}_3 , \tag{4.83}$$

wobei mit dem als konstant angenommenen Faktor $\beta'_k \approx \beta_k$ die dem Abgasstrom wieder zugemischte Turbinenkühlluft berücksichtigt wird. Aus dieser Durchsatzbedingung ergibt sich mit (3.15) für jeden Arbeitspunkt des Verdichterkennfelds das zugehörige Schubdüsen/Turbinendüsen-Querschnittsverhältnis

$$\frac{A_{SD}}{A_{TD}} = \frac{\alpha_{TD}}{\alpha_{SD}}\,\frac{\psi_{TD}}{\psi_{SD}}\,\frac{p_{3g}}{p_{4'g}}\,\sqrt{\frac{T_{4g}}{T_{3g}}}\;(1 + \beta'_k) . \tag{4.84}$$

Für das Druckverhältnis $p_{4'g}/p_{3g}$ gilt mit (4.32) und (4.34)

$$\frac{p_{4'g}}{p_{3g}} = \pi_{\ddot{u}}\left(1 - \frac{H_T}{T_{3g}}\,\frac{1}{c_{pA}\eta'_{T,is}}\right)^{\frac{\kappa_A}{\kappa_A - 1}} . \tag{4.85}$$

Darin ist H_T/T_{3g} mit der Leistungbedingung (4.72) und mit (3.52) zu berechnen. (Durch den Verdichterbetriebspunkt sind ja die Werte des Verdichterdruckverhältnisses und des Verdichterwirkungsgrades festgelegt.) Der Turbinenwirkungsgrad ist dem Turbinenkennfeld in dem durch H_T/T_{3g} und durch den mit (4.73) vorgegebenen Betriebspunkt zu entnehmen. Das Temperaturverhältnis T_{4g}/T_{3g} folgt aus (3.58). Da die Schubdüse praktisch immer mit überkritischem Druckgefälle arbeitet, ist $\psi_{SD} = \psi_{SD,max}$. (Andernfalls müßte ψ_{SD} entsprechend Gleichung 3.16 als Funktion von $p_0/p_{4'g}$ berechnet werden.) Die Turbinenausflußziffer erhält man schließlich bei der Lage unseres Bezugspunktes auf der Durchsatzgrenze aus $\psi_{TD} = \bar{\dot{m}}_3\,\psi_{TD,max}$.

In der schematischen Darstellung von Bild 4.20 sind nun neben den Turbinen-Schlucklinien auch noch die Arbeits- oder Fahrlinien, das sind die Linien konstanter Querschnittswerte A_{SD}/A_{TD}, eingezeichnet. Wird der Schubdüsenquerschnitt nicht variiert, dann kann der Betriebspunkt nur entlang einer Arbeitslinie verändert werden. Eine Variation des Temperaturverhältnisses T_{3g}/T_{1g} erzwingt dann also eine ganz bestimmte Änderung der Triebwerksdrehzahl. (Es versteht sich, daß diese Betriebspunktberechnungen für den Fall verstellbarer Verdichter- oder Turbinenleitschaufeln für jede Schaufelposition erneut durchzuführen wären, da mit solchen Geometrieänderungen ja auch eine Veränderung der Strömungsmaschinenkennfelder verbunden ist.)

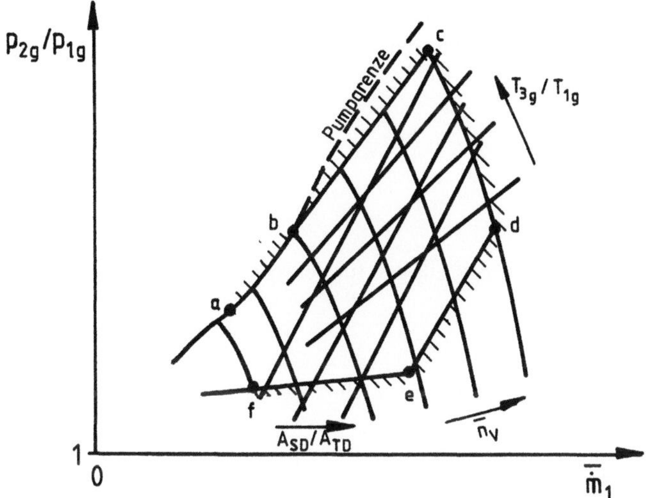

Bild 4.20. Schema eines Verdichterkennfelds mit Turbinen-Schlucklinien, Arbeitslinien und Betriebsgrenzen

Bild 4.20 wurde noch ergänzt durch Einzeichnung der Betriebsgrenzen. Diese Einschränkungen des Betriebsbereiches sind gegeben durch die Pumpgrenze a-b, durch die obere Temperaturgrenze b-c, durch die Höchstdrehzahlgrenze c-d, durch die Turbinen-Leistungsgrenze d-e und durch die untere Temperaturgrenze (Leerlaufgrenze) e-f. Es sei schließlich noch erwähnt, daß in der Praxis auch noch die Stabilitäts- und Löschgrenzen der Brennkammer zu berücksichtigen sind, die aber nur im Versuch ermittelt werden können.

Mit den Kurven von Bild 4.20 ist der Zusammenhang zwischen den drei Regelungsparametern Triebwerksdrehzahl, Turbineneintrittstemperatur und Schubdüsenquerschnitt hergestellt. (Mit der für den Überschallflug wichtigen Regelung des Triebwerkseinlaufs werden wir uns in Kap. 11.2 beschäftigen.) Das Kennfeld kann aber noch vervollständigt werden durch die Eintragung von Schub- und Schubverbrauchslinien. Unter Vernachlässigung des Heißgas-Kraftstoffmassenanteils und etwaiger Zapfluft erhält man aus (4.30) für das Kraftstoff-Luftverhältnis

$$\alpha = T_{1g}\left[\frac{(T_{3g}/T_{1g}) - (T_{2g}/T_{1g})}{H_u \eta_A / c_{pA}}\right] . \tag{4.86}$$

Jedem Kennfeldpunkt X ist nun ein bestimmter T_{3g}/T_{1g}-Wert und mit dem Verdichter-

110

druckverhältnis und dem Verdichterwirkungsgrad auch ein bestimmter T_{2g}/T_{1g}-Wert zugeordnet. Da das Temperaturverhältnis T_{1g}/T_0 nach (3.12) nur eine Funktion der Flugmachzahl ist, kann also angeschrieben werden

$$\frac{\alpha}{T_0} = f_1 (M_0 , X) . \tag{4.87}$$

Mit Vernachlässigung des Kraftstoffmassenanteils galt für den spezifischen Schub

$$F_s = w_{a,res} - w_0 .$$

Nach (4.4) ist die reduzierte, resultierende Austrittsgeschwindigkeit

$$\frac{w_{a,res}}{\sqrt{T_{1g}}} = \frac{w_{5,res}}{\sqrt{T_{1g}}} = \frac{w_5}{\sqrt{T_{1g}}} + R \frac{T_5}{T_{1g}} \frac{(p_5/p_0)-1}{(p_5/p_0)w_5/\sqrt{T_{1g}}} . \tag{4.88}$$

Mit (3.5) kann weiterhin angeschrieben werden

$$\frac{w_5}{\sqrt{T_{1g}}} = \varphi_{SD} \sqrt{\frac{2\kappa_A}{\kappa_A-1} R \frac{T_{4'g}}{T_{1g}} \left[1 - \left(\frac{p_5}{p_{4'g}}\right)^{\frac{\kappa_A-1}{\kappa_A}} \right]} . \tag{4.89}$$

Da durch den Kennfeldpunkt alle Temperatur- und Druckverhältnisse festgelegt sind, gilt dann auch mit Berücksichtigung der Flugmachzahlabhängigkeit des T_{1g}/T_0-Wertes

$$\frac{w_{5,res}}{\sqrt{T_0}} = f_2 (M_0 , X) \tag{4.90}$$

und mit der Funktion

$$\frac{w_0}{\sqrt{T_0}} = f_3 (M_0) \tag{4.91}$$

für den reduzierten spezifischen Schub

$$\frac{F_s}{\sqrt{T_0}} = f_2 (M_0 , X) - f_3 (M_0) . \tag{4.92}$$

Die Gleichungen 4.87 und 4.92 liefern schließlich für den reduzierten, schubspezifischen Kraftstoffverbrauch den Zusammenhang

$$\frac{b_F}{\sqrt{T_0}} = \frac{\alpha}{F_s \sqrt{T_0}} = \frac{f_1(M_0, X)}{f_2(M_0, X) - f_3(M_0)} = f(M_0, X) . \tag{4.93}$$

Bei Vorgabe der Flugmachzahl ist also jedem Kennfeldpunkt ein bestimmter $b_F/\sqrt{T_0}$-Wert zugeordnet und man sieht, daß der schubspezifische Kraftstoffverbrauch unabhängig von der Lage des Arbeitspunktes bei abnehmender Umgebungstemperatur verbessert wird.

Schreiben wir jetzt noch den Absolutschub

$$F = \dot{m}_1 F_s$$

in der Form

$$F = \dot{m}_{1,red} \frac{p_{1g}}{\sqrt{T_{1g}}} \frac{F_s}{\sqrt{T_0}} \sqrt{T_0} = \dot{m}_{1,red} \frac{F_s}{\sqrt{T_0}} \frac{p_{1g}}{p_0} \sqrt{\frac{T_0}{T_{1g}}} p_0$$

an und berücksichtigen, daß auch das Einlaufdruckverhältnis p_{1g}/p_0 bei vorgegebenen π_E-Wert nur eine Funktion der Flugmachzahl ist, dann gilt

$$\frac{F}{p_0} = f'(M_0, X) . \tag{4.94}$$

Bei einer bestimmten Flugmachzahl ist also der Schubwert eines Kennfeldpunktes proportional dem Umgebungsdruck.

Bild 4.21 zeigt das Schema eines jetzt noch durch die reduzierten Schub- und Schubverbrauchslinien ergänzten Verdichterkennfelds. (Da die Schubwerte nun auf eine ganz bestimmte Triebwerksgröße bezogen sind, wurden hier die relativierten Kennfelddaten wieder durch die reduzierten Kenngrößen ersetzt.) Variiert man jetzt noch die Flugmachzahl, dann kann aus solchen Kennfeldern sofort das Triebwerksverhalten in Abhängigkeit von den Betriebsbedingungen abgelesen werden. Wenn der Triebwerksschub z.B. für den unbeschleunigten Reiseflug reduziert wird, dann könnte man dabei die Drehzahl oder die Brennkammertemperatur oder beides verringern. Halten wir die Brennkammertemperatur konstant, dann bewegen wir uns in unserem Diagramm auf einer T_{3g}/T_{1g}-Linie nach links unten. Der Schubdüsenquerschnitt muß also verkleinert werden, die Triebwerksdrehzahl

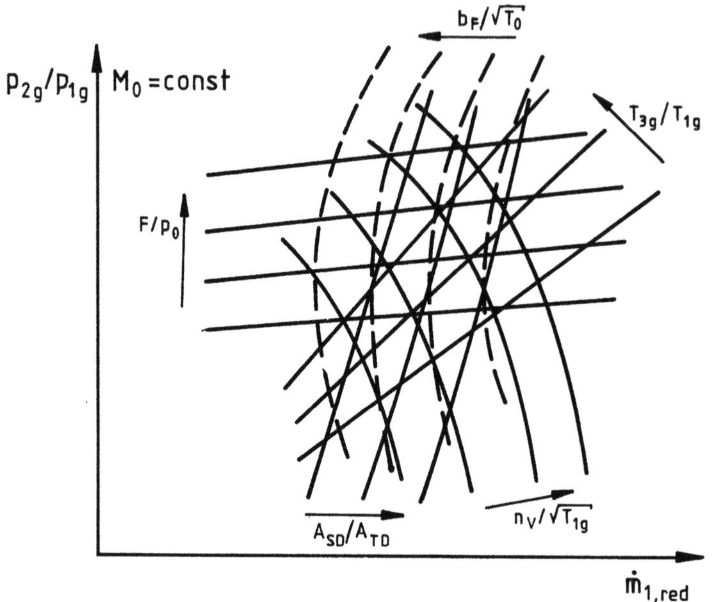

Bild 4.21. Schema eines Verdichterkennfelds mit Turbinen-Schlucklinien, Arbeitslinien, Schublinien und Kraftstoffverbrauchslinien

fällt ab und der schubspezifische Kraftstoffverbrauch wird größer. Ein solcher Teillastbetrieb, der eine Schubdüsenverstellung erforderlich macht und den spezifischen Verbrauch verschlechtert, wäre natürlich nicht sinnvoll. Einfacher und dazu noch wesentlich verbrauchsgünstiger ist der Teillastbetrieb mit unverändertem Schubdüsenquerschnitt, wobei die Drehzahl weniger stark abfällt und dafür die Brennkammertemperatur verkleinert wird. In diesem Fall bleibt der schubspezifische Kraftstoffverbrauch im oberen Teillastbereich fast konstant. Am günstigsten wäre zwar ein Teillastbetrieb mit unveränderter Triebwerksdrehzahl. Dazu benötigt man aber wieder eine verstellbare Schubdüse, die jetzt bei abnehmender Last vergrößert werden müßte. Abgesehen von dem Mehraufwand durch die variable Schubdüsengeometrie kann sich hier noch durch den verstärkten Rückgang der Verbrennungstemperatur ein Brennkammer-Stabilitätsproblem ergeben (siehe Kap. 13), so daß man bei Triebwerken für den Unterschallflug im allgemeinen auf eine Schubdüsenverstellung verzichtet.

Die Erläuterung der Vorgehensweise zur Kennfeldermittlung soll jetzt noch durch einige Beispielrechnungen ergänzt werden. Als Ausgangspunkt (Index a) wählen wir den schon in dem Zahlenbeispiel von Kap. 4.2 untersuchten Betriebspunkt und übernehmen auch die dort angegebenen Mittelwerte für die Stoffgrößen und für die Verlustfaktoren. Vorgegeben waren folgende Daten:

Flughöhe $(H)_a$ = 11 km, Flugmachzahl $(M_0)_a$ = 0,9, Gesamtdruck am Verdichtereingang $(p_{1g})_a$ = 0,375 bar, Gesamttemperatur am Verdichtereingang $(T_{1g})_a$ = 251,8 K, Turbineneintrittstemperatur $(T_{3g})_a$ = 1250 K, spezifische Verdichterarbeit $(H_V)_a$ = 200 000 J/kg.

Für das Verdichterdruckverhältnis ergab sich der Wert
$(p_{2g}/p_{1g})_a$ = 6,053 bar.

In unserem Verdichter-Modellkennfeld von Bild 4.11 legen wir jetzt fest
$(\bar{\dot{m}}_1)_a$ = 1,0.

Die relative Verdichterdrehzahl wird dann
$(\bar{n}_V)_a$ = 0,995.

Der zugehörige Verdichterwirkungsgrad entspricht mit
$(\eta_{V,is})_a$ = 0,85
dem früher angegebenen Wert. (Der Ausgangsrechnungspunkt a und die nachfolgend noch berechneten Kennfeldpunkte b, c und d sind in den Bildern 4.11 und 4.18 markiert.) Mit dem Temperaturverhältnis
$(T_{3g}/T_{1g})_a$ = 4,97
erhält man aus (4.82)
$\bar{k}_d = (\bar{k}_d)_a$ = 2,715.

Die reduzierte, spezifische Turbinenarbeit wird nach (4.72)
$(H_T/T_{3g})_a$ = 160 J/kgK.

Die Turbine sei nun so dimensioniert, daß sie bei diesem reduzierten Enthalpiegefälle gerade an der Durchsatzgrenze arbeitet. Aus dem Turbinendiagramm von Bild 4.18 folgt dann für die relative Turbinendrehzahl
$(\bar{n}_T)_a$ = 1,1
und für den Turbinenwirkungsgrad mit
$(\eta'_{T,is})_a$ = 0,88
der früher angenommene Wert.

Mit einem ersten Beispiel sollen jetzt bei unveränderter Triebwerksdrehzahl und Turbineneintrittstemperatur die Betriebsdaten für den Start berechnet werden (Punkt b).

Gesamttemperatur am Verdichtereintritt: $T_{1g} = T_0$ = 288,2 K;
Gesamtdruck am Verdichtereintritt (mit π_E = 0,98): p_{1g} = 0,993 bar;

Schluckliniengleichung nach (4.81) mit obigem $\overline{k}_d$-Wert: $p_{2g}/p_{1g} = 5{,}650\,\overline{\dot{m}}_1$;
Relative Verdichterdrehzahl nach (4.55) und (4.59): $\overline{n}_V = (\overline{n}_V)_a \sqrt{(T_{1g})_a/T_{1g}} = 0{,}930$;

Dem Verdichterkennfeld entnimmt man
das Verdichterdruckverhältnis: $p_{2g}/p_{1g} = 5{,}10$,
den relativen Verdichtermassenstrom: $\overline{\dot{m}}_1 = 0{,}90$,
den Verdichterwirkungsgrad: $\eta_{V,is} = 0{,}84$
und mit (3.52) die reduzierte, spezifische Verdichterarbeit : $H_v/T_{1g} = 705{,}7\ \text{J/kgK}$.

Die spezifische Verdichterarbeit wird also mit $H_v = 203\ 389\ \text{J/kg}$ etwas größer als der in unserem früheren, vereinfachten Beispiel mit $H_v = 200\ 000\ \text{J/kg}$ konstant angenommene Wert.

Gesamttemperatur am Verdichterausgang nach (3.53): $T_{2g} = 492{,}6\ \text{K}$;
Luft-Kraftstoffverhältnis nach (4.31): $\alpha = 0{,}021$;
Reduzierte, spezifische Turbinenarbeit nach (4.72): $H_T/T_{3g} = 163\ \text{J/kgK}$;
Relative Turbinendrehzahl nach (4.75): $\overline{n}_T = (\overline{n}_T)_a = 1{,}10$.

Nach dem Turbinendiagramm arbeitet die Turbine hier im überkritischen Gebiet mit einem Turbinenwirkungsgrad von
$$\eta'_{T,is} = 0{,}87$$

Die weitere Rechnung erfolgt jetzt so wie in unserem früheren Beispiel und führt zu folgenden Ergebnissen: (Die eingeklammerten Zahlenwerte ergaben sich bei den Vorauslegungsrechnungen, siehe Bild 4.4.)

Spezifischer Schub: $F_s = 670\ (678)\ \text{Ns/kg}$;
Schubspezifischer Kraftstoffverbrauch: $b_F = 110\ (112)\ \text{g/Nh}$.

Für das auf den Wert des Ausgangsrechnungspunktes bezogene Durchsatzverhältnis gilt

$$\frac{\dot{m}_1}{(\dot{m}_1)_a} = \frac{\overline{\dot{m}}_1}{(\overline{\dot{m}}_1)_a}\ \frac{p_{1g}}{(p_{1g})_a}\ \sqrt{\frac{(T_{1g})_a}{T_{1g}}}$$

und für das entsprechende Schubverhältnis

$$\frac{F}{(F)_a} = \frac{\dot{m}_1}{(\dot{m}_1)_a}\ \frac{F_s}{(F_s)_a}\ .$$

Danach ist das Durchsatzverhältnis
$$\dot{m}_1/(\dot{m}_1)_a = 2{,}227\ (2{,}315)$$

und mit dem früher angegebenen Rechnungswert $(F_s)_a$ = 605,5 Ns/kg wird das Schubverhältnis

$F/(F)_a$ = 2,47 (2,59).

Man sieht, daß vor allem die vereinfachte Durchsatzgleichung 4.37 eine um ca. 5 % fehlerhafte Schubberechnung verursacht. Bei der Untersuchung größerer Flugbereiche wächst dieser Fehler rasch an. So ergibt sich z.B. bei unveränderter Triebwerksdrehzahl und unveränderter Turbineneintrittstemperatur für das Verhältnis des Startschubs zum Schub bei einem Flug mit M_0 = 2,0 in der Höhe H = 11 km bei der vereinfachten Rechnung schon ein um 13 % zu großer Wert. Damit wird deutlich, daß eine ausreichend sichere Ermittlung der Triebwerksdaten nur mit der hier beschriebenen Rechnung möglich ist.

Mit einem zweiten Beispiel berechnen wir jetzt einen Teillastbetriebspunkt bei H = 11 km und M_0 = 0,9 (T_{1g} = 251,6 K, p_{1g} = 0,375 bar). Dabei soll die Teillast bei einer unveränderten Turbineneintrittstemperatur von T_{3g} = 1250 K durch eine etwa 20 %ige Verringerung der Triebwerksdrehzahl realisiert werden. Für die relative Verdichterdrehzahl wird also vorgegeben:

$\bar{n}_V$ = 0,8.

Schlucklinie nach (4.81): p_{2g}/p_{1g} = 6,05 $\bar{\bar{m}}_1$.

Da ein erster Rechnungsschritt zeigt, daß die Turbine im unterkritischen Bereich arbeitet, nehmen wir mit dem Druckverhältnis

p_{2g}/p_{1g} = 3,92

einen Wert an, der bei $\bar{n}_V$ = 0,8 etwas oberhalb der geraden Schlucklinie liegt. Aus dem Verdichterkennfeld (Punkt c) erhält man dann noch

$\bar{\bar{m}}_1$ = 0,645, $\eta_{V,is}$ = 0,83.

Aus (3.52): H_v/T_{1g} = 576 J/kgK;
Aus (3.53): T_{2g} = 396 K;
Aus (4.31): α = 0,023;
Aus (4.72): H_T/T_{3g} = 116 J/kgK;
Aus (4.75): $\bar{n}_T$ = 0,884;

Aus dem Turbinenkennfeld ergeben sich die Werte

$\eta'_{T,is}$ = 0,86 und $\bar{\bar{m}}_3$ = 0,991 bzw. ψ_{TD} = 0,991 $\psi_{TD,max}$.

Die Durchsatzprobe mit (4.74) bestätigt diesen relativen Turbinenmassenstrom. Die weitere Rechnung führt zu den Ergebnissen

F_s = 573 Ns/kg;
η_i = 0,32;

$\eta_V = 0{,}49;$

$b_F = 144\ \text{g/Nh}.$

Die Relativierung mit den Werten des Ausgangsrechnungspunktes (siehe Kap. 4.2) ergibt
für das Verhältnis der spezifischen Schubkräfte

$F_s/(F_s)_a = 0{,}95,$

für das Verhältnis der schubspezifischen Kraftstoffverbräuche

$b_F/(b_F)_a = 1{,}10,$

für das Massenstromverhältnis

$\dot{m}_1/(\dot{m}_1)_a = 0{,}645$

und für das Schubverhältnis

$F/(F)_a = 0{,}61.$

Schließlich erhält man noch aus (4.84) für die Veränderung des Schubdüsenquerschnitts
(mit $\psi_{TD,max} \approx \psi_{SD,max}$) den Wert

$A_{SD}/(A_{SD})_a = 0{,}84.$

Durch die 20 %ige Verringerung der Triebwerksdrehzahl wird also der Schub um etwa
40% abgebaut und erreicht damit einen Wert, der nach unseren früheren Überlegungen
für den Reiseflug noch ausreichend wäre. Bedingt durch die Verschlechterung des inneren
Wirkungsgrades erhöht sich der schubspezifische Kraftstoffverbrauch um etwa 10 %.

Mit einem letzten Rechnungsbeispiel ermitteln wir jetzt noch die Teillast-Betriebsdaten
bei unveränderter Triebwerksdrehzahl und bei Verringerung der Turbineneintrittstemperatur auf $T_{3g} = 870$ K. (Wie wir sehen werden, ergibt sich bei dieser Temperatur der gleiche Teillastschubwert wie im vorangegangenen Beispiel.)

Aus (4.81): $p_{2g}/p_{1g} = 5{,}049\ \bar{\dot{m}}_1$

Im Schnittpunkt d der - geraden - Schlucklinie mit der Drehzahllinie $\bar{n}_V = 0{,}995$ ist abzulesen: $p_{2g}/p_{1g} = 5{,}13$, $\bar{\dot{m}}_1 = 1{,}02$, $\eta_{V,is} = 0{,}84$.

Aus (3.52): $H_V/T_{1g} = 709$ J/kgK;
Aus (3.53): $T_{2g} = 430$ K;
Aus (4.31): $\alpha = 0{,}012$;
Aus (4.72): $H_T/T_{3g} = 205$ J/kgK;
Aus (4.75): $\bar{n}_T = 1{,}32.$

Im Turbinendiagramm liegt der Betriebspunkt d im überkritischen Bereich und damit - wie
angenommen - auf dem geraden Teil der Schlucklinie im Verdichterkennfeld. Der Turbinenwirkungsgrad ist $\eta'_{T,is} = 0{,}88$. Als Rechnungsendergebnis erhält man folgende Werte:

$F_s = 362 \, \text{Ns/kg};$

$\eta_i = 0{,}32;$

$\eta_V = 0{,}60;$

$b_F = 119 \, \text{g/Nh};$

$F_s/(F_s)_a = 0{,}60;$

$b_F/(b_F)_a = 0{,}91;$

$m_1/(\dot{m}_1)_a = 1{,}02;$

$F/(F)_a = 0{,}61;$

$A_{SD}/(A_{SD})_a = 1{,}23.$

Erwartungsgemäß ist hier bei gleichem Teillastschub der schubspezifische Kraftstoffverbrauch erheblich kleiner als in dem vorangegangenen Rechnungsbeispiel. Das ist wieder darauf zurückzuführen, daß bei gleicher innerer Triebwerksleistung die Beschleunigung eines größeren Stützmassenstroms den Vortriebswirkungsgrad verbessert.

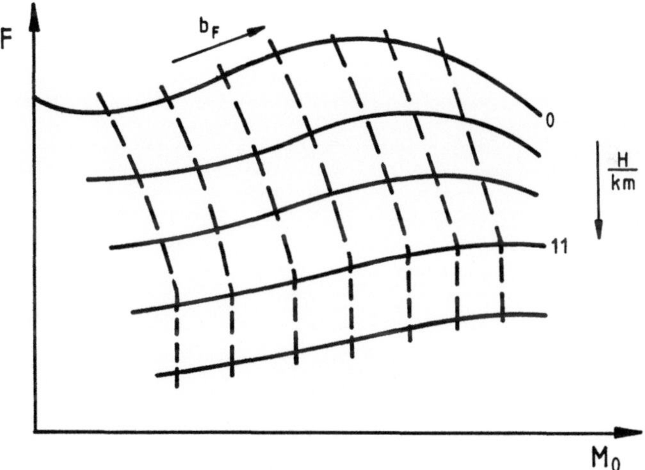

Bild 4.22. Schema eines Schubkennfelds

Abschließend sei jetzt noch erwähnt, daß die ähnlichkeitsgerechte Darstellung der Betriebsdaten in Kennfeldern nach der Art von Bild 4.21 häufig ergänzt wird durch Kennfelder, die den bei verschiedenen Flugmachzahlen und unterschiedlichen Flughöhen maximal verfügbaren Triebwerksschub und den zugehörigen schubspezifischen Kraftstoffverbrauch angeben. Bild 4.22 zeigt das Schema eines solchen Kennfelds. Der Verlauf der Schublinien wurde schon in Kap. 4.2 erläutert (siehe auch Bild 4.4). Das Abknicken der b_F-Linien bei $H = 11$ km findet mit dem oben abgeleiteten Zusammenhang zwischem dem schubspezifischen Kraftstoffverbrauch und der Umgebungstemperatur seine Erklärung. In Abhängigkeit von den aerodynamischen Daten des Flugzeugs wird das Kennfeld natürlich begrenzt durch die für den Auftrieb erforderliche Mindestfluggeschwindigkeit und durch den jeweiligen Schubbedarf zur Überwindung des Flugwiderstands. Bei hohen Flugmachzahlen und entsprechend hohen Stautemperaturen könnte es auch noch eingeengt werden durch eine thermisch-mechanische Belastungsgrenze der Verdichterschaufeln. Schließlich kann auch durch die Beanspruchung der Flugzeugstruktur eine M_0-Grenze vorgegeben sein.

5 Propeller-Turbinen-Luftstrahltriebwerke

5.1 Propeller

Wir hatten schon wiederholt festgestellt, daß man bei der Vortriebserzeugung bestrebt sein sollte, mit der verfügbaren Triebwerksleistung einen möglichst großen Stützmassenstrom zu beschleunigen. Diese Forderung ist im Unterschallflugbereich am besten zu erfüllen durch den Einsatz von Propellern, deren Stützmassenströme die Massendurchsätze der TL-Triebwerke um ein Vielfaches (z.B. um das Fünfzigfache) übersteigen. Dabei ist allerdings heute noch in Kauf zu nehmen, daß die mit einem Propellertriebwerk erreichbare Flugmachzahl etwa auf $M_0 = 0,65$ begrenzt ist, da bei größeren Fluggeschwindigkeiten am Propellerblattprofil bereits Überschallgeschwindigkeiten und damit Verdichtungsstöße auftreten, die die Schub- und Wirkungsgradwerte sehr stark verschlechtern. Durch Verwendung neuer Materialien, die aerodynamisch günstigere, dünnere Blattprofile ermöglichen, ist aber zu erwarten, daß demnächst auch Propeller für maximale Flugmachzahlen zur Verfügung stehen, die mit $M_{0,max} \approx 0,8$ nur noch sehr wenig unter den bei Unterschall-Strahltriebwerksflugzeugen heute üblichen Werten liegen [28, 29, 30, 31, 32]. (Man spricht bei einem Propeller dieser neuen Generation, der mit 8 bis 12 gepfeilten Blättern ausgeführt wird, auch von einem "Propfan", da er als ein Vielblattpropeller schon eine Übergangsstufe zu einem Fan, d.h. zu einem Gebläse, darstellt.)

Bevor wir uns nun mit dem Leistungsvermögen der PTL-Triebwerke etwas näher beschäftigen, sollen zunächst einige Betrachtungen über die Schuberzeugung eines Propellers angestellt werden. Wie in Bild 5.1 skizziert, wird die dem Propeller in der Ebene 0 mit der Geschwindigkeit w_0 zuströmende Luft durch die Zufuhr mechanischer Energie bis zur Ebene a auf die Austrittsgeschwindigkeit w_a beschleunigt, wobei sich der Propellerstrahl aus Kontinuitätsgründen entsprechend verengt. Vor dem Propeller ist die Beschleunigung mit einem Abfall des statischen Drucks von p_0 auf p_1 verbunden. In der Ebene des Propellers, der durch eine Kreisscheibe mit der Fläche A_P ersetzt werden kann, erfolgt dann eine Druckerhöhung von p_1 auf p_2 und danach eine weitere Beschleunigung durch die Entspannung von p_2 auf p_0. Da es sich hier nur um kleine Druckänderungen handelt, kann die

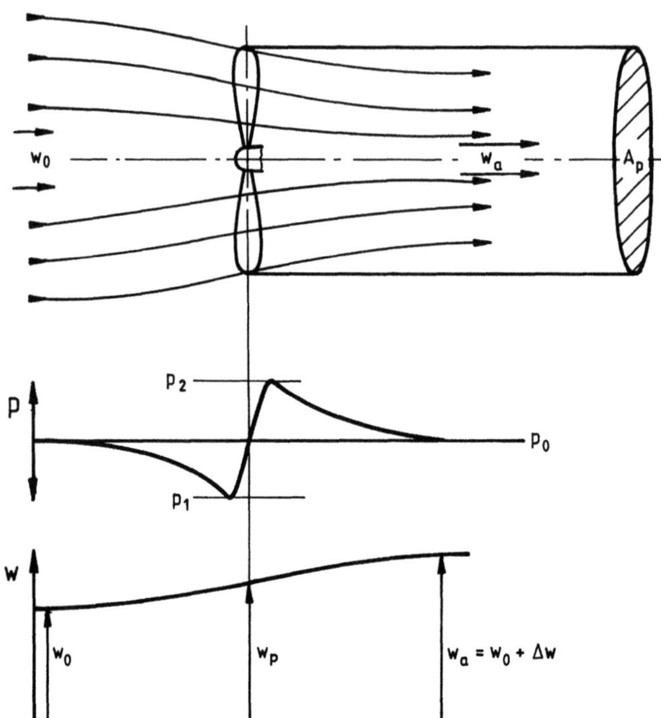

Bild 5.1. Druck- und Geschwindigkeitsverlauf in einem Propellerstrahl

Kompressibilität vernachlässigt und für die Stromröhre vor dem Propeller nach dem Satz von *Bernoulli* angeschrieben werden

$$p_0 + \frac{\varrho_0}{2}\, w_0^2 = p_1 + \frac{\varrho_0}{2}\, w_P^2 \; .$$

Darin ist w_P die Strömungsgeschwindigkeit in der Propellerebene. Entsprechend gilt für die Stromröhre nach dem Propeller

$$p_2 + \frac{\varrho_0}{2}\, w_P^2 = p_0 + \frac{\varrho_0}{2}\, w_a^2 = p_0 + \frac{\varrho_0}{2}\, (w_0 + \Delta w)^2 \, ,$$

wenn wir den Geschwindigkeitszuwachs mit Δw bezeichnen. Diese beiden Gleichungen ergeben für die Drucksteigerung in der Propellerebene

$$\Delta p = p_2 - p_1 = g_0 \, \Delta w \left(w_0 + \frac{\Delta w}{2} \right) . \tag{5.1}$$

Der Propellerschub

$$F_P = A_P \, \Delta p \tag{5.2}$$

kann mit dem Impulssatz auch ausgedrückt werden durch

$$F_P = \dot{m} \, \Delta w = g_0 \, A_P \, w_P \, \Delta w . \tag{5.3}$$

Aus (5.1) bis (5.3) folgt

$$w_P = w_0 + \frac{\Delta w}{2} . \tag{5.4}$$

In der Propellerebene wird also die Geschwindigkeit um die Hälfte der Zusatzgeschwindigkeit Δw erhöht. Mit der Vortriebsleistung

$$P_{PV} = F_P \, w_0 \tag{5.5}$$

und der Strahlverlustleistung - siehe auch (4.12) -

$$P_{P,SV} = \dot{m} \, \frac{(w_a - w_0)^2}{2} = \dot{m} \, \frac{\Delta w^2}{2} \tag{5.6}$$

erhält man mit Berücksichtigung von (5.3) für den Propellerwirkungsgrad

$$\eta_{P,a} = \frac{F_P \, w_0}{F_P w_0 + \dot{m} \, \Delta w \, \Delta w / 2} = \frac{w_0}{w_0 + (w_a - w_0)/2} = \frac{2}{1 + w_a / w_0} . \tag{5.7}$$

Dieser Ausdruck ist natürlich identisch mit der in Kap. 4.1 hergeleiteten Gleichung 4.20 für den Vortriebswirkungsgrad eines Strahltriebwerks. Durch den Index a (axial) soll verdeutlicht werden, daß mit diesem Propellerwirkungsgrad nur die axiale Strahlverlustleistung entsprechend (5.6) berücksichtigt wird. Der Luft wird nämlich auch noch eine Geschwindigkeitskomponente Δw_u in Umfangsrichtung, d.h. ein nutzloser Drall erteilt. (Durch die Hintereinanderschaltung von zwei gegenläufigen Propellern können diese Drallverluste weitgehend eliminiert und gleichzeitig auch die unerwünschten Kreiselwirkungen der Propeller ausgeschaltet werden.) Schließlich sind auch noch die Profilverluste in Rechnung zu

122

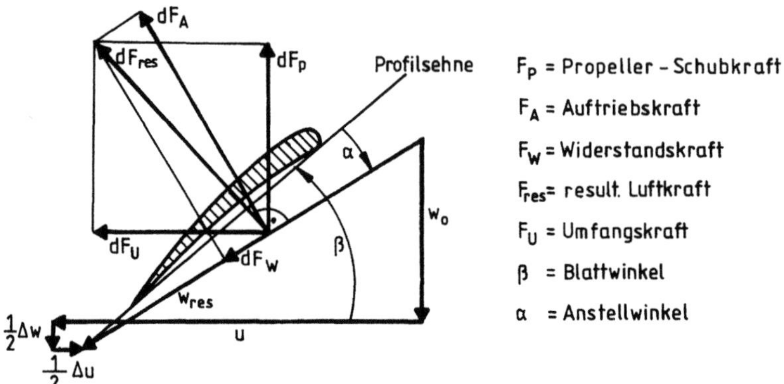

Bild 5.2. Geschwindigkeiten und Kräfte an einem Propellerblattelement

stellen. Wir wollen die Summe der Drall- und Profilverluste in dem Propeller-Gütegrad $\eta_{P,g}$ zusammenfassen und für den Propellergesamtwirkungsgrad anschreiben

$$\eta_P = \eta_{P,a} \, \eta_{P,g} = \frac{P_{PV}}{P_{We}} = \frac{F_P \, w_0}{P_{We}} \, . \tag{5.8}$$

Darin ist P_{We} die dem Propeller zugeführte Wellenleistung.

Bild 5.2 zeigt die auf den Propeller bezogenen Relativgeschwindigkeiten und die Kräfte am Radius r eines mit der Umfangsgeschwindigkeit u bewegten Propellerblattelements, das zu vergleichen ist mit dem Flächenelement eines rotierenden Tragflügels. Die in der Propellerebene wirksame, resultierende Geschwindigkeit w_{res} entspricht also der ungestörten Anströmgeschwindigkeit eines Tragflügels, auf den senkrecht zu w_{res} die Auftriebskraft dF_A einwirkt [3]. Die resultierende Luftkraft dF_{res} ist die Vektorsumme von dF_A und der Profilwiderstandskraft dF_W. Sie kann zerlegt werden in die Vortriebskraft dF_P und die Umfangskraft dF_u mit dem Drehmoment $dM_P = r dF_u$, deren Integrationen über die Radien aller Propellerblätter den Propellerschub F_P und das Propellerdrehmoment M_P ergeben.

Die Auftriebs- und Widerstands- und damit auch die Schub- und Umfangskräfte sowie die Propellerwirkungsgrade sind nun u.a. wieder abhängig vom Anstellwinkel α, der nach Bild 5.2 durch den Blatteinstellwinkel β, durch den sogenannten Fortschrittsgrad

$$J = \frac{w_0}{u_a} \tag{5.9}$$

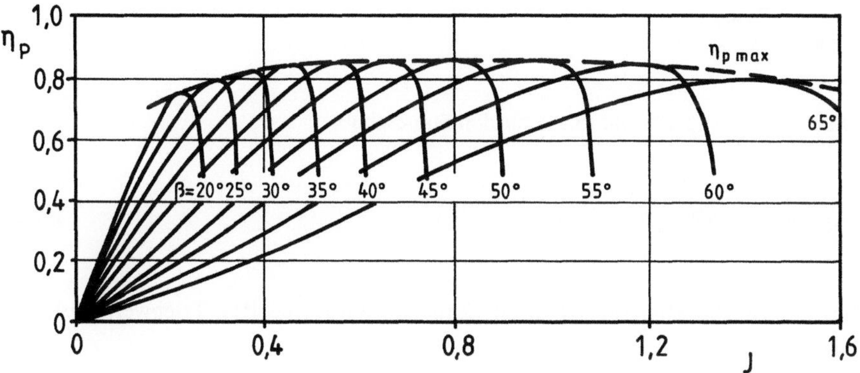

Bild 5.3. Wirkungsgrade eines 8-Blatt-Propellers

und durch die Zusatzgeschwindigkeiten vorgegeben ist. (Der Fortschrittsgrad wird mit der Umfangsgeschwindigkeit u_a der Blattspitze, der Blatteinstellwinkel durch den Wert $\beta_{0,75}$, das ist der β-Winkel am Radius $r = 0,75\,r_a$, definiert.)

In Bild 5.3 sind die rechnerisch ermittelten Wirkungsgrade eines 8-Blatt-Propellers aufgetragen. (Zur Propellerberechnung wird hier auf [33, 34] verwiesen.) Wie man sieht, können mit einem Verstellpropeller, d.h. mit einer β-Anpassung, über weite Bereiche des Fortschrittsgrades bzw. der Flugmachzahl Wirkungsgrade von über 80 % erreicht werden. Mit diesen η_P-Werten lassen sich aus der Wellenleistung mit (5.8) auch die Propellerschubkräfte ermitteln. Das gilt natürlich nicht für den Standfall mit $\eta_P = 0$ und $w_0 = 0$. Der Standschub läßt sich aber bei Vorgabe der Propellerkreisfläche A_P mit der Annahme eines Standgütegrads $\eta_{P,g,0}$ ($\approx 0,75$) recht gut abschätzen. Mit $w_P = \Delta w/2$ wird die Pumpleistung, d.h. die theoretische Leistungsaufnahme des Propellers

$$P_{Pth,0} = \frac{\dot{m}}{g_0}\,\Delta p = A_P\,w_P\,\Delta p = F_{P,0}\,\frac{\Delta w}{2} \tag{5.10}$$

und der Standschub

$$F_{P,0} = \dot{m}\,\Delta w = g_0\,A_P\,w_P\,\Delta w = g_0\,A_P\,\frac{\Delta w^2}{2}\,. \tag{5.11}$$

Mit dem Standgütegrad

124

$$\eta_{P,g,0} = \frac{P_{P\,th,0}}{P_{We,0}} \tag{5.12}$$

erhält man dann aus (5.10) und (5.11) für den Standschub

$$F_{P,0} = \sqrt[3]{2\,g_0\,A_P\,(P_{We,0}\,\eta_{P,g,0})^2} \; . \tag{5.13}$$

Mit diesen Schub/Leistungsbeziehungen kann nun auch eine PTL-Triebwerksauslegung vorgenommen werden.

5.2 Leistungsaufteilung

Ein PTL-Triebwerk könnte prinzipiell so ausgelegt werden, daß das nach dem Gasgenerator verfügbare Enthalpiegefälle soweit wie möglich in einer den Propeller antreibenden Nutzturbine abgebaut wird. Es ist aber zu berücksichtigen, daß die Energieübertragung auf den Propellerluftstrom mit Verlusten verbunden ist, die durch den Wirkungsgrad $\eta'_{TN,is}$ der Nutzturbine, durch den mechanischen Wirkungsgrad $\eta_{P,m}$ der Drehmomentenübertragung von der Nutzturbine über das Getriebe auf den Propeller und durch den Propellerwirkungsgrad η_P bestimmt sind. Im Flug wird es also günstiger sein, ein Teilgefälle in einer Schubdüse zu verarbeiten, die ja bei kleinen, die Fluggeschwindigkeit nur wenig überschreitenden Düsenausflußgeschwindigkeiten, gute Vortriebswirkungsgrade ergibt.

Zur Beantwortung der Frage nach der optimalen Leistungsaufteilung [17] gehen wir aus von Bild 5.4. Diese Skizze zeigt ein h-s-Diagramm, in dem das nach dem Gasgenerator (Triebwerksebene 4) noch verfügbare, isentrope Nutzgefälle $H_{N,is}$ auf eine Nutzturbine (4 N: Ebene nach der Nutzturbine) und auf eine Schubdüse aufgeteilt ist. (Es sei nur nebenbei erwähnt, daß es für unsere Betrachtungen bedeutungslos ist, ob es sich bei der Nutzturbine, so wie in Bild 1.4 a dargestellt, um eine von der Verdichterturbine mechanisch entkoppelte "Losturbine" handelt oder ob die Nutzturbine mit der Turbine des Gasgenerators eine mechanische Einheit bildet.) Berücksichtigen wir mit η'_{SD} neben den Strömungsverlusten in der Schubdüse auch den Druckverlust im Übergangsstück und setzen eine vollständige Düsenexpansion voraus - was bei einem PTL-Triebwerk in jedem Fall zutrifft -, dann gilt für das isentrope Enthalpiegefälle $H'_{TN,is}$ der Nutzturbine

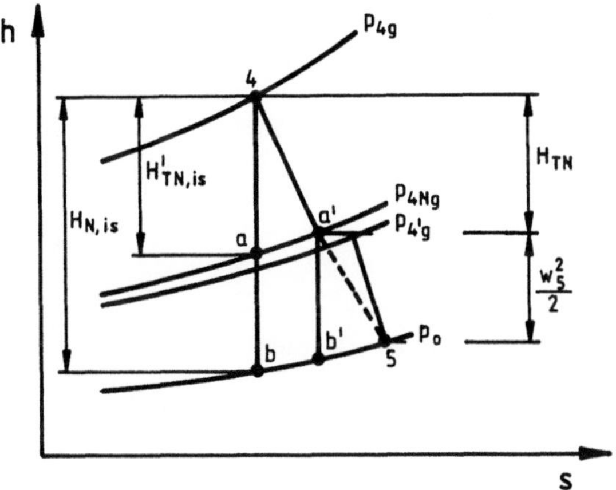

Bild 5.4. Leistungsaufteilung bei einem PTL-Triebwerk

$$H'_{TN,is} = H_{N,is} - \frac{w_5^2}{2\,\eta'_{SD}}\;. \tag{5.14}$$

Dabei wurde mit der Annahme $\overline{a\,b} = \overline{a'b'}$ die nur sehr geringe Divergenz der Isobaren vernachlässigt. Die gesamte spezifische Vortriebsleistung des Propellers und der Schubdüse wird dann

$$P_{V,s,ges} = \left(H_{N,is} - \frac{w_5^2}{2\,\eta'_{SD}}\right)\,\eta'_{TN,is}\,\eta_{P,m}\,\eta_P + (w_5 - w_0)\,w_0\;. \tag{5.15}$$

Bei einem durch den Gasgenerator vorgegebenen $H_{N,is}$-Wert und bei konstanten Wirkungsgraden erhält man aus $\partial P_{V,s}/\partial w_5 = 0$ für die optimale Düsenaustrittsgeschwindigkeit

$$w_{5,opt} = w_0\,\frac{\eta'_{SD}}{\eta'_{TN,is}\,\eta_{P,m}\,\eta_P} \tag{5.16}$$

und für den optimalen, spezifischen Restschub der Schubdüse

$$F_{s,SD,opt} = w_0\left(\frac{\eta'_{SD}}{\eta'_{TN,is}\,\eta_{P,m}\,\eta_P} - 1\right). \tag{5.17}$$

126

Erwartungsgemäß wird also der optimale Restschub um so größer, je höher die Flugge-schwindigkeiten und die Verluste bei der Vortriebserzeugung durch den Propeller sind.

Mit dem aus (5.13) abschätzbaren Propeller-Schub/Leistungsverhältnis

$$K_0 = \frac{F_{P,0}}{P_{We,0}} \tag{5.18}$$

kann für den spezifischen Start-Gesamtschub angeschrieben werden

$$F_{s,ges,0} = \left(H_{N,is} - \frac{w_5^2}{2\,\eta'_{SD}} \right) \eta'_{TN,is}\; \eta_{P,m}\, K_0 + w_5 \; . \tag{5.19}$$

Hier folgt aus $\partial F_{s,0} / \partial w_5 = 0$ für die optimale Düsenaustrittsgeschwindigkeit

$$w_{5,opt,0} = \frac{\eta'_{SD}}{K_0\,\eta'_{TN,is}\,\eta_{P,m}} \; . \tag{5.20}$$

Diese Optimalgeschwindigkeit ist aber wesentlich kleiner als die Nutzturbinen-Ausström-geschwindigkeit, könnte also nur durch einen im Stand als Diffusor wirkenden Abgaskanal realisiert werden.

Erwähnt sei jetzt noch der Begriff der Wellenvergleichsleistung

$$P_{We,V} = P_{We} + \frac{F_{SD}\, w_0}{\eta_P} \; , \tag{5.21}$$

mit der auch die auf eine äquivalente Wellenleistung umgerechnete Vortriebsleistung des Düsen-Restschubs berücksichtigt wird und die mit (5.18) für den Startfall in der Form

$$P_{We,V,0} = P_{We,0} + \frac{F_{SD,0}}{K_0} \tag{5.22}$$

angeschrieben werden kann.

Der Vorteil des PTL- gegenüber einem TL-Triebwerk soll jetzt noch mit einem Zahlenbei-spiel verdeutlicht werden. Dabei wollen wir die für das TL-Triebwerk schon in Bild 4.4 an-gegebenen, mit den vereinfachten Rechnungen von Kap. 4.2 ermittelten Betriebsdaten beim bodennahen Flug mit $M_0 = 0{,}6$ ($w_0 = 204$ m/s) den Werten eines PTL-Triebwerks gegenüberstellen, das mit dem gleichen Gasgenerator ausgerüstet ist. Beim TL-Triebwerk ergaben sich mit dem nach dem Gasgenerator verfügbaren, isentropen Nutzgefälle

$H_{N,is} = 270611 \, J/kg$

folgende Schub- und Kraftstoffverbrauchswerte:

$F_s = 527 \, Ns/kg,$

$b_F = 139 \, g/Nh,$

$b_V = 680 \, g/kWh.$

Mit den Annahmen $\eta'_{TN,is} = 0,88$, $\eta_{P,m} = 0,97$, $\eta_P = 0,8$, $\eta'_{SD} = 0,92$ erhält man
aus (5.16): $w_{5,opt} = 275 \, m/s,$
aus (5.14): $H'_{TN,is} = 229510 \, J/kg$
und aus (5.15) mit $F_{s,ges} = P_{V,s,ges}/w_0$: $F_{s,ges} = 768 + 71 = 839 \, Ns/kg.$

Bei einem Restschubanteil von 8,5 % ist also der spezifische PTL-Schub um 59 % größer als der spezifische Schub des TL-Triebwerks. In entsprechendem Maße verringern sich die Kraftstoffverbrauchswerte auf

$b_F = 87 \, g/Nh,$

$b_V = 427 \, g/kWh.$

Bei etwas höheren Fluggeschwindigkeiten und vor allem im Vergleich zu den im nächsten Kapitel behandelten - bei Unterschallverkehrsflugzeugen heute überwiegend eingesetzten - ZTL-Triebwerken ist zwar der Vorteil der Propellertriebwerke nicht mehr so gravierend wie in diesem Zahlenbeispiel. Theoretische Untersuchungen zeigen aber [35], daß sich mit einem PTL-Triebwerk auch gegenüber dem ZTL-Triebwerk Verbesserungen des Kraftstoffverbrauchs in einer Größenordnung von etwa 15 % und Betriebskosteneinsparungen bis zu 12 % ergeben können. Es sei schließlich noch erwähnt, daß sich eine weitere Steigerung der Turbineneintrittstemperatur bei einem PTL-Triebwerk, dessen Vortriebswirkungsgrad praktisch unabhängig ist von der Höhe des Nutzenthalpiegefälles, anders als beim TL-Triebwerk nicht nur auf die spezifische Leistung, sondern auch auf den spezifischen Kraftstoffverbrauch positiv auswirkt.

6 Zweistrom-Turbinen-Luftstrahltriebwerke

6.1 Ausführungen

Die Vergrößerung des Stützmassenstroms erfolgt bei ZTL-Triebwerken durch ein Gebläse (fan), das z.B. so wie in Bild 1.4 a skizziert, als Heckgebläse ausgebildet und auch einem bereits vorhandenen TL-Triebwerk nachgeschaltet werden kann. Der größte Nachteil dieser einfachen ZTL-Version besteht darin, daß man mit Rücksicht auf die Fliehkraftbeanspruchung der Fan-Turbine die Höhe der Fan-Schaufeln nur relativ klein ausführen kann, so daß auch nur ein mäßiger Zweitluft-Massenstrom zu realisieren ist. Konstruktionen mit zwei Gebläsen, die auf die beiden Rotoren einer niedertourigen, vielstufigen Turbine mit gegenläufigen Schaufelkränzen - die Laufschaufeln wirken dann auch als rotierende Leitschaufeln - aufgesetzt sind [36], könnten zwar diesen Nachteil vermeiden. Vorzugsweise werden heute aber ZTL-Triebwerke mit einem Frontfan eingesetzt, bei denen der Primär- und Sekundärkreis über einen gemeinsamen Einlauf mit Luft versorgt werden. In der einfachsten Ausführung könnten die verlängerten Schaufeln der Verdichtereingangsstufe(n) als Sekundärluftgebläse arbeiten. Die zur Erzeugung großer Stufendruckverhältnisse entsprechend hohen Verdichterdrehzahlen erlauben aber auch hier nur relativ kleine Fan-Schaufelhöhen. Üblich ist deshalb die mechanische Entkopplung des Gasgenerators von dem Sekundärluftgebläse, das dann von einer Niederdruckturbine über eine zweite Welle angetrieben wird und dessen innere Schaufelzonen die Primärkreisluft vorverdichten. Sehr häufig wird die Verdichtung der Primärstromluft dann auch auf zwei Rotoren aufgeteilt, wobei der Niederdruckverdichter und das Gebläse eine Einheit bilden, siehe die schematische Darstellung von Bild 6.1. Die regelungstechnischen Vorteile einer solchen Zweiwellenanordnung wurden schon in Kap. 4.3.1 erläutert. Die nur noch aerothermodynamische Koppelung der beiden Verdichterläufer bietet aber auch noch die Möglichkeit, den Hochdruckverdichter schon im Auslegungspunkt - entweder zur Vergrößerung des Verdichtungsverhältnisses oder zur Verkleinerung der Verdichterstufenzahl - bei den größeren Lufttemperaturen ohne lokale Überschreitung der Schallgeschwindigkeiten schneller laufen zu lassen als den Niederdruckverdichter. Wenn das Drehzahlpotential des Niederdruckverdichters bei der mechanischen Verbindung mit einem sehr großen Gebläse nicht

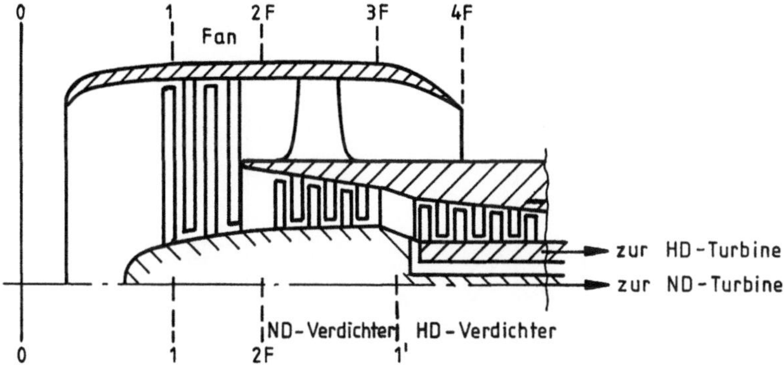

Bild 6.1. Schema eines ZTL-Frontteils

voll ausgenutzt wird, arbeitet man auch mit Dreiwellenanlagen. Schließlich verwendet man auch ein Fan-Getriebe, um anstelle einer niedertourigen, vielstufigen Antriebsturbine eine hochtourige Turbine mit weniger Stufen einsetzen zu können.

Neben diesen konstruktiven Unterschieden der Leistungsübertragung auf den Sekundärkreis gibt es nun auch noch andere Variationsmöglichkeiten. So kann z.B. der Sekundärmassenstrom in einer zweiten Schubdüse entspannt werden (siehe Bild 6.1) oder gemeinsam mit dem Primärstrom in einer Vermischungs-Schubdüse expandieren. Die Vermischung von Primär- und Sekundärmassenstrom kann auch schon nach der letzten Turbinenstufe erfolgen, um den Gesamtstrom einem Nachbrenner zuzuführen. Eine solche Mischung verlangt allerdings ein ausreichend hohes Druckniveau der Zweitluft, das nur mit einem mehrstufigen Gebläse zu verwirklichen ist. Schließlich kann eine Nachverbrennung auch in den getrennten Kreisen vorgenommen werden, wobei dann allerdings die Ausflußquerschnitte beider Schubdüsen variabel sein müssen (siehe Kap. 7.2).

Es dürfte klar sein, daß bei diesen vielfältigen Ausführungsmöglichkeiten eine Entscheidung über die Auswahl des Triebwerkskonzeptes nur bei Vorlage eines detaillierten Anforderungskatalogs getroffen werden kann.

6.2 Leistungsaufteilung

Mit den gleichen Vereinfachungen wie bei der Untersuchung des PTL-Triebwerks kann die sehr wichtige Frage nach der optimalen Leistungsaufteilung auf den primären Schubdüsen-

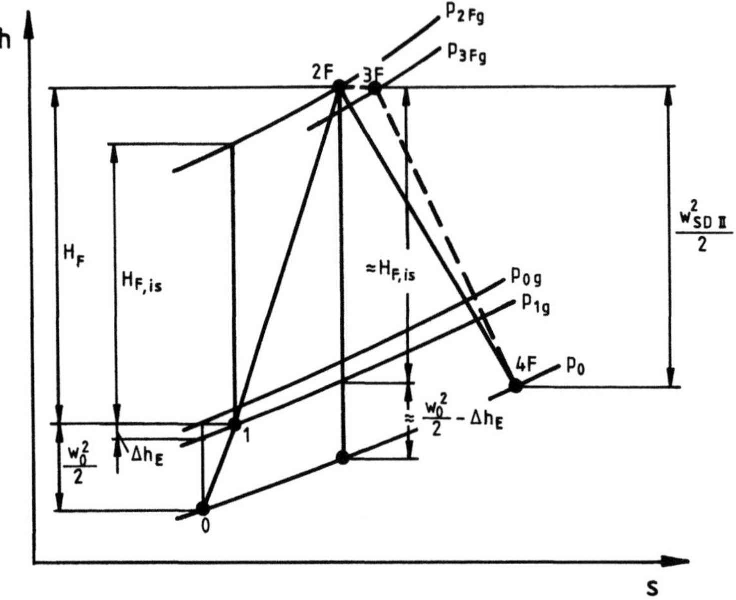

Bild 6.2. ZTL-Sekundärkreisprozeß im h-s-Diagramm

strahl und auf den sekundären Stützmassenstrom sofort beantwortet werden. Dabei gehen wir wieder aus von einem bestimmten, nach dem Gasgenerator verfügbaren isentropen Nutzgefälle $H_{N,is}$, das jetzt zu einem Teil in der Primärschubdüse und zum anderen Teil in einer den Fan antreibenden Nutzturbine verarbeitet wird. (Daß die nabennahen Bereiche der Fan-Schaufeln auch an der Verdichtung des Primärmassenstroms beteiligt sind und damit die Nutzturbine auch einen Teil der Gasgenerator-Turbinenleistung übernimmt, soll uns hier genauso wenig interessieren wie eine etwaige weitere Aufteilung der Verdichtung auf mehrere Verdichterrotoren.)

Aus dem h-s-Diagramm von Bild 6.2 erhält man für die Schubdüsenausflußgeschwindigkeit des Sekundärmassenstroms

$$\frac{w^2_{SD\,II}}{2} = \left(\frac{w^2_0}{2} - \Delta h_E + H_{F,is}\right) \eta'_{SD\,II} \, . \tag{6.1}$$

(Index II: Sekundärkreis, Index I: Primärkreis.) Darin ist Δh_E die dem Einlaufdruckverlust - bzw. dem Einlaufdruckverhältnis p_{1g}/p_{0g} - entsprechende Enthalpiedifferenz und $H_{F,is}$ die isentrope, spezifische Fan-Verdichtungsarbeit. (In den Schubdüsenwirkungsgraden werden wieder die Verluste in den Zulaufkanälen mitberücksichtigt.) Mit dem isentropen Wirkungsgrad der Nutzturbine $\eta'_{TN,is}$ und dem mechanischen Wirkungsgrad η_{mF} des Fan-Antriebs ist die für den Fan - zur Verdichtung des Sekundärmassenstroms - verfügbare Wellenleistung

$$P_{We} = \dot{m}_I \left(H_{N,is} - \frac{w^2_{SD\,I}}{2\,\eta'_{SD\,I}} \right) \eta'_{TN,is}\, \eta_{mF} \quad . \tag{6.2}$$

Benötigt wird die Fan-Leistung

$$P_F = \dot{m}_{II}\, H_F \quad . \tag{6.3}$$

Mit der Abkürzung

$$\mu = \frac{\dot{m}_{II}}{\dot{m}_I}$$

für das Bypassverhältnis folgt aus (6.2) und (6.3) für die spezifische Fan-Verdichtungsarbeit

$$H_F = \frac{1}{\mu} \left(H_{N,is} - \frac{w^2_{SD\,I}}{2\,\eta'_{SD\,I}} \right) \eta'_{TN,is}\, \eta_{mF} = \frac{H_{F,is}}{\eta_{F,is}} \tag{6.4}$$

($\eta_{F,is}$ = isentroper Fan-Wirkungsgrad) und mit der weiteren Abkürzung

$$\eta_x = \eta'_{TN,is}\, \eta_{F,is}\, \eta_{mF}\, \eta'_{SD\,II}$$

aus (6.1) und (6.4)

$$w_{SD\,II} = \sqrt{(w_0^2 - 2\Delta h_E)\,\eta'_{SD\,II} + \frac{2}{\mu}\, H_{N,is}\,\eta_x - \frac{1}{\mu}\, w^2_{SD\,I}\, \frac{\eta_x}{\eta'_{SD\,I}}} \quad . \tag{6.5}$$

Bei bestimmten Werten für die Wirkungsgrade und für $H_{N,is}$, w_0, Δh_E und μ kann angeschrieben werden

$$w_{SD\,II} = \sqrt{const - \frac{1}{\mu}\, w^2_{SD\,I}\, \frac{\eta_x}{\eta'_{SD\,I}}} \quad . \tag{6.6}$$

Für den auf den Primärkreis-Massenstrom bezogenen spezifischen Schub gilt nun

$$F_S = \mu\, w_{SD\,II} + w_{SD\,I} - (1+\mu)\, w_0 \tag{6.7}$$

oder mit Berücksichtigung von (6.6)

$$F_S = \mu \sqrt{\text{const} - \frac{1}{\mu}\, w_{SD\,I}^2\, \frac{\eta_x}{\eta'_{SD\,I}}} + w_{SD\,I} - (1+\mu)\, w_0 \ . \tag{6.8}$$

Aus der Bedingung $\partial F_s / \partial w_{SD\,I} = 0$ folgt nach kurzen Zwischenrechnungen für die optimale Düsenausströmgeschwindigkeit des Primärmassenstroms

$$w_{SD\,I,\,opt} = \sqrt{\frac{\mu\,(w_0^2 - 2\Delta h_E)\,\eta'_{SD\,II}\,\eta'_{SD\,I}/\eta_x + 2 H_{N,is}\,\eta'_{SD\,I}}{1 + \mu\,\eta_x/\eta'_{SD\,I}}} \tag{6.9}$$

und für das optimale Schubdüsengeschwindigkeitsverhältnis

$$\left(\frac{w_{SD\,I}}{w_{SD\,II}}\right)_{opt} = \frac{\eta'_{SD\,I}}{\eta'_{TN,is}\ \eta_{F,is}\ \eta_{mF}\ \eta'_{SD\,II}} \ . \tag{6.10}$$

Mit den Abkürzungen

$$A = \left(w_0^2 - 2\Delta h_E\right)\eta'_{SD\,II}\ ,$$

$$B = A\,\frac{\eta'_{SD\,I}}{\eta_x} + 2 H_{N,is}\,\eta_x\ ,$$

$$C = 2 H_{N,is}\,\eta'_{SD\,I}\ ,$$

erhält man aus den Gleichungen 6.5 bis 6.10 für den optimalen, auf den Primärmassenstrom bezogenen spezifischen Schub

$$F_{S,\,opt} = \sqrt{\mu^2 A + \mu B + C} - (1+\mu)\, w_0 \ . \tag{6.11}$$

Es gibt nun selbstverständlich auch ein optimales Bypassverhältnis. Für $w_0 = 0$ kann sofort der theoretische Grenzfall $\mu_{opt,0} \longrightarrow \infty$ angegeben werden, weil dann nach (4.23) mit $w_{a,res} \longrightarrow 0$ der größte Schub erzeugt würde. Für den Start ist es also auf jeden Fall günstig, mit der verfügbaren Fan-Wellenleistung bei kleinem Fan-Druckverhältnis einen möglichst großen Sekundärmassenstrom zu beschleunigen. Im Flug wird aber der spezifische Schub bei zu großen Bypassverhältnissen wieder verschlechtert. (Die positive Wirkung einer weiteren Vergrößerung des Stützmassenstroms wird dann durch die Verluste bei der Energieübertragung auf den Sekundärdüsenstrahl überkompensiert.) Das optimale Bypassverhältnis erhält man aus der Bedingung $\partial F_{s,opt}/\partial\mu = 0$. Mit den weiteren Abkürzungen

$$\alpha = \frac{B}{A} \quad , \quad \beta = \frac{B^2/4 - C\,w_0^2}{A\,(A - w_0^2)}$$

führt die Differentiation zu dem Ergebnis

$$\mu_{opt} = -\frac{\alpha}{2} + \sqrt{\left(\frac{\alpha}{2}\right)^2 - \beta} \quad . \tag{6.12}$$

Mit einer Beispielrechnung soll jetzt untersucht werden, wie sich die in Kap. 4.4 ermittelten Start-Betriebsdaten verändern, wenn das TL-Triebwerk durch Vorschaltung eines Gebläses (und Nachschaltung einer Nutzturbine) in ein ZTL-Triebwerk umgewandelt wird. Die TL-Berechnung ergab folgende Resultate:

Gesamttemperatur am Verdichtereintritt: $T_{1g} = 288,2$ K;
Gesamtdruck am Verdichtereintritt: $p_{1g} = 0,993$ bar;
Relative Verdichterdrehzahl: $\bar{n}_{V,TL} = 0,93$;
Relativer Verdichtermassenstrom: $\bar{m}_{1,TL} = 0,90$;
Konstante der Schluckliniengleichungen: $k_d = 2,715$;
Spezifischer Schub: $F_{s,TL} = 670$ Ns/kg;
Schubspezifischer Kraftstoffverbrauch: $b_{F,TL} = 110$ g/Nh.

Das Gebläse sei nun ausgelegt für das Bypassverhältnis
$\mu = 2,0$
und für ein Druckverhältnis von
$p_{2Fg}/p_{1g} = 1,77$.

Neben den aus dem TL-Rechnungsbeispiel übernommenen Einlauf- und Brennkammerverlustfaktoren werden noch folgende Werte vorgegeben: $\eta_{F,is} = 0,85$, $\eta_{mF} = \eta_m = 0,98$, $\eta'_{SDI} = \eta'_{SDII} = 0,93$, $\eta'_{T,is} = \eta'_{TN,is} = 0,88$. Die TL-Triebwerksebene 1 entspricht jetzt der Ebene 2F mit dem Gesamtdruck
$p_{2Fg} = 1,76$ bar
und mit der aus (3.52) und (3.53) berechneten Gesamttemperatur
$T_{2Fg} = 348$ K.

Mit diesen Zustandswerten und mit der unveränderten Brennkammertemperatur
$T_{3g} = 1250$ K erhält man aus (4.81) die Schluckliniengleichung
$p_{2g}/p_{2Fg} = 5,15\ \bar{m}_1$

134

und aus (4.55) und (4.59) die relative Verdichterdrehzahl
$\bar{n}_{V,ZTL} = 0{,}84$.

Dem Kennfeld von Bild 4.11 entnimmt man das Verdichterdruckverhältnis
$p_{2g}/p_{2Fg} = 3{,}80$,
den relativen Verdichtermassenstrom
$\bar{m}_{1,ZTL} = 0{,}74$
und den Verdichterwirkungsgrad
$\eta_{Vis} \doteq 0{,}83$.

Das Gesamtdruckverhältnis der Primärstromverdichtung wird also
$p_{2g}/p_{1g} = (p_{2Fg}/p_{1g})(p_{2g}/p_{2Fg}) = 6{,}73$.

Aus der weiteren Prozeßberechnung erhält man für das Kraftstoff-Luftverhältnis und für
das nach dem Gasgenerator verfügbare, isentrope Nutzgefälle
$\alpha = 0{,}019$,
$H_{N,is} = 238\,223\ \mathrm{J/kg}$.

Nach (6.9) und (6.10) werden die optimalen Schubdüsenaustrittsgeschwindigkeiten
$w_{SDI,opt} = 420\ \mathrm{m/s}$,
$w_{SDII,opt} = 308\ \mathrm{m/s}$.

Die Geschwindigkeitsberechnung nach (3.5) und (4.36) - mit η'_{SD} anstelle von η_{SD} - ergibt
für den Sekundärmassenstrom ebenfalls den Wert $w_{SDII} = 308\ \mathrm{m/s}$. Die Auslegung des
Gebläses entspricht also der optimalen Leistungsaufteilung.

Für den spezifischen Schub und für den schubspezifischen Kraftstoffverbrauch des ZTL-
Triebwerks ergeben sich schließlich die Werte
$F_{s,ZTL} = 1036\ \mathrm{Ns/kg}$,
$b_{F,ZTL} = 66\ \mathrm{g/Nh}$.

Bei einem im Vergleich zum TL-Triebwerk um etwa 40% geringeren Kraftstoffverbrauch
wird also der spezifische Schub des ZTL-Triebwerks um 55 % erhöht. Da dem Kompressor
die durch den Nabenbereich des Gebläses bereits vorverdichtete Luft zugeführt wird,
nimmt aber der Absolutschub des ZTL-Triebwerks noch erheblich stärker zu. Mit dem
Massenstromverhältnis

$$\dot{m}_{1,ZTL}/\dot{m}_{1,TL} = \bar{m}_{1,ZTL}/\bar{m}_{1,TL}\ (p_{2Fg}/p_{1g})\ \sqrt{T_{1g}/T_{2Fg}} = 1{,}33$$

wird der Absolutschub um 106 % erhöht.

In Bild 6.3 sind noch einige andere Rechnungsergebnisse dargestellt. Hier wird deutlich,
daß mit einem ZTL-Triebwerk im Reiseflug nur bei ausreichend hohen Brennkammer-

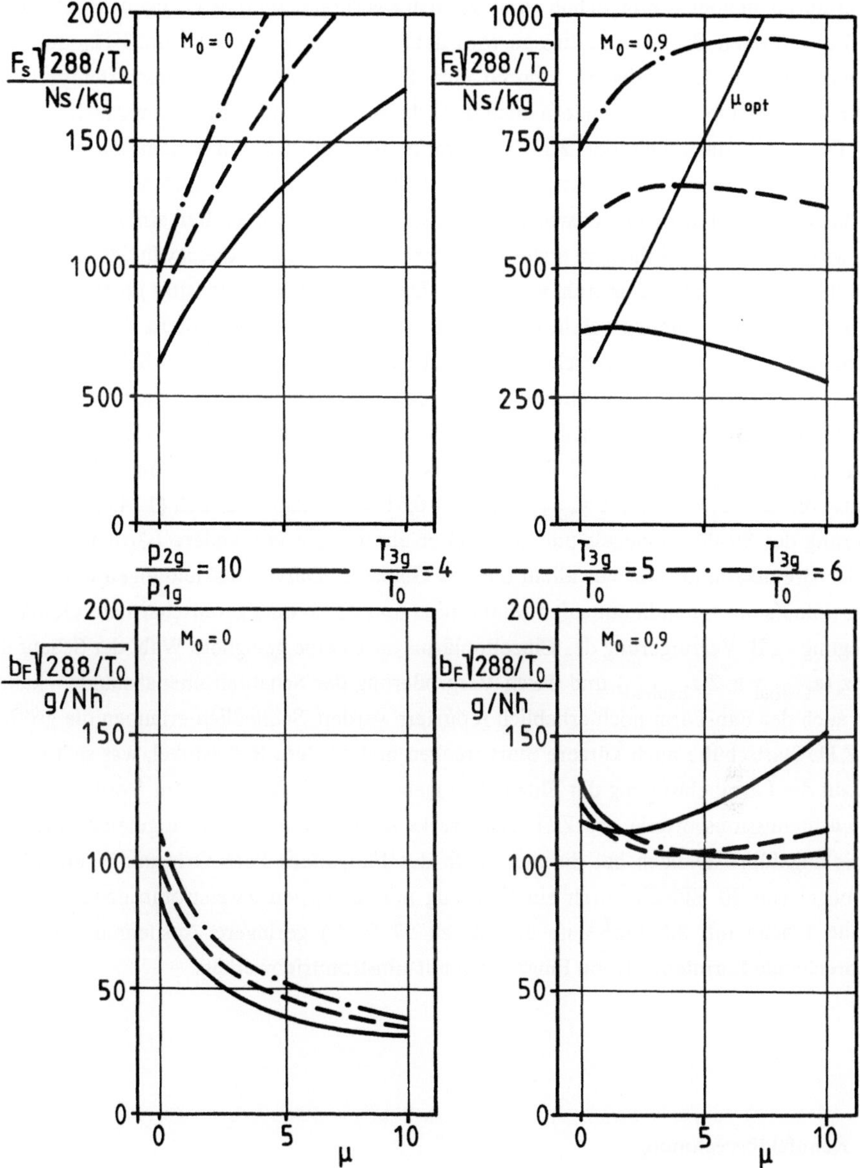

Bild 6.3. Spezifischer Schub und schubspezifischer Kraftstoffverbrauch eines ZTL-Triebwerks bei optimaler Leistungsaufteilung

temperaturen nennenswerte Schub- und Kraftstoffverbrauchsverbesserungen zu erzielen sind. Bei größeren Bypassverhältnissen wird dann aber auch - so wie beim PTL- und im Unterschied zum TL-Triebwerk - durch eine Steigerung der Brennkammertemperatur nicht nur der Schub erhöht, sondern auch der schubspezifische Kraftstoffverbrauch verringert. Diese Überlegenheit der ZTL-Triebwerke ist natürlich mit einem entsprechend größeren Bauaufwand zu erkaufen. Zu berücksichtigen ist aber auch noch der weitere und sehr bedeutsame Lärmemissionsvorteil der Zweistromtriebwerke. Bei einem TL-Triebwerk wird der Triebwerkslärm in erster Linie durch den mit hoher Geschwindigkeit aus der Schubdüse austretenden Gasstrahl verursacht. Da die Strahllärmintensität im Bereich der hier auftretenden Strömungsgeschwindigkeiten etwa mit der achten Potenz der - zur Umgebungsluft relativen - Strahlgeschwindigkeit abnimmt, wird dieser Lärm bei den wesentlich kleineren Düsenausflußgeschwindigkeiten der ZTL-Triebwerke drastisch reduziert. In unseren Beispielrechnungen ergab sich beim Start für das Verhältnis der Heißgasausflußgeschwindigkeiten des ZTL- und TL-Triebwerks schon bei dem relativ kleinen Bypassverhältnis von $\mu = 2{,}0$ der Wert $w_{5,ZTL}/w_{5,TL} = 0{,}64$. Das entspricht nach (1.34) einer Verringerung des Strahllärmpegels um 15 db. Hier überwiegen nun andere Lärmquellen wie die der Brennkammer und vor allem die des Gebläses. Durch Auskleidungen des Triebwerkseinlaufs mit schalldämmenden Materialien und durch eine geräuschärmere Gebläseauslegung - z.B. Verringerung des Einzeltonlärms durch eine geeignete Wahl der Schaufelzahl z ($z_{Leitrad} \geq 2\, z_{Laufrad}$) und durch Vergrößerung der Schaufelreihenabstände - kann aber auch der Fan-Lärm noch erheblich reduziert werden. Schließlich erlauben die größeren ZTL-Startschübe auch kürzere Startstrecken und größere Steigwinkel, was sich ebenfalls auf die Lärmbelästigung der Flugplatzumgebung positiv auswirkt. Zur Verdeutlichung der Lärmemissionsvorteile des ZTL-Triebwerks sei hier ein in [37] mitgeteiltes Meßergebnis angeführt. Danach hat die außerhalb des Flughafens Paris-Orly mit einem Fluglärmpegel von 90 EPNdb durch ein Flugzeug mit modernen Zweistromtriebwerken beschallte Fläche mit 3,5 km^2 eine um bis zu 97 % (!) geringere Ausdehnung als der entsprechende Lärmteppich von Flugzeugen mit Einstromtriebwerken.

6.3 Kennfeldberechnung

Die Berechnung der Kennfelder von Mehrwellen-Ein- oder Zweistromtriebwerken erfolgt prinzipiell genauso wie bei den in Kap. 4.4 behandelten Einwellen-Einstromtriebwerken. Das heißt, daß auch hier bei Abweichungen vom Auslegungspunkt jeweils die Drehzahl-, Durchsatz- und Leistungsgleichgewichtszustände zu ermitteln sind. Bei der größeren Anzahl der miteinander arbeitenden Komponenten ist das natürlich eine recht komplexe Aufgabenstellung.

Mit dem Hinweis auf die Beschreibung genauerer Rechenprogramme in [37] soll hier nur am Beispiel der in Bild 6.1 skizzierten ZTL-Triebwerksausführung ein vereinfachtes Rechenschema [17] erläutert werden. Die Vereinfachungen bestehen darin, daß neben den Druckverlustfaktoren jetzt auch die Turbinenwirkungsgrade als konstante Größen angenommen und in den Turbinen- und Schubdüsen kritische oder überkritische Strömungsverhältnisse vorausgesetzt werden. Turbinenkennfelder werden also für unsere Rechnungen nicht benötigt. Zur weiteren, wenn auch nicht notwendigen Vereinfachung, wollen wir nur wieder die spezifischen Wärmekapazitäten bzw. die Isentropenexponenten des Luft- und Abgasstroms unterscheiden und die mechanischen Wirkungsgrade der Niederdruck- und Hochdruckkomponenten einheitlich mit η_m bezeichnen. Schließlich rechnen wir noch mit $k_a = 1 + \alpha - \beta \approx 1$.

Kennzeichnung der Strömungsebenen:

0   : Ungestörte Umgebung,
1   : Verdichter- bzw. Fan-Eingang,
2F : Fan-Ausgang,
3F : Einlauf in die Sekundärschubdüse,
4F : Sekundärschubdüsenausgang,
$1'$: Ausgang des Niederdruckverdichters bzw. Eingang des Hochdruckverdichters,
2   : Ausgang des Hochdruckverdichters bzw. Brennkammereingang,
3   : Brennkammerausgang bzw. Hochdruckturbineneingang,
$3'$: Hochdruckturbinenausgang bzw. Niederdruckturbineneingang,
4   : Niederdruckturbinenausgang bzw. Eingang in das Übergangsstück,
$4'$: Einlauf in die Primärschubdüse,
5   : Primärschubdüsenausgang.

Index I   : Primärkreis,
Index II   : Sekundärkreis,
Index NV : Niederdruckverdichter,
Index HV : Hochdruckverdichter,
Index F   : Fan,
Index NT : Niederdruckturbine,
Index HT : Hochdruckturbine.

Mit diesen Bezeichnungen gilt für die reduzierten Massenströme

138

$$\dot{m}_{NV,red} = \frac{\dot{m}_I \sqrt{T_{1g}}}{p_{1g}} \, ,$$

$$\dot{m}_{HV,red} = \frac{\dot{m}_I \sqrt{T_{1'g}}}{p_{1'g}} \, ,$$

$$\dot{m}_{F,red} = \frac{\dot{m}_{II} \sqrt{T_{1g}}}{p_{1g}}$$

und für die reduzierten Drehzahlen

$$n_{NV,red} = \frac{n_{NV}}{\sqrt{T_{1g}}} \, ,$$

$$n_{HV,red} = \frac{n_{HV}}{\sqrt{T_{1'g}}} \, ,$$

$$n_{F,red} = \frac{n_F}{\sqrt{T_{1g}}} \, .$$

Wir ermitteln jetzt zunächst den Verlauf der Arbeitslinie im Kennfeld des Hochdruckverdichters (Bild 6.4). Für die Hochdruckturbinen-Schlucklinien gilt entsprechend (4.80)

$$\frac{p_{2g}}{p_{1'g}} = k_{dHT} \sqrt{\frac{T_{3g}}{T_{1'g}}} \, \dot{m}_{HV,red} \, , \tag{6.13}$$

wobei die Konstante k_{dHT} durch die Prozeßdaten des Auslegungspunktes festgelegt ist. Weiterhin gilt für die Durchsatzbedingung entsprechend (4.84)

$$\sqrt{\frac{T_{3'g}}{T_{3g}}} = \frac{\alpha_{NTD} \, A_{NTD}}{\alpha_{HTD} \, A_{HTD}} \, \frac{p_{3'g}}{p_{3g}} \, . \tag{6.14}$$

Das Hochdruckturbinendruckverhältnis kann nun durch das entsprechende Temperaturverhältnis der polytropen Expansion, d.h. durch

$$\frac{p_{3'g}}{p_{3g}} = \left(\frac{T_{3'g}}{T_{3g}}\right)^{\frac{m_{HT}}{m_{HT}-1}} \tag{6.15}$$

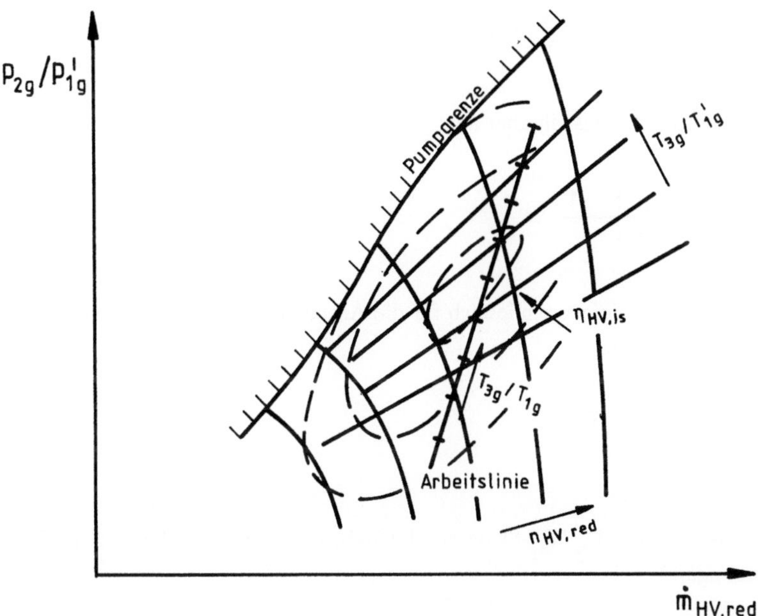

Bild 6.4. Schema eines Hochdruckverdichter-Kennfelds

ersetzt werden. Darin ist m der Polytropenexponent (siehe Gleichungen 3.70 und 3.72). Bei konstanten Turbinendüsenquerschnitten folgt aus (6.14) und (6.15)

$$\frac{T_{3'g}}{T_{3g}} = \left(\frac{\alpha_{HTD}\, A_{HTD}}{\alpha_{NTD}\, A_{NTD}}\right)^{\frac{2(m_{HT}-1)}{m_{HT}+1}} = K_1 \;. \tag{6.16}$$

Die Bedingung des Leistungsgleichgewichts zwischen der Hochdruckturbine und dem Hochdruckverdichter lautet

$$c_{pA}\left(T_{3g}-T_{3'g}\right)\eta_m = c_{pL}\left(T_{2g}-T_{1'g}\right)$$

oder umgeformt

$$\frac{T_{3'g}}{T_{3g}} = 1 - \frac{1}{\eta_m}\,\frac{c_{pL}}{c_{pA}}\,\frac{T_{2g}-T_{1'g}}{T_{3g}} \;. \tag{6.17}$$

Daraus erhält man mit Berücksichtigung von (6.16)

$$\frac{T_{2g}-T_{1'g}}{T_{1'g}} = (1-K_1)\,\eta_m\,\frac{c_{pA}}{c_{pL}}\,\frac{T_{3g}}{T_{1'g}} = K_2\,\frac{T_{3g}}{T_{1'g}}\,. \tag{6.18}$$

Für dieses Temperaturverhältnis gilt aber auch mit (3.52) und (3.53)

$$\frac{T_{2g}-T_{1'g}}{T_{1'g}} = \frac{(P_{2g}/P_{1'g})^{\frac{\kappa_L-1}{\kappa_L}}-1}{\eta_{HV,is}}\,. \tag{6.19}$$

Diese beiden Gleichungen liefern schließlich für die Arbeitslinie im Hochdruckverdichter-kennfeld den Zusammenhang

$$\frac{P_{2g}}{P_{1'g}} = \left(1+K_2\,\eta_{HV,is}\,\frac{T_{3g}}{T_{1'g}}\right)^{\frac{\kappa_L}{\kappa_L-1}}\,. \tag{6.20}$$

(Die in Bild 6.4 angedeutete T_{3g}/T_{1g}-Skala auf der Arbeitslinie ergibt sich erst am Schluß unserer Berechnungen.)

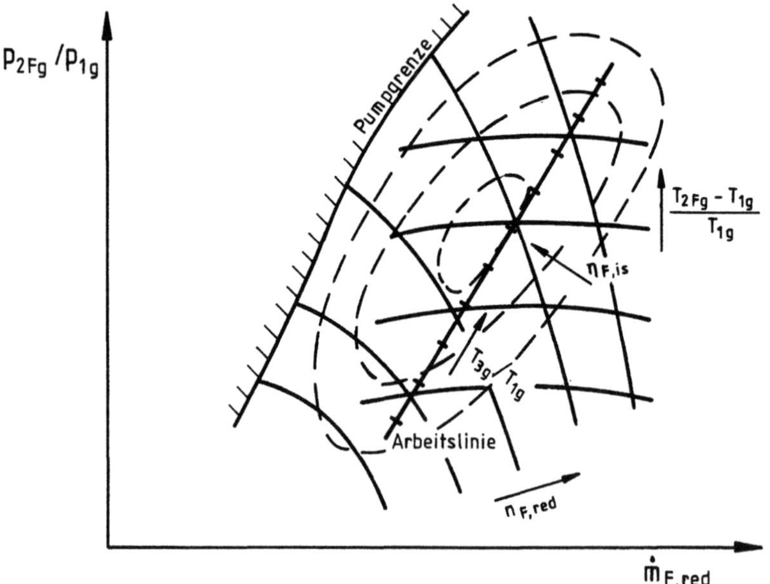

Bild 6.5. Schema eines Fan-Kennfelds

Im nächsten Schritt ermitteln wir den Verlauf der Arbeitslinie im Fan-Kennfeld (Bild 6.5). Hier lauten die Gleichungen der Sekundärschubdüsen-Schlucklinien

$$\frac{P_{2Fg}}{P_{1g}} = k_{dF} \sqrt{\frac{T_{2Fg}}{T_{1g}}} \; \dot{m}_{F,red} \; , \tag{6.21}$$

wobei die Konstante k_{dF} wieder mit den Daten des Auslegungspunktes berechnet werden kann. Weiterhin gilt für die in das Kennfeld einzutragenden Temperaturlinien

$$\frac{T_{2Fg} - T_{1g}}{T_{1g}} = \frac{(P_{2Fg}/P_{1g})^{\frac{\kappa_L - 1}{\kappa_L}} - 1}{\eta_{F,is}} \tag{6.22}$$

und damit für den Verlauf der Arbeitslinien

$$\frac{P_{2Fg}}{P_{1g}} = k_{dF} \sqrt{1 + \frac{T_{2Fg} - T_{1g}}{T_{1g}}} \; \dot{m}_{F,red} \; . \tag{6.23}$$

(Auch hier ist die T_{3g}/T_{1g}-Skala noch nicht bekannt.)

Im letzten Rechnungsschritt bestimmen wir jetzt den Verlauf der Arbeitslinie im Niederdruckverdichter-Kennfeld (Bild 6.6), womit dann auch die T_{3g}/T_{1g}-Skalen festgelegt werden. Einzuzeichnen sind zunächst die Temperaturlinien

$$\frac{T_{1'g} - T_{1g}}{T_{1g}} = \frac{(P_{1'g}/P_{1g})^{\frac{\kappa_L - 1}{\kappa_L}} - 1}{\eta_{NV,is}} \; . \tag{6.24}$$

Da die Niederdruckturbine den Niederdruckverdichter und den mit ihm verbundenen Fan antreiben muß, lautet hier die Bedingung des Leistungsgleichgewichts

$$c_{pA} (T_{3'g} - T_{4g}) \, \eta_m = c_{pL} (T_{1'g} - T_{1g}) + \frac{\dot{m}_{II}}{\dot{m}_I} \, c_{pL} (T_{2Fg} - T_{1g})$$

oder umgeformt

$$\frac{T_{1'g} - T_{1g}}{T_{1g}} + \frac{\dot{m}_{II}}{\dot{m}_I} \, \frac{T_{2Fg} - T_{1g}}{T_{1g}} = \eta_m \, \frac{c_{pA}}{c_{pL}} \left(1 - \frac{T_{4g}}{T_{3'g}} \right) \frac{T_{3'g}}{T_{1g}} \; . \tag{6.25}$$

Entsprechend (4.84) muß weiterhin die Durchsatzbedingung

142

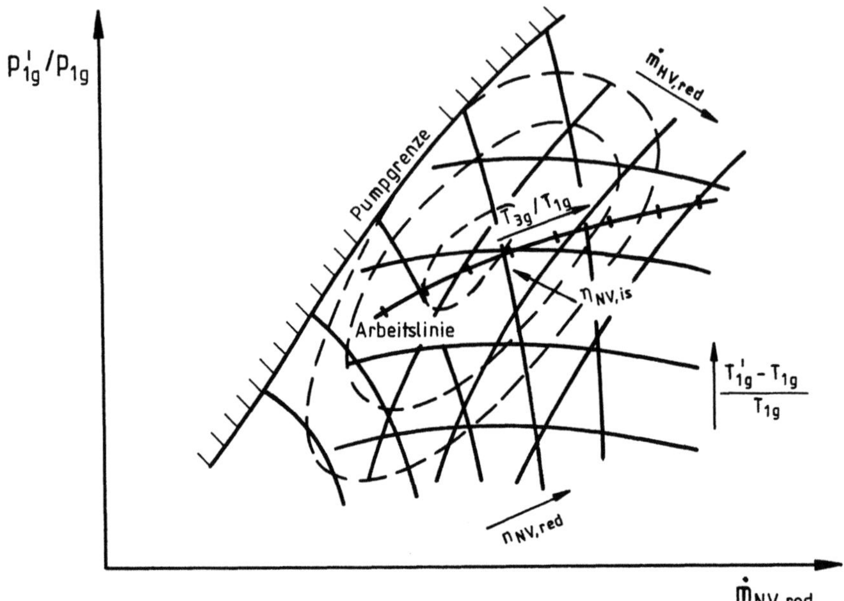

Bild 6.6. Schema eines Niederdruckverdichter-Kennfelds

$$\sqrt{\frac{T_{4g}}{T_{3'g}}} = \frac{\alpha_{SDI}\,A_{SDI}}{\alpha_{NTD}\,A_{NTD}}\;\frac{\pi_{\ddot{U}}\,p_{4g}}{p_{3'g}} \tag{6.26}$$

erfüllt sein. Ersetzt man auch hier das Druckverhältnis durch das Temperaturverhältnis

$$\frac{T_{4g}}{T_{3'g}} = \left(\frac{1}{\pi_{\ddot{U}}}\;\frac{\alpha_{NTD}\,A_{NTD}}{\alpha_{SDI}\,A_{SDI}}\right)^{\frac{2(m_{NT}-1)}{m_{NT}+1}} = K_3 \tag{6.27}$$

dann kann unter Berücksichtigung von (6.16) mit der für einen bestimmten Primärschub-düsenquerschnitt gültigen Konstanten

$$K_4 = \eta_m\,\frac{c_{pA}}{c_{pL}}\,(1-K_3)\,K_1 \tag{6.28}$$

das Leistungsgleichgewicht auch in der Form

$$\frac{T_{1'g} - T_{1g}}{T_{1g}} + \frac{\dot{m}_{II}}{\dot{m}_{I}} \; \frac{T_{2Fg} - T_{1g}}{T_{1g}} = K_4 \, \frac{T_{3g}}{T_{1g}} \tag{6.29}$$

angeschrieben werden. Trägt man schließlich noch die Linien

$$\dot{m}_{HV,red} = \frac{\sqrt{1 + (T_{1'g} - T_{1g})/T_{1g}}}{p_{1'g}/p_{1g}} \; \dot{m}_{NV,red} \tag{6.30}$$

der auf die Zustandswerte am Eingang des Hochdruckverdichters bezogenen, reduzierten Massenströme in das Kennfeld des Niederdruckverdichters ein, dann kann mit der Umformung

$$\frac{T_{1'g} - T_{1g}}{T_{1g}} = \frac{T_{3g}}{T_{1g}} \; \frac{1}{T_{3g}/T_{1'g}} - 1 \tag{6.31}$$

die Arbeitspunktlage in den einzelnen Kennfeldern folgendermaßen ermittelt werden:

1. Vorgabe eines Temperaturverhältniswertes T_{3g}/T_{1g}.
2. Annahme eines Arbeitspunktes auf der Arbeitslinie im Hochdruckverdichterkennfeld mit den Werten $T_{3g}/T_{1'g}$ und $\dot{m}_{HV,red}$.
3. Berechnung von $(T_{1'g} - T_{1g})/T_{1g}$ aus (6.31).
4. Entnahme der Werte für $\dot{m}_{NV,red}$ und $n_{NV,red}$ im Schnittpunkt der $\dot{m}_{HV,red}$- und $(T_{1'g} - T_{1g})/T_{1g}$-Linien im Kennfeld des Niederdruckverdichters.
5. Entnahme der Werte $\dot{m}_{F,red}$ und $(T_{2Fg} - T_{1g})/T_{1g}$ auf der Arbeitslinie des Fan-Kennfelds bei der reduzierten Drehzahl $n_{F,red} = n_{NV,red}$.
6. Überprüfung der angenommenen Arbeitspunktlage unter Verwendung der durch Fettdruck hervorgehobenen Werte mit Gleichung 6.29 und gegebenenfalls Korrektur der Ausgangswerte.

Nach Festlegung der Arbeitspunkte können dann in bekannter Weise die weiteren Prozeßrechnungen zur Ermittlung der Schub- und Kraftstoffverbrauchswerte durchgeführt werden. Wir wollen hier jetzt nur noch auf folgende Besonderheiten des ZTL-Funktionsverhaltens hinweisen:

* Wie den qualitativen Darstellungen von Bild 6.4 und 6.6 zu entnehmen ist, verläuft die Arbeitslinie im Kennfeld des Niederdruckverdichters wesentlich flacher als im Kennfeld des Hochdruckverdichters. Um auch im Teillastgebiet noch einen ausreichenden Sicherheitsabstand zur Pumpgrenze einzuhalten, muß also der Auslegungspunkt des Niederdruckverdichters diesem flachen Verlauf der Arbeitslinie angepaßt sein.

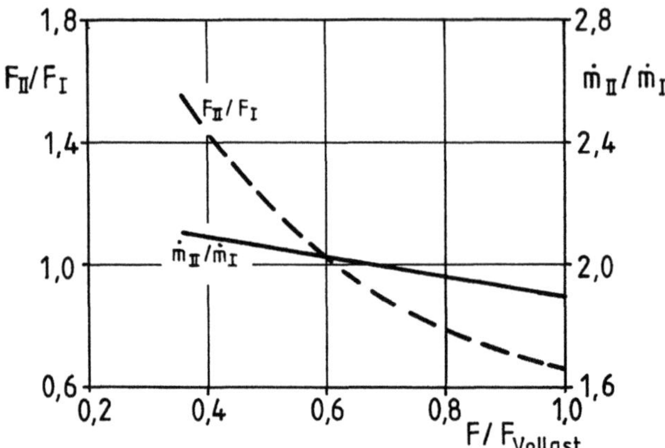

Bild 6.7. Bypass- und Schubverhältnis eines ZTL-Triebwerks mit festen Schubdüsen bei Laständerung

* Die in Bild 6.7 wiedergegebenen Rechenergebnisse zeigen, daß das Bypassverhältnis bei abnehmender Last größer wird. Diese μ -Veränderung führt zu einer radialen Verschiebung der Trennungsstromlinie zwischem dem Primär- und Sekundärkreis und damit zu einer Stromlinienkrümmung vor dem Einlauf in das Primärstrom-Verdichtergehäuse. Zur Verringerung der mit diesen veränderlichen Zuströmbedingungen verbundenen Probleme bei der Auslegung der Verdichterbeschaufelung verwendet man oft koaxiale Strömungsteiler in Form von Zwischenringen an den Fan-Schaufeln oder einen "Splitter", der schon im Triebwerkseinlauf angeordnet ist.

* Aus Bild 6.7 geht auch hervor, daß der Schubanteil des Sekundärkreises bei Verringerung der Last sehr stark zunimmt. Auf diese Veränderung der Schubaufteilung werden wir in Kap. 8.1 noch einmal kurz zurückkommen.

7 Maßnahmen zur Schubverstärkung

7.1 Wassereinspritzung

Wir hatten bereits erwähnt, daß die Beschleunigung eines Flugzeugs auf Überschallgeschwindigkeit zur Überwindung der durch das Auftreten von Verdichtungsstößen anwachsenden Flugwiderstände eine erhöhte Triebwerksleistung verlangt. Größere Schubkräfte sind aber z.B. auch erforderlich für den Start unter ungünstigen Bedingungen wie hohe Außentemperaturen, geringe Atmosphärendrücke auf hoch gelegenen Flughäfen oder kurze Startbahnen. Man könnte die Triebwerke natürlich so dimensionieren, daß sie ohne Zusatzmaßnahmen auch solche erhöhten Schubkraftanforderungen erfüllen. Da aber die größeren Schubkräfte nur kurzzeitig benötigt werden (den sehr schnellen Überschallflug lassen wir hier zunächst außer acht), ist es wesentlich wirtschaftlicher, sie auf andere Weise zu realisieren.

Eine dieser Schubsteigerungsmaßnahmen ist die Einspritzung von Wasser (bzw. einer Wasser-Methanol-Mischung) in den Verdichterluftstrom, deren Hauptwirkungen anhand des h-s-Diagramms von Bild 7.1 erläutert werden können. Durch die Verdampfung der eingespritzten Flüssigkeit wird der Luft während des Kompressionsvorganges die Verdampfungswärme entzogen. Die Verdichtung erfolgt also polytrop vom Punkt 1 zum Punkt 2. Abgesehen von den ersten Kompressorstufen, in denen praktisch noch keine Verdampfung stattfindet, verringert sich dabei der Volumenstrom des Verdichters, da die Temperaturabsenkung der Luft durch die Abgabe der Verdampfungswärme wesentlich stärker zur Geltung kommt als die Vergrößerung des Massenstroms durch den Flüssigkeitsdampf. Nach den Erläuterungen von Kap. 4.3.1 ist nun eine Verringerung des Durchsatzvolumens, d.h. eine Verkleinerung der Durchsatzziffer, verbunden mit einer Zunahme des Stufendrucks bzw. des Verdichterenddrucks. Bei unverändertem Drosselgrad der Turbine und konstanter Turbineneintrittstemperatur steigt dadurch die Schluckfähigkeit der Turbine um mehr als dem der Flüssigkeitsmenge entsprechenden Wert. Das führt schließlich noch zu einer kleinen Zunahme der in den Verdichter einströmenden Luftmenge. Die Schubsteigerung ergibt sich nun aus folgenden Gründen:

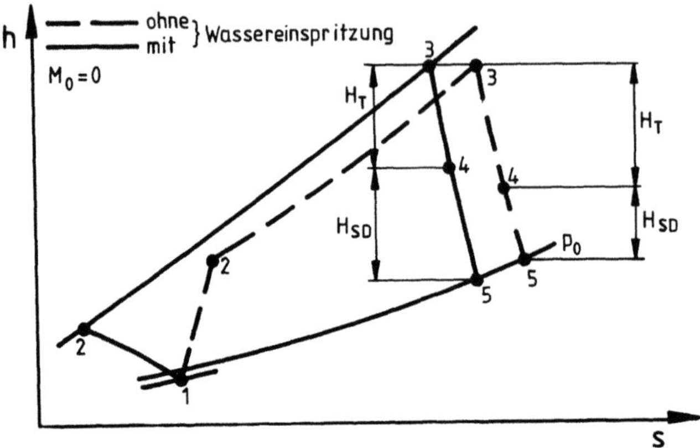

Bild 7.1. TL-Prozeß mit und ohne Wassereinspritzung in den Verdichterluftstrom im h-s-Diagramm

* Die spezifische Arbeit des Verdichters und damit auch die der Turbine wird durch die Verdampfungskühlung kleiner. (Es sei darauf aufmerksam gemacht, daß die spezifische Verdichterarbeit um den der abgeführten Kühlwärme entsprechenden Arbeitsbetrag größer ist als die im h-s-Diagramm abzulesende Enthalpiedifferenz h_2-h_1.)

* Das Kompressordruckverhältnis wird größer.

* Der Gasmassenstrom durch die Turbine und durch die Schubdüse wird um mehr als die Kraftstoffmasse größer als der Gasmassendurchsatz des Verdichters, in dem die Flüssigkeit entlang des Strömungsweges erst nach und nach verdampft.

* Der Triebwerksluftdurchsatz wird etwas größer.

In der Praxis verwendet man an Stelle von Wasser eine Wasser-Methanol-Mischung. Das hat einmal den Vorteil, daß durch die Verbrennung des Methanols zur Konstanthaltung der Turbineneintrittstemperatur keine Regelungseingriffe an der Kraftstoffeinspritzanlage erforderlich sind. Außerdem hat das Methanol eine sehr hohe Verdampfungswärme und dient gleichzeitig auch als Gefrierschutzmittel.

Nimmt man einmal an, daß eine dem am Ende des Verdichters vorhandenen Sättigungszustand entsprechende Wasser-Methanol-Mischung eingespritzt wird, dann ergibt eine mit den Ausgangsdaten des in Kap. 4.4 untersuchten TL-Triebwerks für den Startfall durchgeführte Rechnung folgende Ergebnisse:

* Die eingespritzte Flüssigkeit erhöht den Heißgasmassenstrom um etwa 6 %.
* Der Methanolmassenanteil der Mischung liegt bei 15 %.
* Die spezifische Verdichterarbeit verringert sich um etwa 16 %.
* Das Verdichterdruckverhältnis erhöht sich um 11 %.
* Der Luftdurchsatz vergrößert sich um ca. 4 %.
* Der Startschub wird um 25 % angehoben.
* Der schubspezifische Kraftstoffverbrauch bleibt praktisch unverändert.

Die letzte Feststellung steht keineswegs im Widerspruch zu dem Ergebnis unserer Idealprozeßbetrachtungen von Kap. 3.2.1, nach dem eine Kompressionskühlung den Wirkungsgrad verschlechtert. Diese Wirkungsgradabnahme wird hier nämlich fast vollständig kompensiert durch die Zunahme des Kreisprozeßdruckverhältnisses und durch die Vergrößerung des Heißgasmassenstroms.

Im Realfall wird es natürlich nicht gelingen, die hier angenommene Flüssigkeitsmenge innerhalb des Verdichters vollständig zu verdampfen. Zur Vermeidung von Schaufelschäden durch unverdampfte Flüssigkeitsteilchen muß deshalb die Einspritzmenge weiter begrenzt werden. Auch dann ist aber wegen der Verschmutzungsgefahr durch die im Wasser gelösten Feststoffe und vor allem auch wegen des sehr hohen Wasserverbrauchs - er ist in unserem Beispiel fast dreimal so groß wie der Kraftstoffverbrauch - nur ein sehr kurzzeitiger Betrieb möglich.

Weniger problematisch, aber auch weit weniger wirksam ist eine Wasser-Methanol-Einspritzung in den Zulaufkanal der Brennkammer. Rechnen wir mit derselben Flüssigkeitsmenge wie im ersten Beispiel, dann erzwingt der erhöhte Turbinenmassendurchsatz eine Zunahme des Verdichterdruckverhältnisses um etwa 5 %, womit aber jetzt eine Abnahme des Luftmassendurchsatzes um etwa 2 % verbunden ist. Der insgesamt zunehmende Heißgasmassendurchsatz und die Vergrößerung des Kreisprozeßdruckverhältnisses ergeben hier eine Schuberhöhung um 11 % und eine Erhöhung des schubspezifischen Kraftstoffverbrauchs um 9 %.

7.2 Nachverbrennung

Die wirkungsvollste Schubsteigerungsmaßnahme besteht darin, den Heißgasstrom nach dem Austritt aus der letzten Turbinenstufe in einem der Schubdüse vorgeschalteten Nachbrennerrohr durch eine weitere Kraftstoffverbrennung noch einmal aufzuheizen. Bild 7.2

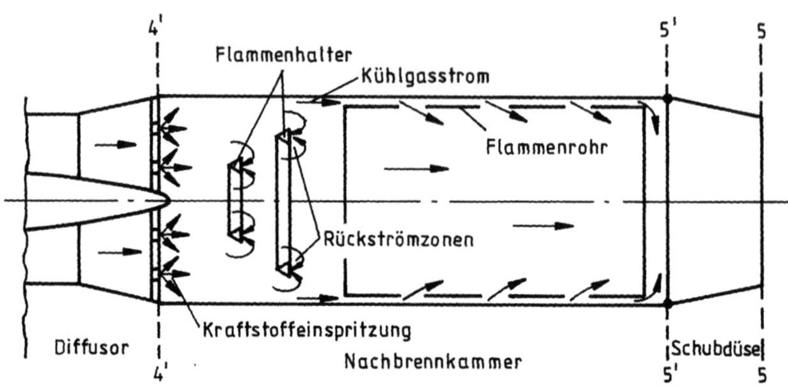

Bild 7.2. Schema einer Nachbrennkammer

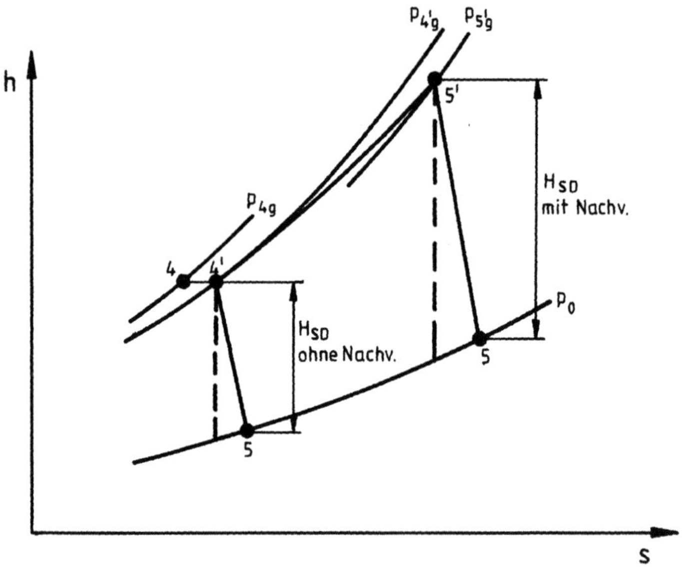

Bild 7.3. Schubdüsengefälle mit und ohne Nachverbrennung im h-s-Diagramm

zeigt das Schema einer solchen Nachverbrennungsanlage, in der die Strömung zur Aufrechterhaltung einer stabilen und möglichst vollständigen Verbrennung durch den Diffusor zunächst auf Eintrittsmachzahlen in der Größenordnung von $M_4' = 0,2$ bis $0,3$ verzögert wird. Die diesen *Mach*-Zahlen entsprechenden Strömungsgeschwindigkeiten sind aber immer noch so groß, daß die Flamme ohne zusätzliche Maßnahmen fortgetragen, also verlöschen würde. Deshalb werden mit den wirbelbildenden Flammenhaltern noch Rückströmgebiete erzeugt, die für eine Stabilisierung der Flammenfront sorgen und durch die Vergrößerung der Verweilzeiten des Brenngasgemisches in den Zonen hoher Temperatur auch den Ausbrenngrad verbessern. Die an der inneren Wand meist mit einem Keramiküberzug versehenen und beidseitig durch einen kälteren Gasstrom gekühlten Flammrohreinsätze schützen das Nachbrennerrohr vor einer thermischen Überbeanspruchung. (Im Dauerbetrieb eines Nachbrenners wird der Außenmantel noch durch Luft gekühlt.)

Die an das Nachbrennerrohr anschließende Schubdüse muß für einen wechselnden Betrieb mit und ohne Nachverbrennung natürlich verstellbar sein. Läßt man einmal die bei der Nachverbrennung erhöhten Druckverluste, auf die wir gleich noch zurückkommen werden, außer acht und vernachlässigt auch die unterschiedlichen Kraftstoffmengen und die Veränderung der spezifischen Wärmekapazitäten, dann gilt für das Verhältnis der engsten Schubdüsenquerschnitte bei konstantem Stützmassenstrom nach Gleichung 3.15 (Index N: Nachverbrennung)

$$\frac{A_{SD,N}}{A_{SD}} = \sqrt{\frac{T_{5'g}}{T_{4'g}}} \cdot \tag{7.1}$$

Aus dem h-s-Diagramm von Bild 7.3 wird die schubsteigernde Wirkung der Nachverbrennung sofort ersichtlich. Da die wiedererhitzten Gase keine rotierenden Bauteile beaufschlagen, kann man im Nachbrennerrohr höhere Temperaturen zulassen als am Turbineneingang. Bei Vorgabe der Verbrennungstemperatur $T_{5'g}$ erhält man den auf $\dot{m}_1$ bezogenen Kraftstoffmassenstrom $\dot{m}_{K,N}$ der Nachverbrennung entsprechend Gleichung 4.31 aus

$$\alpha_N = \frac{\dot{m}_{K,N}}{\dot{m}_1} = \frac{(1+\alpha-\beta_x)\, c_{pA,N}(T_{5'g}-T_{4'g})}{H_u\, \eta_{A,N} - c_{pA,N}\,(T_{5'g}-288)} \cdot \tag{7.2}$$

Darin berücksichtigen wir mit β_x die dem Abgasstrom nicht wieder zugemischte Verdichterzapfluft. Der Ausbrenngrad der Nachbrennkammer kann etwa mit

$$\eta_{A,N} = 0{,}95$$

angenommen und für die spezifische Wärmekapazität $c_{pA,N} = 1250$ J/kgK ($\varkappa_{A,N} = 1{,}30$) eingesetzt werden.

Wird die gesamte, für die Nachverbrennung noch verfügbare Luftmenge

$$\dot{m}_{L,N} = \dot{m}_1 \left(1 - \beta_x - \alpha\, \eta_A\, \bar{m}_{L,min}\right) \tag{7.3}$$

genutzt, dann erhält man mit Berücksichtigung von (7.2) mit den Abkürzungen

150

$$a = \frac{1 - \beta_x - \alpha\,\eta_A\,\overline{m}_{L,min}}{\overline{m}_{L,min}} \quad , \qquad b = 1 + \alpha - \beta_x$$

für die maximale Nachverbrennungstemperatur

$$T_{5'g,max} = \frac{a\,(288 + H_u\,\eta_A/c_{pA,N}) + b\,T_{4'g}}{a + b} \quad . \tag{7.4}$$

Der Mindestluftbedarf der Kerosinverbrennung kann mit

$$\overline{m}_{L,min} = 14{,}5 \text{ kg Luft/kgKrst.}$$

angenommen werden.

Für den spezifischen Schub gilt

$$F_{s,N} = (1 + \alpha + \alpha_N)\,w_{5,res} - w_0 \tag{7.5}$$

und für den schubspezifischen Kraftstoffverbrauch

$$b_{F,N} = \frac{\alpha + \alpha_N}{F_{s,N}} \quad . \tag{7.6}$$

In unseren Beispielrechnungen, deren Ergebnisse wir nachfolgend diskutieren, wird mit

$$\pi_{\ddot{U},N} = 0{,}97$$

für das Druckverhältnis $p_{4'g}/p_{4g}$ wegen der Strömungsverzögerung im Übergangsstück ein etwas kleinerer Wert angenommen als bei einem Triebwerk ohne Nachbrennkammer. Außerdem wird auch noch der Einfluß unterschiedlicher Brennkammer-Eintrittsmachzahlen berücksichtigt und für das Brennkammer-Gesamtdruckverhältnis angeschrieben

$$\pi_{BK} = (1 - 0{,}4\,M_1^2)\,\pi_{BK,V} \quad . \tag{7.7}$$

(Zur Verallgemeinerung verwenden wir hier und in den nachfolgenden Gleichungen die Indizes 1 und 2 für die Eintritts- und Austrittsebenen einer Brennkammer.) Darin werden mit dem Klammerausdruck die Reibungs- und Turbulenzverluste abgeschätzt. Das Druckverhältnis $\pi_{BK,V}$ kennzeichnet den zusätzlichen, allein durch die Verbrennungswärmezufuhr bedingten Gesamtdruckabfall, der aus dem Kontinuitäts- und Impulssatz abzuleiten ist. Betrachten wir die Brennkammer als eine reibungsfrei durchströmte, zylindrische Heizstrecke, dann erhält man aus der Kontinuitätsbedingung

$$\frac{\dot{m}}{A} = w_1\,\varrho_1 = w_2\,\varrho_2 \tag{7.8}$$

und aus dem Impulssatz

$$p_1 - p_2 = \varrho_2\,w_2^2 - \varrho_1\,w_1^2 \tag{7.9}$$

mit Berücksichtigung von (3.10), (3.11) und der thermischen Zustandsgleichung für das statische Druckverhältnis

$$\frac{p_2}{p_1} = \frac{1 + \varkappa\,M_1^2}{1 + \varkappa\,M_2^2} \tag{7.10}$$

und für das statische Temperaturverhältnis

$$\frac{T_2}{T_1} = \left(\frac{M_2}{M_1}\,\frac{1 + \varkappa\,M_1^2}{1 + \varkappa\,M_2^2} \right)^2 . \tag{7.11}$$

Mit (3.13) gilt dann für das Gesamtdruckverhältnis

$$\pi_{BK,V} = \frac{p_{2g}}{p_{1g}} = \frac{1 + \varkappa\,M_1^2}{1 + \varkappa\,M_2^2} \left[\frac{1 + (\varkappa - 1)\,M_2^2/2}{1 + (\varkappa - 1)\,M_1^2/2} \right]^{\frac{\varkappa}{\varkappa - 1}} \tag{7.12}$$

und mit (3.12) für das Gesamttemperaturverhältnis

$$\frac{T_{2g}}{T_{1g}} = \frac{1 + (\varkappa - 1)\,M_2^2/2}{1 + (\varkappa - 1)\,M_1^2/2} \left(\frac{M_2}{M_1}\,\frac{1 + \varkappa\,M_1^2}{1 + \varkappa\,M_2^2} \right)^2 . \tag{7.13}$$

Bei Vorgabe der Brennkammer-Eintrittsmachzahl und des Brennkammer-Gesamttemperaturverhältnisses liegt dann mit (7.13) die - bei unserer Unterschallströmung erhöhte - Brennkammer-Austrittsmachzahl und mit (7.12) der $\pi_{BK,V}$-Wert fest. (Wie in Kap. 13.1.2 gezeigt wird, bedingt auch die Reibung eine Beschleunigung der Unterschallströmung. Im Vergleich zur Wirkung der Wärmezufuhr ist aber der Reibungseinfluß auf die Brennkammer-Austrittsmachzahl nur sehr gering, so daß wir ihn hier unberücksichtigt lassen.) Es ist noch darauf hinzuweisen, daß die Strömung in der zylindrischen Heizstrecke im Grenzfall natürlich nur bis auf $M_2 = 1$ beschleunigt werden kann. Eine weitere Wärmezufuhr wäre verbunden mit einer Verkleinerung der Eintrittsmachzahl, d.h. mit einer Verringerung des Massenstroms. Soll diese sogenannte thermische Verstopfung mit ihren Rückwirkungen

152

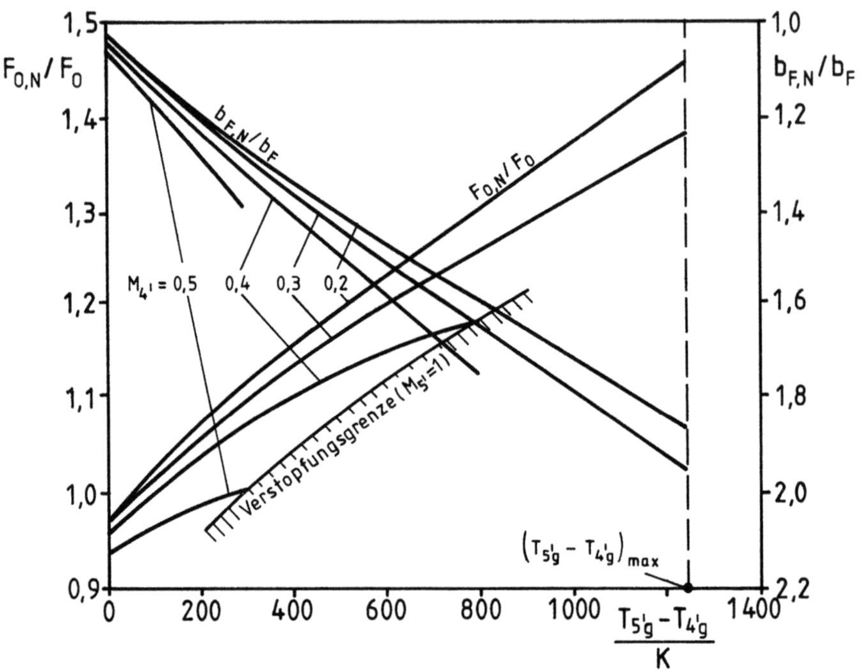

Bild 7.4. Wirkung der Nachverbrennung beim Start

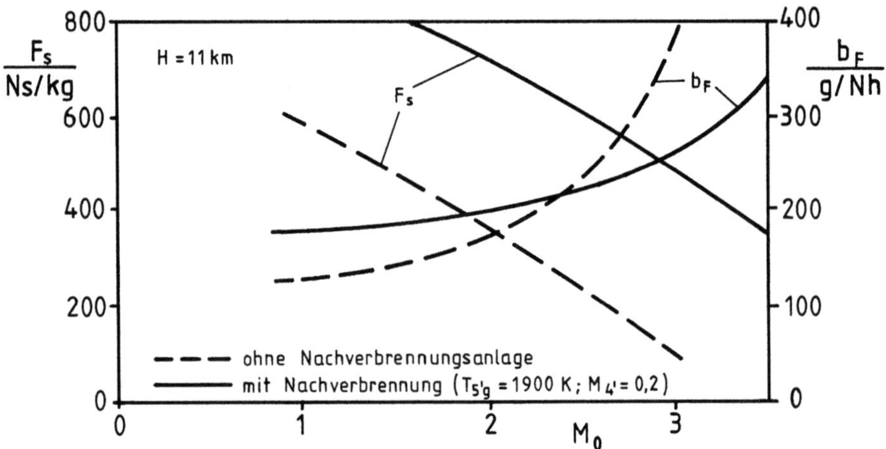

Bild 7.5. Wirkung der Nachverbrennung im Flug

auf das vorgeschaltete Triebwerk vermieden werden, dann kann also die maximale Nachverbrennungstemperatur auch durch die Schallgeschwindigkeitsgrenze bestimmt werden.

In Bild 7.4 sind für den Startfall die mit den Daten des früher berechneten TL-Triebwerks ermittelten und auf die Ausgangswerte bezogenen Schubkräfte und schubspezifischen Kraftstoffverbräuche wiedergegeben, die ohne Wiedererhitzung durch die zusätzlichen Strömungsverluste des Nachbrennerrohres etwas verschlechtert werden. Die Nachverbrennung bewirkt aber ganz erhebliche Startschubvergrößerungen. Wie nach den Ergebnissen unserer Idealprozeßuntersuchungen in Kap. 3.2.1 zu erwarten, sind dabei allerdings auch ganz beträchtliche Erhöhungen des schubspezifischen Kraftstoffverbrauchs in Kauf zu nehmen. Sehr deutlich wird hier auch der negative Einfluß einer zu großen Brennkammer-Eintrittsmachzahl. So wird z.B. bei $M_{4'} = 0{,}5$ - sofern damit überhaupt noch eine stabile Verbrennung zu realisieren ist - an der thermischen Verstopfungsgrenze nur gerade der Ausgangsschubwert erreicht. Eine effiziente Nachverbrennung verlangt also auch mit Rücksicht auf die Strömungsbeschleunigung und auf die Brennkammer-Druckverluste den oben schon aus verbrennungstechnischen Gründen angegebenen Eintrittsmachzahlbereich $M_{4'} < 0{,}3$.

Bild 7.5 zeigt noch eine Gegenüberstellung der spezifischen Schubkräfte und der schubspezifischen Kraftstoffverbräuche beim Flugbetrieb unseres Beispiel-TL-Triebwerks mit und ohne Nachverbrennung. Hier wird ersichtlich, daß die Nachverbrennungsanlage für den schnellen Überschallflug auch unter Berücksichtigung des Kraftstoffverbrauchs als eine ständig betriebene Einrichtung zur Bereitstellung erhöhter Schubkräfte genutzt werden kann.

8 Triebwerke für den Senkrechtstart

8.1 Hub-Marsch-Triebwerke

Da durch den im militärischen Bereich schon praktizierten Einsatz senkrecht startender und landender Starrflügler auch die z.B. mit dem Bau neuer Startbahnen und mit der Lärmbelästigung der Flugplatzumgebung verbundenen Probleme des ständig wachsenden, zivilen Luftverkehrs deutlich zu entschärfen wären, könnte die VTOL (vertical take off and landing)-Technik [38] noch eine wesentlich größere Bedeutung erlangen. Zur Ergänzung unserer bisherigen Antriebsbeschreibungen soll hier deshalb ein kurzer Überblick gegeben werden über einige der triebwerksseitigen Realisierungsmöglichkeiten des Senkrechtstarts.

Während die STOL (short take off and landing)-Verfahren im wesentlichen darauf ausgerichtet sind, durch Maßnahmen zur Erhöhung der Tragflügelauftriebskräfte die Startstrekken zu verkürzen, muß die Hubkraft für den Senkrechtstart allein durch die Triebwerke aufgebracht werden. Benötigt werden also Antriebe, die auch bei ungünstigen Zustandswerten der Umgebungsluft und mit ausreichenden Leistungsreserven eine dem maximalen Startgewicht entsprechende, vertikale Schubkraft zur Verfügung stellen. Schubreserven sind erforderlich zur vertikalen Beschleunigung des Flugzeugs und zum Ausgleich von Schubverlusten durch aerodynamische und thermische Bodeneffekte. (Abtriebskräfte durch die Sogwirkung von Schubdüsenstrahlen; Wiederansaugen der vom Boden aufsteigenden Heißgase durch das Triebwerk.) Berücksichtigt man noch die Leistungsabgabe an Vorrichtungen zur Stabilisierung und zur Momentensteuerung des Flugzeugs - das sind z.B. mit Druckluft versorgte, möglichst weit vom Flugzeugschwerpunkt angeordnete Strahldüsen - , dann liegt die Hubkraftanforderung in der Größenordnung von 130 % des Startgewichts.

Die Triebwerksanlagen können so ausgebildet sein, daß sie als Hub-Marsch-Triebwerke sowohl den Vertikalschub für Start und Landung als auch den Vortrieb für den aerodynamisch getragenen Flug liefern (Einvektorsysteme). Die Hub- und Schubkräfte könnten aber auch durch getrennte (oder in einem Kombinationstriebwerk zusammengefaßte)

Hub- und Marschtriebwerke erzeugt werden (Zweivektorsysteme). Schließlich könnten solche getrennten Triebwerke in den Schwebeflug- und Übergangsphasen auch zur Erzeugung von vertikalen und horizontalen Schubkomponenten genutzt werden (Mischvektorsysteme).

Ausführungsmöglichkeiten von Hub-Marsch-Triebwerken sind z.B. PTL-Triebwerke, die entweder allein oder - zur Verringerung von Vertikalschubverlusten durch die Tragflächen - in Kippflüglern gemeinsam mit den Tragflügeln um die Flugzeugquerachse geschwenkt werden. Gegenüber den Konzepten mit schwenkbaren TL-Triebwerken bieten sie die Vorteile, die guten Reiseflugeigenschaften der Propellerantriebe zumindest näherungsweise mit den guten Schwebeeigenschaften eines Hubschraubers zu verbinden. Außerdem eliminieren sie die Probleme der Bodenerosion durch die TL-Heißgasstrahlen und die der oben erwähnten Bodeneffekte, die allerdings auch durch den Einsatz von Schwenk-ZTL-Triebwerken (geringere Strahlgeschwindigkeiten und Heißgastemperaturen) wesentlich verringert werden könnten.

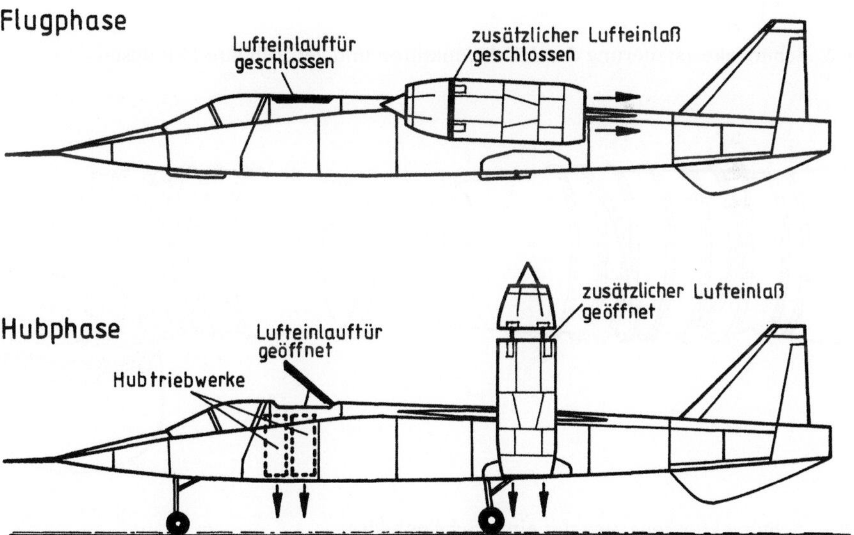

Bild 8.1. Senkrechtstarter mit Schwenk- und Hub-TL-Triebwerken

Die Skizze von Bild 8.1 zeigt ein Beispiel für die Anordnung von Schwenk-TL-Triebwerken an einem Senkrechtstarter (*EWR-Süd* VJ 101 C), der zusätzlich noch mit zwei Hubtriebwerken ausgerüstet ist.

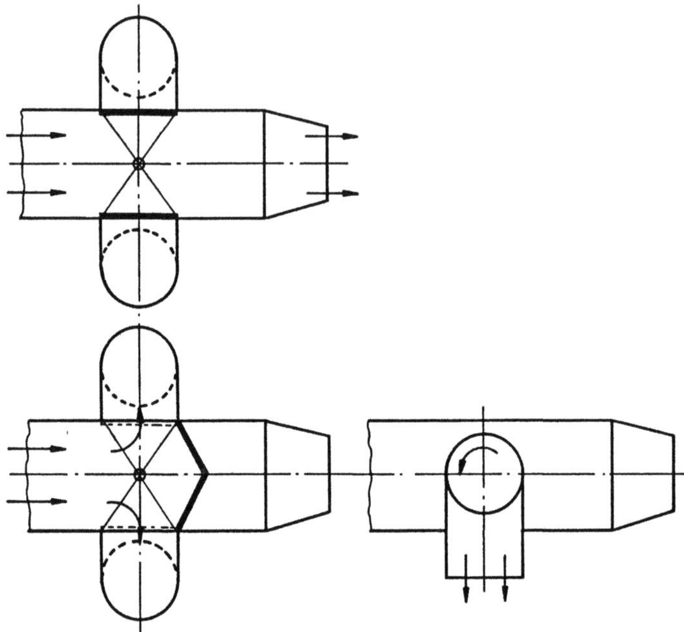

Bild 8.2. Schubvektorsteuerung durch Schwenktüren und verdrehbare Hubdüsen

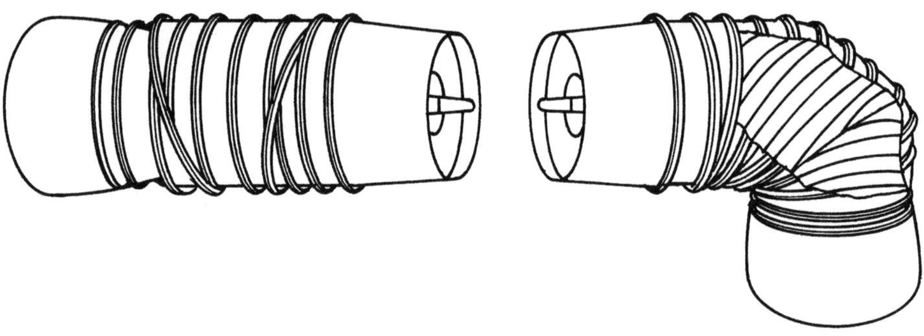

Bild 8.3. Schubvektorsteuerung mit einer Schwenkdüse

Eine Veränderung der Schubrichtung von TL-Triebwerken oder von ZTL-Triebwerken mit Mischung der Teilströme ist nach dem Schema von Bild 8.2 auch durch Schwenktüren zu realisieren, wobei die verdrehbaren Hubdüsen auch noch eine horizontale Schubkomponente liefern können. Zur druckverlustärmeren Schubvektorsteuerung könnte man auch

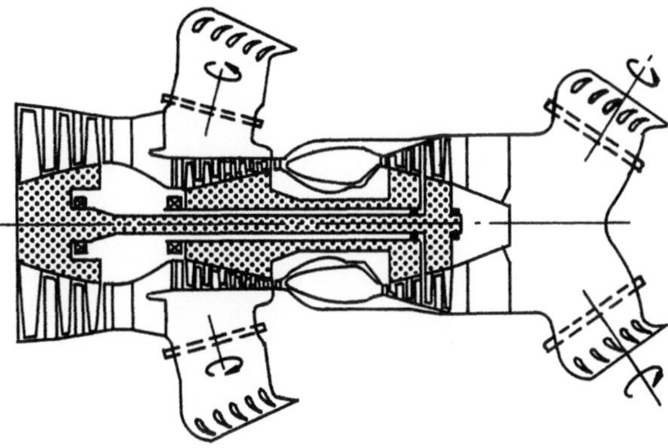

Bild 8.4. Schema eines Schwenkdüsen-ZTL-Hub-Marsch-Triebwerks

mit nur einer Verdrehdüse arbeiten, Bild 8.3. Hier sind die Rohrabschnitte so miteinander verbunden, daß sie bei einer gegensinnigen Verdrehung die Düse schwenken [11].

Mit Schwenkdüsen ist auch das in Bild 8.4 schematisch dargestellte Pegasus-Triebwerk (*Bristol Siddely/Rolls Royce*) ausgestattet, das in dem bereits serienmäßig gebauten Senkrechtstarter "Harrier" eingesetzt wird. Es handelt sich um ein Zweistromtriebwerk, bei dem die an den schrägen Austrittsquerschnitten mit Umlenkgittern versehenen Primär- und Sekundärschubdüsen zur Veränderung der Schubrichtung um 100° verdreht werden können. Bei dem sogenannten Plenum Chamber Burning (PCB)-Konzept [11] wird zur Schubsteigerung für den Überschallflug auch noch der Sekundärstrom durch eine Kraftstoffverbrennung in dem Luftsammler (Plenum Chamber) zwischen dem Fan und der Sekundärschubdüse aufgeheizt.

Bei solchen ZTL-Schwenkdüsentriebwerken ist noch zu berücksichtigen, daß sich durch den Kraftstoffverbrauch während des Streckenflugs ganz erhebliche Unterschiede zwischen den für den Start und für die Landung erforderlichen Hubkräften ergeben. Da hier nämlich die Hubkräfte der Sekundärstromdüsen und die der Primärstromdüsen an verschiedenen Stellen der Flugzeugstruktur angreifen und die Schubaufteilung eines ZTL-Triebwerks sehr stark lastabhängig ist (siehe Kap. 6.2, Bild 6.7), müssen auch diese Veränderungen der Schubverhältnisse durch die Stabilisierungseinrichtungen ausgeglichen werden.

Die Vorteile großer Sekundärmassenströme legen es nahe, für die Hubkrafterzeugung große Gebläse einzusetzen. Das Schema von Bild 8.5 zeigt eine Ausführungsmöglichkeit (*General Electric*), bei der die z.B. in den Tragflächen angeordneten Hubgebläse (lift fan), deren periphere Zonen als Turbinen arbeiten (Blattspitzenturbinen), mit den - wieder durch Schwenktüren umgeleiteten - Heißgasströmen von TL-Triebwerken versorgt werden.

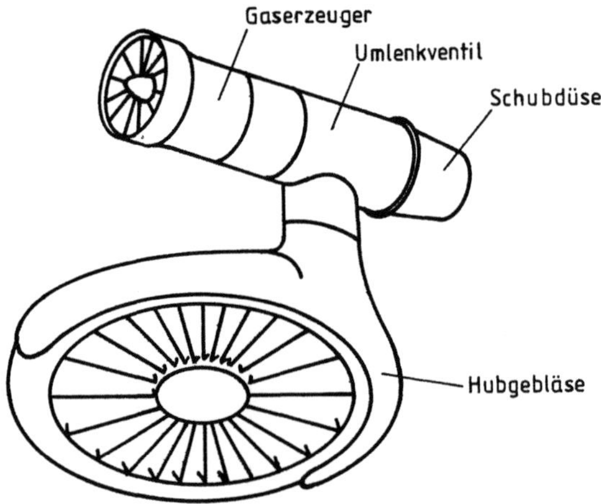

Bild 8.5. Schema eines Hub-Marsch-Triebwerks mit Hubgebläse

Dabei kann die Schubrichtung der Gebläse noch durch verstellbare Luftaustrittsgitter verändert werden.

8.2 Hubtriebwerke

Der größte Nachteil aller Hub-Marsch-Triebwerke besteht darin, daß sie leistungsmäßig für die sehr großen Hubkräfte ausgelegt sein müssen. Sofern nicht auch hohe Überschallgeschwindigkeiten erreicht werden sollen, sind sie dann aber für den eigentlichen Reiseflug weit überdimensioniert, arbeiten also in dieser Flugphase mit schlechten Triebwerkswirkungsgraden im unteren Lastgebiet.

Für den Unterschallflugbereich erscheint deshalb der Einsatz von Hubtriebwerken sinnvoller, wobei man zur Minimierung der Hubtriebwerksabmessungen auch die Leistung der Marschtriebwerke durch eine Schubvektorsteuerung für die Hubkrafterzeugung nutzen wird. Es ist nämlich zu berücksichtigen, daß die mit vertikaler Achse montierten Hubtriebwerke neben der Gewichtserhöhung - vor allem bei einer Triebwerksanordnung an den Flügeln - durch ihre Queranblasung im Horizontalflug deutliche Flugwiderstandsvergrößerungen herbeiführen.

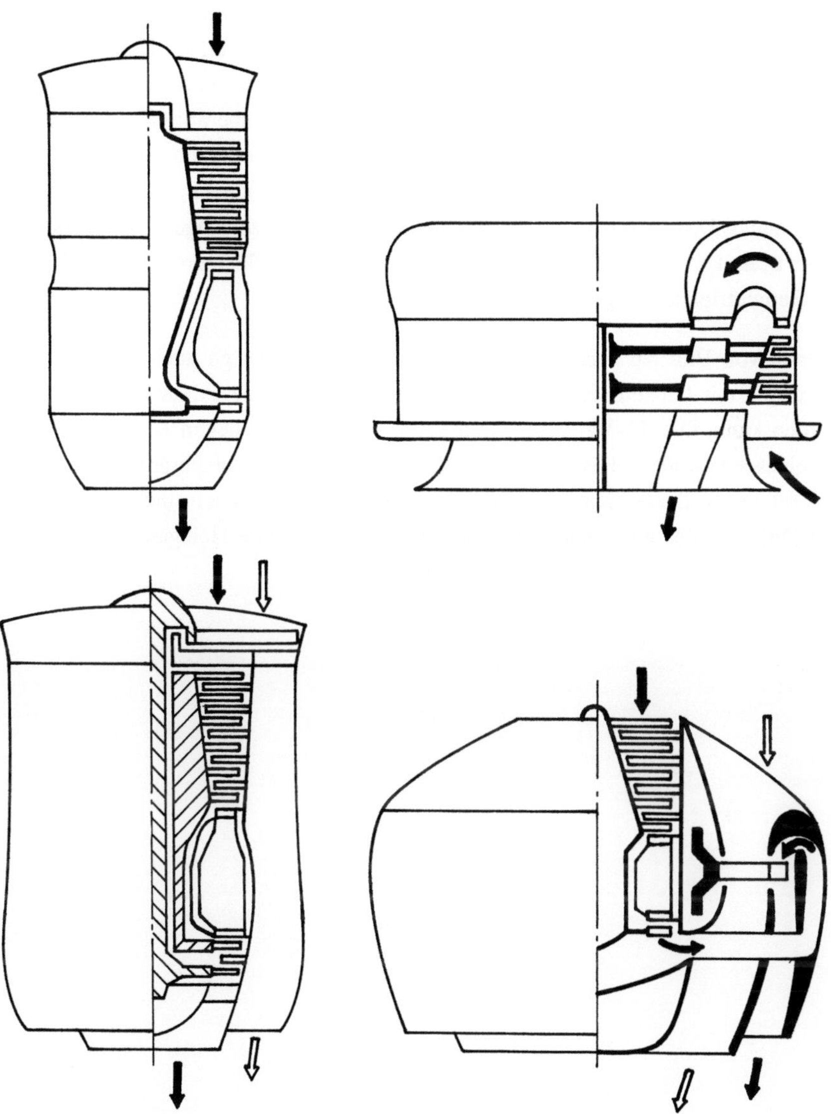

Bild 8.6. Hubtriebwerksvarianten

Ähnlichkeitsbetrachtungen zeigen [17], daß die schubspezifischen Triebwerksmassen etwa in der Schubklasse von 20 kN ein Minimum erreichen. Zur Gewichtseinsparung wird man deshalb immer mehrere kleine Hubtriebwerke verwenden. Gewichts- und Bauraumeinsparungen sind aber auch dadurch möglich, daß die Anforderungen an die Wirkungsgrade und an die Lebensdauerstundenzahl der Hubtriebwerke wegen ihrer nur relativ kurzzeitigen Betriebszeiten wesentlich geringer sind als bei den Marschtriebwerken. Konstruktionserleichternd kommt noch hinzu, daß ein Hubtriebwerk nur in einem verhältnismäßig kleinen Höhenbereich und ohne die Einwirkung größerer Flugstautemperaturen arbeiten muß. Deshalb kann z.B. als Material für die kalten Gaserzeugerkomponenten auch glasfaserverstärkter Kunststoff verwendet, unter Verzicht auf einen möglichst guten Ausbrenngrad und einen minimalen Druckverlust durch eine verstärkte Turbulenzerzeugung der Strömungsweg in der Brennkammer und damit die Brennkammerlänge verkleinert und natürlich auch auf jede Geometrieänderung verzichtet werden.

Die Skizzen von Bild 8.6 zeigen neben konventionellen Bauarten auch zwei Hubtriebwerkskonzepte mit Umkehr der Strömungsrichtung, wodurch die Triebwerkshöhe verringert werden kann. Die TL-Variante [17] arbeitet - ähnlich wie der in Kap. 6.1 erwähnte Antrieb eines zweistufigen Heckgebläses - mit gegenläufigen Turbinenrädern, die mit den konzentrisch angeordneten Rotorscheiben des Verdichters verbunden sind. Bei dem ZTL-Konzept [36] wird der erst nach dem Gasgenerator umgelenkte Heißgasstrom einer den Fan antreibenden Blattspitzenturbine zugeführt.

9 Staustrahltriebwerke

9.1 Kreisprozeß

In der Einführung wurde schon kurz erwähnt, daß für die Luftverdichtung in einem Staustrahltriebwerk keine Strömungsmaschinen benötigt werden. Die Kompression erfolgt hier nur durch den Aufstau der dem Triebwerk mit der Fluggeschwindigkeit w_0 zufließenden Stromröhre auf die Geschwindigkeit w_1 am Eintritt in die Brennkammer, wobei diese Verzögerung beim Überschallflug im wesentlichen durch Verdichtungsstöße herbeigeführt wird.

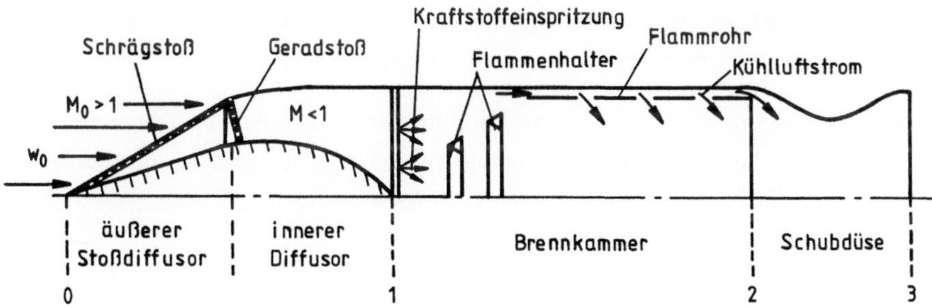

Bild 9.1. Schema eines Staustrahltriebwerks

Mit den sprunghaften Zustandsänderungen in solchen verlustbehafteten Verdichtungsstößen werden wir uns in Kap. 11.1 eingehend beschäftigen. Hier genüge der Hinweis, daß man zur Minimierung der Stoßdruckverluste entsprechend der schematischen Darstellung von Bild 9.1 mit dem keil- oder kegelförmig ausgebildeten, äußeren Stoßdiffusor zunächst verhältnismäßig schwache, schräge Verdichtungsstöße auslöst und die Strömung dann am

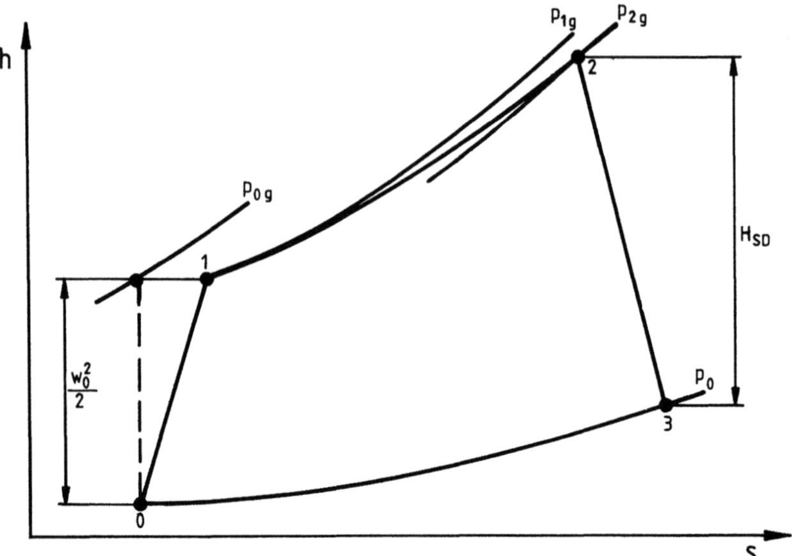

Bild 9.2. Prozeß eines Staustrahltriebwerks im h-s-Diagramm

Triebwerkseinlauf durch einen abschließenden Geradstoß bis auf Unterschallgeschwindigkeit verzögert. Nach einem weiteren Geschwindigkeitsabbau im inneren Diffusor erfolgt
dann die Kraftstoffeinspritzung und -verbrennung in der ähnlich einem Nachbrennerrohr
ausgebildeten Brennkammer und schließlich die Heißgasexpansion in der Schubdüse.

In Bild 9.2 ist der Prozeßverlauf eines Staustrahltriebwerks in einem h-s-Diagramm dargestellt. Von 0 nach 1 erfolgt die verlustbehaftete Verdichtung, von 1 nach 2 die ebenfalls mit
Verlusten verbundene Wärmezufuhr in der Brennkammer und von 2 nach 3 die reibungs-
behaftete Expansion in der Schubdüse.

Die Berechnung dieses sehr einfachen Kreisprozesses bedarf nach den vorangegangenen
Ausführungen keiner weiteren Erläuterungen. Bild 9.3 zeigt wieder im Vergleich zu den
früher ermittelten TL-Triebwerksdaten die Ergebnisse einiger Rechnungen, denen ein
konstantes Verhältnis des engsten Schubdüsenquerschnitts A^*_{SD} zum Querschnitt $A_1 = A_2$
einer zylindrischen Brennkammer zugrunde gelegt wurde. Hier wird deutlich, daß ein
Staustrahltriebwerk bei kleinen Fluggeschwindigkeiten viel zu unwirtschaftlich arbeitet -
und in unserem Beispiel unterhalb von $M_0 \approx 0{,}6$ gar keinen Schub erzeugt - , bei hohen
Überschallflugmachzahlen dem TL-Triebwerk aber weit überlegen ist. Von den vielfältigen
Ausführungsmöglichkeiten kombinierter Triebwerksanlagen ist deshalb auch die eines
Turbostaustrahlers, also die Zusammenfassung eines Gasturbinenstrahltriebwerks und ei-

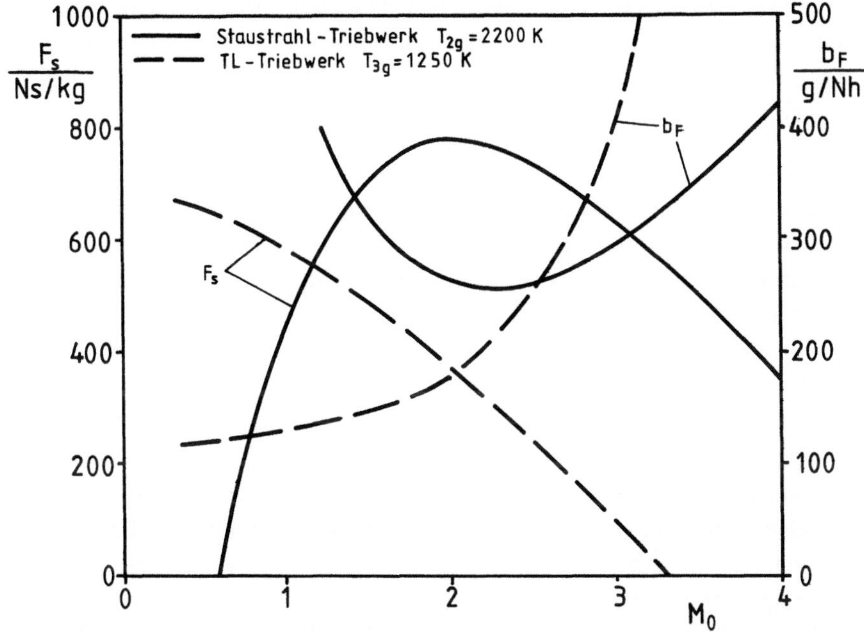

Bild 9.3. Spezifischer Schub und schubspezifischer Kraftstoffverbrauch eines Staustrahl- und eines TL-Triebwerks

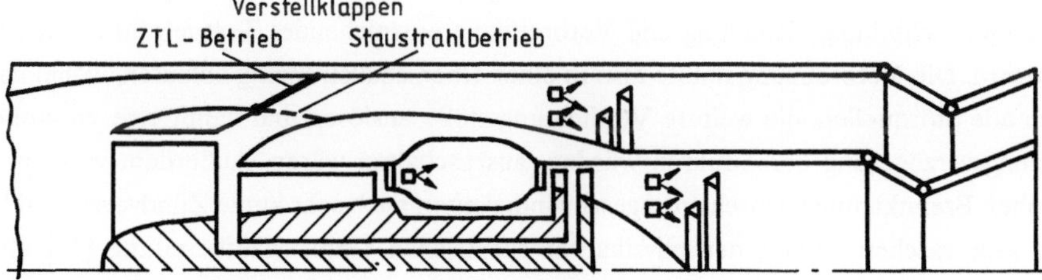

Bild 9.4 Schema eines Turbostaustrahltriebwerks

nes Staustrahltriebwerks, sehr naheliegend. Ein solches Kombinationstriebwerk könnte etwa nach dem Schema von Bild 9.4 aufgebaut sein. Hier wird der Schub beim Start und im unteren Fluggeschwindigkeitsbereich durch ein ZTL-Triebwerk mit Nachverbrennung und mit Aufheizung des Sekundärmassenstroms erzeugt. Bei mittleren Fluggeschwindigkeiten sind die Verstellklappen in einer Zwischenposition, so daß der Ringraum auch von einem

Teil der am Triebwerkseinlauf aufgestauten Luft durchströmt wird. Im höchsten Flugmachzahlbereich arbeitet das Antriebsaggregat dann nur noch als ein Staustrahltriebwerk, wobei der Einlauf zum ZTL-Triebwerk z.B. durch ein verstellbares Eintrittsleitrad völlig abgeschlossen wird.

Durch Weiterentwicklungen vor allem auf den Gebieten der Werkstoff- und Bauteilkühlungstechniken können die zulässigen Brennkammertemperaturen und damit auch die mit solchen luftatmenden Triebwerken erreichbaren Fluggeschwindigkeiten sicherlich noch gesteigert werden. Ein Flugbetrieb im Hyperschallbereich ($M_0 > 5$) verlangt aber zunächst eine Lösung der thermochemisch bedingten Aufheizungsprobleme. Mit den Flugmachzahlen wachsen nämlich die Stautemperaturen so stark an, daß die mit dem Kraftstoff zugeführte Wärmemenge in zunehmendem Maße den Energiebedarf der bei hohen Temperaturen verstärkt auftretenden Dissoziationsreaktionen (siehe Kap. 13.1.1) abdecken muß. Diese Dissoziation der Heißgasbestandteile - z.B. der Zerfall von Wasser in Wasserstoff und Sauerstoff oder von molekularem Sauerstoff in atomaren Sauerstoff - und ihr Energieverbrauch wird bei den in einer Triebwerksbrennkammer herrschenden Drücken und bei Temperaturen oberhalb von etwa 3500 K so groß, daß sie keine weitere Temperatursteigerung mehr zuläßt. Bei der Gasexpansion in der Schubdüse wird zwar durch Rekombinationsreaktionen wieder Wärme freigesetzt. Diese Wärmefreisetzung erfolgt aber in einer für die Arbeitsleistung sehr ungünstigen Prozeßphase und ist außerdem auch wegen der begrenzten Rückreaktionsgeschwindigkeiten bei den nur sehr kurzen Düsenaufenthaltszeiten der Reaktionspartner relativ gering.

Die einzige Möglichkeit zur Beseitigung dieser Schwierigkeiten besteht darin, die Luft nicht bis auf Unterschallgeschwindigkeit zu verzögern und nur so weit aufzustauen, daß ein für die Gemischbildung, Zündung und Verbrennung ausreichendes Temperaturniveau erreicht wird. Die Verbrennung müßte also in einer Überschallströmung ablaufen, wobei natürlich alle Störquellen, die weitere Verdichtungsstöße auslösen und damit eine zu große Strömungsverzögerung herbeiführen würden, auszuschalten wären. Außerdem verlangen die hohen Brennkammer-Durchströmgeschwindigkeiten auch sehr kurze Zündverzüge, d.h. einen sehr raschen Ablauf der physikalisch-chemischen Gemischaufbereitung [23] und große Flammenausbreitungsgeschwindigkeiten. Es muß noch dahingestellt bleiben, ob z.B. eine stoßinduzierte Verbrennung, bei der ein schon im Bereich des Einlaufstoßdiffusors gebildetes Kraftstoffdampf-Luftgemisch dem Brennraum zugeführt und durch den Temperatur- und Drucksprung des letzten schrägen Verdichtungsstoßes entflammt wird, eine Problemlösung sein könnte. Man kann nur davon ausgehen, daß eine wirkungsgradmäßig befriedigende Überschallverbrennung durch den Einsatz von Wasserstoff, der als ein kryogener Brennstoff auch zur Bauteilkühlung genutzt werden könnte, eher zu realisieren wäre als mit den konventionellen Flugtriebwerkskraftstoffen.

9.2 Triebwerkskennfelder

Zur Berechnung der Betriebskennfelder eines Staustrahltriebwerks gehen wir so wie bei den Gasturbinen-Triebwerken von einer vorgegebenen Flugmachzahl aus. Für den spezifischen Schub gilt mit Vernachlässigung der Kraftstoffmasse

$$F_s = \sqrt{T_0}\left(\frac{w_{3,res}}{\sqrt{T_0}} - \frac{w_0}{\sqrt{T_0}}\right) \tag{9.1}$$

und nach (3.28) für die Massenstromdichte im Querschnitt A_1

$$\frac{\dot{m}_1}{A_1} = \sqrt{\frac{T_0}{T_{1g}}}\,\frac{p_0}{\sqrt{T_0}}\,\frac{p_{1g}}{p_0}\sqrt{\frac{\kappa_L}{R}}\;\frac{M_1}{\left[1+(\kappa_L-1)\,M_1^2/2\right]^{\frac{\kappa_L+1}{2(\kappa_L-1)}}}\;\cdot \tag{9.2}$$

Der auf A_1 und p_0 bezogene Absolutschub berechnet sich also aus

$$\frac{F}{A_1 p_0} = \frac{p_{1g}}{p_0}\sqrt{\frac{T_0}{T_{1g}}}\sqrt{\frac{\kappa_L}{R}}\;\frac{M_1}{\left[1+(\kappa_L-1)\,M_1^2/2\right]^{\frac{\kappa_L+1}{2(\kappa_L-1)}}}\left(\frac{w_{3,res}}{\sqrt{T_0}} - \frac{w_0}{\sqrt{T_0}}\right)\cdot \tag{9.3}$$

Weiterhin ist entsprechend (4.88)

$$\frac{w_{3,res}}{\sqrt{T_0}} = \frac{w_3}{\sqrt{T_0}} + R\,\frac{T_3}{T_0}\,\frac{(p_3/p_0)-1}{(p_3/p_0)\,w_3/\sqrt{T_0}} \tag{9.4}$$

und nach (3.5) und (4.36)

$$\frac{w_3}{\sqrt{T_0}} = \varphi_{SD}\sqrt{\frac{2\,\kappa_A}{\kappa_A-1}\,R\,\frac{T_{2g}}{T_{1g}}\left[1-\left(\frac{p_3}{p_{2g}}\right)^{\frac{\kappa_A-1}{\kappa_A}}\right]}\sqrt{\frac{T_{1g}}{T_0}}\;\cdot \tag{9.5}$$

Unter Berücksichtigung der Zusammenhänge zwischen den in diesen Gleichungen auftretenden Druck- und Temperaturverhältniswerten und der Flugmachzahl, der Brennkammereintrittsmachzahl und der Temperaturerhöhung in der Brennkammer kann also für den relativierten Absolutschub angeschrieben werden

$$\frac{F}{A_1 p_0} = f_1\left(M_0,\pi_E,M_1,T_{2g}/T_{1g},\pi_{BK},\varphi_{SD}\right)\;\cdot \tag{9.6}$$

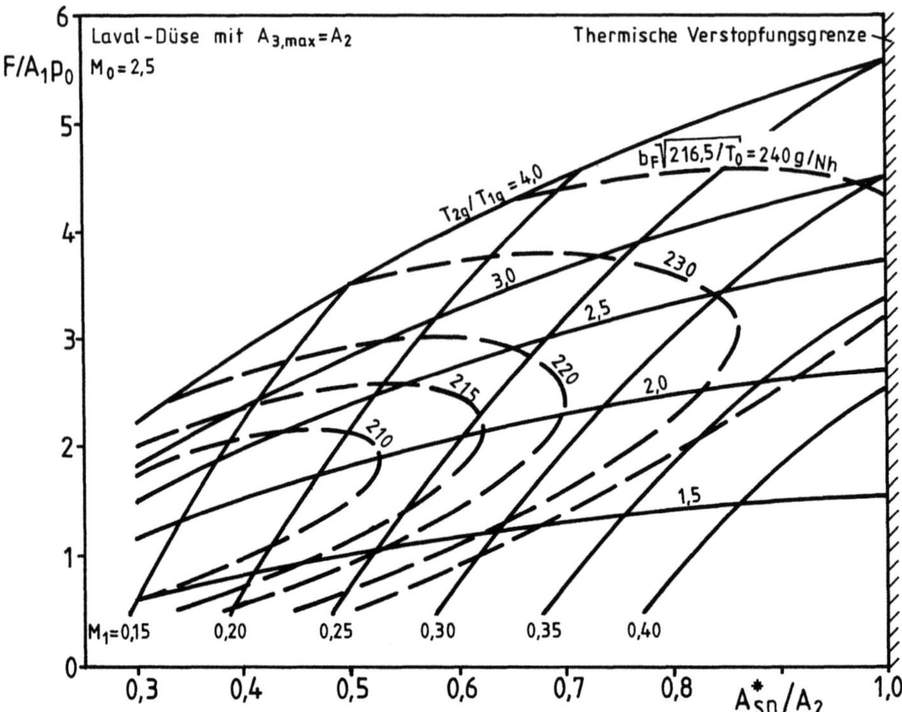

Bild 9.5. Kennfeld eines Staustrahltriebwerks

Mit dem Kraftstoff-Luftverhältnis

$$\frac{\alpha}{T_0} = \frac{T_{1g}}{T_0}\, \frac{c_{pA}}{H_u\,\eta_A}\, \left(\frac{T_{2g}}{T_{1g}} - 1\right) \tag{9.7}$$

und mit (9.1) gilt für den reduzierten, spezifischen Kraftstoffverbrauch

$$\frac{b_F}{\sqrt{T_0}} = \frac{\alpha/T_0}{F_s/\sqrt{T_0}} = f_2\left(M_0\,,\pi_E\,,M_1\,,H_u\,,\eta_A\,,T_{2g}/T_{1g}\,,\pi_{BK}\,,\varphi_{SD}\right). \tag{9.8}$$

Schließlich läßt sich noch für das Verhältnis des engsten Schubdüsenquerschnitts zum Strömungsquerschnitt A_2 $(= A_1)$ mit Berücksichtigung von (3.28) anschreiben

$$\frac{A^{*}_{SD}}{A_2} = f_3\left(M_1\,,T_{2g}/T_{1g}\,,\alpha_{SD}\right). \tag{9.9}$$

Bei Annahme der Verlustfaktoren und Vorgabe der Flugmachzahl können also die Schub-, Kraftstoffverbrauchs- und Düsenquerschnittswerte als Funktionen von M_1 und T_{2g}/T_{1g} berechnet werden.

Bild 9.5 zeigt ein Beispiel für die Kennfelddarstellung dieser Betriebsparameter. Die Realisierung eines beliebigen Betriebspunktes verlangt natürlich neben einer Anpassung der Brennkammertemperatur und des engsten Schubdüsenquerschnitts zur Variation der Brennkammereingangsmachzahl auch eine variable Geometrie des Triebwerkseinlaufs. Hier sei nur noch angemerkt, daß bei Festlegung der höchst zulässigen Brennkammertemperatur eine Steigerung des flächenspezifischen Schubs F/A_1 größere M_1-Werte erfordert, die aber durch eine Erhöhung des Brennkammerdruckverlustes den schubspezifischen Kraftstoffverbrauch verschlechtern und schließlich eine thermische Verstopfung herbeiführen.

10 Raketentriebwerke

10.1 Kenngrößen

Die für ein Raketentriebwerk (Index R) gültigen Schub- und Wirkungsgradgleichungen ergeben sich sofort aus den in Kap. 4.1 für die Durchströmtriebwerke angegebenen Zusammenhängen, wenn man darin den Luftmassenstrom unberücksichtigt läßt und $\dot{m}_K$ durch $\dot{m}_T$ (Treibstoffmassenstrom) ersetzt. Die Raketenschubkraft ist danach

$$F_R = \dot{m}_T \, w_{a,res} \tag{10.1}$$

und der spezifische Schub

$$F_{s,R} = \frac{F_R}{\dot{m}_T} = w_{a,res} \quad \cdot \tag{10.2}$$

Der Kehrwert von $F_{s,R}$ ergibt den schubspezifischen Treibstoffverbrauch.

Anstelle des spezifischen Schubs wird in der Raketentechnik häufig der auf den Treibstoff-"Gewichtsdurchsatz" bezogene Schub als spezifischer Impuls

$$I_s = \frac{F_R}{\dot{m}_T g_0} \tag{10.3}$$

angegeben. Darin ist g_0 die Schwerebeschleunigung an der Erdoberfläche. Schließlich rechnet man auch noch mit dem Gesamtimpuls, d.h. mit dem Integral

$$I_{ges} = \int_0^{t_B} F_R \, dt \tag{10.4}$$

des Schubs über die gesamte Brennzeit t_B.

Bevor wir nun die Wirkungsgradgleichungen anschreiben, sollen zunächst noch einige andere, in der Raketentechnik übliche Kenngrößen zusammengestellt werden. Gehen wir zunächst von einer isentropen Strömung aus, dann erhält man mit den Bezeichnungen

A^{*} = Schubdüsenhalsquerschnitt,

A_a = Schubdüsenausgangsquerschnitt,

p_0 = Umgebungsdruck,

p_a = Druck im Düsenausgangsquerschnitt,

p_{BKg} = Gesamtdruck am Brennkammerende bzw. am Schubdüseneingang,

T_{BKg} = Gesamttemperatur in der Brennkammer,

R = Gaskonstante der Verbrennungsgase,

$\varkappa$ = Isentropenexponent der Verbrennungsgase,

unter Berücksichtigung von (3.5), (3.28) und (4.4) aus (10.1) für den Schub (bei $p_a \leq p^{*}$)

$$F_R = p_{BKg}\, A^{*} c_s \ . \tag{10.5}$$

Darin ist der Schubkoeffizient

$$c_s = \overline{\varkappa} \sqrt{\frac{2\varkappa}{\varkappa-1}\left[1-\left(\frac{p_a}{p_{BKg}}\right)^{\frac{\varkappa-1}{\varkappa}}\right]} + \frac{A_a}{A^{*}}\,\frac{p_a - p_0}{p_{BKg}} \tag{10.6}$$

mit der Abkürzung

$$\overline{\varkappa} = \sqrt{\varkappa}\left(\frac{2}{\varkappa+1}\right)^{\frac{\varkappa+1}{2(\varkappa-1)}} \ . \tag{10.7}$$

Bei der Expansion ins Vakuum ergäbe sich - bei Annahme eines idealen, sich nicht verflüssigenden Gases - aus (3.5) die maximale Ausflußgeschwindigkeit

$$w_{a,max} = w_{a,res,max} = \sqrt{\frac{2\varkappa}{\varkappa-1}\, R\, T_{BKg}} \tag{10.8}$$

und mit (10.6) der maximale Schubkoeffizient

$$c_{s,max} = \overline{\varkappa}\sqrt{\frac{2\varkappa}{\varkappa-1}} \ . \tag{10.9}$$

170

Die charakteristische Geschwindigkeit, ein für die Brennkammerauslegung wichtiger Parameter (siehe Kap. 13), ist definiert durch

$$w_{ch} = \frac{p_{BKg}\, A^*}{\dot{m}_T}$$

(10.10)

oder mit Berücksichtigung von (3.28), (10.8) und (10.9) durch

$$w_{ch} = \frac{w_{a,max}}{c_{s,max}} = \frac{\sqrt{R\, T_{BKg}}}{\kappa} \;.$$

(10.11)

Nach Gleichung 10.8 ist die maximale Ausströmgeschwindigkeit bzw. der maximale spezifische Schub nicht nur von der Verbrennungstemperatur, sondern mit $R = R/M$ (R = allgemeine Gaskonstante, M = Molekularmasse) auch von der Molekularmasse der Verbrennungsgase abhängig. Kleinere Temperaturen können also durch kleinere M-Werte kompensiert oder auch überkompensiert werden. So erzielt man z.B. bei der Verbrennung des Flüssigtreibstoffs LH+LOX (liquid **hydrogen** + liquid **oxygen**) die größte Ausströmgeschwindigkeit mit einem Mischungsverhältnis von $m_o/m_h \approx 3{,}5{:}1$, nach der Verbrennungsgleichung 2.5 also bei einem sehr großen, die Molekularmasse der Verbrennungsgase verringernden Wasserstoffüberschuß. Die Tatsache, daß dabei der chemische Energiegehalt des Brennstoffs unvollständig genutzt wird, ist hier nur von untergeordneter Bedeutung. Zu berücksichtigen ist aber, daß das Mischungsverhältnis auch die Treibstoffdichte und damit das Tankvolumen bzw. die Raketengesamtmasse beinflußt. (In der Praxis arbeitet man mit Sauerstoff-Wasserstoff-Massenverhältnissen von 4,5:1 bis 6,5:1, wobei die spezifisch leichteren, wasserstoffreicheren Treibstoffmischungen meist nur in Raketenendstufen eingesetzt werden.) Hat die Masseneinheit des aus dem Brennstoff und dem Oxidator bestehenden Treibstoffs

$$m_T = m_B + m_0$$

(10.12)

den (unteren) Heizwert $H_{u,T}$, dann könnte der in der Düse entspannte Heißgasstrom bei einer Expansion bis auf die Bezugstemperatur der Heizwertbestimmung und unter der Voraussetzung einer vollständigen Energieumwandlung die theoretische Ausströmgeschwindigkeit

$$w_{a,th} = \sqrt{2\, H_{u,T}}$$

(10.13)

erreichen. Die praktisch erzielbare Geschwindigkeit ist aber aus folgenden Gründen kleiner:

* Die bei der Verbrennung z.B. um den Faktor 10 erhöhten Temperaturen könnten bei der Heißgasexpansion nur mit einem völlig unrealistischen Schubdüsenquerschnittsverhältnis von $A_a/A^* \approx 20 \cdot 10^3$ und mit einem in der Aufstiegsphase, d.h. bei atmosphärischen Gegendrücken, ebenso irrealen Druckverhältnis von $p_{BKg}/p_0 \approx 10^6$ bis auf die Bezugstemperatur der Heizwertbestimmung abgebaut werden.

* Wie bereits an anderer Stelle erwähnt, führt die bei den hohen Brennkammertemperaturen in verstärktem Maße auftretende Dissoziation der Verbrennungsprodukte zu einer Verringerung der für den Expansionsprozeß verfügbaren Energie.

* Die Gasströmung ist nicht isentrop.

* Der Ausbrenngrad ist < 1.

Ist w die Raketengeschwindigkeit, dann erhält man mit dem thermischen Wirkungsgrad

$$\eta_{th,R} = \frac{w_{a,res}^2/2}{H_{u,T}} = \frac{w_{a,res}^2}{w_{a,th}^2} \qquad (10.14)$$

aus (4.8) und (4.13) für den inneren Wirkungsgrad

$$\eta_{i,R} = \frac{1 + (w/w_{a,res})^2}{(w/w_{a,res})^2 + 1/\eta_{th,R}} \cdot \qquad (10.15)$$

(Siehe hierzu auch die Anmerkungen zu Gleichung 4.14 in Kap. 4.1.) Mit Berücksichtigung von (4.10) wird der Vortriebswirkungsgrad

$$\eta_{V,R} = \frac{2(w/w_{a,res})}{1 + (w/w_{a,res})^2} \qquad (10.16)$$

und der Gesamtwirkungsgrad

$$\eta_{ges,R} = \frac{2(w/w_{a,res})}{(w/w_{a,res})^2 + 1/\eta_{th,R}} \cdot \qquad (10.17)$$

Bild 10.1 zeigt den Vortriebswirkungsgrad und ein Beispiel für den inneren und den gesamten Wirkungsgrad in Abhängigkeit von dem Geschwindigkeitsverhältnis $w/w_{a,res}$. Im Unterschied zu den entsprechenden Wirkungsgraden eines vorwiegend bei konstanter Fluggeschwindigkeit arbeitenden Durchströmtriebwerks sind diese Wirkungsgrade eines Raketenantriebs, mit dem ja praktisch nur Geschwindigkeitsänderungen erzeugt werden, nur Momentanwerte, die sich während der Betriebszeit ständig verändern. Um hier zu ei-

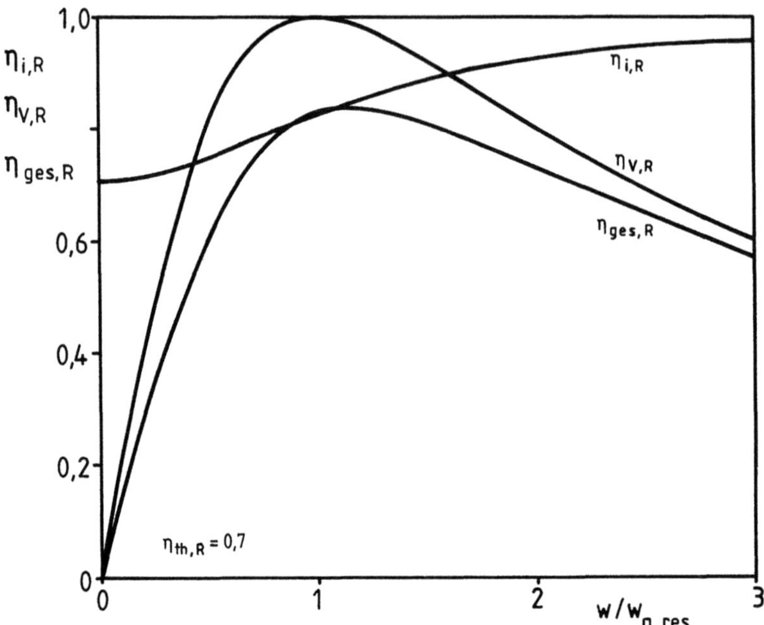

Bild 10.1. Raketenwirkungsgrade

ner Aussage über den Nutzungsgrad der Treibstoffenergie zu gelangen, muß zunächst die mit dem Antrieb erreichbare Geschwindigkeitsänderung bekannt sein.

Wenn auf eine Rakete in Richtung der Bahntangente nur die Schubkraft F_R einwirkt und konstante Werte für $w_{a,res}$ und $\dot{m}_T$ angenommen werden, dann gilt für die Geschwindigkeitsänderung

$$\frac{dw}{dt} = \frac{F_R}{m(t)} = \frac{\dot{m}_T \, w_{a,res}}{m_A - \dot{m}_T t} \; . \tag{10.18}$$

Darin ist m(t) die momentane Raketengesamtmasse zur Zeit t. Wir wollen hier jetzt gleich noch folgende Abkürzungen einführen:

m_A = Anfangsmasse der Rakete,
m_E = Endmasse der Rakete nach Verbrauch des Treibstoffs,
m_N = Nutzmasse,
m_R = Raketentriebwerksmasse einschließlich der Leermasse des Treibstofftanks,

m_T = Treibstoffmasse,

w_A = Anfangsgeschwindigkeit der Rakete,

w_E = Endgeschwindigkeit der Rakete.

Mit Einführung des Massenverhältnisses

$$\mu = \frac{m_A}{m_E} = \frac{m_A}{m_A - m_T} \tag{10.19}$$

ergibt die Integration von (10.18) für die nach der Brennzeit

$$t_B = \frac{m_T}{\dot{m}_T} \tag{10.20}$$

erreichte Geschwindigkeitsänderung

$$\Delta w = w_E - w_A = w_{a,res} \ln \mu \; . \tag{10.21}$$

Als ein Maß für den Nutzungsgrad der mit dem Treibstoff bereitgestellten Energie kann nun - für den allgemeinen Fall $w_A \neq 0$ - der äußere Wirkungsgrad der Raketenbeschleunigung

$$\eta_{a,B} = \frac{m_E\left(w_E^2 - w_A^2\right)/2}{m_T\left(w_A^2 + w_{a,res}^2\right)/2}$$

als das Verhältnis der auf die Endmasse übertragenen kinetischen Energie zur kinetischen Energie des Treibstoffs und seiner - relativ zur Rakete beschleunigten - Verbrennungsgase definiert werden. Mit Berücksichtigung von (10.21) erhält man nach kurzer Umformung

$$\eta_{a,B} = \frac{1 + 2\, w_A/\Delta w}{\left(e^{\Delta w/w_{a,res}} - 1\right)\left[\left(w_A/\Delta w\right)^2 + \left(w_{a,res}/\Delta w\right)^2\right]} \; . \tag{10.22}$$

Bild 10.2 zeigt den Verlauf dieses Wirkungsgrades als Funktion von $\Delta w/w_{a,res}$ für einige, auf Δw bezogene Raketenanfangsgeschwindigkeiten. Qualitativ läßt sich die Frage nach der günstigsten Ausströmgeschwindigkeit natürlich auch ohne Rechnung sofort damit beantworten, daß man bestrebt sein muß, zur Minimierung der Strahlverlustleistung bei der Raketenbeschleunigung den Geschwindigkeitsdifferenzbetrag $|w - w_{a,res}|$ über einen anteilmäßig großen Zeitraum so klein wie möglich zu halten.

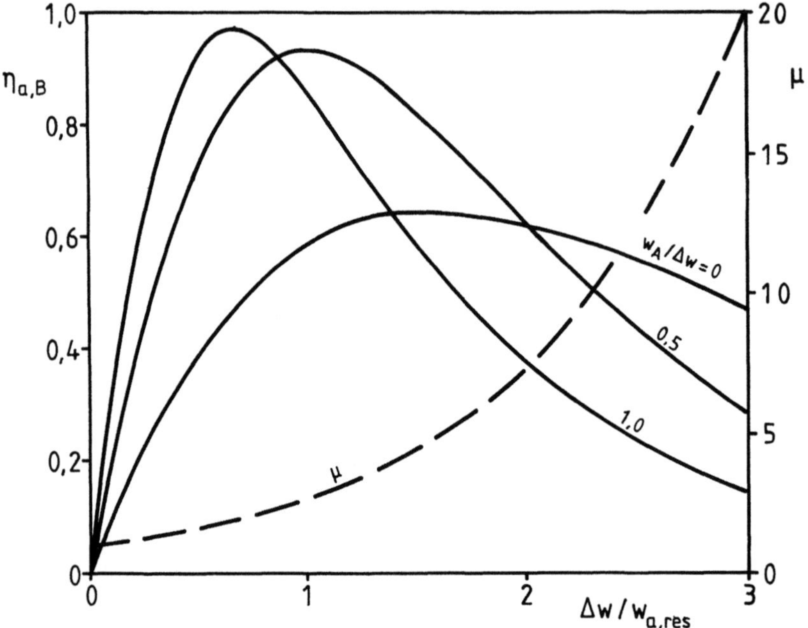

Bild 10.2. Äußerer Wirkungsgrad der Raketenbeschleunigung

Bei einer n-stufigen Rakete gilt schließlich noch für den auf die kinetische Energie der Nutzmasse bezogenen, äußeren Beschleunigungswirkungsgrad

$$\eta_{a,B,N} = \frac{m_N w_{E,n}^2}{\sum\limits_{i=1}^{n} m_{T,i}\, w_{a,res,i}^2} \tag{10.23}$$

und für den Gesamtwirkungsgrad der Nutzmassenbeschleunigung

$$\eta_{ges,B,N} = \frac{m_N w_{E,n}^2}{\sum\limits_{i=1}^{n} m_{T,i}\, w_{a,res,i}^2\, /\, \eta_{th,R,i}} \cdot \tag{10.24}$$

Diese Wirkungsgradbetrachtungen sollen jetzt noch durch ein Zahlenbeispiel ergänzt werden, wobei wir die Geschwindigkeitsänderungen und die Beschleunigungswirkungsgrade einer dreistufig ausgeführten Rakete mit folgender Massenaufteilung berechnen:

1. Stufe.

m_{A1} = 200 000 kg,

$$m_{T1} = 140\,000 \text{ kg,}$$
$$m_{E1} = 60\,000 \text{ kg,}$$
$$m_{R1} = 14\,000 \text{ kg,}$$
$$m_{N1} = 46\,000 \text{ kg.}$$

2. Stufe.

$$m_{A2} = m_{N1} = m_{E1} - m_{R1} = 46\,000 \text{ kg,}$$
$$m_{T2} = 33\,000 \text{ kg,}$$
$$m_{E2} = 13\,000 \text{ kg,}$$
$$m_{R2} = 3\,500 \text{ kg,}$$
$$m_{N2} = 9\,500 \text{ kg.}$$

3.Stufe.

$$m_{A3} = m_{N2} = m_{E2} - m_{R2} = 9\,500 \text{ kg,}$$
$$m_{T3} = 8\,000 \text{ kg,}$$
$$m_{E3} = 1\,500 \text{ kg,}$$
$$m_{R3} = 750 \text{ kg,}$$
$$m_{N3} = m_{N} = 750 \text{ kg.}$$

Die resultierenden Austrittsgeschwindigkeiten sind etwa

$$w_{a,res1} = w_{a,res2} = 2{,}5 \text{ km/s,}$$
$$w_{a,res3} = 4{,}0 \text{ km/s.}$$

Mit $w_{A1} = 0$ erhält man dann aus (10.21)

$$w_{E1} = \Delta w_1 = w_{A2} = 3{,}01 \text{ km/s,}$$
$$w_{E2} = w_{A2} + \Delta w_2 = 3{,}01 + 3{,}16 = 6{,}17 \text{ km/s,}$$
$$w_{E3} = w_{A3} + \Delta w_3 = 6{,}17 + 7{,}38 = 13{,}55 \text{ km/s.}$$

Die Wirkungsgradgleichungen (10.22) und (10.23) ergeben

$$\eta_{a,B1} = 0{,}62,$$
$$\eta_{a,B2} = 0{,}75,$$
$$\eta_{a,B3} = 0{,}51,$$
$$\eta_{a,B,N} = 0{,}11.$$

Mit der Annahme eines für alle Triebwerke gleichen thermischen Wirkungsgrades von $\eta_{th,R} = 0{,}7$ folgt schließlich mit (10.24) noch für den Gesamtwirkungsgrad der Nutzmassenbeschleunigung

$$\eta_{ges,B,N} = 0{,}08.$$

Es sei jetzt noch einmal darauf hingewiesen, daß diese Raketengeschwindigkeiten und die damit berechneten Wirkungsgrade nur theoretische Werte sind, da bei der Herleitung der Gleichung 10.21 keine verzögernden Kraftkomponenten berücksichtigt wurden. Man sieht jedenfalls, daß der Nutzungsgrad der Treibstoffenergie leider nur eine recht bescheidene Größenordnung erreicht.

10.2 Antriebsbedarf

Zur Ermittlung der für eine Raumfahrtmission erforderlichen Raketengeschwindigkeitsänderungen, die unter Berücksichtigung der Verzögerungskräfte (Gravitationskraft, aerodynamischer Widerstand) den Antriebsbedarf festlegen, wollen wir von der nachfolgend hergeleiteten Bahngleichung eines Satelliten ausgehen.

Nach dem Gravitationsgesetz von *Newton* wirkt zwischen der Erdmasse M_E und der Masse m_S eines im Schwerpunktsabstand r befindlichen Satelliten die Anziehungskraft

$$F = \gamma \, \frac{M_E \, m_S}{r^2} = \Gamma \, \frac{m_S}{r^2} \, . \tag{10.25}$$

Darin ist

$$\gamma = 6{,}67 \cdot 10^{-11} \; m^3/kgs^2$$

die Gravitationskonstante und

$$\Gamma = \gamma \, M_E = g_0 r^2_0 = 3{,}993 \cdot 10^{14} \; m^3/s^2. \; \text{(Erdradius } r_0 = 6\,380 \; \text{km.)}$$

Nach dem dynamischen Grundgesetz gilt für die zur Erde gerichtete Beschleunigung des Satelliten - die in Richtung von m_S wirkende Beschleunigung von M_E kann natürlich vernachlässigt werden - mit dem Radiusvektor $\vec{r}$

$$\ddot{\vec{r}} = - \frac{\Gamma}{r^2} \, \vec{e} \, , \tag{10.26}$$

wobei $\vec{e}$ der mit $\vec{r}$ gleichgerichtete Einheitsvektor ist. (Die vektoriellen Größen werden hier durch einen Pfeil gekennzeichnet.) Da nach den Regeln der Vektorrechnung [39] das Produkt

$$\vec{r} \times \ddot{\vec{r}} = 0$$

der Parallelvektoren $\vec{\dot{r}}$ und $\vec{\ddot{r}}$ verschwindet, wird mit

$$\frac{d(\vec{r}\times\vec{\dot{r}})}{dt}=\vec{r}\times\vec{\ddot{r}}+\vec{\dot{r}}\times\vec{\dot{r}}=0$$

das Produkt

$$\vec{r}\times\vec{\dot{r}}=\vec{K}$$

ein senkrecht zur Bahnebene gerichteter, konstanter Vektor mit dem Betrag

$$K=r^2\omega\ .\tag{10.27}$$

Darin ist ω die Winkelgeschwindigkeit des Brennstrahls $\vec{r}$.

Für die Geschwindigkeit des Einheitsvektors mit dem Betrag ω, das heißt mit dem ω/K-fachen Betrag des ihm gleichgerichteten Vektors $\vec{K}\times\vec{e}$, gilt

$$\vec{\dot{e}}=\frac{\vec{K}\times\vec{e}}{r^2}\ .$$

Eine vektorielle Multiplikation von (10.26) mit $\vec{K}$ ergibt dann

$$\vec{K}\times\vec{\ddot{r}}=-\Gamma\vec{\dot{e}}\ .\tag{10.28}$$

Weiterhin ist mit $\vec{K}=\text{const}$

$$\frac{d(\vec{K}\times\vec{\dot{r}})}{dt}=\vec{K}\times\vec{\ddot{r}}\ .$$

Gleichung 10.28 kann also auch in der Form

$$\frac{d(\vec{K}\times\vec{\dot{r}})}{dt}=-\Gamma\frac{d\vec{e}}{dt}$$

angeschrieben werden. Daraus erhält man mit der vektoriellen Integrationskonstanten $\vec{C}$ - das ist ein in der Bahnebene liegender, konstanter Vektor -

$$-\frac{\vec{K}\times\vec{\dot{r}}}{\Gamma}=\vec{e}+\vec{C}\ .\tag{10.29}$$

178

Eine skalare Multiplikation dieser Gleichung mit $\vec{r}$ ergibt für die rechte Seite

$$\vec{r}(\vec{e}+\vec{C}) = r + \vec{r}\,\vec{C} \tag{10.30}$$

und unter Beachtung der Mischprodukt-Rechenregeln für den Zähler der linken Seite

$$-\vec{K}\times\dot{\vec{r}}\ \vec{r} = \dot{\vec{r}}\times\vec{K}\,\vec{r} = \vec{r}\times\dot{\vec{r}}\,\vec{K} = \vec{K}\,\vec{K} = K^2\,. \tag{10.31}$$

Bezeichnen wir noch den Betrag von $\vec{C}$ mit ε und den Winkel zwischen $\vec{r}$ und $\vec{C}$ mit φ , dann erhält man mit

$$\vec{r}\,\vec{C} = \varepsilon\, r\, \cos\varphi \tag{10.32}$$

aus (10.29) bis (10.31) die Bahngleichung

$$r = \frac{K^2/\Gamma}{1+\varepsilon\cos\varphi}\,. \tag{10.33}$$

Das ist bekanntlich die in Polarkoordinaten angeschriebene Gleichung eines Kegelschnitts mit dem Halbparameter $p = K^2/\Gamma$ und der numerischen Exzentrizität ε .

Für eine kreisförmige Satellitenbahn ($\varepsilon = 0$) in der Höhe H_S, das heißt auf dem Radius $r = r_0 + H_S$, gilt dann für die Satellitengeschwindigkeit

$$w_S = \sqrt{\frac{\Gamma}{r}} = \sqrt{g_0\,\frac{r_0^2}{r_0+H_S}}\,. \tag{10.34}$$

Soll ein Satellit die Erde z.B. in einer Höhe von $H_S = 200$ km umkreisen, dann wird

$$w_{S,H_S=200\,km} = 7{,}79\,\frac{km}{s}\,. \tag{10.35}$$

Wenn einer Raumsonde schon in Erdnähe eine so große Geschwindigkeit erteilt werden soll, daß sie das Gravitationsfeld der Erde verlassen kann, dann erhält man aus (10.33) mit $\varepsilon = 1$ (bei $\varphi = \pi$ wird dann $r\to\infty$) für die Fluchtgeschwindigkeit

$$w_{S,F} = \sqrt{\frac{2\Gamma}{r_0}} = 11{,}19\,\frac{km}{s}\,. \tag{10.36}$$

Die für Kommunikationssatelliten besonders wichtige, geostationäre Kreisbahn, auf der sich der Satellit mit der Winkelgeschwindigkeit der Erde $\omega_E = 7{,}272 \cdot 10^{-5}$ 1/s bewegt, bei einer zum Äquator konzentrischen Bahn also relativ zur Erde seine Position nicht verändert, erhält man aus (10.33) für die Bahnhöhe

$$H_{S,geo} = r_{geo} - r_0 = \sqrt[3]{\frac{\Gamma}{\omega_E^2}} - r_0 = 35886 \ \text{km} \tag{10.37}$$

und damit für die Satellitengeschwindigkeit

$$w_{S,geo} = 3{,}07 \ \frac{km}{s} \ . \tag{10.38}$$

Wie schon erwähnt, müssen zur Ermittlung des notwendigen Antriebsvermögens einer Rakete, deren Endmasse m_E in der Höhe H_S die Geschwindigkeit w_S erreichen soll, vor allem die durch den aerodynamischen Widerstand und durch den Einfluß der Schwerkraft bedingten Geschwindigkeitsverluste berücksichtigt werden. Andererseits kann aber bei einem Raketenstart in Richtung der Erdrotation, d.h. in östliche Richtung, auch die Vorgeschwindigkeit - in Äquatornähe mit $w_A = 0{,}46$ km/s - in Rechnung gestellt werden. Wir wollen hier zunächst nur beachten, daß der Raketenantrieb neben der durch die oben berechneten w_S-Werte bestimmten kinetischen Energie

$$E_k = \frac{m_E w_S^2}{2} = \frac{m_E}{2} \ g_0 \ \frac{r_0^2}{r_0 + H_S} \tag{10.39}$$

der Endmasse auch noch die potentielle Energie

$$E_p = m_E \int_{r_0}^{r} g(r) dr = m_E \int_{r_0}^{r} g_0 \left(\frac{r_0}{r}\right)^2 dr = m_E g_0 r_0 \frac{H_S}{H_S + r_0} \tag{10.40}$$

aufbringen muß. Aus der Energiebilanz

$$\frac{m_E w_E^2}{2} = E_k + E_p$$

erhält man dann mit (10.39) und (10.40) die der Energiesumme $E_k + E_p$ äquivalente - und mit Gleichung 10.21 zu berechnende - Brennschlußgeschwindigkeit einer Rakete aus

$$w_E = \sqrt{g_0 r_0 \ \frac{r_0 + 2H_S}{r_0 + H_S}} = w_{E,ä} \ . \tag{10.41}$$

180

Mit Einführung der auf die Endmasse bezogenen, spezifischen Energie

$$e = \frac{E}{m_E} \qquad (10.42)$$

und mit Berücksichtigung der Summe aller (Nutz-)Energieverluste $\Sigma\, e_v$ z.B. durch den Luftwiderstand und durch die Schwerkraft bzw. durch die endlichen Brennzeiten - diesen Verlust werden wir anschließend noch untersuchen - wird dann das real erforderliche und wieder durch (10.21) bestimmte Antriebsvermögen

$$w_{E,erf} = \sqrt{2\,(e_k + e_p + \Sigma\, e_v)} \; . \qquad (10.43)$$

Ohne Berücksichtigung von Energieverlusten erhält man natürlich mit $H_S \rightarrow \infty$ auch aus (10.41) für die Fluchtgeschwindigkeit $w_{E,F} = 11,19$ km/s. Für einen geostationären Orbit wird

$$w_{E,geo} = 10,76 \; \frac{km}{s} \; . \qquad (10.44)$$

Dieser Wert, der sich unter realen Bedingungen etwa auf 13,5 km/s erhöht, kann nur mit mehrstufigen Raketen erreicht werden. In der Praxis wird die Raketenendstufe zunächst auf eine Brennschlußhöhe von beispielsweise $H_{S,P} = 200$ km gebracht. Die in diesem Punkt (Perigäum) tangential zur Erdoberfläche gerichtete Geschwindigkeit ist so festgelegt, daß die Endmasse ohne weiteren Antrieb auf einer elliptischen Bahn (Transferellipse) im erdfernsten Punkt (Apogäum) die geostationäre Höhe erreicht. Mit den Beträgen $r_P = r_0 + H_{S,P} = 6\,580$ km und $r_A = r_0 + H_{S,geo} = 42\,266$ km der Radiusvektoren im Perigäum bzw. im Apogäum wird die große Halbachse der Ellipse

$$a = \frac{r_P + r_A}{2} = 24\,423 \; km$$

und die numerische Exzentrizität

$$\varepsilon = \frac{r_A - a}{a} = \frac{a - r_P}{a} = 0,73 \; .$$

Im Perigäum ($\varphi = 0$) ist die Geschwindigkeit nach (10.33)

$$w_{S,P} = \sqrt{\frac{\Gamma(1+\varepsilon)}{r_P}} = 10{,}25 \ \frac{km}{s}$$

und im Apogäum

$$w_{S,A} = w_{S,P} \ \frac{r_P}{r_A} = 1{,}60 \ \frac{km}{s} \ .$$

Nach Erreichen des erdfernsten Punktes muß also durch Zündung des Apogäumsmotors - das ist meistens eine Feststoffrakete - die Geschwindigkeit noch um den Differenzbetrag

$$\Delta w_{S,A} = 1{,}47 \ \frac{km}{s}$$

erhöht werden, um den Satelliten bis auf die für die geostationäre Kreisbahn erforderliche Geschwindigkeit von $w_{S,geo}$ = 3,07 km/s zu beschleunigen.

Bei der Ableitung der Geschwindigkeitsgleichung 10.21 wurde vorausgesetzt, daß längs der Tangente zur Bahnrichtung der Rakete keine verzögernde Kraftkomponente wirksam ist. Die mit dieser Gleichung berechnete und das Raketenantriebsvermögen kennzeichnende Geschwindigkeitsänderung ist natürlich größer als der reale Geschwindigkeitszuwachs einer Rakete, die bei ihrer Beschleunigung - abgesehen von Einflüssen elektrischer und magnetischer Felder, von Treibstoffreserven und vom Treibstoffbedarf für Bahnkorrekturen und Steuerungsvorgänge - auch Gravitationskräfte und aerodynamische Widerstandskräfte überwinden muß. Bei Einwirkung einer tangentialen Verzögerungskomponente g_t lautet die Bewegungsgleichung

$$\frac{dw_g}{dt} = \frac{\dot{m}_T \, w_{a,res}}{m_A - \dot{m}_T t} - g_t \ . \tag{10.45}$$

Für die Geschwindigkeitsänderung gilt dann

$$\Delta w_g = w_{a,res} \ln \mu - \int_0^{t_B} g_t \, dt \ . \tag{10.46}$$

Wir wollen hier jetzt einmal nur den Einfluß der Schwerkraft auf den Bewegungsablauf einer vom Erdboden aus vertikal aufsteigenden Rakete untersuchen und dabei für die

182

Schwerebeschleunigung den konstanten Wert g_0 einsetzen. Nimmt man auch wieder unveränderliche Werte für $w_{a,res}$ und $\dot{m}_T$ an, dann erhält man die Endgeschwindigkeit aus

$$w_{E,g} = w_{a,res} \ln \mu - g_0 t_B \; .$$
(10.47)

Für die von der Rakete bei Brennschluß erreichte Höhe gilt

$$H_E = \int_0^{t_B} w_g \, dt$$
(10.48)

mit dem Integrationsergebnis

$$H_E = w_{a,res} \frac{\mu}{\mu - 1} t_B \left(1 - \frac{1 + \ln \mu}{\mu} \right) - \frac{1}{2} g_0 t_B^2$$
(10.49)

Die Summe der spezifischen kinetischen und der spezifischen potentiellen Energie, also die spezifische Gesamtenergie

$$e_{E,g} = \frac{w_{E,g}^2}{2} + g_0 H_E \; ,$$
(10.50)

wird nun kleiner als die für den theoretischen Grenzfall $t_B \rightarrow 0$ schon zu Beginn der Raketenbewegung vorhandene spezifische Energie

$$e_E = \frac{w_E^2}{2} \; .$$
(10.51)

Für den gravitationsbedingten Energieverlust ergibt sich nach kurzer Umrechnung

$$e_{v,g} = e_E - e_{E,g} = w_{a,res} \frac{g_0}{\mu - 1} t_B \left[1 + \mu (\ln \mu - 1) \right] \; .$$
(10.52)

Die dem Energieverlust entsprechende Einbuße an äquivalenter Geschwindigkeit, die nicht zu verwechseln ist mit dem Schwerkraftterm der Gleichung 10.47, wird schließlich

$$\Delta w_{E,\ddot{a},g} = w_E - \sqrt{2 e_{E,g}} \; .$$
(10.53)

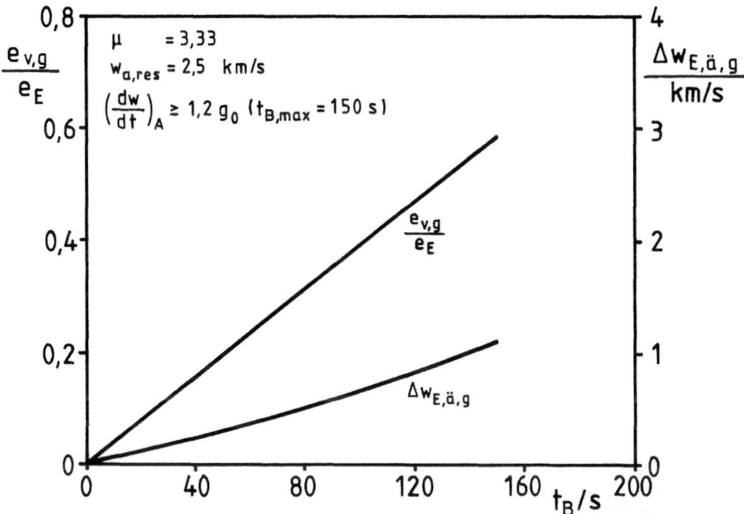

Bild 10.3. Energie- und Geschwindigkeitsverluste im Gravitationsfeld als Funktion der Brenndauer

Bild 10.3 zeigt ein Beispiel für den Verlauf dieser Energie- und Geschwindigkeitsverluste in Abhängigkeit von der Brenndauer, die hier von dem theoretischen Wert $t_B \rightarrow 0$ bis auf den mit (10.18) bis (10.20) berechneten Maximalwert

$$t_{B,max} = w_{a,res}\,\frac{\mu-1}{\mu}\,\frac{1}{1,2\,g_0} \tag{10.54}$$

verändert wurde. Dieser Maximalwert ergibt sich aus der Bedingung, daß der Raketenantrieb beim Start eine Mindestbeschleunigung von $1,2\,g_0$ erzeugt.

Die Gleichungen (10.47) und (10.49) gelten natürlich für alle Zeiten t innerhalb der Brenndauer. Dabei ist dann nur das momentane Massenverhältnis

$$\mu_t = \frac{1}{1-[1-(1/\mu)]\,t/t_B} \tag{10.55}$$

einzusetzen. Für die Zeit nach dem Brennschluß erhält man die Geschwindigkeit aus

$$w_{t>t_B} = w_E - g_0\,(t-t_B) \tag{10.56}$$

184

und die Höhe aus

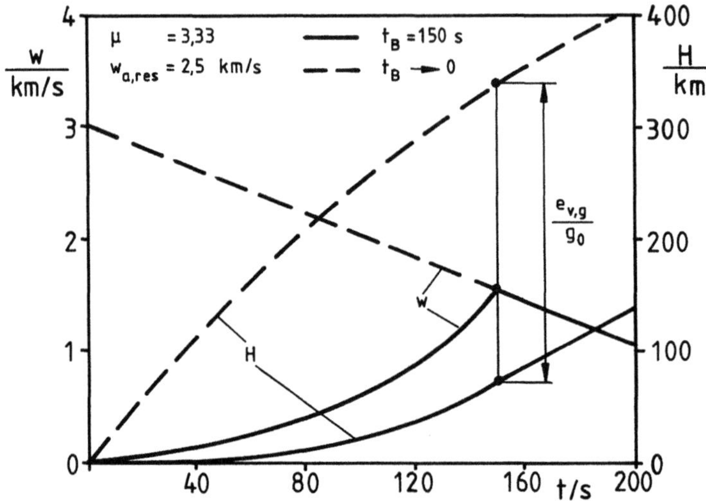

Bild 10.4. Geschwindigkeiten und Steighöhen einer Rakete als Funktion der Zeit

$$H_{t>t_B} = H_E + w_E(t-t_B) - \frac{1}{2} g_0(t-t_B)^2 \,. \tag{10.57}$$

Bild 10.4 zeigt auch ein Beispiel für diesen zeitlichen Verlauf der Geschwindigkeiten und der Steighöhen. Wie schon aus den Gleichungen 10.47 und 10.56 ersichtlich, wird die Brennschlußgeschwindigkeit bei einer endlichen Brenndauer genau so groß wie die zu diesem Zeitpunkt noch vorhandene Geschwindigkeit einer Rakete, die durch einen "Sofortabbrand" schon am Boden ihren Größtwert erreicht. Der gravitationsbedingte Energieverlust ist durch die in dem Diagramm markierte Höhendifferenz gekennzeichnet.

Nach diesen Ergebnissen wäre zur Verringerung des Gravitationseinflusses eine möglichst kurze Brennzeit anzustreben, die Rakete also möglichst schnell auf die Endgeschwindigkeit zu beschleunigen. Das ist auch verständlich, denn es kann ja nicht sinnvoll sein, größeren Treibstoffmassen durch einen Transport in große Höhen vor ihrer Verbrennung erst noch eine entsprechend große potentielle Energie zu erteilen. Auf der anderen Seite ist aber zu bedenken, daß eine sehr große Raketenbeschleunigung, das heißt eine anfänglich schon sehr hohe Geschwindigkeit in der noch dichten Atmosphäre, die aerodynamischen Widerstandskräfte verstärkt und bei verkürzter Brenndauer mit der Vergrößerung des Schubs bzw. des Stützmassenstroms auch die Raketentriebwerksdimensionen und -massen zunehmen. Unter Berücksichtigung aller Raketenparameter (z.B. Anzahl der Stufen, Stufengröße, Art und Mischungsverhältnis der Treibstoffkomponenten, Brennkammerdruck, Schubdüsenerweiterungsverhältnis usw.) kann eine Optimalauslegung nur mit sehr umfangreichen Variationsrechnungen durchgeführt werden [40].

10.3 Flüssigkeitsraketen

Der bei Flüssigkeitsraketen für die Treibstoffeinspritzung erforderliche Druck wird bei allen größeren Triebwerken mit Turbopumpen erzeugt. (Eine Druckgasförderung, bei der auch die Treibstofftanks für die hohen Einspritzdrücke auszulegen sind und entsprechend schwer werden, eignet sich nur für kleine Triebwerkseinheiten.) Der Antrieb der Pumpen erfolgt durch eine, z.B. mit den Brenngasen eines Pulversatzes gestartete Turbine, die bei der Anordnung nach dem Schema von Bild 10.5 mit dem von einem Gasgenerator gelieferten Verbrennungsgas beaufschlagt wird. Dabei wird hier dem Gasgenerator jeweils eine vom Hauptstrom abgezweigte Teilmenge des Brennstoffs und des Oxidators zugeführt. Die in der Skizze angedeuteten Regelventile ermöglichen es, in Verbindung mit einer Drehzahlvariation der Turbopumpen durch Veränderung der Treibstoffmassenströme eine Schubmodulation vorzunehmen. (Bei bemannten Raumfahrzeugen ist eine solche Schubmodulation erforderlich, um die wegen der abnehmenden Treibstoffmassen sonst ständig größer werdende Beschleunigung etwa auf 3 g_0 zu begrenzen.)

Zum Druckausgleich in den Treibstofftanks wird als ein inertes Druckausgleichsgas z.B. Helium oder auch das im Gasgenerator bei stöchiometrischer Verbrennung entstandene und durch Wasserzugabe gekühlte Turbinenantriebsgas verwendet.

Zur Regenerativkühlung der Brennkammer- und Schubdüsenwandungen wird eine der Treibstoffkomponenten - bei dem Schema von Bild 10.5 der flüssige Wasserstoff - durch Kühlkanäle geleitet und dort schon vorgeheizt. Zum Einsatz gelangen zwar auch Filmkühlungssysteme, bei denen das auf die Wand gespritzte oder durch poröse Wände eingebrachte Kühlmedium auf der Wand einen Kühlfilm bildet. Da aber für eine wirksame Filmkühlung bis zu 10 % der in die Brennkammer eingebrachten Treibstoffkomponente benötigt werden und dieser Massenanteil weitgehend als Verlust zu buchen ist, wird diese Kühlungsart meistens nur in Kombination mit der Regenerativkühlung angewandt.

Durch eine Steigerung des Brennkammerdrucks können bei unverändertem Stützmassenstrom vor allem wegen der zunehmenden Brenngasdichte (kleinerer Düsenhalsquerschnitt

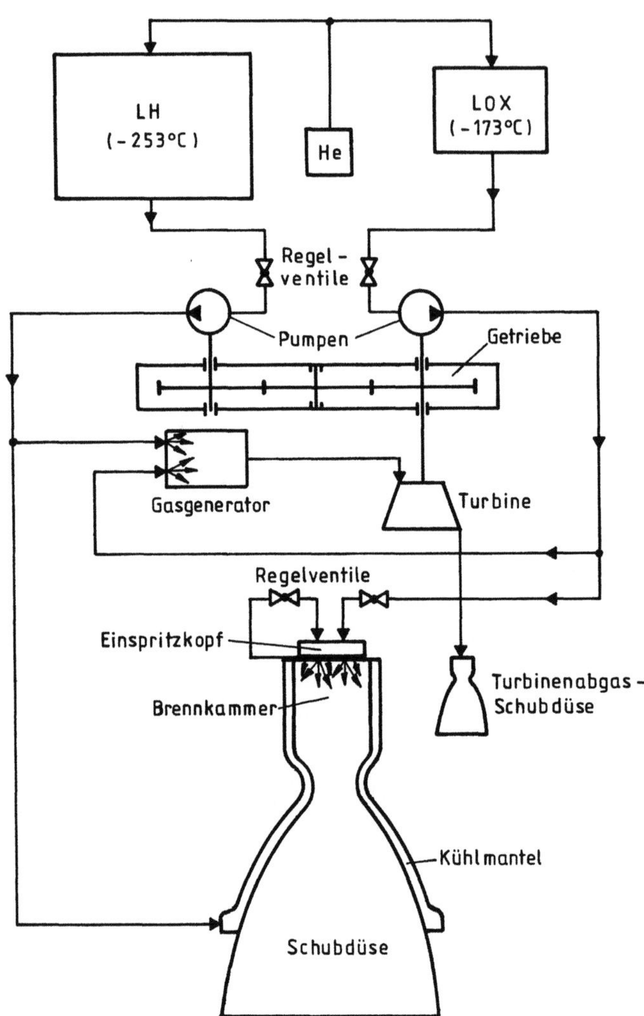

Bild 10.5. Schema einer Flüssigkeitsrakete mit Nebenstromförderung

und damit größeres Düsenerweiterungsverhältnis bei gleichem Düsenendquerschnitt) und in der Atmosphäre auch durch das anwachsende Düsendruckgefälle die spezifischen Schubwerte deutlich verbessert oder bei konstantem Absolutschub die Triebwerksabmessungen drastisch verkleinert werden. Dabei ist allerdings zu berücksichtigen, daß ein größerer Brennkammerdruck erhöhte Anforderungen an die Bauteilfestigkeit stellt und durch die Intensivierung des konvektiven Wärmeübergangs auch das Kühlungsproblem ver-

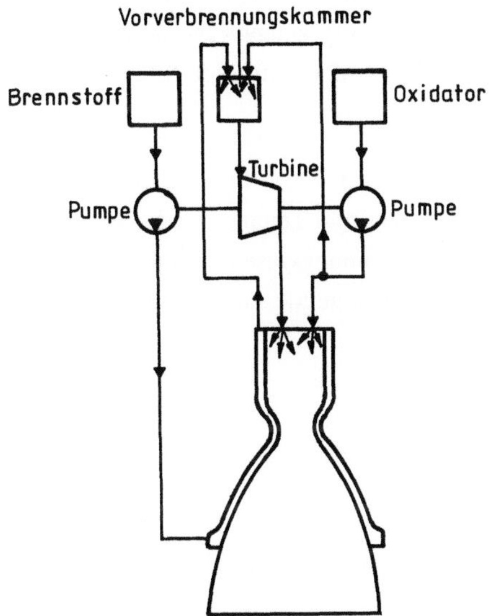

Bild 10.6. Schema einer Hauptstromförderung mit Vorverbrennung

schärft. Bei dem in Bild 10.5 dargestellten Nebenstrom-Fördersystem fällt aber auch der spezifische Schub nach Überschreiten eines Brennkammerdrucks, der etwa in einem Bereich von 80 bis 120 bar liegt, wieder ab. Das ist darauf zurückzuführen, daß der mit dem Einspritzdruck zunehmende Leistungsbedarf der Turbomaschinen eine entsprechende Vergrößerung der im Gasgenerator zu verbrennenden, dem Hauptprozeß also entzogenen Treibstoffmassen erfordert und dieser Treibstoffanteil bei den relativ geringen Turbineneintrittstemperaturen in der Turbinenabgas-Schubdüse nur noch einen kleinen Schub liefert. Große Brennkammerdrücke - man arbeitet heute mit p_{BKg}-Werten bis zu 200 bar - erfordern deshalb den Übergang auf eine Hauptstromförderung. Dabei wird z.B. nach dem Schema von Bild 10.6 der gesamte, die Kühlkanäle durchströmende Brennstoff mit einer kleinen Oxidatormenge einer Vorverbrennungskammer und der Turbine zugeführt und danach zusammen mit der Hauptmenge des Oxidators in die Raketenbrennkammer eingeleitet, so daß hier die gesamte Treibstoffmasse an dem Hauptprozeß teilnimmt.

Auf die vielfältigen Treibstoffvarianten soll hier nicht eingegangen und nur noch erwähnt werden, daß in der Raumfahrttechnik neben dem kryogenen, z.B. durch einen elektrischen Funken oder durch die Verbrennung eines Pulversatzes entzündeten Diergol (Zweikomponententreibstoff) "$H_{2,fl} + O_{2,fl}$" (Flüssigwasserstoff + Flüssigsauerstoff) als ein bei Raumtemperatur flüssiger, hypergoler Treibstoff (Selbstzündung bei Zusammenführung der Treibstoffpartner) die Komponenten UDMH (**unsymmetrisches Dimethylhydrazin**

$C_2H_8N_2$) + Distickstofftetroxid (N_2O_4) verwendet werden. Als ein ebenfalls bei Raumtemperatur flüssiges Monergol (Einkomponententreibstoff) gelangt meistens Hydrazin (N_2H_4) zum Einsatz, das bei seiner katalytischen Umwandlung in Stickstoff, Ammoniak und Wasserstoff Wärme freisetzt.

Bei einem Brennkammerdruck von p_{BKg} = 68 bar, einer verlustlosen Expansion auf p_a = 1 bar und bei Annahme eines den jeweiligen Druck- und Temperaturwerten entsprechenden Dissoziationsgrades der expandierenden Verbrennungsgase (gleitendes Gleichgewicht, siehe Kap. 13.1.1) können mit diesen Treibstoffen folgende spezifischen Impulse erreicht werden:

$$H_{2,fl} + O_{2,fl} \quad : I_s = 390 \text{ s}, (\varrho_T = 290 \text{ kg/m}^3),$$
$$C_2H_8N_2 + N_2O_4 : I_s = 286 \text{ s}, (\varrho_T = 1170 \text{ kg/m}^3),$$
$$N_2H_4 \quad\quad\quad : I_s = 199 \text{ s}, (\varrho_T = 1010 \text{ kg/m}^3).$$

10.4 Feststoffraketen

Die gegenüber Flüssigkeitsraketen im Aufbau wesentlich einfacheren und z.B. als Boosteraggregate zur Startschubvergrößerung eingesetzten Feststoffraketen liefern zwar geringere spezifische Impulse als ein Flüssigkeits-Raketentriebwerk, was aber zumindest teilweise durch die größere Dichte des Festtreibstoffs, d.h. durch den geringeren Treibstoffraumbedarf, ausgeglichen wird. Unter den im letzten Kapitel für die Flüssigtreibstoffverbrennung angegebenen Randbedingungen kann z. B. mit dem zweibasigen Treibstoff "Nitrocellulose + Nitroglyzerin" nur ein spezifischer Impuls von I_s = 220 s erreicht werden. Die Treibstoffdichte ist aber mit ϱ_T = 1640 kg/m^3 deutlich größer als die der flüssigen Brenngemische.

Auch hier soll auf die Art der verschiedenen Treibstoffmischungen und ihrer Zusätze - Bindemittel, Stabilisatoren zur Verbesserung der Lagerfähigkeit, Gleitmittel für eine Treibsatzherstellung im Strangpreßverfahren - nicht eingegangen und nur die Aufgabe der dem Treibstoff als Abbrandregler zugemischten Substanzen erläutert werden.

Bei der durch die Treibstoffmischung bestimmten, vom Brennkammerdruck - mit Maximalwerten von etwa 300 bar - nur wenig beeinflußten, also praktisch konstanten Verbrennungstemperatur kann für die Treibsatz-Abbrandgeschwindigkeit angeschrieben werden

$$w_A = w_{A,b} \left(\frac{p_{BK}}{p_{BK,b}} \right)^n . \tag{10.58}$$

Darin ist $w_{A,b}$ die treibstoffspezifische Abbrandgeschwindigkeit beim Bezugsdruck $p_{BK,b}$ und n der sogenannte Verbrennungsindex. (Die w_A-Werte liegen etwa im Bereich von 0,1 bis 10 cm/s.) Ist V_{BK} das Brennkammervolumen und A_T die brennende Treibstoffoberfläche, dann gilt für den aus der Brennkammer austretenden Treibstoffmassenstrom

$$\dot{m}_T = w_A A_T \varrho_T - \frac{d}{dt} \left(V_{BK} \varrho_{BK} \right)$$

und mit Vernachlässigung der zeitlichen Änderung von V_{BK}

$$\dot{m}_T = w_A A_T \varrho_T - \frac{V_{BK}}{R T_{BK}} \frac{dp_{BK}}{dt} \cdot \tag{10.59}$$

Mit Berücksichtigung von (10.10) erhält man aus (10.58) und (10.59) für die zeitliche Änderung des Brennkammerdrucks (mit $p_{BK,b} = 1$ bar)

$$\frac{dp_{BK}}{dt} = \frac{A_T \varrho_T w_{A,b} R T_{BK}}{V_{BK}} p_{BK}^n - \frac{A^* R T_{BK}}{V_{BK} w_{ch}} p_{BK} \cdot \tag{10.60}$$

Im stationären Fall, d.h. bei stabilem Abbrand, gilt mit $dp_{BK}/dt = 0$ für den Gleichgewichts-Brennkammerdruck

$$p_{BK,G} = \left(K \varrho_T w_{A,b} w_{ch} \right)^{\frac{1}{1-n}} \cdot \tag{10.61}$$

Darin ist $K = A_T/A^*$ die sogenannte Klemmung, deren Werte etwa zwischen 100 und 2000 liegen. Mit (10.11) kann die Differentialgleichung 10.60 auch in der Form

$$\frac{dp_{BK}}{dt} = \frac{\overline{\varkappa}^2 w_{ch} A^*}{V_{BK}} \left(K \varrho_T w_{A,b} w_{ch} \, p_{BK}^n - p_{BK} \right) \tag{10.62}$$

angeschrieben werden. Vernachlässigen wir wieder die Veränderung des Brennkammervolumens und setzen voraus, daß durch den Abbrand einer Zündladung sofort die gesamte Treibsatzoberfläche A_T entflammt wird, dann ergibt die Integration dieser Gleichung für die Zeitdauer t_{BK} des Druckanstiegs vom Ausgangsdruck $p_{BK,0}$ auf den Druck p_{BK}

$$t_{BK} = \frac{1}{1-n} \frac{V_{BK}}{\overline{\varkappa}^2 w_{ch} A^*} \ln \frac{K \varrho_T w_{A,b} w_{ch} - p_{BK,0}^{1-n}}{K \varrho_T w_{A,b} w_{ch} - p_{BK}^{1-n}} \cdot \tag{10.63}$$

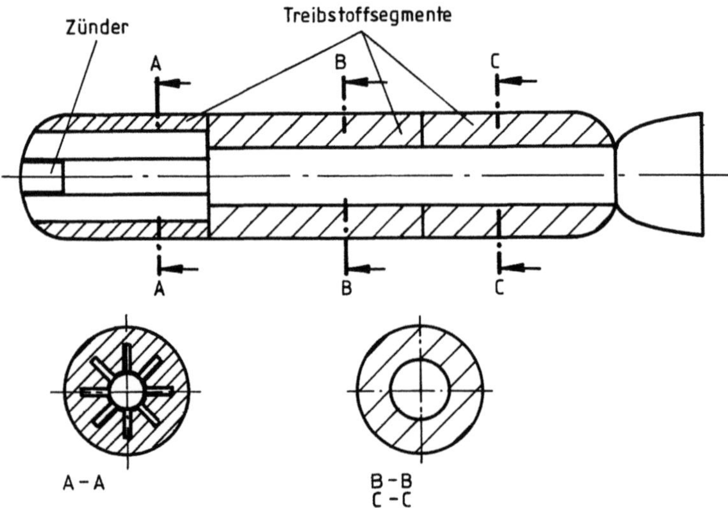

Bild 10.7. Schema der Brennkammer einer Feststoffrakete mit Schubmodulation

Diese Druckanstiegszeit kann verkürzt werden durch den Einbau einer Platzmembran, die den Düsenkanal erst nach Erreichen eines bestimmten Brennkammerdrucks freigibt.

Nach (3.15) ist der Düsenmassenstrom bei $\psi = \psi_{max}$ und $A^* = $ const eine lineare Funktion des Brennkammerdrucks. Wenn z. B. durch eine Rißbildung in dem thermisch-mechanisch hoch beanspruchten Treibsatz die Klemmung erhöht wird, dann steigt nach (10.61) auch der Brennkammerdruck und damit die Abflußmenge. Gleichzeitig vergrößert sich aber auch die Abbrandmenge um den Faktor $A_T p^n_{BK}$. Wäre nun der Verbrennungsindex $n > 1$, dann würde die Abbrandmasse größer als die Abflußmasse und der weiter ansteigende Brennkammerdruck schließlich eine Explosion der Rakete herbeiführen. Im umgekehrten Fall würde bei einem Abfall des Brennkammerdrucks mehr Verbrennungsgas abströmen als neu entstehen, der Druck also weiter zurückgehen und die Brennkammer verlöschen. Ein stabiler Treibsatzabbrand verlangt also einen Verbrennungsindex $n < 1$, was gegebenenfalls durch die Zugabe von Abbrandreglern sichergestellt werden muß.

Der zeitliche Verlauf des Treibstoffumsatzes bzw. des Raketenschubs kann natürlich durch die Form der Treibstoffsegmente beeinflußt werden. Das Schema von Bild 10.7 zeigt z.B. die Brennkammer einer als Start-Booster eingesetzten Rakete, bei der zwei Innenbrenner - der Abbrand erfolgt in radialer Richtung von innen nach außen - mit einem Sternbrenner kombiniert sind. Beim Start werden alle Segmente gleichzeitig gezündet, wobei die große Brennfläche des Sternbrenners auch einen entsprechend großen Stützmassenstrom liefert.

Da diese großen Gasmassen die Innenbrenner durchströmen müssen, wird durch die Erosionswirkung [40] des Sternbrenner-Gasstroms auch die Brenngeschwindigkeit in diesen Segmenten erhöht. Nach dem Ausbrand des Sternbrenners verschwindet in den zwischenzeitlich erweiterten Kanälen der Innenbrenner auch noch der Erosionseffekt, so daß der Schub erheblich verringert wird.

10.5 Hybridraketen

Der Bezeichnung entsprechend handelt es sich bei den Hybridraketen um Mischformen, bei denen einer der Treibstoffpartner in fester und der andere in flüssiger Form vorliegt. Bild 10.8 zeigt das Schema einer Hybridrakete mit festem Energieträger (Lithergol-Rakete). Hier wird ein flüssiger Oxidator über den Einspritzkopf in die Brennkammer eingebracht, in der sich der feste Brennstoffblock befindet. So wie in der Skizze dargestellt, werden die aus der Brennkammer ausströmenden und dabei noch nicht vollständig verbrannten Treibstoffgase zur weitergehenden Vermischung und chemischen Umsetzung der Reaktionspartner meistens noch über einen Wirbelerzeuger einer Nachverbrennungskammer (Wirbelkammer) zugeführt, bevor sie in der Schubdüse entspannt werden.

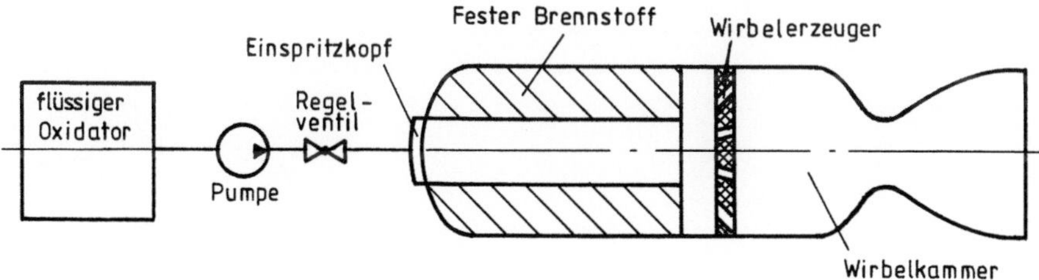

Bild 10.8. Schema einer Lithergol-Rakete

Unter dem Aspekt der Betriebssicherheit sind solche Hybridraketen den Flüssigkeits- und Feststoffraketen deutlich überlegen. Zum einen ist hier nämlich die bei Flüssigtreibstoffen mögliche Gefahr einer Ansammlung explosiver Gemische weitgehend ausgeschaltet. Zum anderen können auch im Unterschied zu Feststoffraketen etwaige Rißbildungen in den Treibstoffsegmenten keine gefährlichen Abbrandveränderungen hervorrufen. Weiterhin kann unter Verzicht auf eine stets optimale Gemischzusammensetzung durch Variation der eingespritzten Flüssigkeitsmenge in relativ einfacher Weise eine Schubmodulation vorgenommen werden. Die Gemischzusammensetzung wird sich im allgemeinen aber auch schon bei einem Vollastabbrand mit der Geometrie des Brennstoffblocks ständig verändern. Außerdem ergeben sich Nachteile für den Ausbrenngrad, da eine vollkommene Vermischung der zunächst in unterschiedlichen Phasen vorliegenden Treibstoffkomponenten auch bei den Ausführungen mit Nachverbrennungskammern kaum zu realisieren ist. Dieses Gemischbildungsproblem ist noch größer bei inversen Hybridraketen (flüssiger Brennstoff, fester Oxidator), bei denen der weitaus überwiegende Treibstoffmassenanteil, nämlich der Oxidator, von einer festen Oberfläche aus in die Flammenzone diffundieren muß.

Teil II. Triebwerkskomponenten

11 Triebwerkseinläufe

11.1 Berechnungsgrundlagen

11.1.1 Diffusor

Die Leistungsfähigkeit eines luftatmenden Strahltriebwerks wird in einem ganz entscheidenden Maße durch die Funktionsgüte des Triebwerkseinlaufs mitbestimmt. Wie wir noch sehen werden, gilt das vor allem für den Überschallflug, bei dem der optimalen Einlaufgestaltung eine überragende Bedeutung zukommt. Grundsätzlich muß aber bei jedem Triebwerk der Einlauf so ausgebildet sein, daß dem Verdichter - bzw. der Brennkammer eines Staustrahlers - unter allen Betriebsbedingungen die jeweils erforderliche Luftmenge mit möglichst geringen Druckverlusten zugeführt wird, Strömungsinstabilitäten vermieden werden, die Strömungsfelder weitgehend homogen sind und auch die Forderung nach einem minimalen äußeren aerodynamischen Widerstand erfüllt wird.

Da es fast immer erforderlich ist, die im Flug schon vor dem Einlauf aufgestaute Luft vor ihrem Eintritt in das Triebwerk in einem divergenten Kanalabschnitt noch weiter zu verzögern, sollen hier zunächst einige Betrachtungen über die in solchen (inneren Unterschall-) Diffusoren auftretenden Verluste angestellt werden.

Entsprechend der Darstellung von Bild 11.1 ergäbe sich bei einer verlustlosen Strömungsverzögerung von der Eingangsgeschwindigkeit w_1 - mit den statischen Zustandswerten des Punktes a - auf die Ausgangsgeschwindigkeit w_2 bei unverändertem Gesamtdruck $p_{1g} = p_{2g,is}$ (Punkt c) der statische Druck $p_{2,is}$ (Punkt b). Die Strömungsverluste verursachen aber einen Abfall des Gesamtdrucks auf p_{2g} (Punkt c') und des statischen Drucks auf p_2 (Punkt b'). Für den statischen Druckverlust kann angeschrieben werden

$$\Delta p_D = p_{2,is} - p_2 = \zeta \, \frac{\varrho_1}{2} \, w_1^2 \; . \tag{11.1}$$

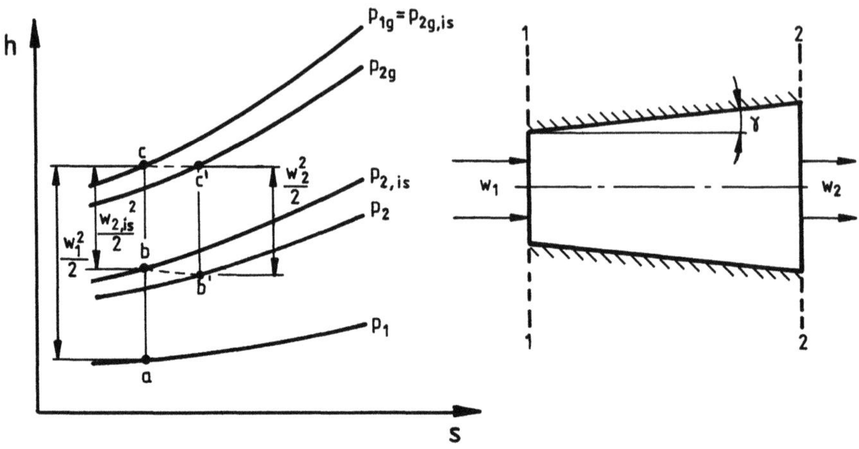

Bild 11.1. Diffusorströmung im h-s-Diagramm

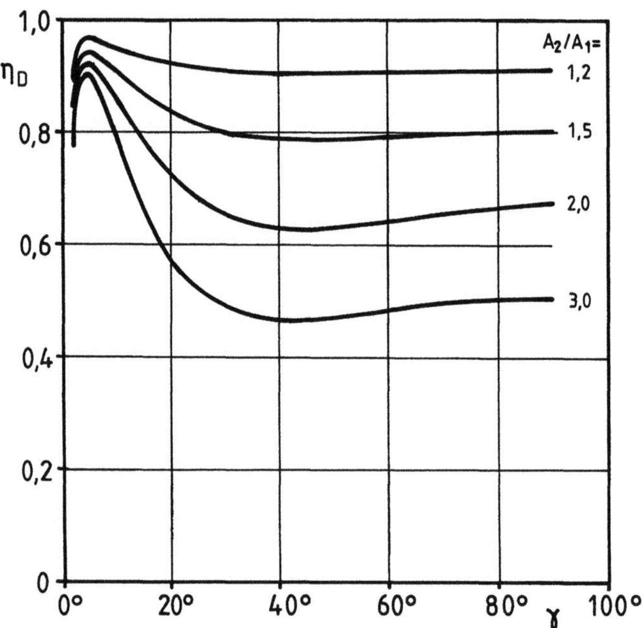

Bild 11.2. Wirkungsgrade eines Kegeldiffusors

In dem uns interessierenden Bereich der *Reynolds*- und *Mach*-Zahlen ist der Druckver-
lustfaktor ζ im wesentlichen nur von der durch den Winkel γ (= halber Diffusorerweite-

rungswinkel) und durch das Flächenverhältnis A_2/A_1 festgelegten Diffusorgeometrie abhängig. Bild 11.2 zeigt einige an einem Kegeldiffusor gemessene Werte des Diffusorwirkungsgrades, der hier definiert ist durch das Verhältnis der realen Druckdifferenz $p_2 - p_1$ zur Druckerhöhung $p_{2,is} - p_1$ bei verlustloser Strömung. Lassen wir die Kompressibilität außer acht ($\varrho_1 = \varrho_2 = \varrho$; $w_{2is} = w_2$) und berücksichtigen die *Bernoulli*-Gleichung

$$p_{2,is} - p_1 = \frac{\varrho}{2} \left(w_1^2 - w_2^2 \right) \tag{11.2}$$

und die Kontinuitätsbedingung

$$w_1\, A_1 = w_2\, A_2 \; , \tag{11.3}$$

dann gilt für dieses Druckverhältnis auch

$$\eta_D = \frac{p_2 - p_1}{p_{2,is} - p_1} = \frac{p_2 - p_1}{\varrho \left(w_1^2 - w_2^2 \right)/2} = 1 - \frac{\zeta}{1 - \left(A_1/A_2 \right)^2} \; . \tag{11.4}$$

Nach Bild 11.2 erreicht η_D praktisch unabhängig vom Flächenverhältnis etwa bei $\gamma = 4^0$ ein Maximum. Kleinere γ -Werte, d.h. längere Diffusorstrecken, verschlechtern den Wirkungsgrad durch die Zunahme der Wandreibungsverluste, größere Winkel erhöhen die durch Strömungsablösungen bedingten Wirbelverluste. Man sieht auch, daß es sinnlos ist, einen Diffusor mit einem γ -Wert zwischen 30^0 und 90^0 auszuführen, da die Strömungsverluste in diesem Winkelbereich größer werden als bei einer plötzlichen Querschnittserweiterung. Bei einem Querschnittssprung erhält man aus (11.2), (11.3) und der Impulsgleichung

$$\left(p_2 - p_1 \right) A_2 = \varrho\, w_1\, A_1 \left(w_1 - w_2 \right) \, , \tag{11.5}$$

für den Wirkungsgrad

$$\eta_{D,\gamma=90^\circ} = 2\,\frac{A_1/A_2}{1 + A_1/A_2} \; . \tag{11.6}$$

Wenn also bei mäßiger Verzögerung dieser Wirkungsgrad als ausreichend betrachtet werden kann, dann ist eine - bauraumsparende - plötzliche Querschnittsvergrößerung einer Ausführung mit $90^0 > \gamma > 30^0$ vorzuziehen, bei der die zusätzlichen Wandreibungsverluste nach Bild 11.2 den η_D-Wert noch etwas verschlechtern.

Für den Zusammenhang zwischen dem früher eingeführten Gesamtdruckverhältnis

198

$$\pi_D = \frac{p_{2g}}{p_{1g}} = \frac{p_{2g}}{p_{2g,is}} = \frac{p_2 \left[1 + (\kappa - 1) M_2^2/2 \right]^{\frac{\kappa}{\kappa-1}}}{p_{2,is} \left[1 + (\kappa - 1) M_{2,is}^2/2 \right]^{\frac{\kappa}{\kappa-1}}} \tag{11.7}$$

und dem Diffusorwirkungsgrad

$$\eta_D = \frac{(p_2/p_{2,is}) - (p_1/p_{2,is})}{1 - (p_1/p_{2,is})}$$

erhält man mit $p_{1g} = p_{2g,is}$, d.h. mit

$$p_1 \left(1 + \frac{\kappa-1}{2} M_1^2 \right)^{\frac{\kappa}{\kappa-1}} = p_{2,is} \left(1 + \frac{\kappa-1}{2} M_{2,is}^2 \right)^{\frac{\kappa}{\kappa-1}} \tag{11.8}$$

das Ergebnis

$$\pi_D = \eta_D \left[\frac{1 + (\kappa-1) M_2^2/2}{1 + (\kappa-1) M_{2,is}^2/2} \right]^{\frac{\kappa}{\kappa-1}} + (1 - \eta_D) \left[\frac{1 + (\kappa-1) M_2^2/2}{1 + (\kappa-1) M_1^2/2} \right]^{\frac{\kappa}{\kappa-1}} . \tag{11.9}$$

Für das Diffusorquerschnittsverhältnis, angeschrieben für die isentrope und für die verlustbehaftete Strömung, gilt nach (3.28)

$$\frac{A_2}{A_1} = \frac{M_1}{M_{2,is}} \left[\frac{1 + (\kappa-1) M_{2,is}^2/2}{1 + (\kappa-1) M_1^2/2} \right]^{\frac{\kappa+1}{2(\kappa-1)}} = \frac{M_1}{M_2} \left[\frac{1 + (\kappa-1) M_2^2/2}{1 + (\kappa-1) M_1^2/2} \right]^{\frac{\kappa+1}{2(\kappa-1)}} \frac{1}{\pi_D} . \tag{11.10}$$

Bei Vorgabe der *Mach*-Zahlen kann mit diesen Gleichungen und mit den Angaben von Bild 11.2 das Diffusorgesamtdruckverhältnis als Funktion von γ ermittelt werden.

11.1.2 Verdichtungsstöße

Wir hatten früher schon festgestellt (siehe Kap. 3.1), daß eine bestimmte Gasmasse einen vorgegebenen Kanalquerschnitt entweder bei größerer Dichte und Unterschallgeschwindigkeit oder bei kleinerer Dichte und Überschallgeschwindigkeit durchströmen kann. Wenn nun ein Gas mit Überschallgeschwindigkeit einen im Querschnitt unveränderten Kanal durchströmt, dann bewirkt eine stromabwärts gelegene Störstelle, zu deren Überwindung eine Erhöhung des statischen Drucks erforderlich ist, eine sprunghafte Änderung des Strömungszustandes, d.h. eine plötzliche Verzögerung auf Unterschallgeschwindigkeit und einen entsprechend plötzlichen Anstieg des statischen Drucks. (Eine allmähliche Strömungsverzögerung würde ja eine kontinuierliche Änderung des Stromröhrenquerschnitts voraussetzen.)

Die bei einem solchen Verdichtungsstoß auftretenden Zustandsänderungen können aus der Energie-, Kontinuitäts- und Impulsgleichung hergeleitet werden. Kennzeichnen wir die Zustandswerte vor und nach der Stoßfront, die bei dem hier zunächst behandelten Geradstoß normal zur Strömungsrichtung steht, durch die Indizes 1 bzw. 2, dann lautet die Energiegleichung

$$T_g = T_1 + \frac{w_1^2}{2\,c_p} = T_2 + \frac{w_2^2}{2\,c_p} \tag{11.11}$$

oder mit (3.4) und der allgemeinen Zustandsgleichung

$$w_2^2 - w_1^2 = 2\,\frac{\kappa}{\kappa-1}\,\frac{p_1}{\varrho_2}\left(\frac{\varrho_2}{\varrho_1} - \frac{p_2}{p_1}\right). \tag{11.12}$$

Die Kontinuitätsbedingung

$$w_2^2 = w_1^2\left(\frac{\varrho_1}{\varrho_2}\right)^2 \tag{11.13}$$

führt mit dem Impulssatz

$$p_1 - p_2 = \varrho_2\,w_2^2 - \varrho_1\,w_1^2 \tag{11.14}$$

zu den Geschwindigkeitsgleichungen

$$w_1^2 = \frac{p_1 - p_2}{\varrho_1 - \varrho_2}\,\frac{\varrho_2}{\varrho_1}\,, \tag{11.15}$$

$$w_2^2 = \frac{p_1 - p_2}{\varrho_1 - \varrho_2}\,\frac{\varrho_1}{\varrho_2}\,. \tag{11.16}$$

Die Zusammenfassung dieser beiden Gleichungen ergibt

200

$$w_2^2 - w_1^2 = \frac{p_1}{\varrho_2}\left(1 - \frac{p_2}{p_1}\right)\left(1 + \frac{\varrho_2}{\varrho_1}\right) \; . \tag{11.17}$$

Aus (11.12) und (11.17) erhält man für die Dichteänderung

$$\frac{\varrho_2}{\varrho_1} = \frac{(\varkappa+1)\,p_2/p_1 + \varkappa-1}{(\varkappa-1)\,p_2/p_1 + \varkappa+1} \; . \tag{11.18}$$

Diese *Hugoniot*-Gleichung tritt an die Stelle der Isentropengleichung

$$\left(\frac{\varrho_2}{\varrho_1}\right)_{is} = \left(\frac{p_2}{p_1}\right)^{\frac{1}{\varkappa}} \; . \tag{11.19}$$

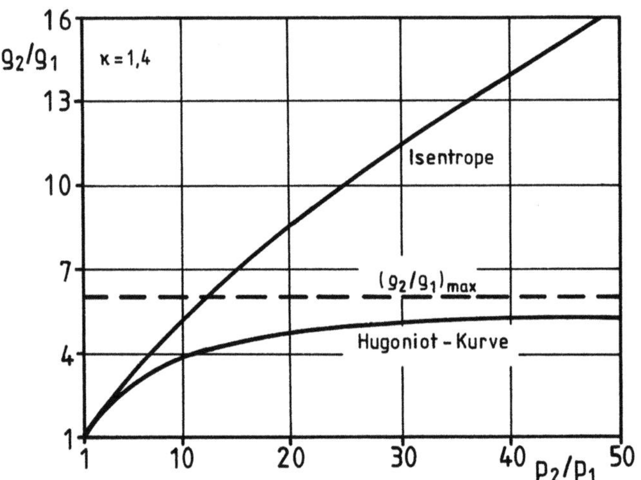

Bild 11.3. Dichteverhältnisse bei isentroper Kompression und bei der Stoßverdichtung

Wie in Bild 11.3 dargestellt, bleibt bei der Stoßverdichtung das Dichteverhältnis kleiner als bei der isentropen Kompression und kann höchstens den Grenzwert

$$\left(\frac{\varrho_2}{\varrho_1}\right)_{max} = \frac{\varkappa+1}{\varkappa-1} \tag{11.20}$$

erreichen. Das bedeutet aber auch einen gegenüber der verlustlosen Verdichtung erhöhten Temperaturanstieg und damit eine Zunahme der Entropie. Ein Verdünnungsstoß, der eine

Entropieabnahme hervorrufen müßte, ist also nach dem zweiten Hauptsatz der Wärmelehre auszuschließen.

Aus (11.15), (11.18), (3.10) und der thermischen Zustandsgleichung erhält man für das statische Druckverhältnis als Funktion der *Mach*-Zahl vor dem Stoß

$$\frac{p_2}{p_1} = \frac{2\kappa}{\kappa+1}\, M_1^2 - \frac{\kappa-1}{\kappa+1} \qquad\qquad (11.21)$$

oder mit (11.16) als Funktion der *Mach*-Zahl nach dem Stoß

$$\frac{p_2}{p_1} = \frac{1}{2\kappa\, M_2^2/(\kappa+1) - (\kappa-1)/(\kappa+1)} \; . \qquad\qquad (11.22)$$

Diese beiden Gleichungen ergeben für die *Mach*-Zahl nach dem Stoß

$$M_2 = \sqrt{\frac{M_1^2 + 2/(\kappa-1)}{2\kappa\, M_1^2/(\kappa-1) - 1}} \; . \qquad\qquad (11.23)$$

Danach bewirkt ein gerader Verdichtungsstoß immer eine Strömungsverzögerung bis auf Unterschallgeschwindigkeit. Wir wollen diesen Zusammenhang zwischen den *Mach*-Zahlen jetzt auch noch etwas anders darstellen. Eine Umformung von (11.15) und (11.16) ergibt

$$p_2 - p_1 = w_1\, w_2\, (\varrho_2 - \varrho_1) \; . \qquad\qquad (11.24)$$

Nach dem Energiesatz gilt für die Geschwindigkeiten bei isentroper Entspannung von T_g auf T_1 bzw. T_2

$$w_1^2\, \frac{\kappa-1}{2\kappa} = R T_g - \frac{p_1}{\varrho_1} \; ,$$

$$w_2^2\, \frac{\kappa-1}{2\kappa} = R T_g - \frac{p_2}{\varrho_2} \; .$$

Daraus folgt für die statische Druckdifferenz

$$p_2 - p_1 = R T_g\, (\varrho_2 - \varrho_1) - \frac{\kappa-1}{2\kappa}\, (\varrho_2 w_2^2 - \varrho_1 w_1^2)$$

202

oder mit Berücksichtigung der Kontinuitätsbedingung

$$p_2 - p_1 = (\varrho_2 - \varrho_1)\left(R\,T_g + \frac{\kappa - 1}{2\kappa}\, w_1\, w_2\right). \tag{11.25}$$

Aus (11.24), (11.25) und (3.20) erhält man

$$w_1 w_2 = \frac{2\kappa}{\kappa + 1}\, R\,T_g = a^{*2} \tag{11.26}$$

und mit Einführung der kritischen *Mach*-Zahl

$$M_1^* M_2^* = 1 \,. \tag{11.27}$$

Diese *Prandtl*-Gleichung beschreibt also in sehr einfacher Weise die bei einem Geradstoß auftretende Machzahlveränderung. In dem Grenzfall $M_1 \to \infty$, d.h. nach (3.26) bei der größtmöglichen, kritischen *Mach*-Zahl

$$M_{max}^* = M_{1,max}^* = \sqrt{\frac{\kappa + 1}{\kappa - 1}} \,, \tag{11.28}$$

erreicht die *Mach*-Zahl nach dem Stoß den Kleinstwert

$$M_{2,min} = \sqrt{\frac{\kappa - 1}{2\kappa}} \tag{11.29}$$

und den kritischen Minimalwert

$$M_{2,min}^* = \sqrt{\frac{\kappa - 1}{\kappa + 1}} \,. \tag{11.30}$$

Nach einigen Zwischenrechnungen erhält man schließlich noch aus (3.13), (11.15) und (11.21) für das Gesamtdruckverhältnis

$$\frac{p_{2g}}{p_{1g}} = \left\{ \frac{1}{\left[2\kappa M_1^2/(\kappa+1) - (\kappa-1)/(\kappa+1)\right]\left[(\kappa-1)/(\kappa+1) + 2/(\kappa+1)M_1^2\right]^{\kappa}} \right\}^{\frac{1}{\kappa-1}} \,. \tag{11.31}$$

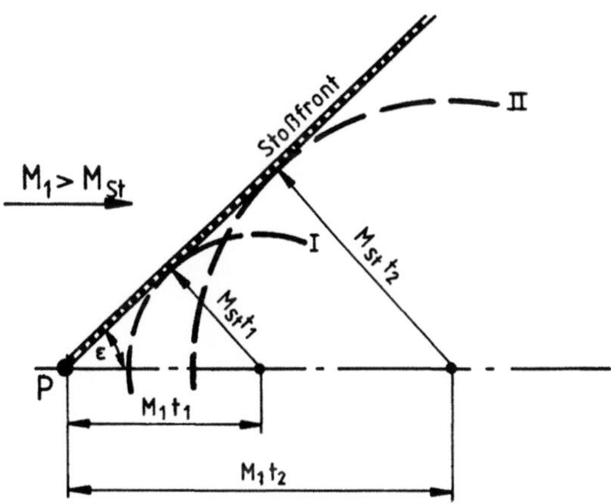

Bild 11.4. Druckwellenausbreitung in einer Überschallströmung

Bei den vorstehenden Betrachtungen sind wir davon ausgegangen, daß sich in einer Überschallströmung eine relativ zum Strömungskanal ruhende Stoßfront ausbildet, wobei die von der Anströmmachzahl M_1 abhängige Stoßstärke

$$\sigma = \frac{p_2}{p_1} - 1 \tag{11.32}$$

durch die Gleichung 11.21 beschrieben wird. Wenn nun umgekehrt eine Druckwelle in ein ruhendes Medium hineinläuft, dann entspricht die auf die Schallgeschwindigkeit des ungestörten Mediums bezogene Ausbreitungsmachzahl M_{St} dieser Druckwelle der *Mach*-Zahl M_1 vor einer ruhenden Stoßfront gleicher Stoßstärke. Für die Stoßmachzahl gilt also

$$M_{St}^2 = 1 + \frac{\kappa + 1}{2\kappa}\, \sigma \;. \tag{11.33}$$

Hieraus wird ersichtlich, daß sich nur sehr kleine Druckstörungen mit $M_{St} = 1$, d.h. mit Schallgeschwindigkeit bewegen. Erzeugt die ruhende Störstelle P nach Bild 11.4 eine Druckwelle, die sich mit der *Mach*-Zahl M_{St} in der mit $M_1 > M_{St}$ zufließenden Strömung ausbreitet, dann hat diese Druckwelle nach der Zeit t_1 die Lage I, nach der Zeit t_2 die Lage II usw. Die Stoßfront ist also um den Winkel ε geneigt und es ist

$$\sin \varepsilon = \frac{M_{St}}{M_1} \;. \tag{11.34}$$

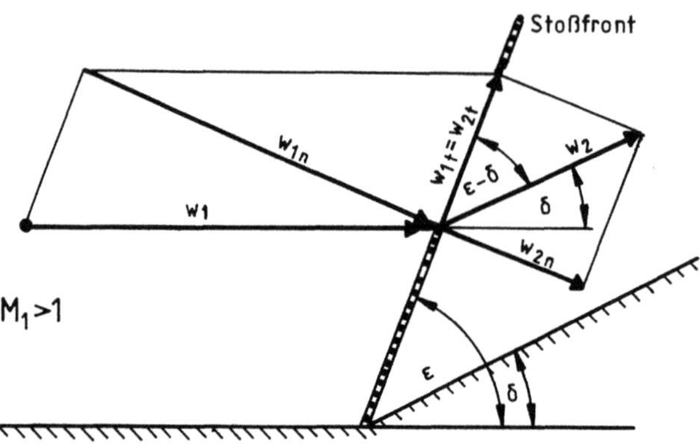

Bild 11.5. Schräger Verdichtungsstoß

Bei kleinen Druckstörungen ist der Neigungswinkel identisch mit dem *Mach*-Winkel

$$\alpha = \varepsilon = \text{arc sin } \frac{1}{M_1} \,. \tag{11.35}$$

Bei $M_{St} = M_1$ ergibt sich mit $\varepsilon = 90^0$ der oben behandelte Geradstoß.

Bild 11.5 zeigt die Strömungsverhältnisse bei einem Schrägstoß, der durch die plötzliche Umlenkung einer ebenen Überschallströmung erzeugt wird. Da sich der Druck entlang der Stoßfront nicht verändert, bleibt mit der tangentialen Impulskomponente auch die Tangentialgeschwindigkeit w_t konstant. Zu untersuchen sind also nur die Veränderungen in der zur Stoßfront normalen Strömungsrichtung. Das heißt aber, daß in der Energie-, Kontinuitäts- und Impulsgleichung und in den daraus für den Geradstoß abgeleiteten Zusammenhängen auch nur die normalen Geschwindigkeits- bzw. Machzahlkomponenten einzuführen sind. Ersetzen wir also in (11.21), (11.23) und (11.31) die *Mach*-Zahlen M_1 und M_2 durch die Normalkomponenten $M_{1n} = M_1 \sin \varepsilon$ und $M_{2n} = M_2 \sin(\varepsilon - \delta)$, dann liefern diese Gleichungen auch sofort die für den Schrägstoß gültigen Zusammenhänge

$$\frac{p_2}{p_1} = \frac{2\kappa}{\kappa+1} M_1^2 \sin^2\varepsilon - \frac{\kappa-1}{\kappa+1} \,, \tag{11.36}$$

$$M_2 = \sqrt{\frac{M_1^2 \sin^2\varepsilon + 2/(\kappa-1)}{\sin^2(\varepsilon-\delta)\left[2\kappa\, M_1^2 \sin^2\varepsilon/(\kappa-1)-1\right]}} \,, \tag{11.37}$$

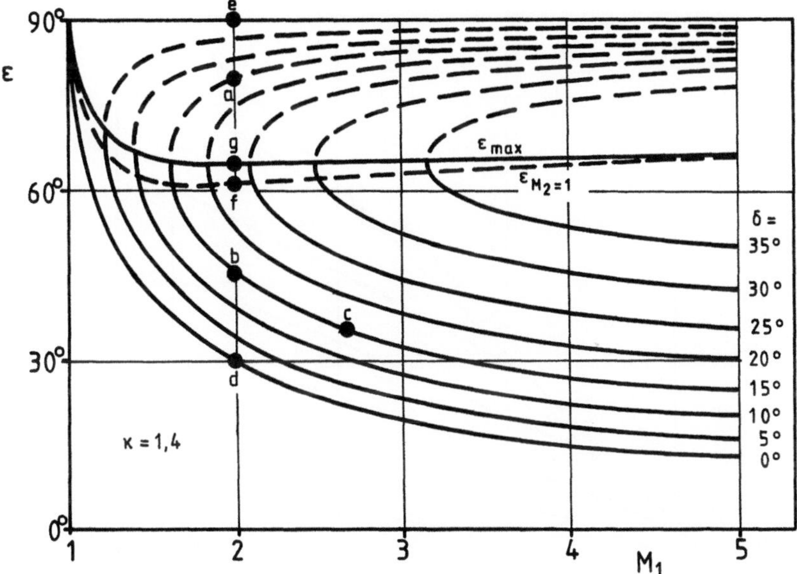

Bild 11.6. Stoßfrontwinkel an einem Keil

$$\frac{p_{2g}}{p_{1g}} = \left\{ \frac{1}{[2\kappa M_1^2 \sin^2\varepsilon/(\kappa+1)-(\kappa-1)/(\kappa+1)]\ [(\kappa-1)/(\kappa+1)+2/(\kappa+1)M_1^2\sin^2\varepsilon]^\kappa} \right\}^{\frac{1}{\kappa-1}} . \tag{11.38}$$

Schließlich erhält man noch aus (11.18), (11.36) und der Kontinuitätsbedingung für den Umlenkwinkel δ als Funktion der Anströmmachzahl M_1 und des Stoßfrontwinkels ε das Ergebnis

$$\frac{1}{\tan\delta} = \left(\frac{\kappa+1}{2}\ \frac{M_1^2}{M_1^2\sin^2\varepsilon-1} - 1 \right) \tan\varepsilon . \tag{11.39}$$

In den Diagrammen der Bilder 11.6 bis 11.8 sind diese Gleichungen ausgewertet. Wir wollen sie in Verbindung mit einer anderen Ergebnisdarstellung diskutieren, bei der man die kritischen *Mach*-Zahlen verwendet.

Da die tangentialen Geschwindigkeitskomponenten bei einem Stoß unverändert bleiben, kann man dem Gesamtsystem eine Geschwindigkeit - w_{1t} = - w_{2t} überlagern und damit die ebene Strömung auf eine eindimensionale Strömung mit den Geschwindigkeiten w_{1n} und

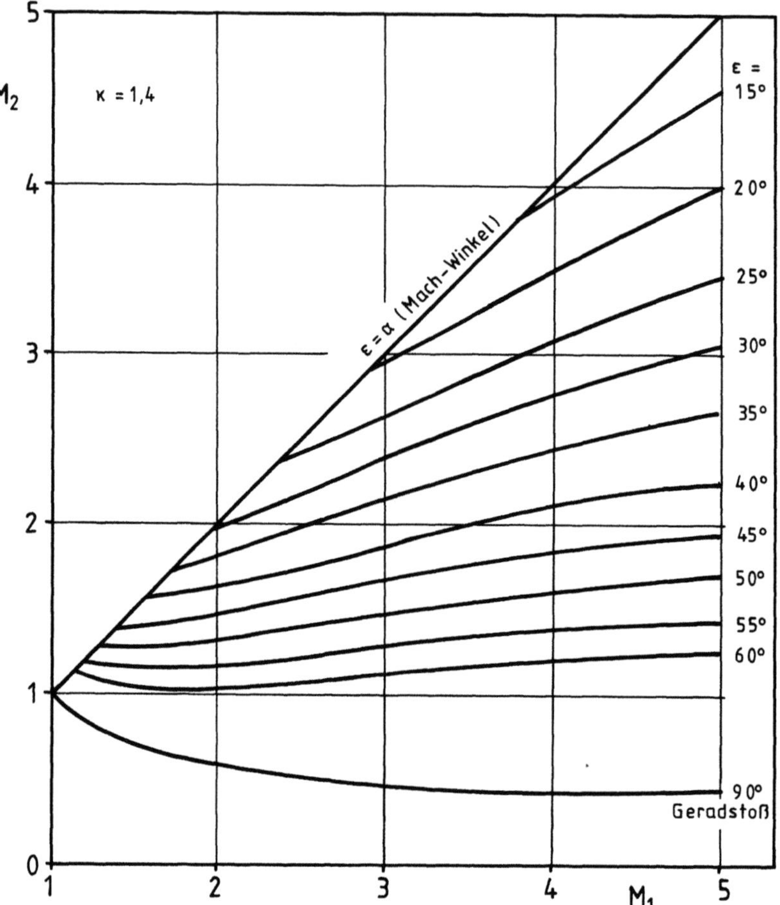

Bild 11.7. *Mach*-Zahlen beim Verdichtungsstoß

w_{2n} zurückführen. Auf dieses Relativsystem ist dann natürlich auch die Gesamttemperatur zu beziehen, also mit

$$T_{ng} = T + \frac{w_n^2}{2c_p} \tag{11.40}$$

zu rechnen und die *Prandtl*-Gleichung 11.26 in der Form

$$w_{1n}\, w_{2n} = a_n^{*2} \tag{11.41}$$

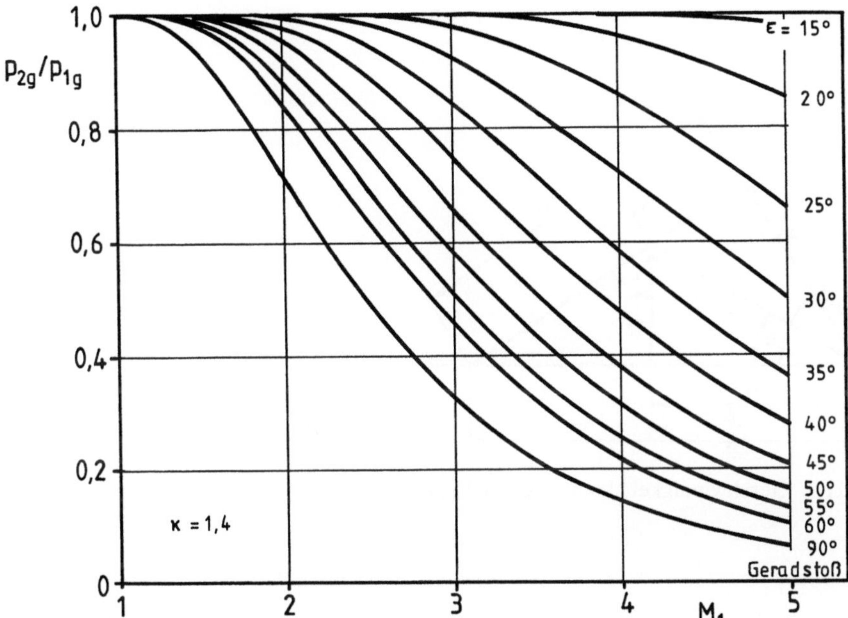

Bild 11.8. Gesamtdruckverhältnisse beim Verdichtungsstoß

anzuschreiben. Darin ist

$$a_n^{*2} = a^{*2} \, \frac{T_{ng}}{T_g} \; .$$

(11.42)

Weiterhin gilt mit Berücksichtigung von (3.4) und (3.20)

$$\frac{T_{ng}}{T_g} = \frac{T_g - w_t^2 / 2c_p}{T_g} = 1 - \frac{w_t^2}{2c_p T_g} = 1 - \frac{w_t^2}{a^{*2}} \, \frac{\kappa - 1}{\kappa + 1} \; .$$

(11.43)

Die allgemeine *Prandtl*-Gleichung lautet dann

$$w_{1n} \, w_{2n} = a^{*2} - \frac{\kappa - 1}{\kappa + 1} \, w_t^2$$

(11.44)

oder, ausgedrückt mit den kritischen *Mach*-Zahlen,

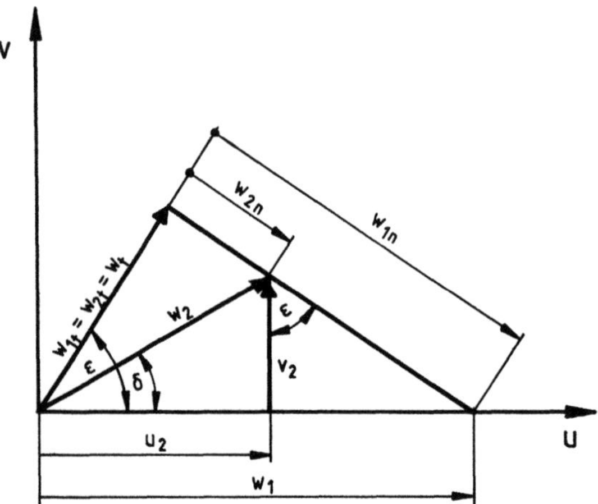

Bild 11.9. Geschwindigkeitskomponenten beim Schrägstoß

$$M_{1n}^{*}\,M_{2n}^{*} = 1 - \frac{\kappa-1}{\kappa+1}\,M_{t}^{*^{2}}\,.\qquad\qquad(11.45)$$

Nach der Skizze von Bild 11.9 bezeichnen wir jetzt die rechtwinkligen Koordinaten der Geschwindigkeit w_2 mit u_2 und v_2. Für die Tangentialkomponente gilt

$$w_{1t} = w_{2t} = w_t = w_1\cos\varepsilon\,,$$

für die Normalkomponenten

$$w_{1n} = w_1\sin\varepsilon\,,$$

$$w_{2n} = w_1\sin\varepsilon - \frac{v_2}{\cos\varepsilon}$$

und für den Stoßfrontwinkel

$$\tan\varepsilon = \frac{w_1 - u_2}{v_2}\,.$$

Diese Gleichungen ergeben zusammen mit (11.44) und mit den weiteren Abkürzungen

$$u_2^* = \frac{u_2}{a^*} \quad , \qquad v_2^* = \frac{v_2}{a^*}$$

nach kurzer Zwischenrechnung

$$v_2^{*2} = \left(M_1^* - u_2^*\right)^2 \frac{M_1^* u_2^* - 1}{1 + 2M_1^{*2}/(\kappa + 1) - M_1^* u_2^*} \quad . \tag{11.46}$$

Das ist die Gleichung der Stoßpolaren, deren Verlauf in Bild 11.10 beispielhaft für $M_1 = 2$ bzw. für die kritische *Mach*-Zahl $M^*_1 = 1{,}63$ dargestellt ist. Sie schneidet die Abszissenachse in den Punkten

$$\left(u_{2,v_2^*=0}^*\right)_d = M_1^* \ , \tag{11.47}$$

$$\left(u_{2,v_2^*=0}^*\right)_e = \frac{1}{M_1^*} \quad . \tag{11.48}$$

Der gestrichelt eingezeichnete Kurvenast nähert sich bei $v^*_2 \rightarrow \infty$ asymptotisch dem Grenzwert

$$u_{2,max}^* = \frac{1}{M_1^*} + \frac{2}{\kappa + 1} M_1^* \quad . \tag{11.49}$$

Die vom Koordinatenursprung unter dem Ablenkwinkel δ - für das Beispiel $\delta = 15^{\rm O}$ - eingezeichnete Gerade schneidet den ausgezogenen Polarenteil in den Punkten a und b. (Die auf der Polaren hervorgehobenen Punkte sind auch in Bild 11.6 entsprechend markiert.) Die Stoßgleichungen haben hier also zwei Lösungen, von denen wir zunächst nur die des Schnittpunktes b betrachten. Er ergibt für die kritische *Mach*-Zahl nach dem Stoß den Wert
$M^*_2 = 1{,}33.$
Dieser kritische Wert entspricht der *Mach*-Zahl
$M_2 = 1{,}45.$
Der Stoßfrontwinkel ist
$\varepsilon \approx 45^{\rm O}$. (Die Gleichung 11.39 liefert den genaueren Wert $\varepsilon = 45{,}3^{\rm O}$.)

Wird der Ablenkwinkel vergrößert, dann wird die Strömung bei wachsendem Stoßfrontwinkel stärker verzögert, der Stoß also intensiviert. Im Punkt f wird die *Mach*-Zahl

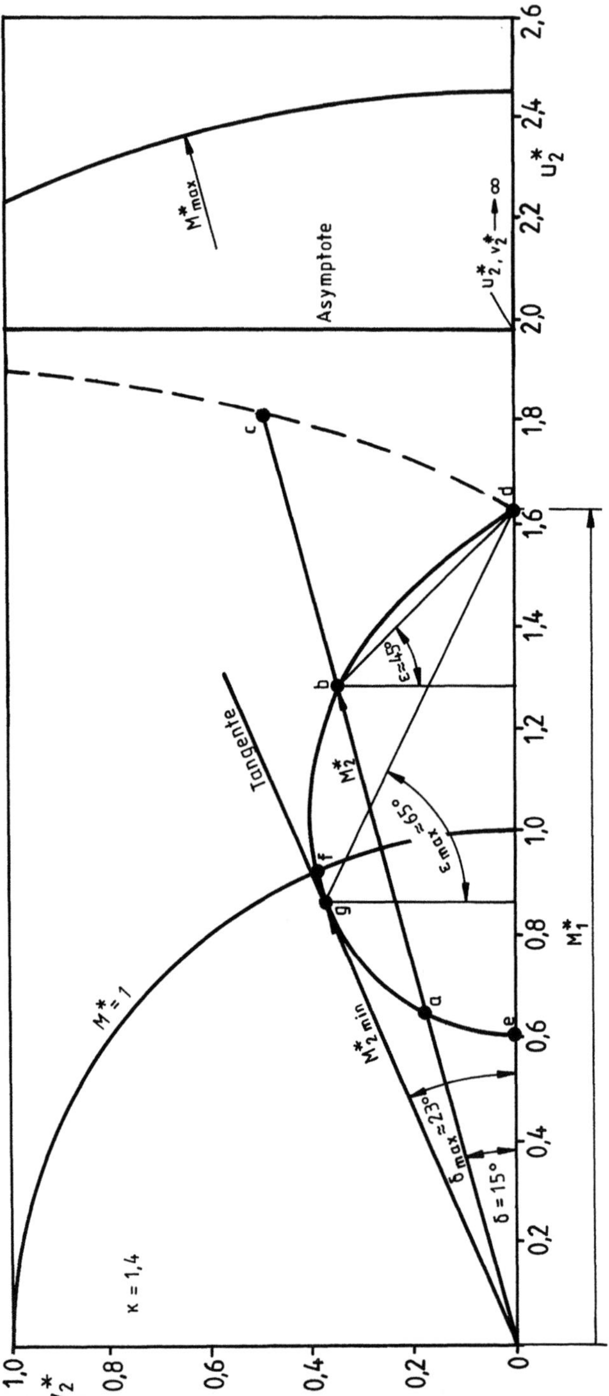

Bild 11.10. Stoßpolare für $M^*_1 = 1{,}63$

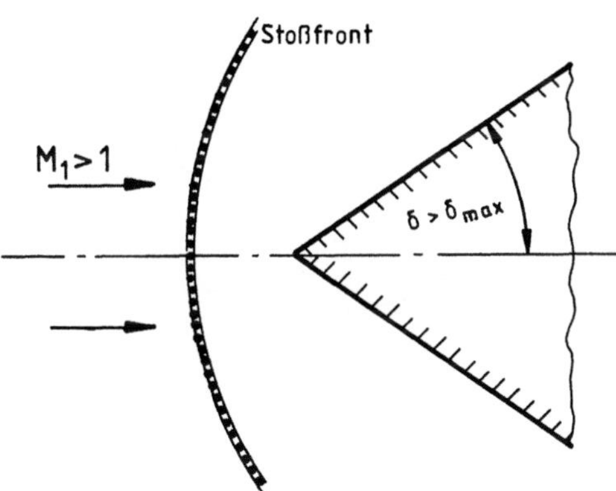

Bild 11.11. Abgelöste Kopfwelle

$M^{*}_2 = M_2 = 1$ erreicht und bei einer nur noch sehr geringen δ -Zunahme erhält man im
Tangierungspunkt g bei dem Winkel
$\delta_{max} \approx 23^{o}$
die Grenzwerte
$M^{*}_{2min} = 0,94,$
$M_{2min} = 0,93,$
$\varepsilon_{max} \approx 65^{o}.$

Bei einer weiteren δ -Vergrößerung erhält man keine Lösung mehr. In diesem Fall hat sich
der Schrägstoß, so wie in Bild 11.11 skizziert, von der Spitze des Störkörpers abgelöst.

Im Vergleich zu den Werten des Schnittpunktes b ergibt der Lösungspunkt a eine steilere
Stoßfrontlage, einen kleineren M_2-Wert und damit einen größeren Drucksprung. Diese sogenannte "starke Lösung" gilt für Teilbereiche einer abgelösten Kopfwelle. Hier erfolgt
die Verdichtung unmittelbar auf der Körperachse durch einen Geradstoß, der dem Polarenpunkt e zugeordnet ist und der außerhalb der Körperachse in einen Schrägstoß übergeht. Dieser Schrägstoß entspricht zunächst - in dem Polarenbereich zwischen e und g - der
starken Lösung und wird bei zunehmendem Achsabstand - in dem Polarenbereich zwischen
g und d - immer weiter abgeschwächt. In einer bestimmten Entfernung von der Störstelle
hat er schließlich nur noch - bei verschwindend kleinem Drucksprung im Polarenpunkt d -
die Neigung einer *Mach*-Linie.

Wie wir später noch sehen werden, ist für einen Triebwerkseinlauf nur ein anliegender
Schrägstoß von Interesse. Dabei ist aber die starke Lösung ohne Bedeutung, da sie keinen
stabil anliegenden Schrägstoß liefert [41]. Eine Vorstellung von der Instabilität der starken
Lösung gewinnt man schon auf folgende Weise: Wird nach der Skizze von Bild 11.12 ein

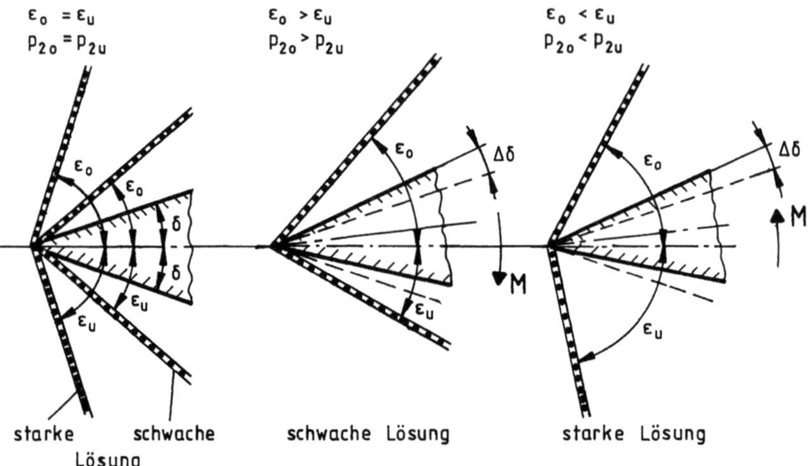

Bild 11.12. Stoßfrontveränderungen bei einer Keilauslenkung

um seine Spitze drehbarer Keil bei anliegenden Schrägstößen durch irgendeine Störung um den Winkel $\Delta\delta$ ausgelenkt, dann bewirkt das bei der schwachen Lösung auf der oberen Keilfläche eine Zunahme und auf der unteren eine Abnahme des statischen Drucks, so daß der Keil durch das Drehmoment M in seine Ausgangslage zurückgedreht wird. Dagegen würde dieses Drehmoment bei der starken Lösung durch die entsprechenden Druckänderungen sofort verstärkt, also eine Instabilität herbeigeführt.

Nur nebenbei sei jetzt auch noch die Lösung des Schnittpunktes c erläutert, in dem $M_2 > M_1$ wird. Dieser Punkt kennzeichnet nicht etwa den unmöglichen Vorgang eines Verdünnungsstoßes, sondern - in Umkehrung der mit denselben Grundgleichungen behandelten Aufgabenstellung - den Strömungszustand vor dem Stoß, wenn in unserem Zahlenbeispiel mit den Werten 2,0 bzw. 1,63 die *Mach*-Zahlen M_2 bzw. M^{*}_2 nach dem Stoß vorgegeben sind. Aus dem Polarendiagramm ist dann nämlich abzulesen
$M^{*}_1 = 1,87$.
Diesem kritische Wert entspricht die Zulaufmachzahl
$M_1 = 2,64$,
der nach den Diagrammen von Bild 11.6 und 11.7 bei $\delta = 15^{\circ}$ ein Stoßfrontwinkel von $\varepsilon \approx 35^{\circ}$ und eine *Mach*-Zahl $M_2 = 2,0$ zugeordnet sind.

Schnittpunkte von δ -Linien mit dem gestrichelten Polarenast, die kritische *Mach*-Zahlen $> M^{*}_{max}$ liefern, haben natürlich keine physikalische Bedeutung.

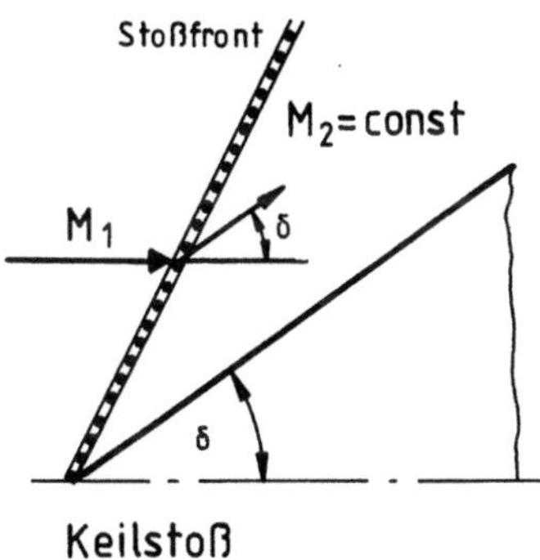

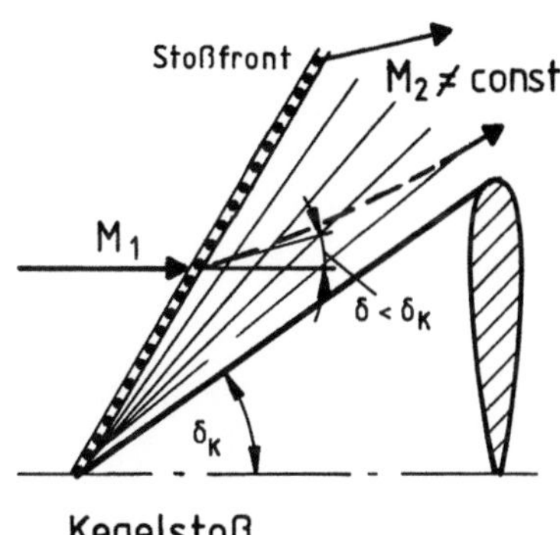

Bild 11.13. Schrägstoß am Keil und am Kegel

Die oben für eine Keilströmung, d.h. für einen ebenen Schrägstoß, abgeleiteten Gleichungen sind auch gültig für die räumliche, rotationssymmetrische Kegelströmung. Dabei ist aber zu berücksichtigen, daß die Geschwindigkeitsrichtung unmittelbar nach dem Stoß nicht identisch ist mit der Richtung des Kegelmantels. Das wird sofort verständlich bei Betrachtung der Skizze von Bild 11.13. Hier ist im linken Teil noch einmal das Strömungsbild einer Keilströmung dargestellt, bei der die Stromlinien hinter der Stoßfront parallel zur Keilebene verlaufen. In einem räumlichen, kegeligen Strömungsfeld müssen aber die Stromlinien, so wie im rechten Bildteil dargestellt, zur Einhaltung der Kontinuitätsbedingung bei asymptotischer Annäherung an die Kegeloberfäche ihre Richtung stetig verändern. Bei einem bestimmten Kegelwinkel δ_K wird demnach der Ablenkwinkel δ kleiner und damit der Stoß schwächer sein als an einem Keil mit gleichgroßem Wandwinkel. Die nachfolgende, kontinuierliche Strömungsumlenkung bewirkt dann noch eine weitere, isentrope Strömungsverzögerung. In dem Bereich zwischen der Stoßfront und der Kegeloberfläche, in dem auf allen von der Kegelspitze ausgehenden Kegelmänteln konstante Strömungszustände herrschen, ist also das Strömungsfeld nicht mehr homogen.

Wir wollen hier jetzt auch eine Methode zur Berechnung dieser Kegelströmung erläutern, wobei für die Zwischenrechnungen eine Kenntnis der Vektoranalysis vorausgesetzt werden muß. Mit den Bezeichnungen

$$\vec{c} = \vec{u} + \vec{v} + \vec{w} \ , \quad \vec{u} = u\,i \ , \quad \vec{v} = v\,j \ , \quad \vec{w} = w\,k$$

für den Geschwindigkeitsvektor in einem räumlichen Strömungsfeld und für seine Komponenten in x-, y- und z-Richtung mit den Einheitsvektoren i, j und klautet die Kontinuitätsgleichung der stationären Strömung in vektorieller Schreibweise

214

$$\text{div}\,(\varrho\,\vec{c}) = \frac{\partial(\varrho u)}{\partial x} + \frac{\partial(\varrho v)}{\partial y} + \frac{\partial(\varrho w)}{\partial z} = 0 \;. \tag{11.50}$$

Die Bewegungsgleichung

$$- \frac{1}{\varrho}\,\text{grad}\,p = \left(u\,\frac{\partial u}{\partial x} + v\,\frac{\partial u}{\partial y} + w\,\frac{\partial u}{\partial z} \right) i$$

$$+ \left(u\,\frac{\partial v}{\partial x} + v\,\frac{\partial v}{\partial y} + w\,\frac{\partial v}{\partial z} \right) j$$

$$+ \left(u\,\frac{\partial w}{\partial x} + v\,\frac{\partial w}{\partial y} + w\,\frac{\partial w}{\partial z} \right) k \tag{11.51}$$

kann mit Berücksichtigung des Vektorproduktes

$$\vec{c} \times \text{rot}\,\vec{c} = \left[v\left(\frac{\partial v}{\partial x} - \frac{\partial u}{\partial y} \right) - w\left(\frac{\partial u}{\partial z} - \frac{\partial w}{\partial x} \right) \right] i$$

$$+ \left[w\left(\frac{\partial w}{\partial y} - \frac{\partial v}{\partial z} \right) - u\left(\frac{\partial v}{\partial x} - \frac{\partial u}{\partial y} \right) \right] j$$

$$+ \left[u\left(\frac{\partial u}{\partial z} - \frac{\partial w}{\partial x} \right) - v\left(\frac{\partial w}{\partial y} - \frac{\partial v}{\partial z} \right) \right] k \tag{11.52}$$

und mit

$$c^2 = u^2 + v^2 + w^2 \tag{11.53}$$

umgeformt werden zu

$$\vec{c} \times \text{rot}\,\vec{c} = \text{grad}\left(\frac{c^2}{2} \right) + \frac{1}{\varrho}\,\text{grad}\,p \;. \tag{11.54}$$

In einer isoenergetischen Strömung mit

$$h_g = h + \frac{c^2}{2} = \text{const}$$

bzw. mit

$$\text{grad } h = -\text{grad}\left(\frac{c^2}{2}\right) \tag{11.55}$$

folgt aus (11.54) in Verbindung mit dem in der Form

$$T \text{ grad } s = \text{grad } h - \frac{1}{\varrho} \text{ grad } p \tag{11.56}$$

angeschriebenen zweiten Hauptsatz der Wärmelehre

$$\vec{c} \times \text{rot } \vec{c} = -T \text{ grad } s \ . \tag{11.57}$$

Die Kontinuitätsgleichung 11.50 kann mit

$$\frac{d\varrho}{dt} = u \frac{\partial \varrho}{\partial x} + v \frac{\partial \varrho}{\partial y} + w \frac{\partial \varrho}{\partial z}$$

und mit dem Quadrat der Schallgeschwindigkeit

$$a^2 = \frac{dp}{d\varrho}$$

auch ausgedrückt werden durch

$$\frac{1}{\varrho} \frac{dp}{dt} + a^2 \text{ div } \vec{c} = 0 \ . \tag{11.58}$$

Mit der Voraussetzung einer bei h_g = const isentropen und damit nach (11.57) auch wirbelfreien Strömung, d.h. mit rot $\vec{c}$ = 0, gilt nach (11.54)

$$\text{grad}\left(\frac{c^2}{2}\right) = -\frac{1}{\varrho} \text{ grad } p \ . \tag{11.59}$$

216

Eine skalare Multiplikation dieser Gleichung mit $\vec{c}$ liefert

$$\vec{c}\ \text{grad}\left(\frac{c^2}{2}\right) = -\frac{1}{\varrho}\ \frac{dp}{d\varrho} \tag{11.60}$$

und zusammen mit (11.58) die gasdynamische Gleichung

$$a^2\ \text{div}\ \vec{c} - \vec{c}\ \text{grad}\left(\frac{c^2}{2}\right) = 0\ . \tag{11.61}$$

In Komponentenschreibweise ergibt diese Zusammenfassung der Kontinuitäts- und Bewegungsgleichung

$$(a^2-u^2)\frac{\partial u}{\partial x} + (a^2-v^2)\frac{\partial v}{\partial y} + (a^2-w^2)\frac{\partial w}{\partial z}$$

$$-uv\left(\frac{\partial v}{\partial x} + \frac{\partial u}{\partial y}\right) - vw\left(\frac{\partial w}{\partial y} + \frac{\partial v}{\partial z}\right) - wu\left(\frac{\partial w}{\partial x} + \frac{\partial u}{\partial z}\right) = 0\ . \tag{11.62}$$

Bei einer achsensymmetrischen Strömung (mit der x-Achse als Symmetrieachse) brauchen wir nur die Strömungsverhältnisse in der x-y-Ebene zu betrachten. In dieser Ebene, also bei $z = 0$, ist zwar $w = 0$, mit der Relation

$$\frac{w}{v} = \frac{z}{y}$$

gilt aber für die partielle Ableitung

$$\frac{\partial w}{\partial z} = \frac{z}{y}\ \frac{\partial v}{\partial z} + \frac{v}{y} = \frac{v}{y}\ . \tag{11.63}$$

Die Gleichung 11.62 lautet also dann

$$(a^2-u^2)\frac{\partial u}{\partial x} + (a^2-v^2)\frac{\partial v}{\partial y} - uv\left(\frac{\partial v}{\partial x} + \frac{\partial u}{\partial y}\right) + a^2\frac{v}{y} = 0\ . \tag{11.64}$$

Wie bei einer ebenen Strömung gilt noch als Bedingung für die Drehungsfreiheit

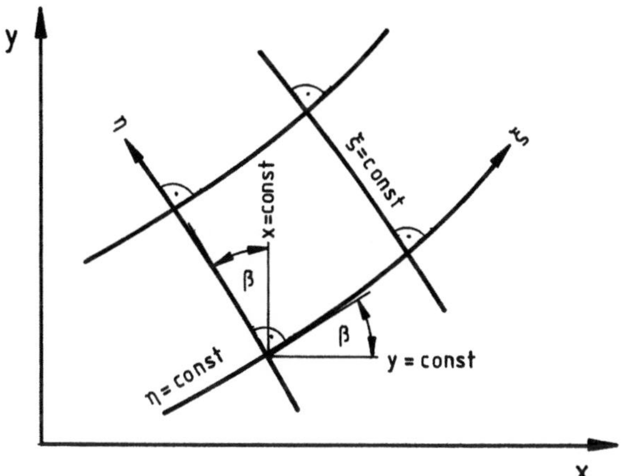

Bild 11.14. Koordinatentransformation

$$\frac{\partial v}{\partial x} - \frac{\partial u}{\partial y} = 0 \ . \tag{11.65}$$

Zur Lösung dieser Gleichung wird zunächst noch eine Koordinationtransformation vorgenommen [42]. Entsprechend der Skizze von Bild 11.14 führen wir die neuen, unabhängigen Veränderlichen

$$\xi = \xi(x,y) \ , \qquad \eta = \eta(x,y)$$

ein. Mit den Ableitungen

$$\frac{\partial v}{\partial x} = v_\xi \, \xi_x + v_\eta \, \eta_x \ , \qquad \frac{\partial v}{\partial y} = v_\xi \, \xi_y + v_\eta \, \eta_y \ ,$$

$$\frac{\partial u}{\partial y} = u_\xi \, \xi_y + u_\eta \, \eta_y \ , \qquad \frac{\partial u}{\partial x} = u_\xi \, \xi_x + u_\eta \, \eta_x \ ,$$

(wir verwenden hier die abgekürzte Schreibweise v_ξ anstelle von $\delta v / \delta \xi$ usw.) wird dann aus (11.64)

$$u_\xi \left[(a^2 - u^2)\, \xi_x - u\, v\, \xi_y \right] + u_\eta \left[(a^2 - u^2)\, \eta_x - u\, v\, \eta_y \right]$$

$$+ v_\xi \left[(a^2 - v^2)\, \xi_y - u\, v\, \xi_x \right] + v_\eta \left[(a^2 - v^2)\, \eta_y - u\, v\, \eta_x \right] + a^2 \frac{v}{y} = 0 \tag{11.66}$$

218

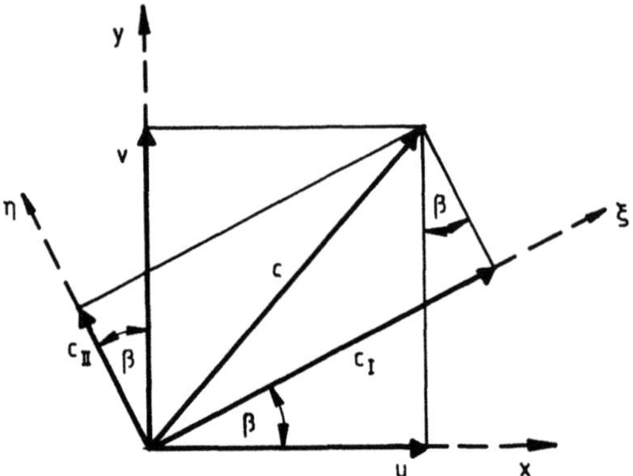

Bild 11.15. Geschwindigkeitskomponenten

und aus (11.65)

$$u_\xi \xi_y + u_\eta \eta_y - v_\xi \xi_x - v_\eta \eta_x = 0 \ . \tag{11.67}$$

Mit den Abkürzungen h_I und h_{II} für die Beträge der Gradienten unserer orthogonalen Koordinaten ξ und η, also mit

$$\left.\begin{aligned} h_I &= |\operatorname{grad} \xi| = \sqrt{\xi_x^2 + \xi_y^2} \ , \\[2ex] h_{II} &= |\operatorname{grad} \eta| = \sqrt{\eta_x^2 + \eta_y^2} \ . \end{aligned}\right\} \tag{11.68}$$

und mit dem in Bild 11.14 definierten Winkel β gilt dann für die Ableitungen

$$\left.\begin{aligned} \xi_x &= h_I \cos \beta \ , \\[1ex] \xi_y &= h_I \sin \beta \ , \\[1ex] \eta_x &= -h_{II}\sin \beta \ , \\[1ex] \eta_y &= h_{II} \cos \beta \ . \end{aligned}\right\} \tag{11.69}$$

Weiterhin führen wir noch entsprechend Bild 11.15 die Geschwindigkeitskomponenten c_I und c_{II} in ξ - bzw. η -Richtung ein. Zwischen diesen Geschwindigkeitskomponenten und den Geschwindigkeiten in x- und y-Richtung bestehen die Zusammenhänge

$$\left.\begin{aligned}
u &= c_I \cos \beta - c_{II} \sin \beta \ , \\
v &= c_I \sin \beta + c_{II} \cos \beta \ , \\
c_I &= u \cos \beta + v \sin \beta \ , \\
c_{II} &= -u \sin \beta + v \cos \beta \ .
\end{aligned}\right\} \tag{11.70}$$

Nach etwas umfangreicheren Zwischenrechnungen erhält man aus (11.66) bis (11.70) in unserem neuen Koordinatensystem für die Bedingung der Wirbelfreiheit

$$h_I c_I \beta_\xi + h_{II} c_{II} \beta_\eta + h_I c_{I\eta} - h_{II} c_{I\eta} = 0 \tag{11.71}$$

und für die gasdynamische Gleichung

$$h_I c_{I\xi}(a^2 - c_I^2) + h_{II} c_{II\eta}(a^2 - c_{II}^2) - h_I c_I c_{II} c_{II\xi} - h_{II} c_I c_{II} c_{I\eta}$$
$$+ \ a^2 h_{II} c_I \beta_\eta - a^2 h_I c_{II} \beta_\xi + a^2 \frac{v}{y} = 0 \ . \tag{11.72}$$

Jetzt gehen wir noch über auf die Polarkoordinaten r und β. Dabei wird

$$x = r \cos \beta \ , \qquad y = r \sin \beta \ ,$$

$$\xi = r = \sqrt{x^2 + y^2} \ , \qquad \eta = \beta = \arctan \frac{y}{x} \ .$$

Weiterhin ist

$$\xi_x = \frac{x}{r} = \cos \beta \ , \qquad \xi_y = \frac{y}{r} = \sin \beta \ ,$$

$$\eta_x = -\frac{y}{r^2} = -\frac{1}{r} \sin \beta \qquad \eta_y = \frac{x}{r^2} = \frac{1}{r} \cos \beta \ .$$

Damit wird in (11.68) $h_I = 1$ und $h_{II} = 1/r$. Mit $\beta_\xi = \beta_r = 0$ und $\beta_\eta = 1$ erhält man dann aus (11.71)

$$\frac{\partial c_I}{\partial \beta} = c_{II} + r \frac{\partial c_{II}}{\partial r} \tag{11.73}$$

220

und aus (11.72)

$$\frac{\partial c_I}{\partial r}(a^2-c_I^2)+\frac{1}{r}\frac{\partial c_{II}}{\partial \beta}(a^2-c_{II}^2)-c_I c_{II}\frac{\partial c_{II}}{\partial r}-\frac{1}{r}c_I c_{II}\frac{\partial c_I}{\partial \beta}$$

$$+ 2a^2\frac{c_I}{r}+a^2\frac{c_{II}}{r}\cot\beta = 0 \,. \tag{11.74}$$

Bei unserer achsensymmetrischen Kegelströmung ist nun $\partial/\partial r = 0$. Hier wird also aus (11.73)

$$\frac{\partial c_I}{\partial \beta} = c_{II} \tag{11.75}$$

und damit aus (11.74)

$$\frac{\partial c_{II}}{\partial \beta} = -c_I - \frac{c_I+c_{II}\cot\beta}{1-(c_{II}/a)^2} \,. \tag{11.76}$$

Diese Differentialgleichung kann schrittweise und zum Beispiel grafisch gelöst werden [42]. Schreiben wir noch zur Abkürzung

$$F = \frac{c_I+c_{II}\cot\beta}{1-(c_{II}/a)^2} \,, \tag{11.77}$$

dann lautet (11.76)

$$\frac{\partial c_{II}}{\partial \beta} = -c_I - F \,. \tag{11.78}$$

Den Krümmungsradius einer in der Parameterdarstellung $u = u(\beta)$, $v = v(\beta)$ vorliegenden Kurve [39] erhält man aus

$$R = \frac{\left[(\partial u/\partial \beta)^2+(\partial v/\partial \beta)^2\right]^{\frac{3}{2}}}{(\partial u/\partial \beta)(\partial^2 v/\partial \beta^2)-(\partial v/\partial \beta)(\partial^2 u/\partial \beta^2)} \,. \tag{11.79}$$

Mit Berücksichtigung von (11.70), (11.75) und (11.78) gilt für die ersten Ableitungen

$$\frac{\partial u}{\partial \beta} = F \sin \beta \; ,$$

$$\frac{\partial v}{\partial \beta} = - F \cos \beta \; .$$

Zusammen mit den zweiten Ableitungen

$$\frac{\partial^2 u}{\partial \beta^2} = \frac{\partial F}{\partial \beta} \sin \beta + F \cos \beta \; ,$$

$$\frac{\partial^2 v}{\partial \beta^2} = -\frac{\partial F}{\partial \beta} \cos \beta + F \sin \beta$$

erhält man dann für den Krümmungsradius

$$R = F = \frac{c_I + c_{II} \cot \beta}{1 - (c_{II}/a)^2} \; . \tag{11.80}$$

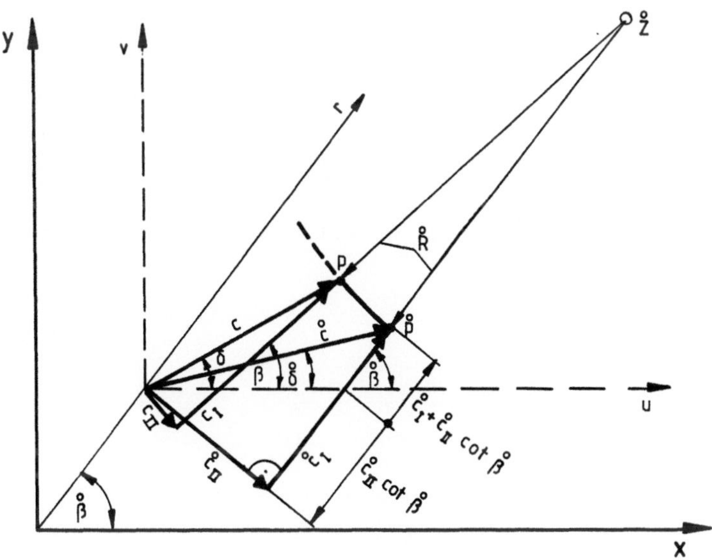

Bild 11.16. Hodograph

222

Wenn nun für den Ausgangs-Polarenwinkel $\beta = \overset{o}{\beta}$ die - für jeden Betrag von $\vec{r}$ gültige - Anfangsrichtung $\delta = \overset{o}{\delta}$ und der Anfangsbetrag $c = \overset{o}{c}$ des Geschwindigkeitsvektors $\vec{c}$ sowie die Anfangsschallgeschwindigkeit $a = \overset{o}{a}$ vorgegeben sind, dann kann mit dieser Gleichung der Anfangsradius $\overset{o}{R}$ des Hodographen $c = f(\beta)$ berechnet und ein kleines Teilstück dieser Kurve durch den mit $\overset{o}{R}$ gezeichneten Kreisbogen ersetzt werden.

In Bild 11.16 sei $\overset{o}{p}$ der Ausgangspunkt eines Rechnungsschrittes. Der um $\overset{o}{Z}$ mit dem Radius $\overset{o}{R}$ gezeichnete Kreisbogen ergibt im Punkt p neue Werte für δ, β und c. Damit kann dann ein neuer R-Wert berechnet werden usw. (Wie nachfolgend noch gezeigt wird, ist mit dem neuen c-Wert auch der neue a-Wert festgelegt.)

Wir wollen jetzt mit einem Beispiel die nach einem schrägen Verdichtungsstoß an einem Kegelmantel vorhandenen Zustandswerte berechnen. Dazu soll aber zunächst wieder die kritische Schallgeschwindigkeit a^* als Relativierungsgröße eingeführt werden. Bei einer Expansion von T_g auf $T \rightarrow 0$ erhält man aus (3.2) für die Maximalgeschwindigkeit

$$c_{max} = \sqrt{2\,c_p T_g}\ . \tag{11.81}$$

Der Energiesatz

$$c_p T_g = c_p T + \frac{c^2}{2}$$

kann also mit Berücksichtigung von (3.10) auch in der Form

$$a^2 = \frac{\kappa - 1}{2}\left(c_{max}^2 - c^2\right) \tag{11.82}$$

angeschrieben und bei Einführung der kritschen *Mach*-Zahlen ausgedrückt werden durch

$$\left(\frac{a}{a^*}\right)^2 = \frac{\kappa - 1}{2}\left(M_{max}^{*\,2} - M^{*\,2}\right)\ . \tag{11.83}$$

Mit den Abkürzungen

$$R^* = \frac{R}{a^*}\quad , \qquad c_I^* = \frac{c_I}{a^*}\ , \qquad\qquad c_{II}^* = \frac{c_{II}}{a^*}\ ,$$

folgt dann aus (11.80)

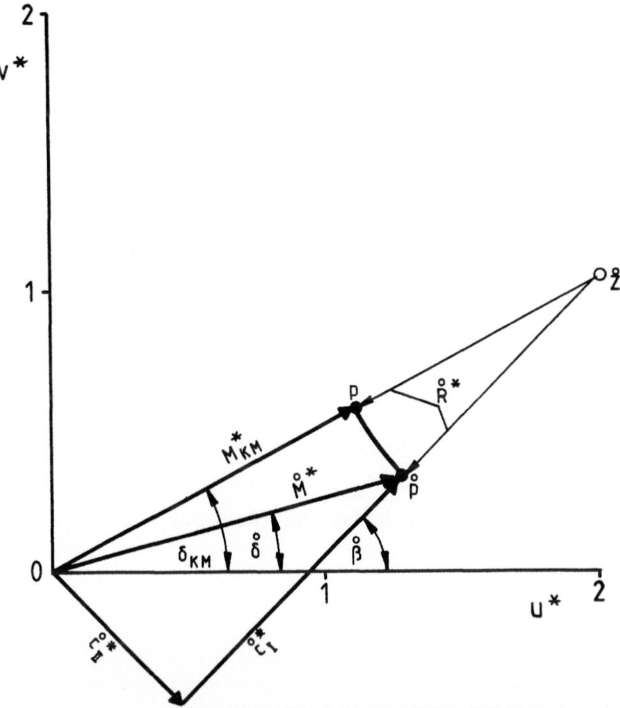

Bild 11.17. Ermittlung der *Mach*-Zahl am Kegelmantel

$$R^* = \frac{c_I^* + c_{II}^* \cot\beta}{1 - 2 c_{II}^{*2} / \left[\left(M_{max}^{*2} - M^{*2}\right)\left(\kappa - 1\right)\right]} \, .$$ (11.84)

Vor dem Verdichtungsstoß sei nun $M_1 = 2{,}0$ bzw. $M_1^* = 1{,}63$. Bei einer Strömungsumlenkung um $\delta = 15^{\rm o}$ hatten wir für diese Anströmmachzahl schon in unserem früheren Beispiel die *Mach*-Zahlen nach dem Stoß mit $M_2 = 1{,}45$ bzw. $M_2^* = 1{,}33$ und den Stoßfrontwinkel mit $\varepsilon = 45{,}3^{\rm o}$ ermittelt. Die Ausgangsdaten im Punkt $\mathring{p}$ des Hodographen von Bild 11.17 sind also

$$\mathring{M}^* = M_2^* = 1{,}33,$$
$$\mathring{\beta} = \varepsilon = 45{,}3^{\rm o},$$
$$\mathring{\delta} = 15^{\rm o}.$$

Aus Bild 11.17 ergeben sich die relativen Geschwindigkeitskomponenten

$$\mathring{c}_I^* = 1{,}15,$$
$$\mathring{c}_{II}^* = -0{,}67. \text{ (Hier ist auf das Vorzeichen zu achten.)}$$

Damit erhält man aus (11.84)
$\overset{\circ}{R}{}^* = 1{,}04.$

Unter Verzicht auf eine größere Genauigkeit ermitteln wir jetzt die Lage des Punktes p auf dem Kegelmantel (Index KM), d.h. bei $\delta = \delta_{KM}$ und $c^*_{II} = 0$ (am Kegelmantel verschwindet ja die Normalkomponente der Geschwindigkeit) sofort in einem Schritt mit dem anfänglichen Krümmungsradius $\overset{\circ}{R}{}^*$. Die Zeichnung ergibt dann für den Kegelwinkel
$\delta_K = \delta_{KM} \approx 27^0$
und für die kritische *Mach*-Zahl am Kegelmantel
$M^*_{KM} \approx 1{,}26.$
Dieser Wert entspricht einer *Mach*-Zahl von
$M_{KM} \approx 1{,}35.$

Ein Kegelwinkel von $\delta_K \approx 27^0$ erzeugt also die gleiche Stoßstärke wie ein Keilwinkel von $\delta = 15^0$. Die isentrope Verzögerung von M_2 auf M_{KM} bewirkt eine Zunahme des statischen Druckes von dem Wert p_2 unmittelbar hinter der Stoßfront auf den Druck
$p_{KM} \approx 1{,}15\, p_2$
am Kegelmantel.

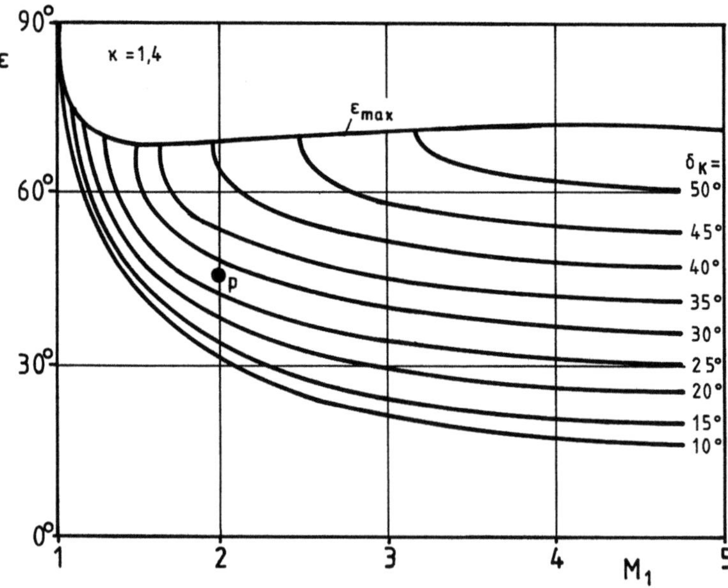

Bild 11.18. Stoßfrontwinkel an einem Kegel

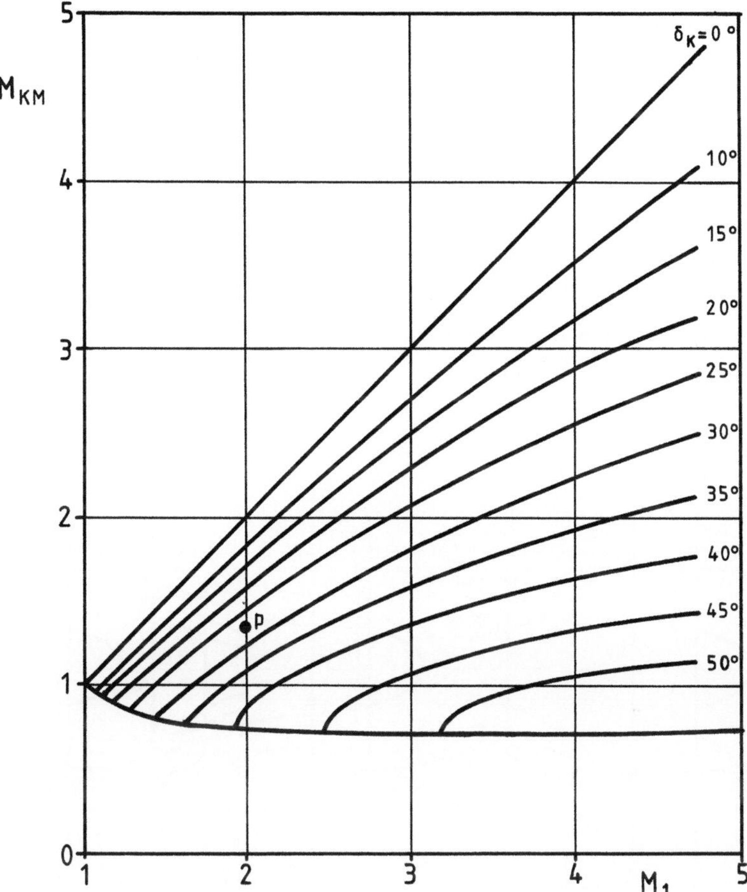

Bild 11.19. *Mach*-Zahlen am Kegelmantel nach einem schrägen Verdichtungsstoß

Entsprechend der für die ebene Strömung gültigen Darstellung von Bild 11.6 sind in Bild 11.18 - mit Markierung des Rechnungspunktes p - die Kegel-Stoßfrontwinkel als Funktion von M_1 und δ_K wiedergegeben. Die zugehörigen *Mach*-Zahlen M_2 nach dem Stoß und die Gesamtdruckverhältnisse p_{2g}/p_{1g} können auch für den Kegelstoß den Bildern 11.7 und 11.8 entnommen werden. Bild 11.19 zeigt schließlich noch den Zusammenhang zwischen der *Mach*-Zahl M_1 vor dem Stoß und der *Mach*-Zahl M_{KM} am Kegelmantel.

11.2 Ausführungen

11.2.1 Unterschalleinlauf

Der Einlauf von Triebwerken für den Unterschallflug ist ein nur mäßig erweiterter Luft-
führungskanal, dessen Länge und Querschnittsform durch die Triebwerkseinbauverhältnis-
se bestimmt wird. Als Teil einer Triebwerksgondel geht er schon nach einem relativ kurzen
Strömungsweg in die Nabenzone des Verdichters über, in der die Luft zur Strömungsglät-
tung meistens wieder etwas beschleunigt wird.

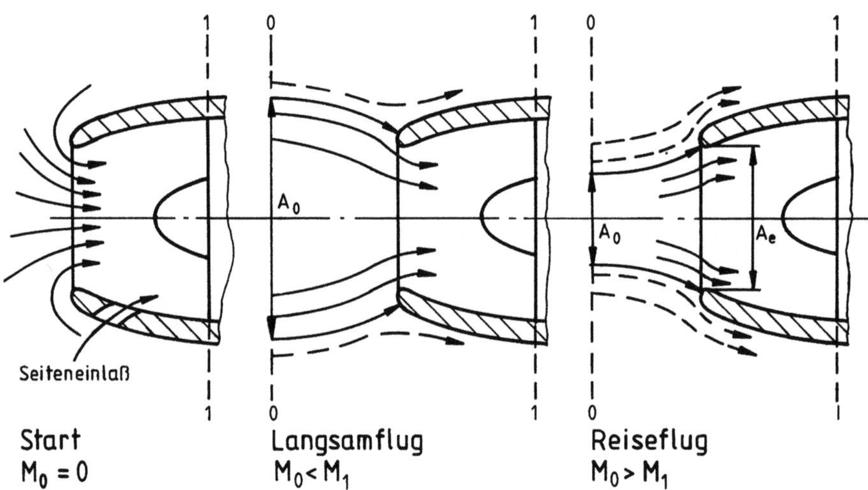

Bild 11.20. Strömungsverhältnisse an einem Unterschalleinlauf

Die Skizzen von Bild 11.20 zeigen den Strömungsverlauf an einem unter verschiedenen Betriebsbedingungen arbeitenden Einlaufdiffusor. Beim Start wird die auch aus dem rückwär-
tigen Außenbereich angesaugte Luft an der Einlauflippe sehr stark umgelenkt. Dabei besteht natürlich die - auch bei kleinen Fluggeschwindigkeiten noch vorhandene - Gefahr einer Strömungsablösung mit ihren nachteiligen Folgen für den Einlaufwirkungsgrad und für
das Funktionsverhalten des Verdichters. Um diese Ablösungsgefahr zu verringern, müßte
die Stromlinienkrümmung durch einen möglichst großen Nasenradius begrenzt werden.
Das würde sich aber im Reiseflug sehr ungünstig auswirken. Hier kann nämlich die schon

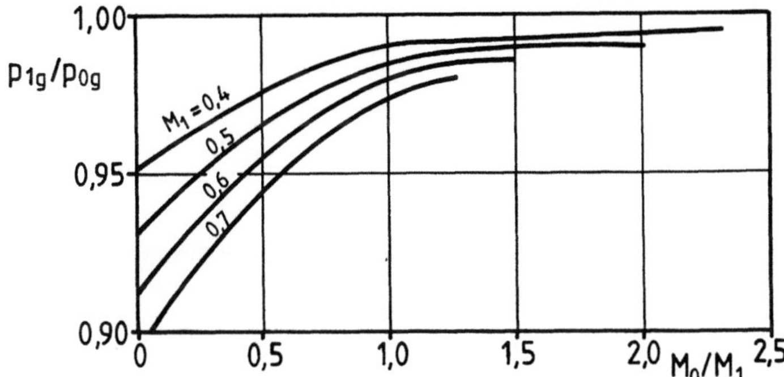

Bild 11.21. Druckverluste eines kurzen Unterschalleinlaufs

vor dem Triebwerk aufgestaute Luft bei der Umströmung einer zu dick ausgebildeten Einlauflippe - so wie bei einem Tragflügel [5] - eine deutliche Vergrößerung des äußeren aerodynamischen Gondelwiderstandes herbeiführen. In bezug auf die Nasenabrundung ist also stets ein Kompromiß erforderlich. Es besteht zwar auch noch die in der linken Skizze von Bild 11.20 angedeutete Möglichkeit, die inneren Strömungsverhältnisse beim Start und im Langsamflug durch die Anordnung seitlicher Einlauftüren, die sich durch den Unterdruck automatisch öffnen, zu verbessern. Bei den heute sehr sorgfältig im Windkanal optimierten Triebwerkseinläufen wird diese Maßnahme aber nur noch selten angewandt, zumal die seitlichen Öffnungen auch die Lärmabstrahlung verstärken.

Bild 11.21 zeigt ein Beispiel für die im Versuch ermittelten Einlaufdruckverhältnisse eines kurzen Unterschalldiffusors ohne Seitentüren [17]. Durch den praktisch verlustfreien, äußeren Luftaufstau erfolgt die Strömungsverzögerung im Reiseflug mit sehr geringen Gesamtdruckeinbußen. (Unsere frühere Annahme eines Reiseflug-Einlaufdruckverhältnisses von $\pi_E \approx 0,98$ wird durch diese Meßergebnisse bestätigt.) Bei kleinen Fluggeschwindigkeiten und vor allem beim Start verursachen aber die Strömungsablösungen eine deutliche Verschlechterung des Einströmvorganges.

Wenn hier der für den Triebwerksprozeß wirkungsgradmäßige Vorteil der äußeren Diffusion erwähnt wird, dann muß jetzt auch noch ein Nachteil besprochen werden, der sich immer dann einstellt, wenn der Querschnitt A_0 der dem Triebwerk zulaufenden Stromröhre kleiner ist als der Querschnitt A_e der Einlaufverkleidung, siehe die rechte Skizze von Bild 11.20. Wir hatten schon in Kap. 4.1 bei der Ableitung von (4.5) darauf hingewiesen, daß diese Gleichung nur den Bruttoschub angibt und die in die Triebwerksaufhängung eingeleitete (Netto-) Schubkraft durch den äußeren Widerstand der Triebwerksgondel entsprechend kleiner ist. Mit diesem äußeren Widerstand, der in einem sehr starken Maße auch abhängig ist von der nachfolgend noch kurz diskutierten Triebwerksanordnung, können wir

228

uns hier nicht beschäftigen. Berücksichtigt werden soll aber der bei $A_0 < A_e$ auftretende Zusatzwiderstand

$$F_Z = \int_{A_0}^{A_e} (p - p_0)\, dA \, , \tag{11.85}$$

für den bei Anwendung des Impulssatzes - unter Vernachlässigung der Stromlinienkrümmung - näherungsweise auch angeschrieben werden kann

$$F_Z = (p_e - p_0)\, A_e + \dot{m}\, (w_e - w_0) \, . \tag{11.86}$$

Mit der Abkürzung

$$\mu_A = \frac{A_0}{A_e} \tag{11.87}$$

erhält man dann nach kurzer Umformung für den spezifischen Zusatzwiderstand

$$F_{Z,s} = a_0 \left\{ \frac{a_e}{a_0}\, M_e - M_0 \left[1 - \frac{(p_e/p_0) - 1}{\mu_A\, \kappa\, M_0^2} \right] \right\} \, . \tag{11.88}$$

Aus den in Kap. 3.1 zusammengestellten Gleichungen erhält man für das Verhältnis der Schallgeschwindigkeiten

$$\frac{a_e}{a_0} = \sqrt{\frac{1 + (\kappa - 1)\, M_0^2/2}{1 + (\kappa - 1)\, M_e^2/2}} \, , \tag{11.89}$$

für das Flächenverhältnis

$$\mu_A = \frac{M_e}{M_0} \left[\frac{1 + (\kappa - 1)\, M_0^2/2}{1 + (\kappa - 1)\, M_e^2/2} \right]^{\frac{\kappa + 1}{2(\kappa - 1)}} \, , \tag{11.90}$$

und für das statische Druckverhältnis

$$\frac{p_e}{p_0} = \left[\frac{1 + (\kappa - 1)\, M_0^2/2}{1 + (\kappa - 1)\, M_e^2/2} \right]^{\frac{\kappa}{\kappa - 1}} \, . \tag{11.91}$$

Als ein Zahlenbeispiel sei für den in Kap. 4.2 untersuchten Betriebspunkt eines TL-Triebwerks (F_s = 605,5 Ns/kg, M_0 = 0,9, a_0 = 295 m/s) der spezifische Zusatzwiderstand berechnet mit der Annahme, daß die Luft am Triebwerkseinlauf bis auf M_e = 0,5 verzögert werden muß. (Im Auslegungspunkt des Verdichters liegen die Eingangsmachzahlen in einem Bereich von M_1 = 0,4 bis 0,7.) Aus (11.88) bis (11.91) erhält man dann für den spezifischen Zusatzwiderstand

$F_{Z,s}$ = 22,1 Ns/kg = 0,037 F_s.

Es sei noch erwähnt, daß die bei der Nasenumströmung auftretenden und an der Gondel angreifenden Luftkräfte auch eine Vortriebskomponente erzeugen und dadurch den Zusatzwiderstand deutlich verringern können [9].

Als eine der Anforderungen an den Triebwerkseinlauf wurde oben auch die Homogenität des Strömungsfeldes angeführt. In der Praxis sind aber Ungleichmäßigkeiten der Einlaufströmung durch den Einfluß benachbarter Zellenelemente, durch Bodenwirbel und vor allem durch Seitenwinde unvermeidlich. Ein Maß für die Güte des Strömungsprofils ist der Distorsionskoeffizient, der z.B. definiert ist durch

$$D_1 = \frac{p_{1g,max} - p_{1g,min}}{p_{1g,m}} \ . \tag{11.92}$$

Darin sind $p_{1g,max}$, $p_{1g,min}$, und $p_{1g,m}$ die in der Verdichterebene 1 gemessenen Werte für den größten, kleinsten und mittleren Gesamtdruck. Mit Rücksicht auf die Gefahren, die ein zu stark verzerrtes Strömungsfeld für den Kompressor darstellt (Verdichterpumpen, Anregung von Schaufelschwingungen), darf dieser Distorsionskoeffizient bei höheren Triebwerksdrehzahlen einen vom Triebwerkshersteller festgelegten Wert nicht überschreiten. So kann es bei stärkerem Seitenwind erforderlich sein, einen Start zunächst mit etwas gedrosselten Triebwerken zu beginnen und ihn erst nach Erreichen einer ausreichenden Rollgeschwindigkeit mit dem vollen Startschub weiterzuführen ("Rollender Start").

Die Störwirkung benachbarter Strukturen ist natürlich abhängig von der Art der Triebwerks-Zellen-Integration [9]. In vielen Fällen werden die Triebwerksgondeln an Pylonen unterhalb der Tragflächen befestigt. Dabei ist der Einlauf so weit vor der Flügelvorderkante positioniert, daß sein Strömungsfeld durch die Tragflächen nur noch wenig beeinflußt wird. Zu berücksichtigen sind aber selbstverständlich auch die durch die Gondeln bedingten Störungen der Tragflächenströmung, die sich bei dieser Triebwerksanordnung durch die an der Unterseite der Tragflächen lokal erhöhten Geschwindigkeiten auf den Auftriebsbeiwert und damit auf das Start- und Langsamflugverhalten negativ auswirken. Werden die Triebwerke auf den Flügeln befestigt, dann können sich an der Tragflächensaugseite überhöhte Geschwindigkeiten und damit durch stoßinduzierte Strömungsablösungen erhebliche Widerstandsvergrößerungen im Reiseflug ergeben. Dem gegenüber ste-

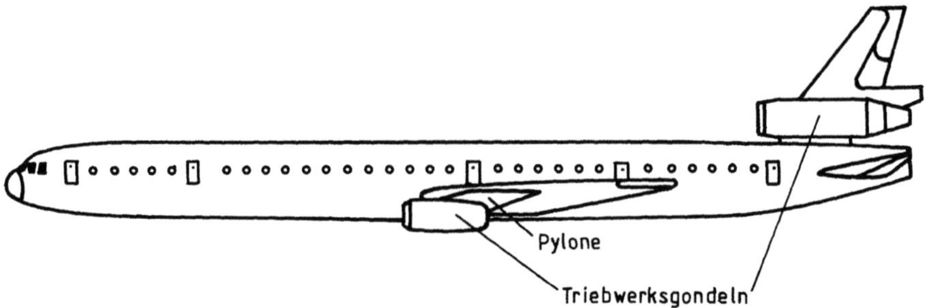

Bild 11.22. Flügel-Heck-Anordnung der Triebwerksgondeln

hen die Vorteile der Gewichtseinsparung durch eine kleinere Fahrwerkshöhe, der Minimierung des Einflusses von Bodenwirbeln auf die Einlaufströmung und der Triebwerkslärmabschirmung durch die Tragflächen.

Triebwerksbedingte Störungen der Tragflächenströmungen sind völlig zu eliminieren, wenn die Gondeln am Rumpfheck befestigt werden. Dabei verzichtet man allerdings auf den konstruktiven Vorteil der Triebwerks-Flügelanordnung, durch die Biegeentlastung der Flügelwurzeln das Strukturgewicht verringern zu können. Außerdem ergeben sich bei größeren Triebwerkseinheiten auch sehr ungünstige Lagen des Flugzeugschwerpunktes. Als eine Kompromißlösung wird deshalb auch oft eine Mischanordnung bevorzugt, wie sie z.B. in Bild 11.22 für ein dreimotoriges Flugzeug skizziert ist.

11.2.2 Überschalleinlauf

Wie schon mehrfach erwähnt, erfolgt die Geschwindigkeitsverringerung der dem Triebwerk zufließenden Luft beim Überschallflug im wesentlichen durch Verdichtungsstöße. Im einfachsten Fall handelt es sich dabei um einen Geradstoß, der die Strömung im Auslegungspunkt - beim kritischen Betriebszustand mit $\mu_A = 1$ - entsprechend der linken Skizze von Bild 11.23 am Eingang des inneren Diffusors auf Unterschallgeschwindigkeit verzögert.

Wird nun z.B. bei konstanter Flugmachzahl durch eine Drehzahlerhöhung die Schluckfähigkeit des Triebwerks vergrößert, dann muß der Druck vor dem Verdichter wegen des unveränderten Einlaufmassenstroms zur Einhaltung der Kontinuitätsbedingung kleiner werden. In diesem überkritischen Betriebszustand gelangt die Strömung mit Überschallge-

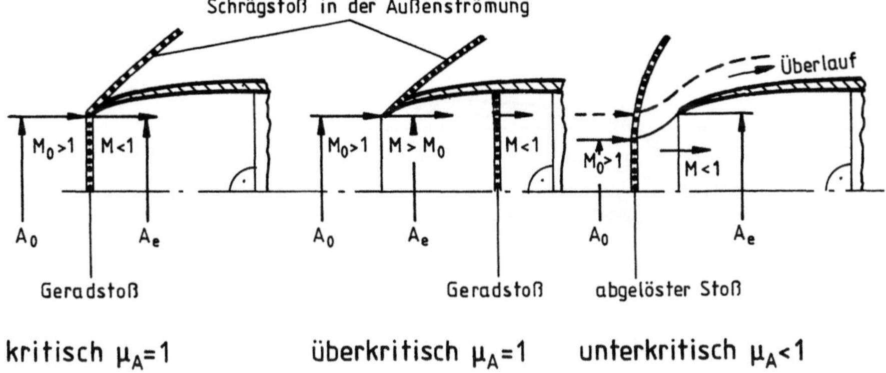

Bild 11.23. Betriebszustände eines Geradstoßdiffusors

schwindigkeit in den Diffusor und wird darin zunächst noch beschleunigt. Der innerhalb des Diffusors auftretende Geradstoß ergibt dann bei größerer Anfangsmachzahl einen größeren Druckverlust, der durch Strömungsablösungen noch weiter verstärkt wird. (Die Strömungsablösungen erzeugen auch noch ein dem Geradstoß vorgelagertes - und durch die zeitlich nicht konstante Grenzschichtausbildung instabiles - Schrägstoßsystem, das in der Skizze nicht dargestellt wurde.) In diesem Betriebszustand wird also die Qualität des Strömungsfeldes erheblich verschlechtert.

Wenn umgekehrt die bei anliegendem Geradstoß in den Einlauf einströmende Luftmasse vom Triebwerk nicht geschluckt werden kann, dann muß die überschüssige Luft über die Einlaufkante gelenkt werden. Das ist aber nur dadurch möglich, daß sich die Stoßfront vom Einlauf ablöst und die Überschußluft dann mit Unterschallgeschwindigkeit den Einlauf umströmt, siehe die rechte Skizze von Bild 11.23. In diesem unterkritischen Betriebszustand kann zwar der Einlaufdruckverlust durch das im inneren Diffusor verringerte Machzahlniveau noch etwas abnehmen, siehe Bild 11.21. Andererseits entsteht aber jetzt bei $\mu_A < 1$ auch ein Zusatzwiderstand mit dem Stoßdruckanteil

$$F_{ZS} = (p_S - p_0)(A_e - A_0) \, , \tag{11.93}$$

dem sich noch der Zusatzwiderstand F_Z der Unterschallzone überlagert. (In den Gleichungen 11.88 bis 11.91 sind dann die Außenzustandswerte durch die Zustandsdaten nach dem Verdichtungsstoß - Index S - zu ersetzen.) Für den spezifischen Stoß-Zusatzwiderstand gilt

$$F_{ZS,s} = \frac{a_0}{\kappa M_0} \left(\frac{p_S}{p_0} - 1 \right)\left(\frac{1}{\mu_A} - 1 \right) \, . \tag{11.94}$$

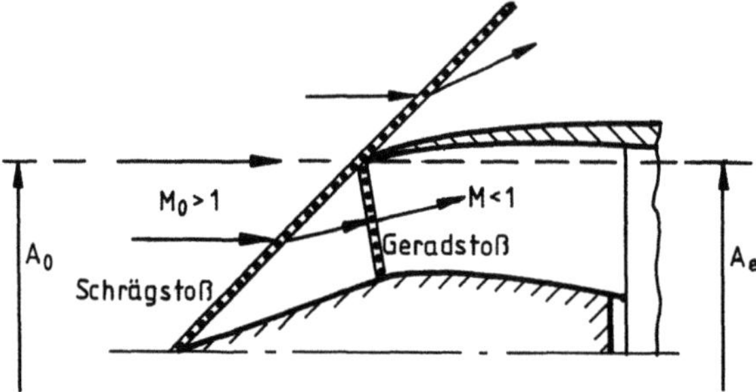

Bild 11.24. Schema eines Zweistoßdiffusors

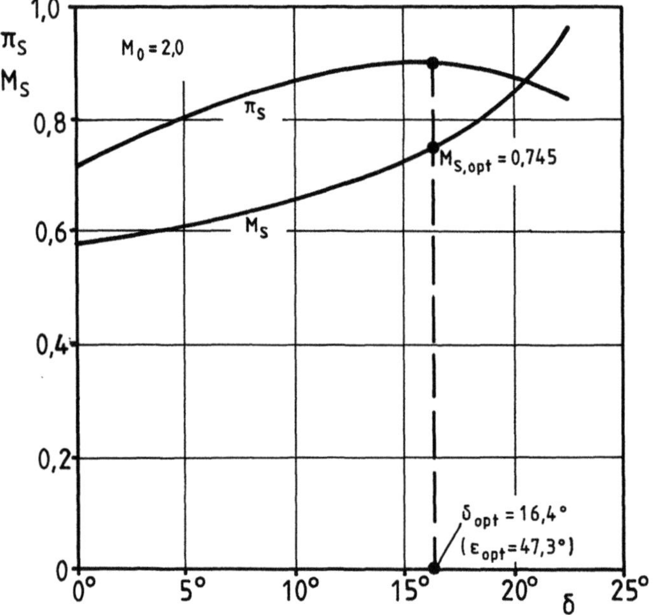

Bild 11.25. Gesamtdruckverhältnisse und *Mach*-Zahlen bei einem Zweistoß-Keildiffusor

Bis zu einer Flugmachzahl von $M_0 \approx 1{,}5$ ergibt der einfache, ungeregelte Geradstoß- oder Einstoßdiffusor, der sich von einem Unterschalleinlauf nur durch die meistens scharfkantige Ausbildung der Einlauflippe unterscheidet, ausreichend gute Wirkungsgrade. Bei größeren Fluggeschwindigkeiten wachsen aber die Druckverluste eines Einstoßdiffusors mit der Flugmachzahl sehr rasch an.

Die Einlaufwirkungsgrade können nun dadurch erheblich verbessert werden, daß man dem Geradstoß noch schräge Verdichtungsstöße vorlagert. Bild 11.24 zeigt das Schema eines Zweistoßdiffusors, bei dem die Strömung zunächst durch einen Schrägstoß verzögert wird. Der große Vorteil eines solchen Mehrstoßdiffusors wird aus dem Diagramm von Bild 11.25 ersichtlich, in dem beispielhaft für M_0 = 2,0 die Gesamtdruckverhältnisse π_S = p_{Sg}/p_{0g} und die *Mach*-Zahlen M_S in Abhängigkeit von dem Winkel δ eines Keileinlaufs aufgetragen sind. (Durch den Index S kennzeichnen wir auch weiterhin die Zustandswerte nach dem abschließenden Geradstoß.) Bei dem optimalen Umlenkwinkel von δ_{opt} = 16,4° wird π_S = 0,90, während mit einem Einstoßdiffusor nur ein Druckverhältnis von π_S = 0,72 zu erreichen wäre. Wird bei einer solchen Einlaufoptimierung auch noch die verlustbehaftete Verzögerung im inneren Diffusor berücksichtigt, dann ergeben sich nur unbedeutend kleine Veränderungen der δ_{opt}-Werte.

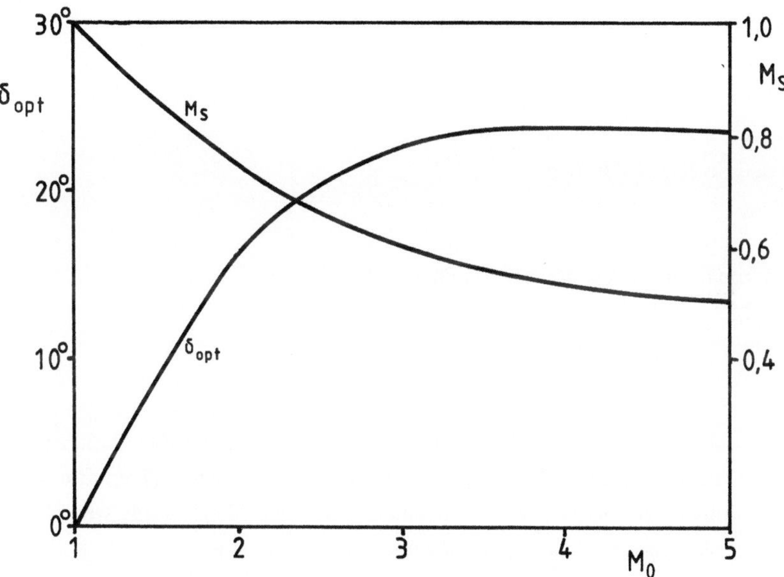

Bild 11.26. Optimale Keilwinkel und *Mach*-Zahlen für Zweistoßdiffusoren

Bild 11.26 zeigt die Werte für den optimalen Keilwinkel und für die zugehörigen *Mach*-Zahlen nach dem Geradstoß in Abhängigkeit von der Flugmachzahl. Ist nun der Optimalwinkel δ_{opt} und damit auch der durch M_0 festgelegte, optimale Stoßfrontwinkel ε_{opt} eines Zweistoßdiffusors bekannt, dann lassen sich aus den Gleichungen 11.37 und 11.39 auch sofort die Optimalverhältnisse bei Anwendung mehrerer Schrägstöße ermitteln. Nach [43]

234

ergeben sich nämlich die besten Gesamtwirkungsgrade einer Stoßkonfiguration, wenn die einzelnen Schrägstöße das gleiche Gesamtdruckverhältnis liefern, wenn also bei allen (n-1) Schrägstößen nach (11.38) die Produkte

$$M_{1,1} \sin \varepsilon_1 = M_{1,2} \sin \varepsilon_2 = \ldots = M_{1,n-1} \sin \varepsilon_{n-1} \tag{11.95}$$

gleich groß werden. In diesen Produkten bezeichnen wir mit dem ersten Machzahlindex 1 wieder die Ebene vor einem Schrägstoß, während mit dem 2. Machzahlindex bzw. mit dem Index von ε die Schrägstöße nummeriert sind. ($M_{1,1}$ ist also identisch mit M_0.)

In dem oben angeführten Beispiel ergab sich für den optimalen Keilwinkel eines Zweistoßdiffusors bei $M_0 = 2{,}0$ der Wert $\delta_{opt} = 16{,}4^0$. Nach (11.39) ist dann der Stoßfrontwinkel $\varepsilon_{opt} = 47{,}3^0$. Damit wird
$M_{1,1} \sin \varepsilon_1 = 1{,}47$.

Verwenden wir jetzt z.B. einen Dreistoßdiffusor, bei dem sich nach dem ersten bzw. vor dem zweiten Stoß (mit $\varepsilon_2 = 47{,}3^0$) die *Mach*-Zahl
$M_{1,2} = 2{,}0$
ergibt, dann folgt aus (11.37) mit $M_{1,1} \sin \varepsilon_1 = 1{,}47$ für den ersten Umlenkwinkel
$\delta_1 = \varepsilon_1 - 20{,}85^0$.
Aus (11.39) und (11.95) erhält man
$\delta_1 = 13{,}74^0$,
$\varepsilon_1 = 34{,}59^0$.
Die diesen Optimalwerten zugeordnete Flugmachzahl ist
$M_0 = M_{1,1} = 2{,}59$
und das Gesamtdruckverhältnis wird
$\pi_S = 0{,}848$.

In Bild 11.27 sind die Ergebnisse solcher Rechnungen bei Variation der Stoßanzahl n_S wiedergegeben. Im oberen Bildteil ist auch das mit der Faustformel 4.27 ermittelte Gesamtdruckverhältnis eingezeichnet, das ja nur einen Anhaltswert liefern soll, wenn bei einer Triebwerksauslegung die Einlaufgestaltung noch nicht bekannt ist.

An dieser Stelle sei jetzt auch noch auf den Zusammenhang zwischen dem Einlauf-Gesamtdruckverhältnis π_E und dem isentropen Einlaufwirkungsgrad hingewiesen. Entsprechend unserer früheren Definition eines isentropen Verdichtungswirkungsgrades gilt hier

$$\eta_{E,is} = \frac{(p_{1g}/p_0)^{\frac{\kappa-1}{\kappa}} - 1}{(p_{0g}/p_0)^{\frac{\kappa-1}{\kappa}} - 1}$$

oder umgeformt

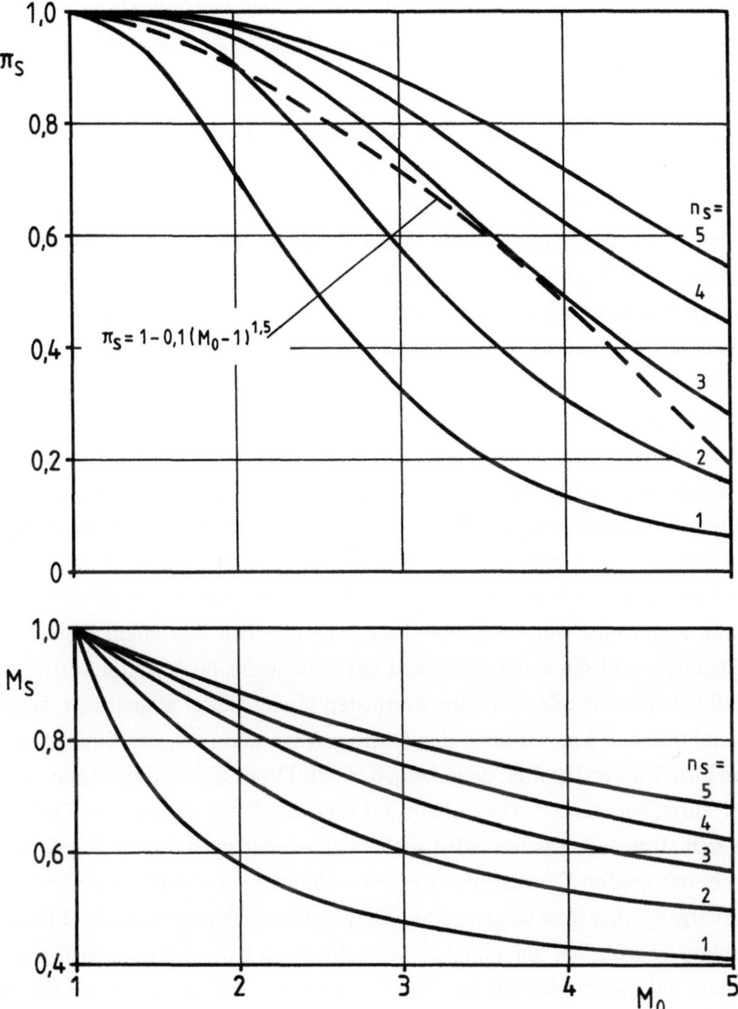

Bild 11.27. Optimale Gesamtdruckverhältnisse und *Mach*-Zahlen bei ebenen Mehrstoßdiffusoren

$$\eta_{E,is} = \frac{\pi_E^{\frac{\kappa-1}{\kappa}} \left[1 + (\kappa-1) M_0^2/2\right] - 1}{(\kappa-1) M_0^2/2} . \tag{11.96}$$

Nach Bild 11.27 ergibt sich z.B. bei einem Dreistoßdiffusor und $M_0 = 3,0$ bereits ein
25 %iger Gesamtdruckverlust. Dieser Zahlenwert kann aber sehr leicht einen falschen Ein-

druck von der Güte des Einlaufs vermitteln, denn der hier nur auf das Stoß-Gesamtdruck-verhältnis bezogene, isentrope Wirkungsgrad erreicht mit $\eta_{S,is} = 0{,}88$ den Wert eines guten Kompressorwirkungsgrades.

Bei dem in Bild 11.24 dargestellten, kritischen Betriebszustand eines Zweistoßdiffusors liegt der Geradstoß in der Ebene der Einlauflippe. Da hier auch der Schrägstoß die Verkleidungskante tangiert und damit $A_0 = A_e$ wird, zeigt die Skizze einen Arbeitspunkt, in dem das Triebwerk das durch A_e vorgegebene Maximalvolumen der Zulaufströmung aufnimmt. Eine Zunahme der Triebwerksschluckfähigkeit führt den oben schon beim Einstoßdiffusor erläuterten und verlustreicheren, überkritischen Betriebszustand herbei. Wird die Schluckfähigkeit des Triebwerks kleiner, dann wird der Geradstoß wieder von der Einlauflippe abgedrängt. Beim Einstoßdiffusor hatten wir festgestellt, daß der Verdichtereintrittsdruck durch diese Stoßverlagerung noch etwas ansteigen kann. Wie aus dem Schema von Bild 11.28 ersichtlich, bewirkt aber die Geradstoßablösung bei einem Mehrstoßdiffusor einen erhöhten Stoßdruckverlust, da jetzt ein Teil der Einlaufströmung nur noch durch den Geradstoß verzögert wird. Wenn also bei einem nur leicht unterkritischen Betrieb, d.h. bei einer nur sehr geringen Geradstoßablösung, auch bei einem Mehrstoßdiffusor der Verdichtereingangsdruck durch die η_D-Verbesserung vielleicht noch etwas zunehmen kann, dann ergibt eine weitere Stoßabdrängung auf jeden Fall einen Abfall des Diffusordrucks. Dadurch wird die Schluckfähigkeit des Triebwerks noch weiter verringert und der Geradstoß bei zunehmenden Stoßdruckverlusten immer weiter abgedrängt. Wenn durch den Massenabfluß aus dem Diffusor der Diffusordruck den nach der Stoßverdichtung vorhandenen Druck unterschreitet, dann kann der - als Druckspeicher wirkende - Diffusorraum wieder aufgefüllt werden. Dabei läuft der Geradstoß zunächst in den Diffusor hinein, verlagert sich stromaufwärts und wird schließlich wieder nach außen abgedrängt. Dieser periodische, mit großen Druckschwankungen verbundene und äußerst gefährliche Füll- und Entleervorgang, den man wegen seiner Geräuschentwicklung auch als Diffusorbrummen bezeichnet, ist natürlich unbedingt zu vermeiden. Im Unterschied zum Einstoßdiffusor sind deshalb bei Mehrstoßeinläufen Maßnahmen zur Verhinderung einer Geradstoßablösung zwingend erforderlich.

Wir werden uns später noch anhand einiger Zahlenbeispiele mit solchen Regelungsmöglichkeiten etwas näher beschäftigen. Hier sollen aber zunächst noch einige andere Fragen zur Auslegung von Mehrstoßdiffusoren behandelt werden.

Wie dem Diagramm von Bild 11.27 zu entnehmen ist, kann ein mit der Flugmachzahl zunehmender Stoßdruckverlust durch eine Vergrößerung der Schrägstoßanzahl vermieden werden. Soll nun die durch die Schrägstöße umgelenkte Strömung tangential zur Einlaufverkleidung in den inneren Diffusor einlaufen, dann verlangt die bei mehreren Schrägstößen größere Strömungsumlenkung auch eine entsprechend stärkere Neigung der

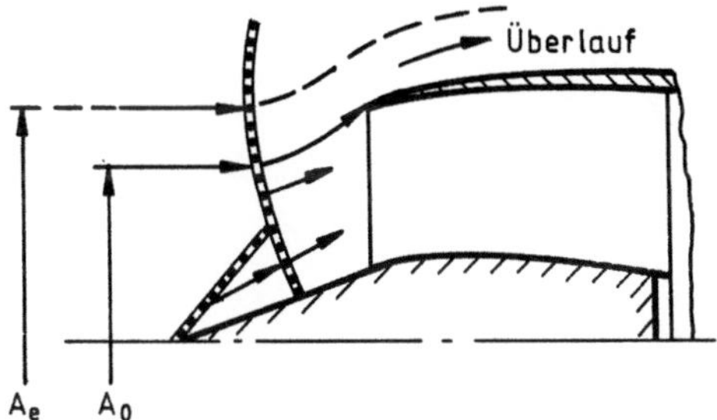

Bild 11.28. Unterkritischer Betriebszustand eines Zweistoßdiffusors

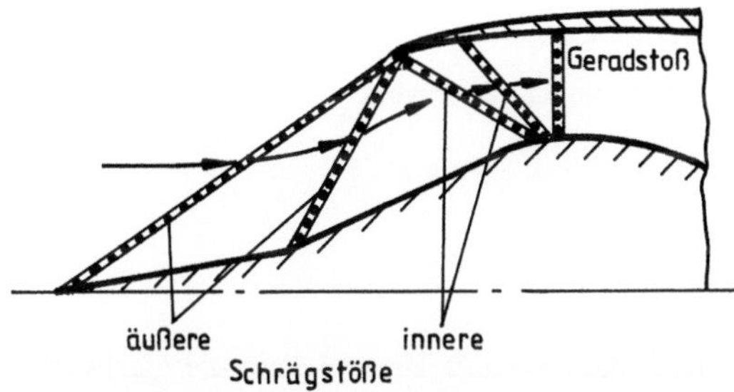

Bild 11.29. Mehrstoßdiffusor mit gemischter Verdichtung

Einlauflippe. Dadurch wird aber die Stoßstärke in der Außenströmung und damit der Flugwiderstand der Einlaufverkleidung erhöht. Im Extremfall würde der Umlenkwinkel so groß, daß der Lippenschrägstoß in eine abgelöste Kopfwelle übergeht, die dann die anderen Schrägstoßfronten durchdringt und dadurch die positive Wirkung eines Mehrstoßeinlaufs weitgehend zunichte macht. Bei Flugmachzahlen etwa oberhalb von $M_0 = 2,5$ verlegt man deshalb nach dem in Bild 11.29 skizzierten Schema einer gemischten Verdichtung einen Teil der Schrägstöße in den Triebwerkseinlauf.

Bei unseren früheren Untersuchungen über das Durchsatzverhalten eines Triebwerks hatten wir immer vorausgesetzt, daß der Massenstrom des Verdichters unter allen Betriebsbedingungen auch den Triebwerkseinlauf passieren kann. Die vorstehende Diskussion des unterkritischen Betriebszustandes eines Überschalldiffusors hatte aber schon gezeigt, daß der Luftmassenstrom auch durch den Triebwerkseinlauf begrenzt werden kann. Zur Quantifizierung des Zusammenhanges zwischen der Einlaufgeometrie und der Schluckfähigkeit des Triebwerks wollen wir vereinfachend wieder davon ausgehen, daß das Durchsatzverhalten eines mit konstanter Drehzahl arbeitenden Verdichters durch die Gleichung 4.37

238

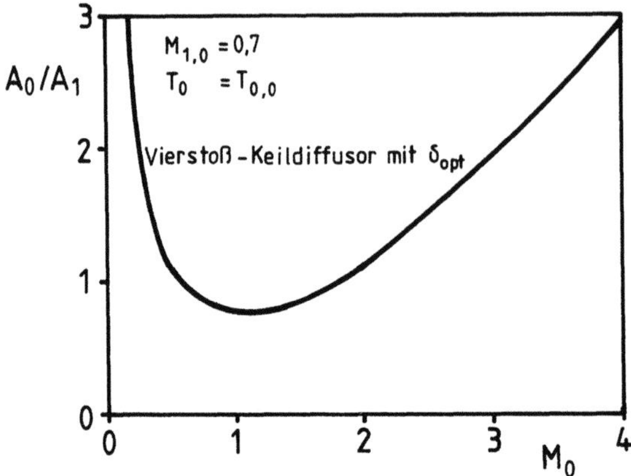

Bild 11.30. Einlaufquerschnittsverhältnis bei einem TL-Triebwerk

$$\frac{\dot{m}_1}{\dot{m}_{1,0}} = \frac{p_{1g}}{p_{1g,0}} \frac{T_{1g,0}}{T_{1g}}$$

beschrieben werden kann. (Der Index 0 nach dem Komma kennzeichnet die Startwerte.) Für den Luftmassenstrom gilt nun die Kontinuitätsbedingung

$$\dot{m}_1 = \dot{m}_0 = \varrho_{1,0}\, a_{1,0}\, M_{1,0}\, A_1 \, \frac{p_{1g}}{p_{1g,0}} \, \frac{T_{1g,0}}{T_{1g}} = \varrho_0\, a_0\, M_0\, A_0 \;.$$

Daraus erhält man nach kurzer Umformung für das Verhältnis des Einlauf-Stromröhrenquerschnitts zum Verdichter- Eingangsquerschnitt

$$\frac{A_0}{A_1} = \pi_E \sqrt{\frac{T_{0,0}}{T_0}} \sqrt{\frac{1}{1+(\varkappa-1)M_{1,0}^2/2}} \; \frac{M_{1,0}}{M_0} \left[\frac{1+(\varkappa-1)M_0^2/2}{1+(\varkappa-1)M_{1,0}^2/2}\right]^{\frac{1}{\varkappa-1}} \;. \tag{11.97}$$

Bild 11.30 zeigt ein Beispiel für die Auswertung dieser Gleichung, wobei die Einlaufdruckverluste im Unterschallflugbereich mit $\pi_E \approx \pi_D \approx 0{,}95$ und bei $M_0 > 1$ mit den jeweils optimalen π_S-Werten eines ebenen Vierstoßdiffusors berücksichtigt wurden. Hier wird sehr deutlich, daß bei großen Fluggeschwindigkeiten der Auffangquerschnitt A_e des Triebwerkseinlaufs, der bei $\mu_A = 1$ dem Stromröhrenquerschnitt A_0 entspricht, bestimmend ist für die Stirnflächenabmessungen einer Triebwerksanlage. So erfordert bereits ein für $M_0 = 2{,}5$ ausgelegter Stoßdiffusor einen im Vergleich zum Verdichtereingang um 50 % größeren Auffangquerschnitt. Die bei kleinerer Überschallfluggeschwindigkeit verringerte Schluckfähigkeit des Triebwerks verlangt dann auf jeden Fall einen Regelungseingriff zur

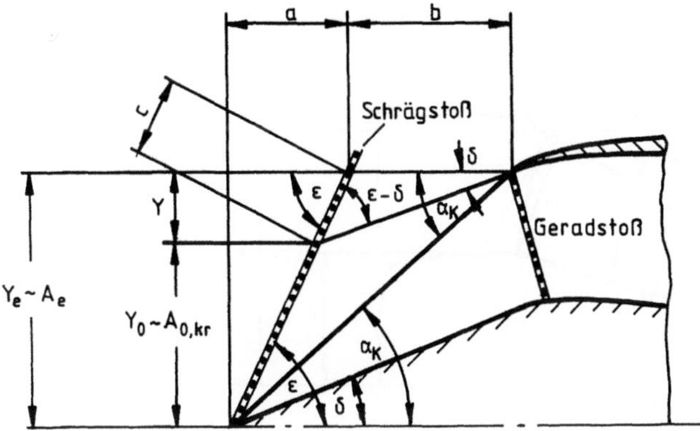

Bild 11.31. Keilstoßdiffusor im kritischen Betrieb mit $\mu_{A,kr} < 1$

Verhinderung eines instabilen Diffusorbetriebs. Daneben hat die Regelung aber auch noch die Aufgabe, die Lage der Schrägstoßfronten zur Optimierung der π_S-Werte und zur Minimierung des Zusatzwiderstandes der jeweiligen Betriebsbedingung anzupassen.

Die Optimierung des Einlaufdruckverhältnisses wurde oben schon erläutert. Beim Zusatzwiderstand interessiert uns nur der kritische Betriebszustand (Index kr), da ja mit Rücksicht auf die Gefahr des Diffusorbrummens ein nach außen abgedrängter Geradstoß zu vermeiden ist. In Abhängigkeit vom Schluckvermögen des Triebwerks und von der Lage der Schrägstoßfronten kann dabei natürlich auch $A_{0,kr} < A_e$ werden. Wir wollen die Verhältnisse hier am Beispiel eines Zweistoßdiffusors untersuchen. Mit den Bezeichnungen von Bild 11.31 wird das kritische Querschnittsverhältnis beim ebenen Diffusor

$$\mu_{A,kr} = \frac{A_{0,kr}}{A_e} = \frac{y_0}{y_e} = 1 - \frac{y}{y_e} \, .$$

Darin ist

$$y = c \sin \varepsilon = b \, \frac{\sin \delta}{\sin (\varepsilon - \delta)} \, \sin \varepsilon$$

mit der Strecke

$$b = y_e \cot \alpha_K - a = y_e (\cot \alpha_K - \cot \varepsilon) \, .$$

Für das kritische Querschnittsverhältnis gilt also

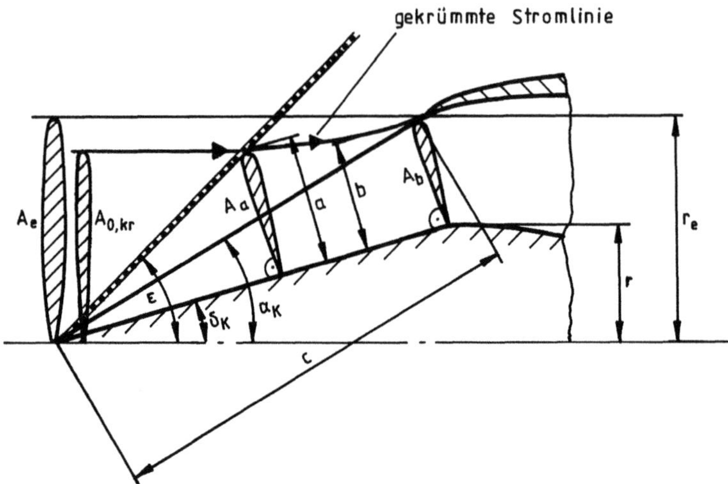

Bild 11.32. Kegelstoßdiffusor im kritischen Betrieb mit $\mu_{A,kr} < 1$

$$\mu_{A,kr,Keil} = 1 - (\cot \alpha_K - \cot \varepsilon)\, \frac{\sin \delta \sin \varepsilon}{\sin(\varepsilon - \delta)} \cdot \tag{11.98}$$

Den spezifischen Zusatzwiderstand erhält man wieder aus Gleichung 11.94, wobei für p_S jetzt der statische Druck nach dem Schrägstoß einzusetzen ist. (Bei mehreren Schrägstößen sind in entsprechender Weise die Zusatzwiderstandsanteile der einzelnen Stoßfronten zu bestimmen.)

Zur Ermittlung der Zusatzwiderstände eines Kegelstoßdiffusors ist es ausreichend, mit den Bezeichnungen von Bild 11.32 die kritischen Querschnittsverhältnisse näherungsweise mit der vereinfachten Kontinuitätsbedingung $A_a \approx A_b$ zu bestimmen und in (11.94) für p_S den unmittelbar hinter der Schrägstoßfront vorhandenen statischen Druck einzusetzen. Für das Verhältnis der Fläche

$$A_b = \pi\,(r + r_e)\,b$$

mit den Strecken

$$b = c\,\sin(\alpha_K - \delta_K)\,,$$

$$c = \frac{r_e}{\sin \alpha_K}\,,$$

$$r = r_e - b\,\cos \delta_K\,,$$

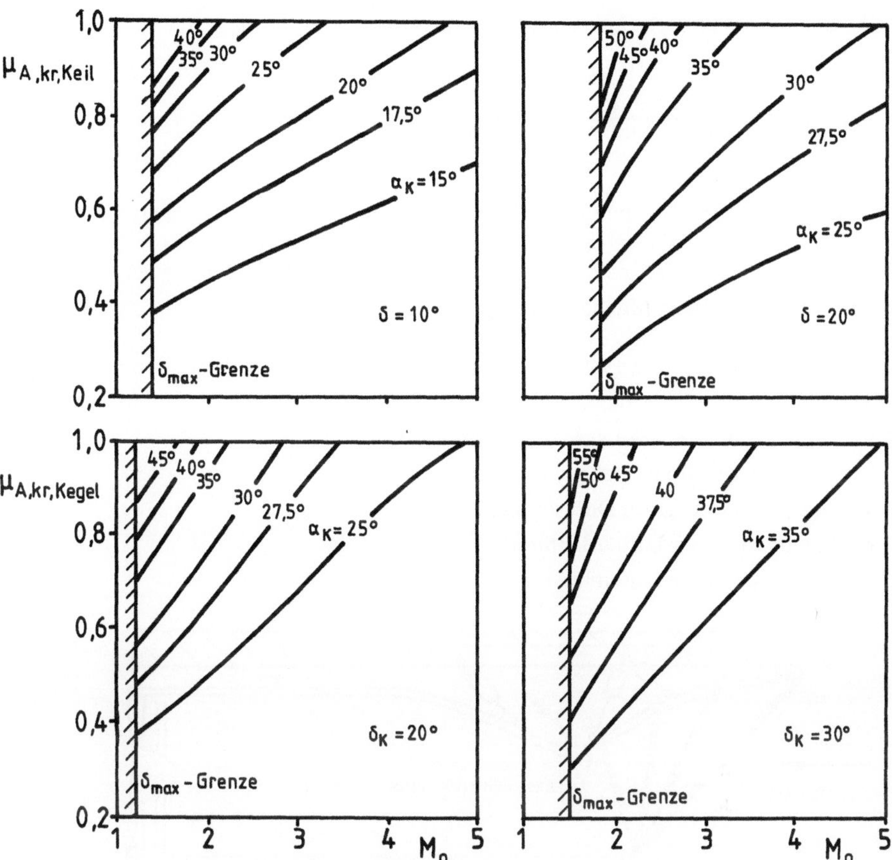

Bild 11.33. Kritischer Durchsatzkoeffizient für den Keil- und Kegelstoß

zum Einlaufquerschnitt A_e gilt

$$\frac{A_b}{A_e} = \frac{\sin(\alpha_K - \delta_K)}{\sin \alpha_K}\left[2 - \cos \delta_K \;\frac{\sin(\alpha_K - \delta_K)}{\sin \alpha_K}\right].$$

In entsprechender Weise erhält man das Flächenverhältnis

$$\frac{A_a}{A_{0,kr}} = \frac{\sin(\varepsilon - \delta_K)}{\sin \varepsilon}\left[2 - \cos \delta_K \;\frac{\sin(\varepsilon - \delta_K)}{\sin \varepsilon}\right]$$

und damit für das kritische Einlaufquerschnittsverhältnis

$$\mu_{A,kr,Kegel} \approx \frac{\sin \epsilon \; \sin (\alpha_K - \delta_K)}{\sin \alpha_K \sin (\epsilon - \delta_K)} \; \frac{2 - \cos \delta_K \sin (\alpha_K - \delta_K)/\sin \alpha_K}{2 - \cos \delta_K \sin (\epsilon - \delta_K)/\sin \epsilon} \; . \tag{11.99}$$

In Bild 11.33 sind die Ergebnisse einiger $\mu_{A,kr}$-Berechnungen zusammengestellt.

Zur Regelung der Einlaufgeometrie können folgende, zum Teil aber nur bei ebenen Stoßdiffusoren realisierbare, Maßnahmen angewandt werden:

* Veränderung der axialen Lage der Einlauflippe,
* Veränderung der Einlauflippenneigung,
* Veränderung der axialen Lage des Stoßdiffusors,
* Veränderung der Stoßrampenwinkel,
* Veränderung des engsten Diffusorquerschnitts,
* Betätigung seitlicher Luftauslaßtüren,
* Betätigung seitlicher Lufteinlaßtüren.

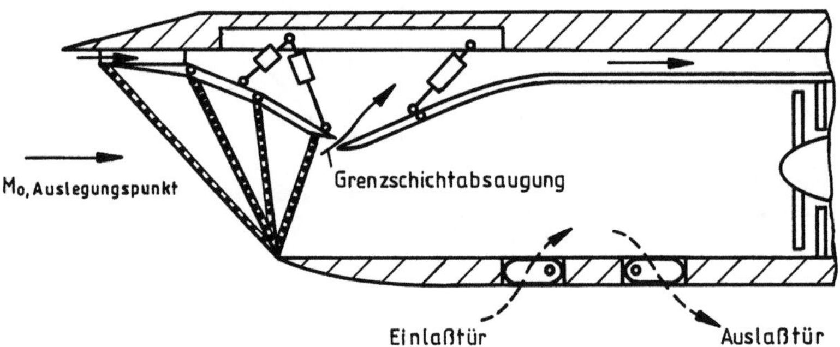

Bild 11.34. Schema eines regelbaren Mehrstoß-Keildiffusors

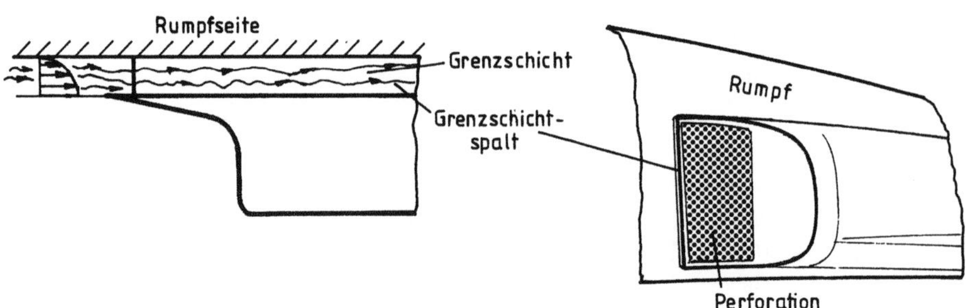

Bild 11.35. Schema eines Seiteneinlaufs

Bild 11.34 zeigt das Schema eines Mehrstoß-Keildiffusors in der Konfiguration für die Flugmachzahl des Auslegungspunktes. Durch hydraulische Verstelleinrichtungen werden hier die Neigungen der Stoßrampen und damit auch der engste Diffusorquerschnitt verändert. Die im transsonischen Bereich vom Triebwerk nicht aufzunehmenden Luftmassen können durch die Auslaßtür entweichen. Beim Start und im unteren Fluggeschwindigkeitsbereich, in dem die Luft entsprechend dem A_0/A_e-Verlauf von Bild 11.30 auch die scharfe Kante der Einlauflippe umströmen müßte (siehe auch Bild 11.20), wird die seitliche Einlaßtür geöffnet. Die an den Stoßrampen aufgebaute Grenzschicht wird von einer Ejektor-Schubdüse (siehe Kap. 14.2) durch den auch zur äußeren Kühlung und zur Entfernung etwaiger Kraftstoff- oder Öldampfansammlungen von Luft durchströmten Ringraum zwischen dem Triebwerksmantel und der Triebwerksverkleidung abgesaugt. Bei Einläufen, die am Flugzeugrumpf angeordnet sind, sind übrigens auch die Rumpfgrenzschichten zu berücksichtigen. Die Skizze von Bild 11.35 zeigt zum Beispiel einen Seiteneinlauf, bei dem das Eindringen der Rumpfgrenzschicht durch einen ausreichenden Abstand der Stoßdiffusorkante zur Rumpfoberfläche verhindert wird. Überschüssige Luft wird hier in sehr einfacher Weise durch eine Wandperforation abgeleitet.

Abschließend soll jetzt noch am Beispiel eines Staustrahltriebwerks die Wirkung einiger Regelungsmaßnahmen untersucht werden. Mit der Ebenenbezeichnung von Bild 9.1 gilt hier - mit Berücksichtigung von (3.28) und der Kontinuitätsbedingung - für das Verhältnis des Zulaufstromröhrenquerschnitts A_0 zum Querschnitt A_1 am Eingang der Brennkammer

$$\frac{A_0}{A_1} = \mu_A \frac{A_e}{A_1} = \pi_E \frac{M_1}{M_0} \left[\frac{1 + (\kappa - 1) M_0^2/2}{1 + (\kappa - 1) M_1^2/2} \right]^{\frac{\kappa+1}{2(\kappa-1)}} . \tag{11.100}$$

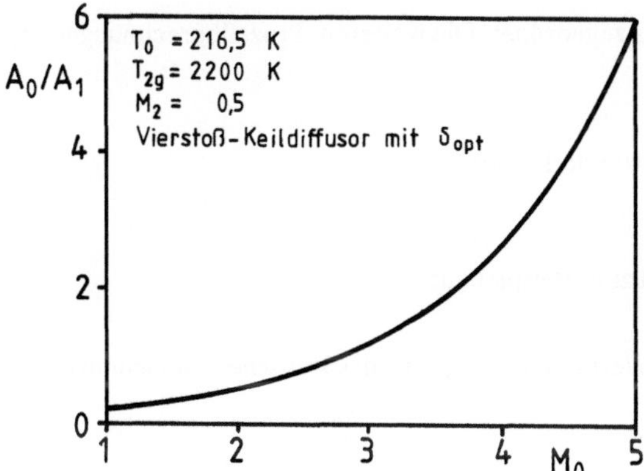

Bild 11.36. Einlaufquerschnittsverhältnis bei einem Staustrahltriebwerk

Wird neben der Gesamttemperatur T_{1g} = $f(T_0, M_0)$ die Verbrennungstemperatur T_{2g} und mit dem Querschnittsverhältnis A^*_{SD}/A_2 auch die *Mach*-Zahl M_2 am Ende der Brennkammer vorgegeben, dann liegt damit - bei einer zylindrischen Brennkammer nach (7.13) - auch die Brennkammer-Eingangsmachzahl M_1 fest. Der Kurvenverlauf von Bild 11.36 macht deutlich, daß sich das Querschnittsverhältnis A_0/A_1 mit der Flugmachzahl noch stärker ändert als bei dem TL-Triebwerksbeispiel von Bild 11.30. (Bei großen Fluggeschwindigkeiten wird der Auffangquerschnitt wieder wesentlich größer als der Triebwerksquerschnitt. Bei einem Kombinationstriebwerk nach dem Schema von Bild 9.4 könnte also auch der Bauraum sehr gut genutzt werden.)

Den nachfolgenden Rechnungen wird jetzt ein Staustrahltriebwerk mit folgenden Daten zu Grunde gelegt:

Umgebungstemperatur: T_0 = 216,5 K;
Verbrennungstemperatur im Auslegungspunkt (Index A): $(T_{2g})_A$ = 2200 K;
Mach-Zahl am Brennkammerende: M_2 = 0,35;
Auslegungs-Flugmachzahl: M_0 = 3,0;
Kritisches Einlaufquerschnittsverhältnis: $(\mu_{A,kr})_A$ = 1;
Halber Öffnungswinkel eines Zweistoß-Kegeldiffusors: δ_K = 30°;
Laval-Schubdüse mit $A_{3,max}$ = A_2 = A_1 und A^*_{SD}/A_2 = 0,558.

Diesen Auslegungsdaten sind die Werte
$(\varepsilon)_A$ = $(\alpha_K)_A$ = 39,5°
für den Schrägstoßwinkel,
π_E = 0,55
für das Einlaufdruckverhältnis und
A_e/A_1 = $(A_0/A_1)_A$ = 0,653
für das Einlaufquerschnittsverhältnis zugeordnet. Die weiteren Prozeßberechnungen ergeben für den relativierten Schub
F/A_1p_0 = 6,01
und für den schubspezifischen Kraftstoffverbrauch
b_F = 259 g/Nh.

Bei Verringerung der Flugmachzahl zum Beispiel auf
M_0 = 2,5
erhält man bei unverändertem α_K-Wert aus (11.99) für das kritische Querschnittsverhältnis
$\mu_{A,kr}$ = 0,835
und damit
A_0/A_1 = $\mu_{A,kr} A_e/A_1$ = 0,545.

Diesem Querschnittsverhältnis entspricht nach (11.100) eine Brennkammer-Eingangs-

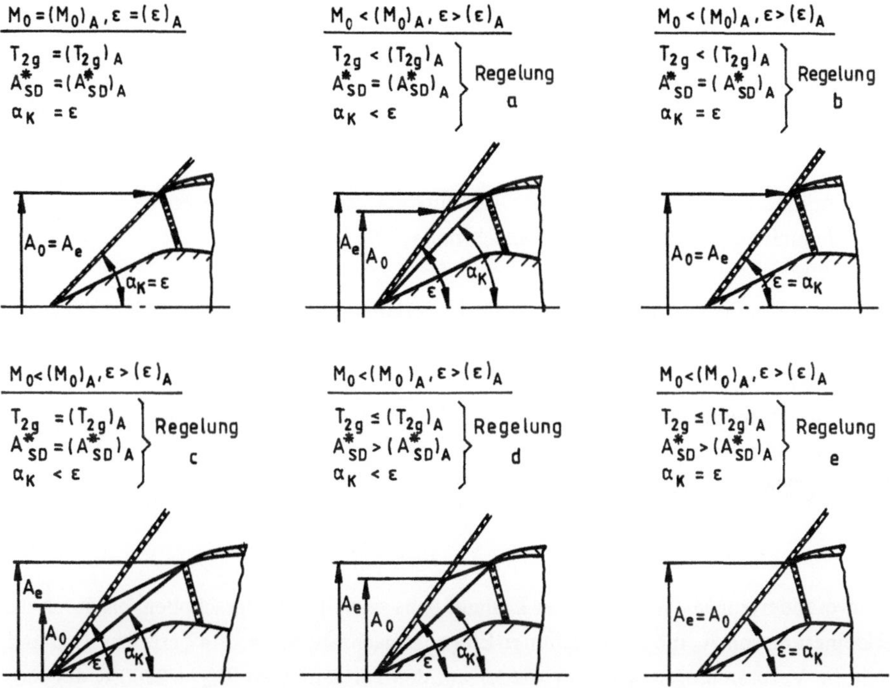

Bild 11.37. Regelungsvarianten bei einem Staustrahltriebwerk

machzahl von
$M_1 = 0{,}171$.
Bei unveränderten T_{2g}- und M_2-Werten folgt aber (mit $T_{1g} = 487$ K) aus (7.13)
$M_1 = 0{,}147$.
Die Schluckfähigkeit des Triebwerks ist also zu klein.

Zur Verhinderung eines instabilen Diffusorbetriebs können nun verschiedene Regelungsmaßnahmen angewandt werden. Wir wollen hier die Wirkung der in Bild 11.37 zusammengestellten Regelungsfälle [17] untersuchen.

Fall a:

Die Verbrennungstemperatur wird so weit verringert, daß der Brennkammer-Ausgangsmachzahl von $M_2 = 0{,}35$ eine Brennkammer-Eingangsmachzahl von $M_1 = 0{,}171$ zugeordnet ist. Dazu ist die Brennkammertemperatur auf
$T_{2g} = 1659$ K

abzusenken. Mit Berücksichtigung des durch $\mu_{A,kr} < 1$ bedingten Zusatzwiderstands ergibt die weitere Rechnung

$F/A_1p_0 = 3{,}17,$

$b_F = 251 \text{ g/Nh}.$

Fall b:

Bei unverändertem M_2-Wert wird der Einlaufkonus so weit eingezogen, daß $\mu_{A,kr} = 1$ wird und damit der Zusatzwiderstand verschwindet. Die jetzt auf

$M_1 = 0{,}207$

vergrößerte Brennkammer-Eingangsmachzahl verlangt eine Reduzierung der Verbrennungstemperatur auf

$T_{2g} = 1168 \text{ K}.$

Für den Schub und für den schubspezifischen Kraftstoffverbrauch erhält man

$F/A_1p_0 = 2{,}55,$

$b_F = 217 \text{ g/Nh}.$

Fall c:

Bei unverändertem M_2-Wert wird der Einlaufkonus so weit herausgeschoben, bis durch die Verkleinerung von A_0 die Brennkammer-Eingangsmachzahl $M_1 = 0{,}147$ erreicht wird und damit die Verbrennungstemperatur wieder auf den Ausgangswert $T_{2g} = 2200 \text{ K}$ angehoben werden kann. Dabei wird das kritische Querschnittsverhältnis

$\mu_{A,kr} = 0{,}719.$

Der Zusatzwiderstand wird also noch größer als im Fall a. Die weiteren Rechnungen ergeben die Schub- und Kraftstoffverbrauchswerte

$F/A_1p_0 = 3{,}59,$

$b_F = 279 \text{ g/Nh}.$

Fall d:

Bei unveränderter Einlaufgeometrie, das heißt bei $M_1 = 0{,}171$, wird der engste Schubdüsenquerschnitt und damit die Brennkammer-Ausgangsmachzahl so weit vergrößert, daß die Stützmasse wieder bis auf $T_{2g} = 2200 \text{ K}$ aufgeheizt werden kann. Das Schubdüsenquerschnittsverhältnis wird dann

$A^*_{SD}/A_2 = 0{,}662$

und die Brennkammer-Ausgangsmachzahl

$M_2 = 0{,}430.$

Für den Schub und für den schubspezifischen Kraftstoffverbrauch erhält man

$F/A_1p_0 = 4{,}25,$

$b_F = 273 \text{ g/Nh}.$

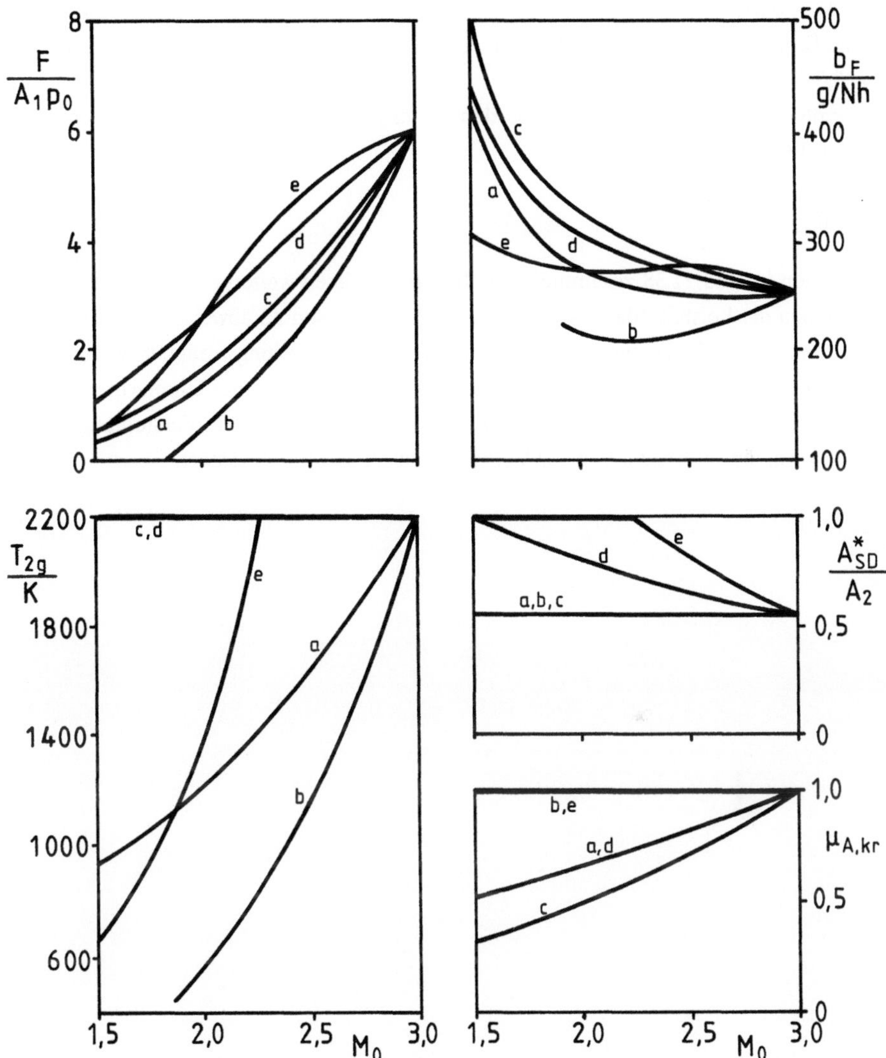

Bild 11.38. Betriebsdaten eines Staustrahltriebwerks bei unterschiedlicher Regelung

Fall e:

Hier handelt es sich um eine Kombination der Regelungsfälle b und d. Die Brennkammer-Eingangsmachzahl ist also wieder $M_1 = 0{,}207$. Zur Aufheizung bis auf $T_{2g} = 2200$ K ist das Schubdüsenquerschnittsverhältnis auf

$A^{*}_{SD}/A_2 = 0,835$

bzw. die Brennkammer-Austrittsmachzahl auf

$M_2 = 0,597$

zu vergrößern. Für den Schub und für den schubspezifischen Kraftstoffverbrauch erhält man hier die Werte

$F/A_1 p_0 = 4,98,$

$b_F = 280 \text{ g/Nh}.$

Wie aus den in Bild 11.38 zusammengestellten Ergebnissen weiterer Rechnungen hervorgeht, können die Leistungsdaten bei einer vom Auslegungspunkt abweichenden Flugmachzahl in sehr weiten Grenzen durch die Art der Triebwerksregelung verändert werden. Hier sei nur noch angemerkt, daß auch die Regelungsvariante e schon bei Unterschreiten einer Flugmachzahl von $M_0 \approx 2,25$, bei der mit $M_2 = 1$ die thermische Verstopfungsgrenze erreicht wird, eine Verringerung der Verbrennungstemperatur erfordert.

12 Strömungsmaschinen

12.1 Berechnungsgrundlagen

12.1.1 Verdichter

Mit dem Hinweis auf die eingehende Lehrstoffbehandlung in der Fachliteratur des Turbomaschinenbaus [27, 44, 45] sollen hier die Ausführungen von Kap. 4.3 nur noch in einigen Punkten etwas ergänzt werden.

Wir hatten schon zu der Skizze von Bild 4.7 angemerkt, daß bei der Strömungsumlenkung in einem Verdichter die Abströmrichtung nach dem Schaufelgitter nicht identisch ist mit der z.B. beim Laufrad durch den Winkel β_2 definierten Schaufelrichtung am Ausgang des Gitters. Im Unterschied zu dem im linken Teil von Bild 12.1 dargestellten, theoretischen Fall, in dem sich die Umfangskraft auf unendlich viele Schaufeln verteilt und damit die einzelnen Schaufeldruckkräfte verschwindend klein werden, erzwingen die im Realfall auftretenden Druckunterschiede zwischen den Schaufelvorderseiten und -rückseiten den in der Bildmitte schematisch wiedergegebenen Strömungsverlauf. Hier ergeben die bei einem bestimmten Gesamtdruckwert in einem Kanalquerschnitt unterschiedlichen statischen Drücke auch entsprechend unterschiedliche Strömungsgeschwindigkeiten, was in der Zeichnung durch die Veränderung der Stromröhrenquerschnitte angedeutet ist. Die mit der Schaufelkontur zusammenlaufenden Stromlinien werden kurz vor und kurz hinter dem Gitter in Richtung auf die Schaufelunterdruckseiten abgelenkt, so daß weder am Eingang noch am Ausgang die Richtung der ungestörten bzw. der wieder ausgeglichenen Parallelströmung mit der Schaufelrichtung übereinstimmt. Die für die Leistungsaufnahme maßgebliche Strömungsumlenkung der Verdichterstufe ist also kleiner als bei einer unendlichen Schaufelzahl. Diese "Minderleistung" wird beim Verdichter durch die endliche Schaufeldicke und durch den Einfluß der Strömungsgrenzschichten noch verstärkt [27]. Beides bewirkt nämlich eine Verengung des Strömungskanals, so daß die Meridiangeschwindigkeit $c_{m2,K} = w_{m2,K}$ am Ende des Schaufelkanals (Index K) größer ist als die Geschwindigkeit

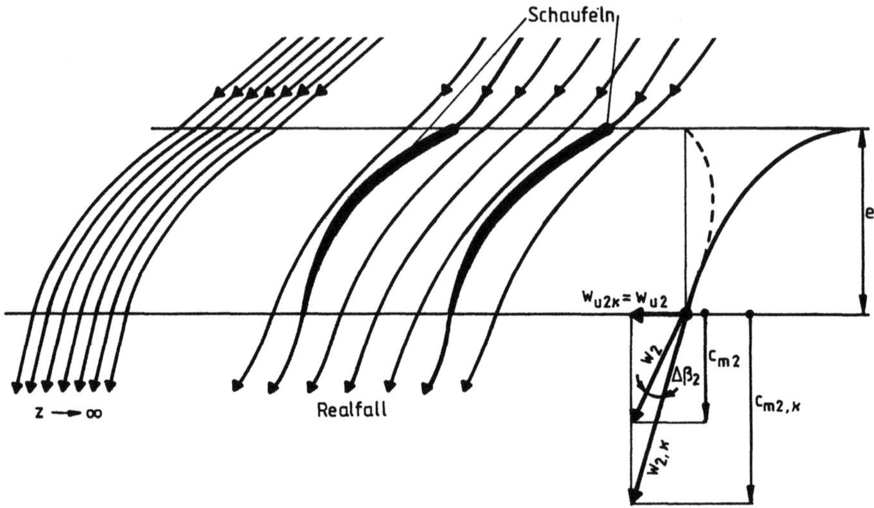

Bild 12.1. Gitterströmung

c_{m2} in der Strömung nach dem Gitter. Da nun nach dem Drehimpulssatz die Umfangskomponenten w_{u2} und $w_{u2,K}$ gleich groß sind, muß sich die Richtung der Abströmgeschwindigkeit w_2 entsprechend der rechten Skizze von Bild 12.1 um den Winkel $\Delta\beta_2$ verändern, wodurch die Strömungsumlenkung noch weiter verringert wird.

Es sei jetzt gleich an dieser Stelle darauf hingewiesen, daß diese Winkeländerung der Abströmrichtung bei einer Turbine, deren Schaufelform im rechten Teil von Bild 12.1 gestrichelt eingezeichnet ist, der durch die endliche Schaufelzahl bedingten Verringerung der Strömungsumlenkung entgegenwirkt. Bei der Auslegung einer Turbinenbeschaufelung können deshalb die Unterschiede zwischen den Strömungs- und Schaufelwinkeln vernachlässigt werden.

Mit den Abkürzungen

r = Achsabstand des Schaufelschnitts,

e = axiale Schaufellänge,

z = Anzahl der Laufschaufeln,

kann beim Axialverdichter für die bereits definierte Minderleistungszahl nach [27] angeschrieben werden

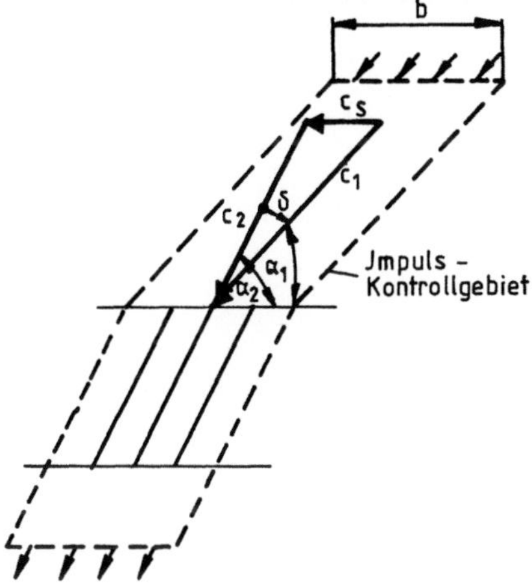

Bild 12.2. Stoßverlust bei der Gitterströmung

$$p = \left(1{,}2 + \frac{\beta_2^{\,\circ}}{50^{\circ}}\right) \frac{r}{z\,e} \cdot \qquad (12.1)$$

Bei vorgegebener Schaufelzahl und -geometrie liegt damit nach (4.47) die - z.B. auf den mittleren Schaufelschnitt bezogene - spezifische Arbeit einer Verdichterstufe fest.

In grober Näherung können nun auch noch die Stufenwirkungsgrade ermittelt werden. Dazu gehen wir aus von der in Bild 12.1 skizzierten, stoßfreien Gitteranströmung, bei der nur die Kanalreibungsverluste zu berücksichtigen sind. Bezeichnen wir den isentropen Stufenwirkungsgrad dieses Arbeitspunktes mit $\overset{\circ}{\eta}_{V,is}$ (= 0,85 bis 0,9) und den zugehörigen Volumenstrom mit $\overset{\circ}{V}_1$, dann kann die spezifische Reibungsarbeit anderer Betriebspunkte aus der Beziehung

$$\Delta H_R = \left(1 - \overset{\circ}{\eta}_{V,is}\right) H_V \left(\frac{\dot{V}_1}{\overset{\circ}{\dot{V}}_1}\right)^2 \qquad (12.2)$$

abgeschätzt werden.

Wie schon in Bild 4.9 dargestellt, ergeben sich in anderen Betriebspunkten durch die plötzlichen Strömungsumlenkungen beim Eintritt in das Lauf- und Leitrad auch noch Stoßverluste. Bei Annahme unendlich dünner und gerader Schaufeln sowie reibungsfreier und inkompressibler Strömung kann der Stoßverlust aus dem Impuls- und Energiesatz ermittelt werden. Betrachtet man in Bild 12.2 die Impulsänderung in der durch den Winkel α_2 gekennzeichneten Strömungsrichtung, dann lautet der auf die Einheit der Gitterhöhe bezogene Impulssatz

$$\Delta p \, b \, \sin \alpha_2 = \dot{m} \, (c_1 \cos \delta - c_2) = \varrho \, b \, c_2 \sin \alpha_2 \, (c_1 \cos \delta - c_2) \, .$$

Die statische Druckdifferenz wird also

$$\Delta p = \varrho \, c_2 \, (c_1 \cos \delta - c_2) \, .$$

Bei verlustloser Strömung gilt nach der *Bernoulli*-Gleichung

$$\Delta p' = \frac{\varrho}{2} \left(c_1^2 - c_2^2 \right) = \frac{\varrho}{2} \left(c_S^2 + 2 c_1 c_2 \cos \delta - 2 c_2^2 \right) \, .$$

Damit erhält man für den theoretischen Stoßdruckverlust

$$\Delta p_{S,th} = \Delta p' - \Delta p = \frac{\varrho}{2} \, c_S^2 \, . \tag{12.3}$$

In der Praxis sind natürlich die obengenannten Voraussetzungen nicht erfüllt. Hier wird für den Stoßverlust angeschrieben

$$\Delta p_S = \zeta \, \frac{\varrho}{2} \, c_S^2 \, . \tag{12.4}$$

Der Verlustbeiwert ζ kann bei einem Beschleunigungsstoß etwa mit $\zeta_B \approx 0{,}8$ und bei einem Verzögerungsstoß mit $\zeta_V \approx 1{,}5$ angenommen werden.

Übertragen auf die Verdichterströmung gilt also für die spezifische Stoßverlustarbeit im Laufrad (Index La)

$$\Delta H_{S,La} = \zeta_{La} \, \frac{w_S^2}{2} \, .$$

Darin ist w_S die in Bild 4.9 angegebene Stoßkomponente der relativen Eintrittsgeschwindigkeit. Mit der Stoßkomponente c_S am Leitrad (Index Le) wird

$$\Delta H_{S,Le} = \zeta_{Le} \, \frac{c_S^2}{2} \, .$$

Berücksichtigt man beim Laufrad die Proportionalität

$$\frac{w_S}{u} = \frac{\overset{o}{\dot{V}_1} - \dot{V}_1}{\overset{o}{\dot{V}_1}} = 1 - \frac{\dot{V}_1}{\overset{o}{\dot{V}_1}}$$

dann gilt auch

$$\Delta H_{S,La} = \zeta_{La}\,\frac{u^2}{2}\left(1 - \frac{\dot{V}_1}{\overset{o}{\dot{V}_1}}\right)^2 .$$

Bei Vernachlässigung des Einflusses der Kompressibilität und der endlichen Schaufelzahl auf die Richtung von c_2 erhält man einen entsprechenden Ausdruck für den Leitradstoßverlust. Mit $\zeta_{La} \approx \zeta_{Le}$ wird dann die spezifische Stoßverlustarbeit

$$\Delta H_S = \zeta\,u^2\left(1 - \frac{\dot{V}_1}{\overset{o}{\dot{V}_1}}\right)^2 . \tag{12.5}$$

Es sei jetzt noch einmal betont, daß die mit diesen Gleichungen ermittelten Verluste für die Wirkungsgrade nur erste Näherungswerte liefern können. Abgesehen von den Unsicherheiten vor allem bei den Annahmen der Stoßverlustbeiwerte bleiben hier nämlich noch drei weitere Einflüsse unberücksichtigt. Zum einen sei daran erinnert, daß der isentrope Verdichterwirkungsgrad bei einer bestimmten Strömungsverlustarbeit nach (3.69) noch vom Kompressionsverhältnis abhängig ist, was allerdings auch in Rechnung gestellt werden könnte. Es kommt aber noch hinzu, daß bei vorgegebenem Erweiterungsverhältnis eines Verzögerungskanals einem höheren Machzahlniveau auch ein größerer Anstieg des statischen Drucks zugeordnet ist. Zunehmende *Mach*-Zahlen (bzw. Volumenströme oder Drehzahlen) wirken also in bezug auf die Ausbildung der Strömungsgrenzschicht so wie eine Vergrößerung des Kanalerweiterungsverhältnisses bei einer inkompressiblen Strömung, vergrößern also den Verlustbeiwert [46]. Schließlich verursachen die abnehmenden *Reynolds*-Zahlen auch im unteren Durchsatz- bzw. Drehzahlbereich eine Erhöhung des Reibungsverlustfaktors [25].

Bei den Erläuterungen der Funktionsweise eines Verdichters (Kap. 4.3.1) wurde schon festgestellt, daß die Erhöhung des statischen Drucks sowohl im Laufrad - durch die Verzögerung der Relativgeschwindigkeit von w_1 auf w_2 - als auch im Leitrad - durch die Verzögerung der Absolutgeschwindigkeit von c_2 auf c_3 - erfolgen kann. Mit dem Reaktionsgrad

$$r = \frac{h_{2,is} - h_1}{H_{V,is}} \tag{12.6}$$

kennzeichnet man das Verhältnis der statischen Druck- bzw. der entsprechenden isentropen Enthalpiezunahme im Laufrad zur Gesamtdruck- bzw. zur isentropen Gesamtenthalpieerhöhung der Verdichterstufe. (Die Indizes beziehen sich auf die Ebenenbezeichnung von Bild 4.7 und $H_{V,is}$ ist hier wieder die isentrope Verdichtungsarbeit einer Kompressorstufe.) Vereinfachend kann der Reaktionsgrad aber auch auf die verlustlose Strömung bezogen und beim Axialverdichter mit Berücksichtigung von (4.41) angeschrieben werden

$$r = \frac{w_1^2 - w_2^2}{2u\,(c_{u2} - c_{u1})} = \frac{w_{u1}^2 - w_{u2}^2}{2u\,(c_{u2} - c_{u1})} = \frac{(w_{u1} - w_{u2})\,(w_{u1} + w_{u2})}{2u\,(c_{u2} - c_{u1})} \; .$$

Führt man noch den mittleren Relativgeschwindigkeitsvektor $w_\infty = (w_1 + w_2)/2$ ein, dann erhält man aus Bild 12.3 für $c_{m1} = c_{m2}$ die einfache Beziehung

$$r = -\frac{w_{\infty u}}{u} \; . \tag{12.7}$$

Bild 12.3 zeigt die Geschwindigkeitsdreiecke und die zugehörigen Schaufelformen für unterschiedliche Reaktionsgrade bei konstanten Werten für u, Δc_u und c_m. (Vereinfachend werden auch hier wieder die Meridiangeschwindigkeit am Gittereingang und -ausgang als gleich groß angenommen.) Diesem Bild sind bereits einige wichtige Hinweise auf den Zusammenhang zwischen dem Reaktionsgrad und den Leistungsdaten eines Kompressors zu entnehmen.

Bei der Auslegung eines Verdichters ist man natürlich darum bemüht, zur Minimierung des Bauvolumens und des Baugewichts bei guten Wirkungsgraden möglichst große Stufendruckverhältnisse und Massendurchsätze zu realisieren. Die maximale Gesamtdruckerhöhung einer Verdichterstufe wird vorgegeben durch die aerodynamische Belastungsgrenze der Beschaufelung, das heißt durch die ohne Abreißgefahr noch mögliche Strömungsumlenkung ($\psi_{V,max} \approx 0{,}6$) und durch die Schaufelumfangsgeschwindigkeit. Der Massendurchsatz wird begrenzt durch die zulässigen *Mach*-Zahlen M_{w1} und M_{c2}, die zur Vermeidung örtlicher Überschallgeschwindigkeiten und der damit verbundenen Verdichtungsstöße einen Wert von $M_{w1,max} = M_{c2,max} \approx 0{,}85$ nicht überschreiten sollten. Daraus ergeben sich auch entsprechende Grenzwerte für die axialen Zuströmmachzahlen und für die Umfangsgeschwindigkeiten der Laufräder. (In den Außenschnitten der Kopfstufen eines Verdichters und der Fan-Beschaufelungen arbeitet man auch schon mit Überschallgeschwindigkeiten, wobei die Kompression dann teilweise durch Verdichtungsstöße erfolgt. Auf solche transsonischen Schaufelauslegungen - Unterschallströmung im Schaufelnabenbereich und Überschallströmung im Schaufelspitzenbereich - soll hier aber nicht weiter eingegangen werden.)

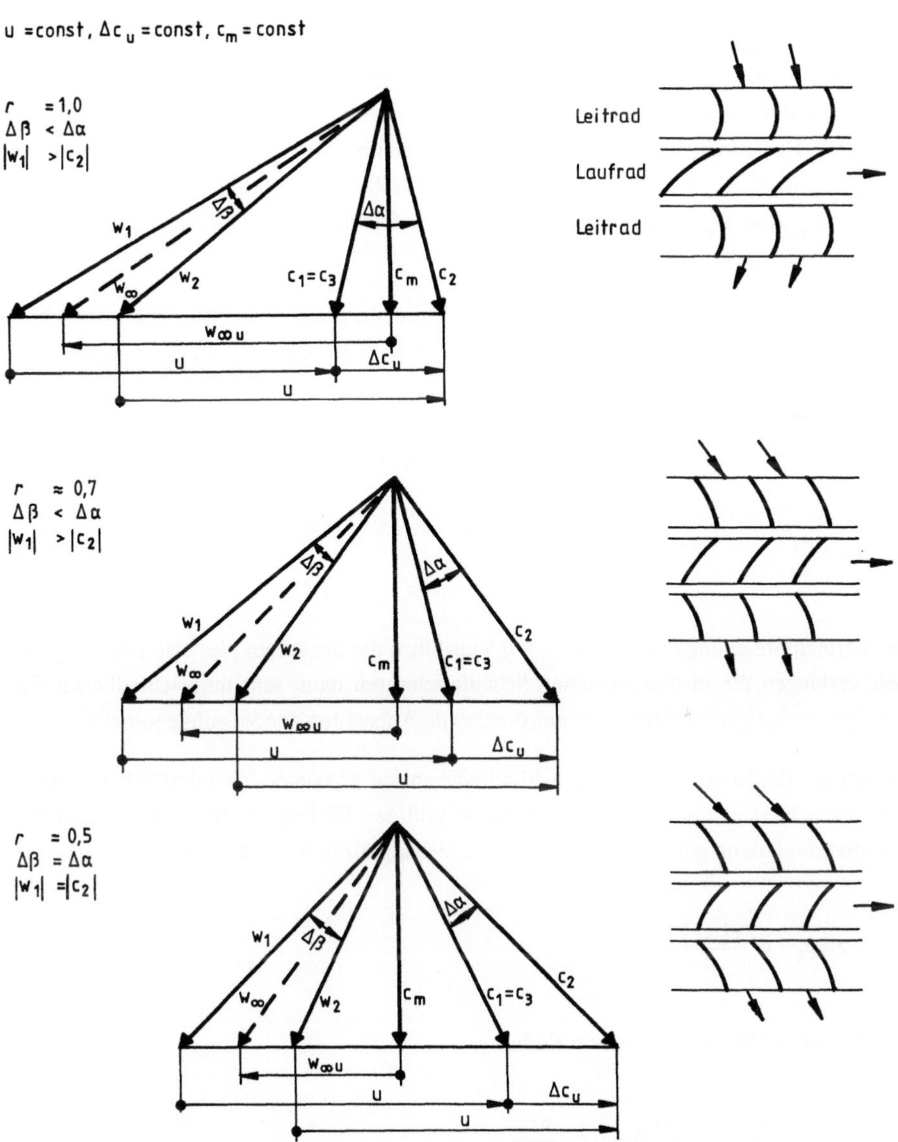

Bild 12.3. Verdichterstufen mit unterschiedlichem Reaktionsgrad

Bei einem Reaktionsgrad von $r = 1,0$ erfolgt nun die statische Drucksteigerung - ohne Erhöhung der kinetischen Energie - allein im Laufrad. Im Leitrad wird die Strömung dann nur noch umgelenkt. Hier wirkt sich zum einen die große Relativgeschwindigkeit w_1 bzw. das große Geschwindigkeitsverhältnis w_1/u auf die zulässige Umfangsgeschwindigkeit und

256

damit sowohl auf die Durchsatzfähigkeit also auch auf die spezifische Stufenverdichtungs-arbeit negativ aus. Außerdem ist auch die ungleichmäßige aerodynamische Belastung der Lauf- und Leitschaufeln von Nachteil für die erzielbaren Druckerhöhungen. Die Strö-mungsverhältnisse werden günstiger in dem Beispiel mit $r = 0,7$ und optimal bei $r = 0,5$. Im letzten Fall erhält man bei spiegelbildlich gleicher Ausführung der Lauf- und Leit-radschaufeln gleiche Werte für die aerodynamische Schaufelbelastung und für die *Mach*-Zahlen M_{w1} und M_{c2}. Hier können also die Schaufelbelastungs- und Machzahlgrenzen in beiden Schaufelgittern voll ausgenutzt werden.

Zu berücksichtigen ist aber jetzt auch noch die radiale Ausdehnung des Strömungsfeldes. Bisher hatten wir ja immer nur einen einzigen Schaufelschnitt betrachtet, wobei still-schweigend vorausgesetzt wurde, daß der Strömungsverlauf in dieser Schaufelschnittebene repräsentativ ist für die Energieumsetzung im gesamten Schaufelkanal. Da man nun zur Bereitstellung großer Strömungsquerschnitte das Radien- bzw. Nabenverhältnis

$$\nu = \frac{r_i}{r_a} \tag{12.8}$$

am Verdichtereingang etwa mit $\nu_{V,e} \approx 0,5$ ausführt, die Schaufeln hier also sehr lang wer-den, verlangen die in den einzelnen Schaufelschnitten dann sehr unterschiedlichen Um-fangsgeschwindigkeiten auch eine entsprechende Anpassung der Schaufelgeometrie.

Gehen wir davon aus, daß sich die Fluidteilchen auf koaxialen Zylinderflächen bewegen und vernachlässigen wir die Kompressibilität und den Einfluß der Reibung auf den Strö-mungsverlauf, dann gilt nach der *Bernoulli*-Gleichung für den statischen Druck

$$p = p_g - \varrho\, \frac{c_m^2 + c_u^2}{2}$$

und für seine Ableitung nach dem Radius

$$\frac{dp}{dr} = \frac{dp_g}{dr} - \varrho\, c_m\, \frac{dc_m}{dr} - \varrho\, c_u\, \frac{dc_u}{dr} \quad .$$

Mit der statischen Druckdifferenz

$$dp = \varrho\, \frac{c_u^2}{r}\, dr$$

im Fliehkraftfeld der rotierenden Strömung erhält man die Differentialgleichung der Turbomaschinenströmung

$$\frac{1}{\varrho}\frac{dp_g}{dr} = c_m\frac{dc_m}{dr} + \frac{c_u^2}{r} + c_u\frac{dc_u}{dr} \; .$$ (12.9)

Die durch diese Gleichung vorgegebenen Möglichkeiten der Schaufelauslegung sollen hier nur an einem Beispiel erläutert werden. Wenn zur Vermeidung von Mischungsverlusten und zur bestmöglichen Ausnutzung der Schaufellänge vom Radius unabhängige Meridiangeschwindigkeiten und Gesamtdrucksteigerungen angestrebt werden, dann erhält man aus (12.9) mit $dp_g/dr = 0$ und $dc_m/dr = 0$ die Bedingung

$$\frac{c_u}{r} + \frac{dc_u}{dr} = 0$$

oder integriert die Gleichung eines Potentialwirbels

$$r\, c_u = const \; .$$ (12.10)

Bild 12.4 zeigt die Geschwindigkeitsdreiecke und die Schaufelformen eines nach diesem Drallgesetz ausgelegten Verdichterlaufrads. Die Forderung nach einer konstanten Gesamtdruckerhöhung, also nach konstanten Werten des Produkts $u\Delta c_u$ verlangt eine am inneren Schaufelschnitt wesentlich stärkere Strömungsumlenkung (aerodynamische Schaufelbelastung) als am Außenschnitt und führt zu der in der Skizze angedeuteten Schaufelverwindung. Darüber hinaus ergeben sich im Bereich der Schaufelspitze bei größeren Reaktionsgraden auch große M_{w1}-Werte, so daß insgesamt diese rechnungsmäßig sehr einfach zu behandelnde Schaufelgeometrie keine guten Leistungsdaten liefert. Sie wird deshalb bei Flugtriebwerken im allgemeinen auch nur für die Endstufen eines Verdichters angewandt, in denen das Machzahlproblem durch die höheren Lufttemperaturen entschärft ist und bei den hier nun wesentlich größeren Nabenverhältnissen auch die aerodynamischen Belastungsunterschiede zwischen den inneren und äußeren Schaufelschnitten weitgehend abgebaut werden. (Mit Rücksicht auf den bei kleinen Schaufelhöhen verstärkten Einfluß der Spaltverluste wird das Nabenverhältnis am Verdichterausgang etwa auf $\nu_{Va} \approx 0{,}90$ begrenzt.) Für die ersten Verdichterstufen werden deshalb Drallverteilungen z.B. mit $c_u = const$, $c_u/r = const$ (Festkörperwirbel) oder mit konstantem Reaktionsgrad angewandt. Dabei können dann aber entweder die Gesamtdruckerhöhungen oder die Meridiangeschwindigkeiten nicht mehr konstant sein. Eine Veränderung der Meridiangeschwindigkeitsverteilung am Eingang und Ausgang eines Gitters bedeutet übrigens auch eine Krümmung der Stromlinien, so daß unsere Annahme eines koaxialen Stromlinienver-

$c_m = \text{const}, \quad u \, \Delta c_u = \text{const}$

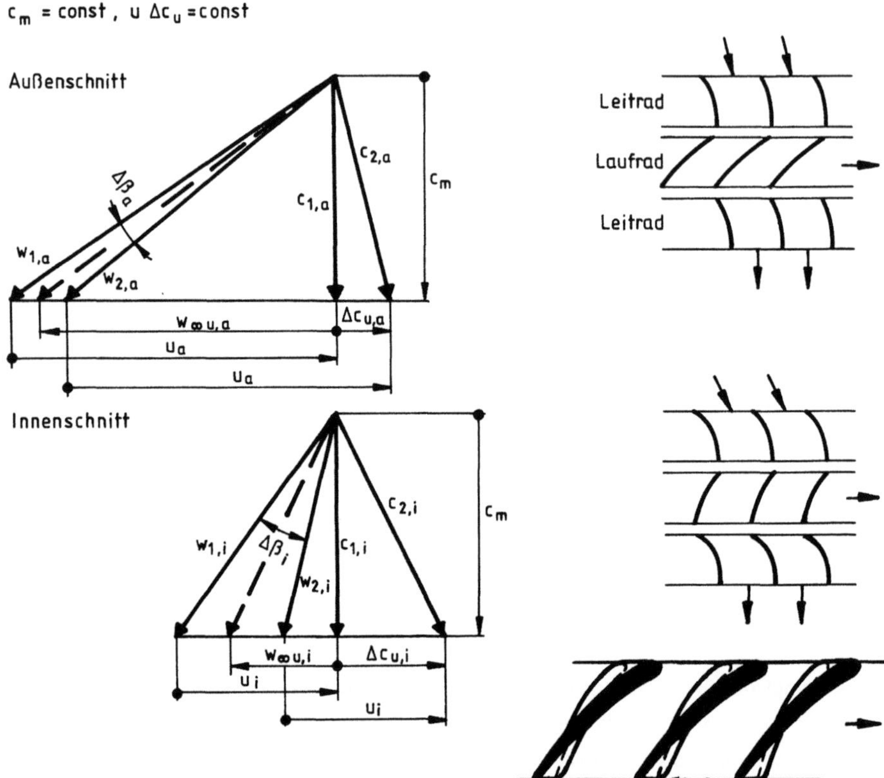

Bild 12.4. Geschwindigkeitsdreiecke und Schaufelformen auf unterschiedlichen Radien einer Verdichterstufe bei einer Auslegung mit konstantem Drall

laufs dann nicht mehr zutreffend ist. In diesem Fall muß die Differentialgleichung 12.9 noch durch den Fliehkraftterm c^2_m/R ergänzt werden, wobei R der Krümmungsradius der Stromlinien ist.

Als ein weiterer Richtwert für die Schaufeldimensionierung sei schließlich noch angegeben, daß das Verhältnis der Schaufelsehnenlänge s zur Schaufelteilung t nach [45] etwa mit $s/t \approx 2\Delta w_u/w_\infty$ ausgeführt werden sollte.

12.1.2 Turbinen

Wie vorstehend schon begründet, kann man der rechnerischen Auslegung einer Turbinen-beschaufelung als Abströmrichtungen des Arbeitsmediums die Ausgangsrichtungen der Schaufeln zugrunde legen. Wir wollen hier nun eine solche Auslegungsrechnung mit einem Zahlenbeispiel erläutern, wobei aber zunächst noch die verlustbehaftete Düsenströmung etwas genauer zu beschreiben ist [17].

Mit dem in (4.36) eingeführten Verlustbeiwert φ gilt für das Verhältnis des realen Enthal-piegefälles H zum isentropen Enthalpiegefälle H_{is} bei der Expansion von einem durch den Index 0 gekennzeichneten Ausgangszustand

$$\frac{H}{H_{is}} = \varphi^2 = \frac{c_p(T_{0g}-T)}{c_p(T_{0g}-T_{is})} \; .$$

(12.11)

Daraus erhält man mit der Isentropengleichung für das Verhältnis k_T der Expansionsend-temperatur T bei verlustbehafteter Entspannung zu der Endtemperatur T_{is} bei verlustloser Strömung

$$k_T = \frac{T}{T_{is}} = \frac{1-\varphi^2}{(p/p_{0g})^{\frac{\kappa-1}{\kappa}}} + \varphi^2 \; .$$

(12.12)

Für das entsprechende Dichteverhältnis gilt dann

$$\frac{\varrho}{\varrho_{is}} = \frac{1}{k_T}$$

(12.13)

und für das Verhältnis der Massenströme

$$\frac{\dot{m}}{\dot{m}_{is}} = \frac{\varrho\,w}{\varrho_{is}w_{is}} = \frac{\varphi}{k_T} \; .$$

(12.14)

Da φ und $1/k_T < 1$ sind, wird also der reale Massenstrom kleiner als bei einer verlustlosen Strömung. Mit Berücksichtigung von (3.5) erhält man die reale Massenstromdichte aus

$$\frac{\dot{m}}{A} = \varphi\,w_{is}\,\frac{\varrho_{is}}{k_T} = \frac{\varphi\sqrt{R\,T_{0g}\,2\kappa/(\kappa-1)\left[1-(p/p_{0g})^{\frac{\kappa-1}{\kappa}}\right]}\,\varrho_{0g}}{(1-\varphi^2)\,(p_{0g}/p)+\varphi^2(p_{0g}/p)^{\frac{1}{\kappa}}} \; .$$

(12.15)

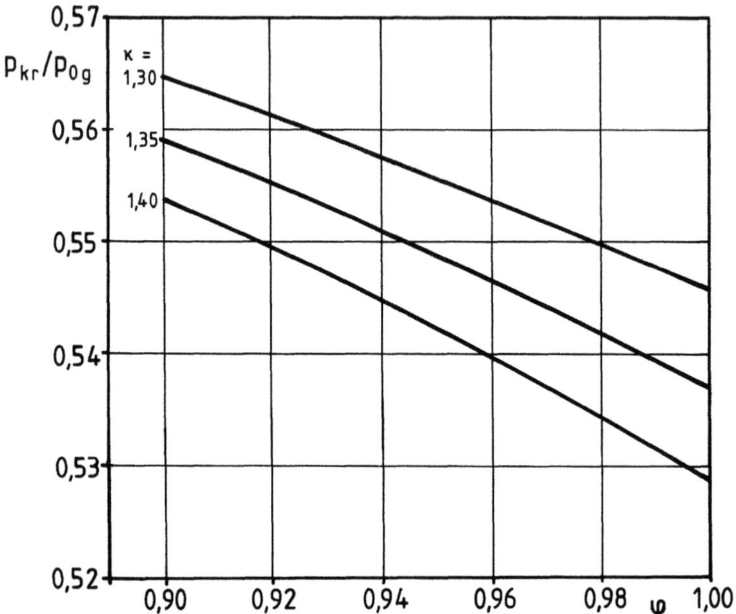

Bild 12.5. Kritische Druckverhältnisse bei verlustbehafteter Düsenströmung

Für das kritische Druckverhältnis, bei dem der Massenstrom ein Maximum erreicht, ergibt die entsprechende Auswertung dieser Gleichung das Ergebnis

$$\frac{p_{kr}}{p_{0g}} = \left\{ \frac{3\varkappa+1-(3\varkappa-1)/\varphi^2}{2(\varkappa+1)} + \sqrt{\left[\frac{3\varkappa+1-(3\varkappa-1)/\varphi^2}{2(\varkappa+1)}\right]^2 + \frac{2\varkappa(1/\varphi^2-1)}{\varkappa+1}} \right\}^{\frac{\varkappa}{\varkappa-1}} \qquad (12.16)$$

In Bild 12.5 ist dieses kritische Druckverhältnis für einige $\varkappa$ -Werte als Funktion des Verlustfaktors φ aufgetragen. Es wird also etwas größer als bei isentroper Expansion. (Zur Unterscheidung von den früher durch ein Sternchen gekennzeichneten kritischen Zustandswerten der verlustlosen Strömung benutzen wir hier jetzt den Index kr.)

Für die kritische Strömungsgeschwindigkeit

$$w_{kr} = \varphi \sqrt{\frac{2\varkappa}{\varkappa-1} R\, T_{0g} \left[1 - \left(\frac{p_{kr}}{p_{0g}}\right)^{\frac{\varkappa-1}{\varkappa}}\right]} \qquad (12.17)$$

kann näherungsweise mit $p_{kr} \approx p^*$ angeschrieben werden

$$w_{kr} \approx \varphi \sqrt{\frac{2\kappa}{\kappa+1} \, R \, T_{0g}} \qquad\qquad (12.18)$$

und für das kritische Temperaturverhältnis

$$\frac{T_{kr}}{T_{0g}} = \frac{T^*}{T_{0g}} \, k_T = \frac{T^*}{T_{0g}} \left[\frac{1-\varphi^2}{(P_{kr}/P_{0g})^{\frac{\kappa-1}{\kappa}}} + \varphi^2 \right] \qquad\qquad (12.19)$$

gilt näherungsweise

$$\frac{T_{kr}}{T_{0g}} \approx 1 - \varphi^2 \, \frac{\kappa-1}{\kappa+1} \; . \qquad\qquad (12.20)$$

Die kritische Schallgeschwindigkeit wird dann

$$a_{kr} \approx \sqrt{\kappa \, R \, T_{0g} \left(1 - \varphi^2 \, \frac{\kappa-1}{\kappa+1} \right)} \qquad\qquad (12.21)$$

und die kritische *Mach*-Zahl

$$M_{kr} = \frac{w_{kr}}{a_{kr}} \approx \varphi \sqrt{\frac{2}{\kappa+1-\varphi^2(\kappa-1)}} \; . \qquad\qquad (12.22)$$

Aus dieser Gleichung geht hervor, daß bei einer verlustbehafteten Düsenströmung im engsten Kanalquerschnitt noch keine Schallgeschwindigkeit erreicht wird.

Bei der Auslegung einer Turbinenbeschaufelung kann für den Verlustfaktor der Turbinendüsen (Leitrad) der Wert

$$\varphi_{TD} \approx 0{,}97 \qquad\qquad (12.23)$$

eingesetzt und der Verlustfaktor der Laufradkanäle - in erster Näherung nur als Funktion der Strömungsumlenkung - aus der empirischen Gleichung

$$\varphi_{TL} \approx 0{,}59 \, (\beta_1^\circ + \beta_2^\circ)^{0{,}1} \; , \qquad \varphi_{TL,max} \approx 0{,}97 \qquad\qquad (12.24)$$

ermittelt werden.

262

Wir wollen nun mit unserem Zahlenbeispiel die Betriebsdaten in dem Bezugspunkt B unseres relativierten Turbinenkennfelds von Bild 4.18 nachrechnen (mit $\varkappa_A$ = 1,35 und c_{pA} = 1100 J/kgK). Die dabei verwendeten Zahlenindizes entsprechen wieder den Ebenenbezeichnungen von Bild 4.14. Die auf die Schallgeschwindigkeit a_{0g} bezogenen *Mach*-Zahlen werden mit M' bezeichnet und die mit der Relativgeschwindigkeit w_1 berechneten Gesamtzustandswerte mit einem Querstrich versehen.

Den Mittelschnittrechnungen des Kennfelds lagen folgende Daten zugrunde:

Leitradabströmwinkel: α_1 = 22°,
Laufradabströmwinkel: β_2 = 35,5°,
Umfangsmachzahl im Punkt B: $M'_u = u/a_{0g}$ = 0,40.

Das Turbinenleitrad arbeitet mit kritischem Druckverhältnis, bei $\varphi = \varphi_{TD}$ = 0,97 nach Bild 12.5 also mit

$$\frac{p_1}{p_{0g}} = 0{,}544 \ .$$

Die auf a_{0g} bezogene Leitrad-Ausgangsmachzahl wird dann

$$M'_{c1} = \varphi_{TD} \sqrt{\frac{2}{\varkappa_A - 1} \left[1 - \left(\frac{p_1}{p_{0g}} \right)^{\frac{\varkappa_A - 1}{\varkappa_A}} \right]} = 0{,}89 \ .$$

Für die reale Leitrad-Austrittsmachzahl gilt

$$M_{c1} = M'_{c1} \sqrt{\frac{T_{0g}}{T_1}} \ .$$

Mit dem Temperaturverhältnis

$$\frac{T_{0g}}{T_1} = \frac{1}{1 - M'^2_{c1} (\varkappa_A - 1)/2} = 1{,}16$$

wird diese *Mach*-Zahl

$$M_{c1} = 0{,}954 \ .$$

Wie oben schon festgestellt, bleibt die Leitradaustrittsgeschwindigkeit beim kritischen Druckverhältnis durch den Einfluß der Reibung etwas kleiner als die Schallgeschwindig-

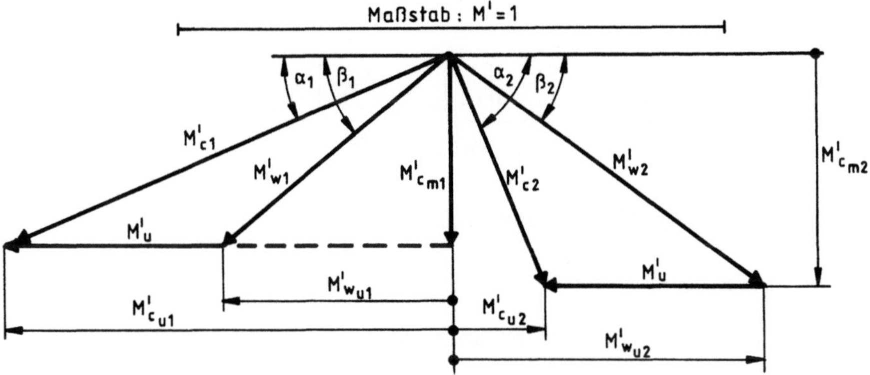

Bild 12.6. Turbinengeschwindigkeitsdreiecke zum Rechnungsbeispiel

keit. Der k_T-Wert wird nach (12.12)

$$k_T = 1{,}01 \ .$$

Die Gleichungen 3.15, 3.16 und 12.14 liefern für den - hier noch mit R multiplizierten und auf den Leitradaustrittsquerschnitt bezogenen - reduzierten Massenstrom

$$\dot{m}'_{red} = \dot{m}\, \frac{\sqrt{T_{0g}}}{p_{0g}}\ \frac{R}{A_1 \sin \alpha_1} = 11{,}00 \ .$$

(A_1 = Leitradausgangsquerschnitt senkrecht zur Richtung von c_{m1}.) Dieser maximale reduzierte Massenstrom ist also der Bezugswert der $\bar{\dot{m}}_3$-Kurven von Bild 4.18. Aus den Geschwindigkeitsdreiecken von Bild 12.6 erhält man

$$M'_{c_{m1}} = M'_{w_{m1}} = M'_{c_1} \sin \alpha_1 = 0{,}33 \ ,$$

$$M'_{c_{u1}} = M'_{c_1} \cos \alpha_1 = 0{,}82 \ ,$$

$$M'_{w_{u1}} = M'_{c_{u1}} - M'_u = 0{,}42 \ ,$$

$$M'_{w_1} = \sqrt{M'^2_{w_{m1}} + M'^2_{w_{u1}}} = 0{,}54 \ ,$$

$$\beta_1 = \arcsin M'_{w_{m1}} / M'_{w_1} = 38{,}3° \ .$$

Mit $\beta_1 + \beta_2 = 73{,}8°$ wird der Laufradverlustbeiwert nach (12.24)

$$\varphi_{TL} \approx 0{,}91 \ .$$

Für den Massenstrom am Laufradaustritt kann entsprechend (12.15) angeschrieben werden

$$\dot{m} = A_2 \sin \beta_2 \;\frac{\varphi_{TL} \sqrt{R\,\overline{T}_{1g}\, 2\kappa_A/(\kappa_A-1)\left[1-(p_2/\overline{p}_{1g})^{\frac{\kappa_A-1}{\kappa_A}}\right]}\;\;\overline{g}_{1g}}{(1-\varphi_{TL}^2)(\overline{p}_{1g}/p_2)+\varphi_{TL}^2(\overline{p}_{1g}/p_2)^{\frac{1}{\kappa_A}}} \quad .$$

Andererseits gilt für diesen Massenstrom auch

$$\dot{m} = A_1 w_{m1}\, g_1$$

und mit der Vorgabe $A_1 = A_2$ die Durchsatzbedingung

$$\frac{\sqrt{(\kappa_A-1)/2}\;\; M'_{w_{m1}}\,\sqrt{T_{0g}/\overline{T}_{1g}}}{\varphi_{TL}\sin\beta_2\,\overline{g}_{1g}/g_1} = \frac{\sqrt{1-(p_2/\overline{p}_{1g})^{\frac{\kappa_A-1}{\kappa_A}}}}{(1-\varphi_{TL}^2)(\overline{p}_{1g}/p_2)+\varphi_{TL}^2(\overline{p}_{1g}/p_2)^{\frac{1}{\kappa_A}}} \quad .$$

Am Laufradeingang wird die *Mach*-Zahl

$$M_{w_1} = M'_{w_1}\sqrt{\frac{T_{0g}}{T_1}} = 0{,}58 \quad .$$

Damit erhält man das Temperaturverhältnis

$$\frac{\overline{T}_{1g}}{T_1} = 1+\frac{\kappa_A-1}{2}\,M_{w_1}^2 = 1{,}06 \;,$$

das Druckverhältnis

$$\frac{\overline{p}_{1g}}{p_1} = \left(1+\frac{\kappa_A-1}{2}\,M_{w_1}^2\right)^{\frac{\kappa_A}{\kappa_A-1}} = 1{,}24 \;,$$

und das Dichteverhältnis

$$\frac{\overline{g}_{1g}}{g_1} = \left(1+\frac{\kappa_A-1}{2}\,M_{w_1}^2\right)^{\frac{1}{\kappa_A-1}} = 1{,}18 \quad .$$

Mit diesen Zahlenwerten ergibt die Durchsatzbedingung das Druckverhältnis

$$\frac{p_2}{\overline{p}_{1g}} = 0{,}63 \quad .$$

Man erhält dann für die *Mach*-Zahlen am Laufradausgang

$$M'_{w_2} = \sqrt{\frac{\overline{T}_{1g}}{T_{0g}}}\ \varphi_{TL}\sqrt{\frac{2}{\kappa_A-1}\left[1-\left(\frac{p_2}{p_{1g}}\right)^{\frac{\kappa_A-1}{\kappa_A}}\right]} = 0{,}70\ ,$$

$$M'_{w_{m2}} = M'_{w_2}\,\sin\beta_2 = 0{,}41\ ,$$

$$M'_{w_{u2}} = M'_{w_2}\,\cos\beta_2 = -0{,}57\ ,$$

$$M'_{c_{u2}} = M'_{w_{u2}} - M'_u = -0{,}17\ ,$$

$$M'_{c_2} = \sqrt{M'^2_{w_{m2}} + M'^2_{c_{u2}}} = 0{,}44\ ,$$

für die Temperaturverhältnisse

$$\frac{T_2}{T_{1g}} = 1 - \frac{\kappa_A-1}{2}\,M'^2_{w_2}\,\frac{T_{0g}}{T_{1g}} = 0{,}91\ ,$$

$$\frac{T_{0g}}{T_2} = \frac{T_{0g}}{T_{1g}}\,\frac{\overline{T}_{1g}}{T_2} = 1{,}21\ ,$$

und damit für die *Mach*-Zahl der Absolutströmung nach dem Laufrad

$$M_{c_2} = M'_{c_2}\sqrt{\frac{T_{0g}}{T_2}} = 0{,}48\ .$$

Für das Druckverhältnis gilt dann

$$\frac{p_{2g}}{p_2} = \left(1 + \frac{\kappa_A-1}{2}\,M^2_{c_2}\right)^{\frac{\kappa_A}{\kappa_A-1}} = 1{,}17\ ,$$

und für das Temperaturverhältnis

$$\frac{T_{2g}}{T_2} = 1 + \frac{\kappa_A-1}{2}\,M^2_{c_2} = 1{,}04\ .$$

Für das Gesamtdruckverhältnis der Turbinenstufe erhält man

$$\frac{P_{2g}}{P_{0g}} = \frac{P_{2g}}{P_2} \; \frac{P_2}{\overline{P}_{1g}} \; \frac{\overline{P}_{1g}}{P_1} \; \frac{P_1}{P_{0g}} = 0,50$$

und für das Gesamttemperaturverhältnis

$$\frac{T_{2g}}{T_{0g}} = \frac{T_{2g}}{T_2} \; \frac{T_2}{\overline{\overline{T}}_{1g}} \; \frac{\overline{T}_{1g}}{T_{0g}} = 0,86 \; .$$

Die mit T_{0g} relativierte, spezifische Turbinenarbeit wird dann schließlich

$$\frac{H_T}{T_{0g}} = c_{p_A}\left(1 - \frac{T_{2g}}{T_{0g}}\right) = 153 \;\; J/kg\,K$$

oder auch mit (4.61)

$$\frac{H_T}{T_{0g}} = \kappa_A R \; M_u^{\,l}\left(M_{c_{u1}}^{\,l} - M_{c_{u2}}^{\,l}\right) = 153 \;\; J/kg\,K$$

und der isentrope Turbinenwirkungsgrad

$$\eta_{T,is}^{\,l} = \frac{H_T/T_{0g}}{c_{p_A}\left[1 - \left(P_{2g}/P_{0g}\right)^{\frac{\kappa_A - 1}{\kappa_A}}\right]} = 0,84 \; .$$

Diese Werte sind auch dem Bezugspunkt B des Turbinendiagramms von Bild 4.18, das mit etwas genauer ermittelten Laufradverlustfaktoren berechnet wurde [17], zu entnehmen.

Die bei überkritischem Druckgefälle hinter einem Turbinenschaufelgitter auftretende Strahlablenkung kann unter Vernachlässigung der nur sehr geringen Umlenkverluste sofort aus dem Kontinuitätssatz abgeleitet werden. Mit den Bezeichnungen von Bild 12.7 lautet die Kontinuitätsbedingung

$$A_{kr}c_{kr}\varrho_{kr} = A_a c_a \varrho_a \; . \tag{12.25}$$

Daraus folgt für den Winkel γ_a der Strömung nach dem Gitter

$$\gamma_a = arc \; sin\left[\left(\frac{p_{kr}}{p_a}\right)^{\frac{1}{\kappa_A}} \frac{c_{kr}}{c_a} \; sin \; \gamma_{kr}\right] \; . \tag{12.26}$$

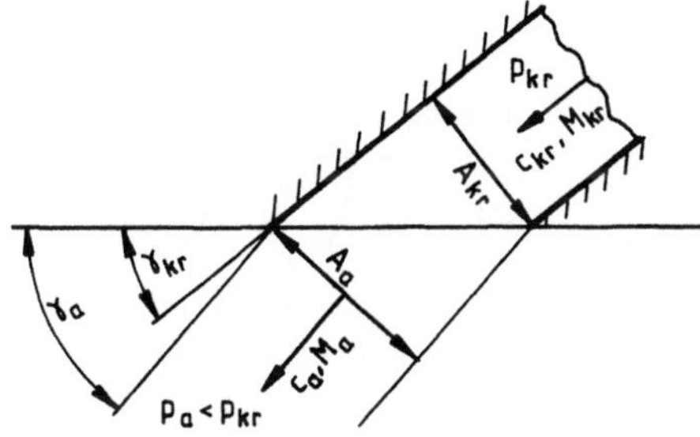

Bild 12.7. Strahlablenkung hinter einem Turbinenschaufelgitter

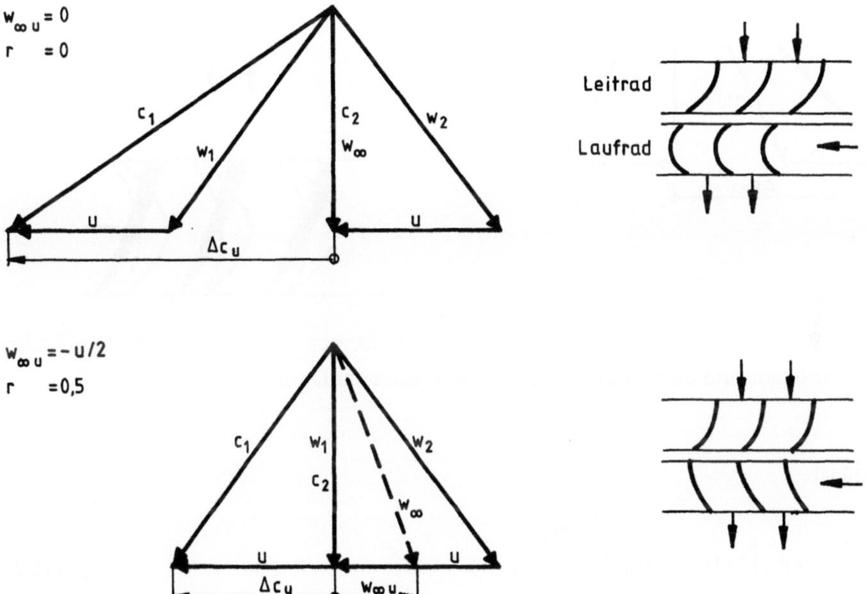

Bild 12.8. Turbinenstufen mit unterschiedlichem Reaktionsgrad

Für das Geschwindigkeitsverhältnis kann angeschrieben werden

$$\frac{c_{kr}}{c_a} = \frac{M'_{kr}}{M'_a} = \frac{M'_{kr}}{\sqrt{2\left[1 - (p_a/p_{kr,g})^{\frac{\kappa_A - 1}{\kappa_A}}\right]/(\kappa_A - 1)}} \quad . \tag{12.27}$$

c_m = const, u Δc_u = const

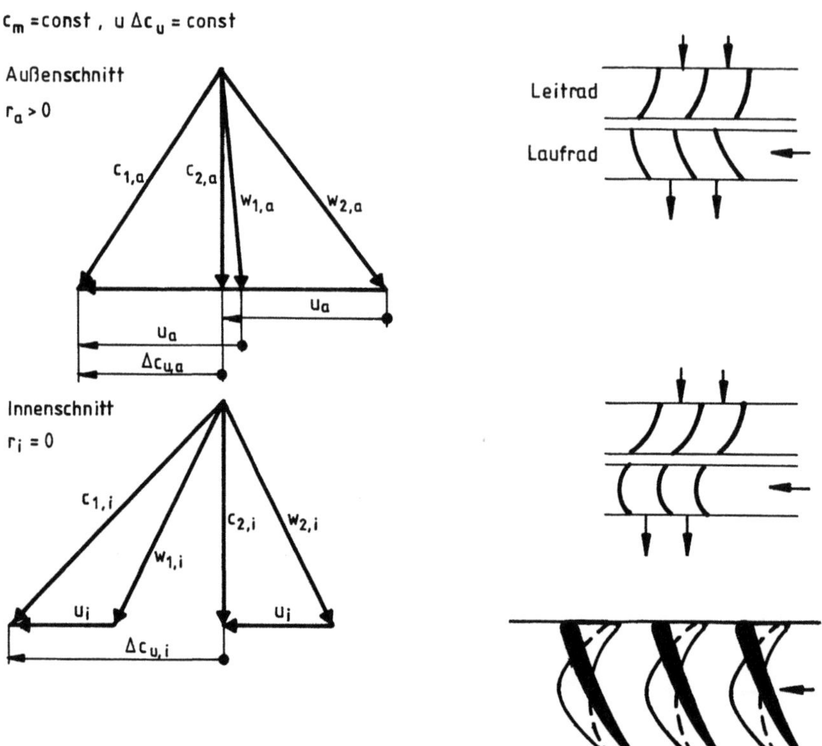

Bild 12.9. Geschwindigkeitsdreiecke und Schaufelformen auf unterschiedlichen Radien einer Turbinenstufe bei einer Auslegung mit konstantem Drall

Darin ist

$$p_{kr,g} = p_{kr} \left[1 + (\kappa_A - 1)\, M_{kr}^2 / 2 \right]^{\frac{\kappa_A}{\kappa_A - 1}} . \tag{12.28}$$

Bei Vorgabe von p_a / p_{kr} liegt mit diesen Gleichungen der Abströmwinkel γ_a fest. Für die reale Abströmmachzahl gilt noch

$$M_a = M_a' \sqrt{\frac{T_{0g}}{T_{kr}} \frac{T_{kr}}{T_a}} = M_a' \sqrt{\frac{T_{0g}}{T_{kr}} \left(\frac{p_{kr}}{p_a}\right)^{\frac{\kappa_A - 1}{\kappa_A}}} . \tag{12.29}$$

Man unterscheidet nun auch die Turbinenstufen nach dem Aufteilungsverhältnis der Energieumsetzung im Lauf- und Leitrad durch den Reaktionsgrad, das heißt hier durch das Verhältnis des isentropen Laufradenthalpiegefälles zum gesamten isentropen Stufenenthalpiegefälle. Beziehen wir den Reaktionsgrad wieder auf die verlustlose Strömung, dann ist Gleichung 12.7 auch für die Turbine gültig.

Mit der Annahme gleicher Meridiangeschwindigkeiten am Laufradeintritt und -austritt sind in Bild 12.8 die Geschwindigkeitsdreiecke und die Schaufelformen für eine Auslegung mit $r = 0$ und $r = 0,5$ skizziert. Wie man sieht, kann man bei gleicher Umfangsgeschwindigkeit mit einer Aktions- oder Gleichdruckturbine, bei der im Laufrad keine weitere Expansion mehr stattfindet, theoretisch eine doppelt so große Leistung realisieren wie mit einer Reaktions- oder Überdruckturbine mit dem Reaktionsgrad $r = 0,5$. Dabei sind dann allerdings wegen der größeren Strömungsumlenkungen etwas schlechtere Wirkungsgrade in Kauf zu nehmen. Diese Feststellungen gelten aber nur für die in Bild 12.8 angenommenen Geschwindigkeitsverhältnisse. Wenn nämlich bei $r = 0$ das Verhältnis der Umfangsgeschwindigkeit zur Leitradaustrittsgeschwindigkeit größer wird, z.B. beim Übergang vom Innenschnitt auf den Außenschnitt einer Turbinenschaufel, in dem die beanspruchungsmäßig zulässigen Umfangsgeschwindigkeiten etwa in einer Größenordnung von $u_a = 400$ m/s liegen, dann wird auch das Leistungsvermögen der Aktionsturbine entsprechend kleiner. Die Auslegung der Turbinenschaufeln erfolgt deshalb meistens nach dem Drallgesetz des Potentialwirbels, wobei die Schaufeln entsprechend der Darstellung von Bild 12.9 nur im Nabenbereich nach dem Aktionsprinzip arbeiten und der Reaktionsgrad zur Schaufelspitze hin zunimmt.

12.2 Ausführungen

Zum Abschluß unserer ergänzenden Betrachtungen über die Strömungsmaschinen sollen jetzt anhand einfacher Schemaskizzen noch einige Details ihrer konstruktiven Gestaltung [47] besprochen werden.

Bild 12.10 zeigt einige Ausführungsformen von Verdichterläufern. Bevorzugt wird heute der Trommel-Scheiben-Läufer, der die Vorteile des Trommelläufers - hohe Biegesteifigkeit, hohe kritische Drehzahl - mit den Vorzügen des Scheibenläufers - einfachere Herstellung, größere Umfangsgeschwindigkeit an der Beanspruchungsgrenze - kombiniert. Die Verbindung der Trommel-Scheiben-Elemente erfolgt durch Paßschrauben, durch lange Spannschrauben oder auch durch Schweißung.

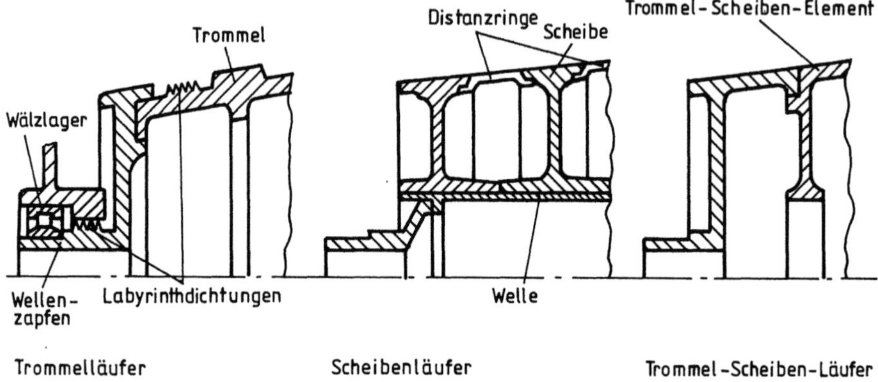

Bild 12.10. Verdichterrotoren

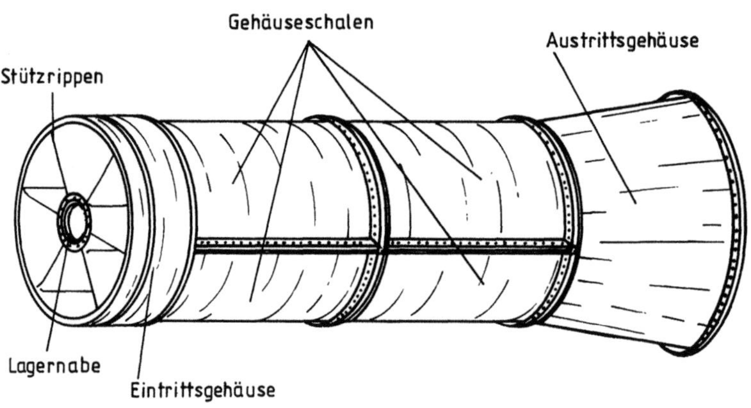

Bild 12.11. Schema eines Verdichtergehäuses

Die Wälzlager der Triebwerkswellen werden zur Schmierung, Kühlung und Spülung mit Drucköl versorgt, das vorwiegend in einem geschlossenen Schmiersystem von Absaugepumpen über einen Kühler in den Öltank zurück gefördert wird. Da die Labyrinthdichtungen der Lager mit Sperrluft beaufschlagt werden, muß die in den Ölkreislauf eingedrungene Luft in Zentrifugen aus dem Schmieröl entfernt werden.

Die hohen Arbeitstemperaturen auf der Turbinenseite verlangen den Einsatz synthetischer Öle, die ihre Zähigkeit in einem weiten Temperaturbereich nur relativ wenig verändern. Bei einem unteren Temperaturgrenzwert im Bereich von -40 ^{O}C liegen die maximal zulässigen Temperaturen dieser Schmierstoffe zur Zeit etwa bei 220 ^{O}C. Man kann aber davon ausgehen, daß demnächst auch Öle zur Verfügung stehen, die z.B. bei 350 ^{O}C noch funktionsfähig sind [48].

Das in Bild 12.11 skizzierte Verdichtergehäuse besteht aus sechs Hauptteilen. Die Lagernaben-Stützrippen des Eintrittsgehäuses, das häufig auch noch ein Verdichtervorleitrad aufnimmt, sind zur Duchführung von Leitungen und Hilfsantriebswellen hohl ausgeführt. Am Umfang der an das Ein- und Austrittsgehäuse angeflanschten Halbschalen des Verdichtermantels sind an mehreren Stellen Luftabzugskanäle angeordnet. Je nach Entnahmestelle dient diese Zapfluft zur Bauteilkühlung oder, als Heizmedium, zur Verhinderung einer Eisbildung an den Stützstreben des Eintrittsgehäuses, am Eintrittsleitrad, an der Lippe des Triebwerkseinlaufs usw. Wie an anderer Stelle schon erläutert, kann aber durch eine Luftabblasung auch das Betriebsverhalten des Verdichters verbessert werden. In dem als Diffusor wirkenden Austrittsgehäuse, dessen Gestaltung durch die Art der Brennkammer (siehe Kap. 13.2) bestimmt wird, wird die Luft vor ihrem Eintritt in die Brennkammer schon verzögert.

Die Leitschaufeln des Verdichters können nach dem Schema von Bild 12.12 mit Schwalbenschwanzfüßen in Schaufelkränzen fixiert sein, die dann zusammen mit Distanzringen im Gehäuse befestigt werden. Die auf den statischen Komponenten aufgebrachten, duktilen Einlaufbeläge - das sind z.B. metallische Honigwabenstrukturen - sollen den Einlaufverschleiß und damit verbundene Unwuchten der Rotoren verhindern. Auf rotierende Teile aufgebrachte, keramische oder metallkeramische Anlaufbeläge sollen die ruhende Gegen-

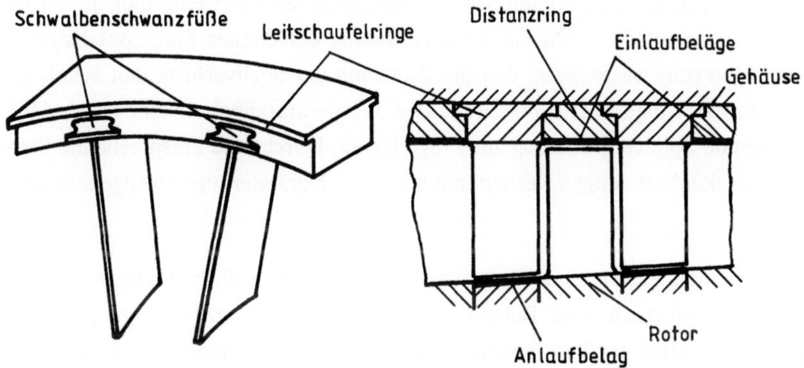

Bild 12.12. Befestigung der Verdichterleitschaufeln

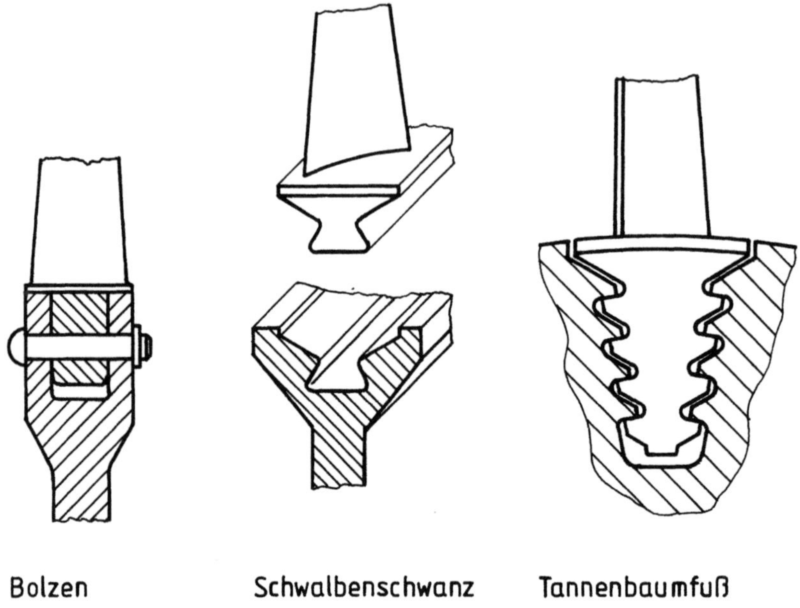

Bolzen   Schwalbenschwanz   Tannenbaumfuß

Bild 12.13. Laufschaufelbefestigungen

komponente abschleifen und dadurch ebenfalls - bei Einhaltung minimaler Spiele - Unwuchten vermeiden. (Wenn die Leitschaufeln am inneren Durchmesser in einen Bund übergehen, dann wird auch dieser Bund, so wie in der linken Skizze von Bild 12.10 angedeutet, durch ein Labyrinth abgedichtet.)

Erwähnt sei jetzt gleich an dieser Stelle die sogenannte aktive Spaltkontrolle auf der Turbinenseite. Hier besteht nämlich die Gefahr, daß ein schneller Lastwechsel unzulässig große Veränderungen der Laufschaufelspiele herbeiführt. So kann eine plötzliche Erhöhung der Gastemperatur durch die rasche Ausdehnung der dünnen Gehäuseschalen den Spalt kurzzeitig so stark vergrößern, daß die Zunahme der Spaltverluste den Schub ganz erheblich verringert. Umgekehrt kann eine rasche Temperaturabnahme eine durch Abrieb bedingte, dauernde Spielvergrößerung zur Folge haben. Durch eine entsprechende Steuerung der Gehäusekühlluftmengen werden nun diese Spielveränderungen weitgehend eliminiert.

Bild 12.13 zeigt einige Varianten der Laufschaufelbefestigung. Während man bei Verdichterlaufschaufeln vorwiegend eine Bolzen- oder Schwalbenschwanzbefestigung vorsieht, werden die Laufschaufeln der Turbinen fast immer mit einem Tannenbaumfuß fixiert.

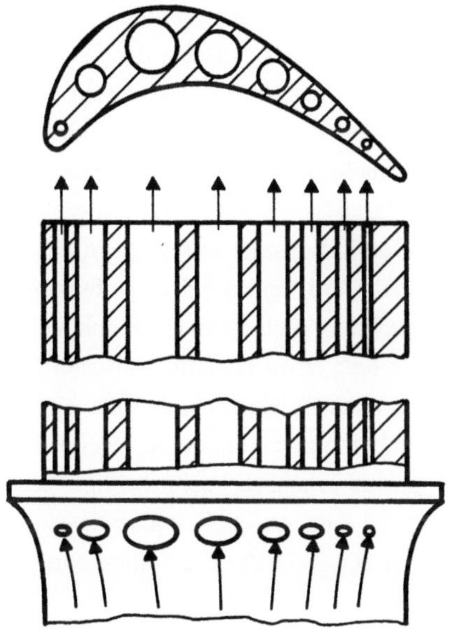

Vollschaufel mit Kühlbohrungen

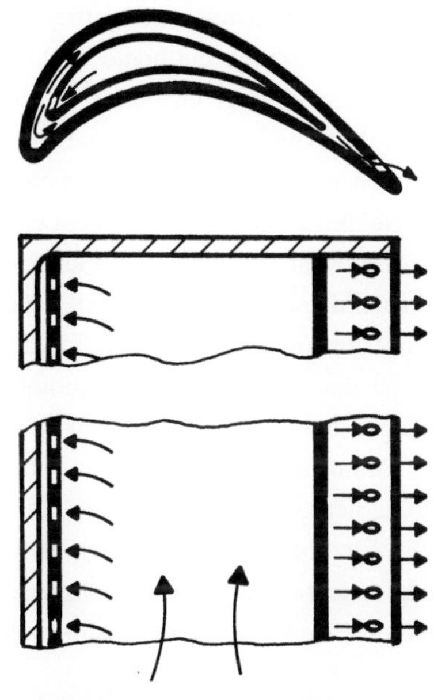

Hohlschaufel mit Deflektor-einsatz

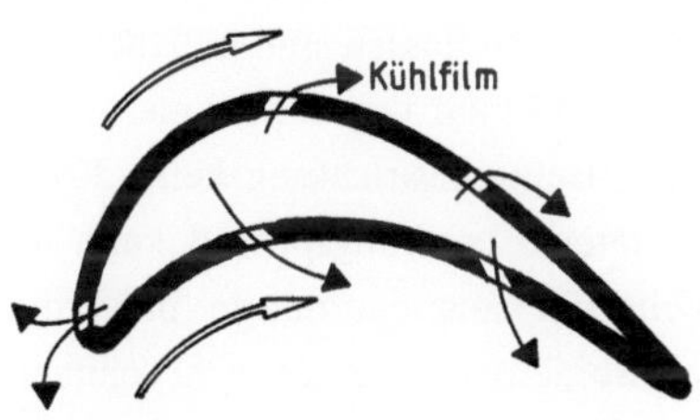

Bohrungs - Filmkühlung

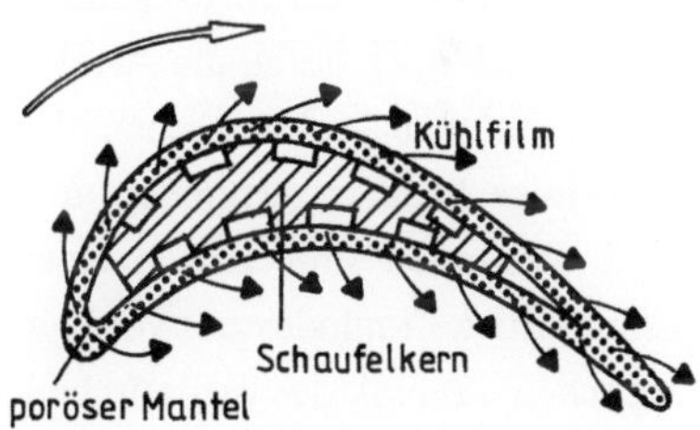

Effusions - Filmkühlung

Bild 12.14. Kühlung der Turbinenlaufschaufeln

Bei den sehr hohen Turbineneintrittstemperaturen, die heute die zulässigen Materialtemperaturen schon um bis zu 500 K überschreiten, ist natürlich eine intensive Kühlung aller Turbinenteile zwingend erforderlich. Dabei ist aber zu berücksichtigen, daß die Kühlluft dem Arbeitsprozeß in der Turbine verloren geht und der Kühlluftbedarf durch die Wirksamkeit des Kühlverfahrens bestimmt wird. In Bild 12.14 sind einige Beispiele für die

Kühlung der (Leitrad- oder Laufrad-)Turbinenschaufeln wiedergegeben. Beim Laufrad bespült die z.B. durch die hohle Turbinenwelle zugeführte Kühlluft zunächst die Turbinenscheibe und gelangt erst dann in die Schaufeln. Hier wird sie bei Vollschaufeln durch Kühlbohrungen geleitet, in denen sie vor ihrem Austritt an der oberen Schaufelkante zur besseren Ausnutzung ihres Kühlpotentials auch noch mehrfach umgelenkt werden kann. Bei Hohlschaufeln verwendet man einen Blecheinsatz (Deflektor), der die Luft in geeigneter Weise auf die inneren Schaufelwände verteilt. Der Luftaustritt erfolgt dann an der Schaufelhinterkante. Wesentlich effizienter, aber auch fertigungstechnisch aufwendiger und gegen Verschmutzung empfindlicher als die Konvektionskühlung ist die Filmkühlung, bei der die aus sehr kleinen Bohrungen ausströmende Luft einen Kühlfilm zwischen dem Heißgas und der Schaufeloberfläche aufbaut. Hier ist noch zu beachten, daß die Küluftausblasung die aerodynamischen Schaufelverluste erhöhen und damit den durch eine Steigerung der Gastemperatur erzielten Wirkungsgradgewinn erheblich beeinträchtigen kann [49]. Eine bessere Ausbildung des Kühlfilms ist mit der - im Augenblick allerdings noch nicht serienreifen - Effusionskühlung zu erreichen, bei der die Luft durch einen porösen, den tragenden Schaftkern umhüllenden Mantel austritt.

Abhängig von den mechanisch-thermischen Beanspruchungsverhältnissen gelangen als Materialien für den "kalten" Triebwerksbereich Leichtmetall-, Stahl- oder Titanlegierungen, in zunehmendem Maße aber auch faserverstärkte, nichtmetallische Werkstoffe zum Einsatz. Die hochwarm- und kriechfesten, gegen thermische Ermüdung widerstandsfähigen "Heißteilwerkstoffe" sind vorwiegend Legierungen auf der Basis von Nickel, deren Festigkeitswerte auch noch durch die Art der Bauteilfertigung zu beeinflussen sind [50]. So kann man beim Guß von Turbinenschaufeln durch eine gerichtete Erstarrung der Schmelze eine säulenförmige Struktur erreichen, in der senkrecht zur Belastungsrichtung keine Korngrenzen vorhanden sind. Durch einen solchen gerichteten Erstarrungsprozeß kann die Zeitstandfestigkeit mindestens verdoppelt werden. Weiterhin kann man mit der pulvermetallurgischen Technik des isostatischen Heißpressens Turbinenscheiben aus nicht schmiedbaren Nickellegierungen herstellen, die gegenüber geschmiedeten Scheiben deutliche höhere Festigkeitswerte aufweisen. Von größter Bedeutung ist auch eine geeignete Beschichtung der Bauteiloberflächen, denn nur mit einem Oberflächenschutz erreichen die Hochtemperaturwerkstoffe auch eine ausreichende Widerstandsfähigkeit gegen die erosiven und korrosiven Belastungen. Zukünftig ist wohl auch ein weitergehender Einsatz keramischer Materialien zu erwarten, mit denen heute bei Laboruntersuchungen an Turbinenleitschaufeln schon Gastemperaturen von 1900 K realisiert wurden [51].

Angesprochen sei schließlich noch die Instandhaltung der Triebwerke. Sie erfolgt heute in der zivilen Luftfahrt fast nur noch " on condition", das heißt abhängig von den Ergebnissen ständiger Zustandsüberwachungen. Solche Kontrollen sind die visuellen Vor- und Nachflug-Überprüfungen, bei denen z.B. der Zustand der Verdichter- und Turbinenschaufeln und der Brennkammerbauelemente mit Hilfe von Boroskopen, die durch Gehäusebohrungen eingeführt werden, beurteilt wird. Daneben werden die Öl- und Kraftstoffilter überprüft und die im Schmierölkreislauf angeordneten, magnetischen Abriebdetektoren untersucht. Diese Bodenkontrollen werden ergänzt durch die im Flug vorgenommene Beobachtung der Instrumente für die Anzeige von Drücken, Temperaturen, Drehzahlen, Drehmomenten, Kraftstoffdurchsätzen, Rotorschwingungen usw. Weitere Aufschlüsse über den Triebwerkszustand gewinnt man durch die Auswertung der in einem AID (aircraft integrated data) -System gespeicherten Meßwerte. Die mit diesen Meßdaten vorgenommenen Trendanalysen und thermodynamischen Vergleichsrechnungen (Gaspfadanalyse [52]) ergeben zusammen mit den übrigen Kontrollresultaten ein sehr genaues Zustandsbild, so daß eine gefährdete Triebwerkskomponente im Regelfall schon vor einer weitergehenden Beschädigung ausgetauscht werden kann.

Im Vergleich zu der früher angewandten Methode, die Triebwerke nach festgelegten Intervallen zu überholen, ist die "on condition"-Instandhaltung wesentlich wirtschaftlicher. Außerdem bietet sie aber auch eine weitaus größere Gewähr für die sichere Funktion einer Triebwerksanlage. Die heute schon sehr hohe Funktionssicherheit der Turbinenstrahltriebwerke, die natürlich auch auf entsprechende Weiterentwicklungen der Triebwerkskomponenten zurückzuführen ist, läßt sich damit verdeutlichen, daß die Ausfallhäufigkeit im Flug mit etwa 100 000 Betriebsstunden und die Wahrscheinlichkeit, daß bei einem achtstündigen Flug zwei Triebwerke versagen, mit einer Größenordnung von $1:10^8$ angegeben werden [53].

13 Brennkammern

13.1 Berechnungsgrundlagen

13.1.1 Thermochemie

An eine Brennkammer werden die Anforderungen gestellt, den Kraftstoff in einem möglichst kleinen Brennraumvolumen unter Beachtung des Schadstoffemissionsverhaltens mit einem Minimum an Druckverlusten bei einem stabilen Verbrennungsablauf möglichst vollständig zu verbrennen. Diese Forderungen sind natürlich unter allen Betriebsbedingungen zu erfüllen, wobei für den Vollastbereich eines Gasturbinentriebwerks auch noch eine optimale Temperaturverteilung am Ausgang der Brennkammer anzustreben ist.

Bei der Entwicklung einer Triebwerksbrennkammer ist man heute zwar noch weitgehend auf experimentelle Arbeiten angewiesen. Daneben können aber auch theoretische Untersuchungen über die Wirkung von Parameteränderungen schon sehr wertvolle Entwicklungshinweise liefern. Da die Grundlagen zur rechnerischen Abschätzung z.B. der Kraftstoffstrahlbewegung, des Strahlzerfalls, des Teilchentransports im Strömungsfeld der Brennkammer, der Tröpfchenaufheizung und der Tröpfchenverdampfung vom Verfasser schon in [23] ausführlich behandelt wurden, soll auf diese physikalischen Gemischbildungsprozesse hier nicht weiter eingegangen werden. Erläutern wollen wir zunächst nur einige elementare reaktionskinetische Zusammenhänge, mit denen die Vorgänge der Zündeinleitung und des Verbrennungsablaufs zumindest qualitativ beschrieben werden können.

Zur Einleitung einer chemischen Reaktion müssen die Reaktionspartner ein Mindestenergieniveau (Aktivierungsenergie) besitzen, das für die Aufspaltung bestehender Bindungen oder auch nur für die Verzerrung der Molekülstruktur zur Herstellung einer für den Reaktionsangriff günstigen Orientierung der Molekülbausteine benötigt wird. Da der Gesamtenergiegehalt einer Gasmasse nach den Gesetzen der Statistik auf die Einzelmoleküle verteilt ist (*Maxwell-Boltzmann*-Verteilung [54]), gibt es immer nur eine bestimmte Anzahl von

Molekülen der miteinander reagierenden Substanzen, deren Energiegehalt mindestens so groß ist wie die Aktivierungsenergie. Dieser Anteil wird mit zunehmender Gemischtemperatur sehr schnell vergrößert, so daß mit der Temperatur auch die Reaktionsgeschwindigkeit rasch anwächst. Die Umsatzgeschwindigkeit wird natürlich auch mitbestimmt durch die Anzahl der pro Zeiteinheit stattfindenden Molekülkollisionen, die wiederum abhängig ist von der Gasdichte bzw. vom Gasdruck. Schließlich ist auch die Zusammensetzung des Reaktionsgemisches für die Geschwindigkeit des Reaktionsablaufs von größter Bedeutung, denn ein Stoffumsatz kann ja nur durch eine Kollision von Reaktionspartnern ausgelöst werden. Bei einem starken Übergewicht der Konzentration des einen oder anderen Partners treffen aber bei vielen Zusammenstößen Moleküle der gleichen Art aufeinander und die wenigen Elementarreaktionen, die noch ablaufen, bleiben wirkungslos, weil die dabei freigesetzten Wärmeenergien zu klein sind, um die Nachbarschaft in ausreichendem Maße aufzuheizen und dort weitere Reaktionen beschleunigt in Gang zu setzen. Diese Überlegungen zeigen, daß eine schnelle, explosive Verbrennung, nur innerhalb eines begrenzten, mit zunehmender Temperatur und meist auch mit wachsendem Druck sich erweiternden λ-Bereiches möglich ist. Bei einer zu fetten oder zu mageren Mischung kann sich eine lokal eingeleitete Verbrennung nicht mehr fortpflanzen, das heißt die obere oder untere Flammenausbreitungsgrenze ist erreicht.

Die Reaktionen verlaufen nun im allgemeinen nicht nach dem Schema, wie es durch eine Bruttoreaktionsgleichung dargestellt wird. Es ist ohne weiteres klar, daß z.B. die nur das Gesetz der Massenerhaltung zum Ausdruck bringende Gleichung für die Verbrennung von Heptan

$$C_7H_{16} + 11\,O_2 \longrightarrow 7\,CO_2 + 8\,H_2O \tag{13.1}$$

nicht den Reaktionsablauf beschreiben kann, denn die Wahrscheinlichkeit, daß zwölf Moleküle gleichzeitig und in einer für die Reaktion geeigneten Konfiguration zusammentreffen, ist praktisch gleich null. Die Umsetzung verläuft vielmehr über eine große Anzahl von Teilreaktionen, bei denen ein Dreierstoß (trimolekulare Reaktion) schon relativ selten ist [55]. Meistens erfolgt der Ablauf über bimolekulare Zwischenreaktionen, die auch durch monomolekulare Zerfallsreaktionen eingeleitet werden können. Ein sehr einfaches Beispiel ist die Knallgasverbrennung mit der Bruttoreaktionsgleichung

$$2\,H_2 + O_2 \longrightarrow 2\,H_2O\,. \tag{13.2}$$

Diese Reaktion verläuft etwa nach folgendem Schema [55]:

$$H_2 \longrightarrow H + H\,, \tag{13.3}$$

$$H + O_2 \longrightarrow OH + O\,, \tag{13.4}$$

$$O + H_2 \longrightarrow OH + H ,$$

(13.5)

$$OH + H_2 \longrightarrow H + H_2O .$$

(13.6)

Bei der Reaktion (13.3) handelt es sich um einen Dissoziationsprozeß, bei dem mit dem atomaren Wasserstoff zwei aktivierte Teilchen entstehen. Die Reaktionen (13.4) und (13.5) sind bimolekulare Kettenverzweigungsreaktionen, bei denen aus einem aktiven Teilchen zwei neue, nämlich der atomare Sauerstoff bzw. der atomare Wasserstoff und das Radikal OH, gebildet werden. Die Reaktion (13.6) ist eine Kettenfortsetzungsreaktion mit Bildung des Endproduktes.

Der Stoffumsatz vollzieht sich also über Kettenreaktionen, bei denen anfänglich noch keine Wärmeenergie freigesetzt werden muß, wenn die Reaktionsenergie zunächst als Anregungsenergie von den aktivierten Zwischenprodukten aufgenommen wird. Durch Kettenverzweigungen kommt es zu einer starken Beschleunigung der Vorgänge, bis am Ende der sogenannten Zündverzugszeit die in der Zeiteinheit ablaufenden und schließlich auch Wärme entwickelnden Elementarreaktionen so häufig werden, daß durch die Temperatursteigerung eine sehr rasche, explosive Verbrennung erfolgt. Da die Zündverzugszeit der Reaktionsgeschwindigkeit umgekehrt proportional ist, wird sie mit wachsender Temperatur und mit zunehmendem Druck kleiner.

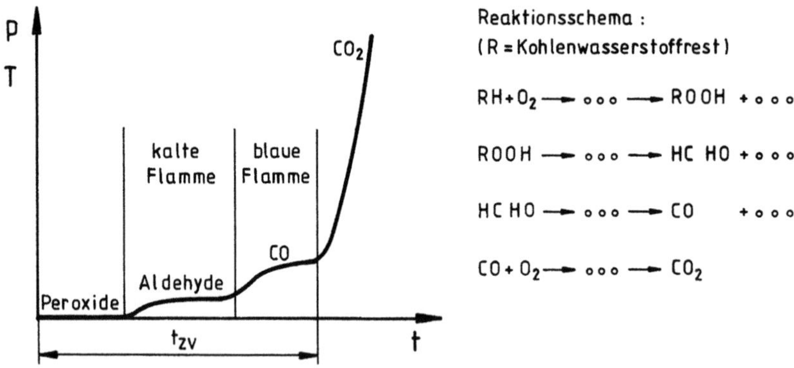

Bild 13.1. Mehrphasige Niedertemperaturentflammung

Die außerordentlich komplexen Reaktionsmechanismen der Kohlenwasserstoffverbrennung sind heute erst in groben Zügen geklärt. Im Prinzip gilt etwa das folgende, in Bild 13.1 dargestellte Reaktionsschema [56]:

In einer ersten Reaktionsphase entstehen über einige Zwischenprodukte Kohlenwasserstoffperoxide (ROOH), die nach Erreichen einer bestimmten Konzentration zerfallen. Dabei werden neben reaktionsbeschleunigenden Radikalen (Atomgruppierungen mit einzelnen, ungepaarten Elektronen) große Mengen an Formaldehyd (HCHO) gebildet. Dieser Zerfallsvorgang, bei dem nur ca. 10 % der Kraftstoffenergie freigesetzt wird, ist durch das Auftreten einer Kaltflamme gekennzeichnet, deren Strahlung durch optisch angeregte Formaldehydmoleküle verursacht wird. Die Kaltflammenreaktionen leiten dann über zur blauen Flamme, in der der Kohlenstoff weitgehend zu CO oxidiert, das dann in der Explosionsflamme zu dem Endprodukt CO_2 verbrennt. (Parallel zu diesen Reaktionen verlaufen die Umsetzungen zur Bildung des Endproduktes H_2O.) Da die ersten Vorreaktionen dieses in mehreren Schritten ablaufenden Prozesses schon bei relativ geringen Temperaturen in der Größenordnung von 600 K beginnen, spricht man hier von einer mehrphasigen Niedertemperaturentflammung.

Beantworten wir jetzt die Frage nach der Druck- und Temperaturabhängigkeit der Reaktionsgeschwindigkeit etwas genauer und betrachten dazu als ein Reaktionsbeispiel die Bildung des Abgasschadstoffes Stickoxid nach der Bruttoumsatzformel

$$1 N_2 + 1 O_2 \rightleftharpoons 2 NO. \tag{13.7}$$

(Die Pfeile sollen verdeutlichen, daß bei einem Stoffumsatz immmer Hin- und Rückreaktionen stattfinden.) Es wurde oben schon darauf hingewiesen, daß solche Umsatzformeln im allgemeinen nicht den realen Reaktionsweg wiedergeben. So erfolgt auch die NO-Bildung nicht durch eine unmittelbare Verbindung von N_2 mit O_2, sondern über Zwischenreaktionen, an denen z.B. auch atomarer Sauerstoff und atomarer Stickstoff beteiligt sind [23]. Für die nachfolgenden Überlegungen ist aber die Art der Reaktionspartner ohne Bedeutung.

Wir gehen also in unserem Beispiel davon aus, daß als Grundvoraussetzung für die Einleitung einer nach rechts ablaufenden Einzelreaktion (Index H: Hinreaktion) ein N_2-Molekül mit einem O_2-Molekül zusammentreffen muß. Bezeichnen wir die vorhandenen Stickstoff- und Sauerstoffmoleküle mit $Z(N_2)$ bzw. $Z(O_2)$ und berücksichtigen, daß jedes N_2-Molekül mit jedem O_2-Molekül kollidieren kann, dann ist die Gesamtzahl der Zusammenstoßmöglichkeiten gegeben durch das Produkt $Z(N_2)\, Z(O_2)$. Für die Reaktionsgeschwindigkeit w_R - das ist die in der Zeiteinheit entstehende Menge der Reaktionsendprodukte bzw. die in der gleichen Zeitspanne verschwindende Menge der Ausgangsstoffe - gilt demnach

$$w_{RH} \sim Z(N_2)\, Z(O_2).$$

Für die umgekehrte Reaktion (Index R: Rückreaktion) müssen jeweils zwei NO-Moleküle zusammentreffen. Bei großen Z-Werten sind dann die Kollisionsmöglichkeiten proportional dem Quadrat der NO-Molekülanzahl, so daß für die Geschwindigkeit der Rückreaktion angeschrieben werden kann

$$w_{RR} \sim Z^2\,(NO).$$

In der allgemein formulierten Umsetzungsgleichung

$$v_A\,A + v_B\,B + \ldots \;\rightleftharpoons\; v_X\,X + v_Y\,Y + \ldots$$

für eine von den Ausgangsstoffen A, B, -, zu den Endprodukten X, Y, -, führende Reaktion sei v_i die Molekül- oder die Molzahl der an einer Einzelreaktion beteiligten Komponente i. Ersetzen wir die Anzahl aller vorhandenen Moleküle der Substanz i durch ihren Partialdruck p_i, dann erhält man für die Geschwindigkeit der Hinreaktion

$$w_{RH} \sim p_A^{\,v_A}\,p_B^{\,v_B}\;\ldots$$

und für die Geschwindigkeit der Rückreaktion

$$w_{RR} \sim p_X^{\,v_X}\,p_Y^{\,v_Y}\;\ldots\;.$$

Die Anzahl der Moleküle, deren Energiegehalt mindestens so groß ist wie die Aktivierungsenergie E_A, ergibt sich nach den Gesetzen der Statistik [54], wenn man die Aktivierungsenergie auf ein Mol bezieht, aus

$$Z_{E>E_A} = Z_{ges}\,e^{-\frac{E_A}{RT}}\,. \tag{13.8}$$

Hierin ist Z_{ges} die Gesamtzahl aller Moleküle und R die allgemeine Gaskonstante. Diese Gleichung kann allerdings noch nicht den gesamten Bruchteil aller erfolgreichen Stöße quantifizieren, denn maßgebend ist ja nur die Summe der Energien, über die die kollidierenden Reaktionspartner verfügen. So braucht z.B. bei einer bimolekularen Reaktion der eine Partner nur eine Energie $E = E_A - E_X$ besitzen, wenn der andere Partner eine Energie $E = E_A + E_X$ mitbringt. Außerdem werden die Kombinationsmöglichkeiten auch noch dadurch erhöht, daß die Energien - sofern es sich nicht um einatomige Gase handelt - auf die Freiheitsgrade der Translation, der Rotation und der Schwingung verteilt sind. Auf der anderen Seite wird es aber für die Einleitung einer Reaktion auch von Bedeutung sein, wie die Reaktionspartner bei ihrem Stoß zueinander orientiert sind, ob also beispielsweise bei der obenerwähnten Stickoxid-Rückreaktion die Moleküle, symbolisch dargestellt, in der vielleicht eine Reaktion auslösenden Anordnung $^N_O \leftrightarrow ^O_N$ oder in der Konfiguration $^N_O \leftrightarrow ^N_O$ zusammenstoßen. Die sogenannten sterischen Faktoren (mit Werten < 1) werden deshalb die Reaktionsmöglichkeiten wieder reduzieren. Fassen wir all diese nicht näher aufgeschlüsselten Einflüsse in einer Konstanten k_R zusammen, dann ergibt sich für die Reaktionsgeschwindigkeit

$$w_R = k_R \, e^{-\frac{E_A}{RT}} \left(p_A^{\nu_A} \, p_B^{\nu_B} \, \ldots \right) \tag{13.9}$$

und für die Geschwindigkeit einer Hin- und Rückreaktion

$$w_{RH} = k_{RH} \, e^{-\frac{E_{AH}}{RT}} \left(p_A^{\nu_A} \, p_B^{\nu_B} \, \ldots \right),$$

$$w_{RR} = k_{RR} \, e^{-\frac{E_{AR}}{RT}} \left(p_X^{\nu_X} \, p_Y^{\nu_Y} \, \ldots \right).$$

Im Gleichgewichtszustand (Index g) ist die resultierende Reaktionsgeschwindigkeit

$$w_{Rg} = w_{RH} - w_{RR} = 0.$$

Es finden also auch weiterhin in beiden Richtungen noch Umsetzungen statt, wodurch sich aber am Makrozustand, das heißt an der Gemischzusammensetzung, nichts mehr ändert, weil in der Zeiteinheit genau soviel Endprodukte wie Ausgangsstoffe gebildet werden. Für diesen Gleichgewichtszustand gilt demnach

$$\frac{k_{RH}}{k_{RR}} \, e^{\frac{E_{AR} - E_{AH}}{RT}} = \frac{p_X^{\nu_X} \, p_Y^{\nu_Y} \ldots}{p_A^{\nu_A} \, p_B^{\nu_B} \ldots} = K_p. \tag{13.10}$$

Das ist die formelmäßige Darstellung des Massenwirkungsgesetzes. Nach diesem Gesetz stehen die Partialdrücke der bei einer Reaktion entstehenden und vergehenden Stoffe beim Gleichgewichtszustand in einem festen Verhältnis zueinander, wobei dieser Verhältniswert - die Gleichgewichtskonstante K_p - nur von der Temperatur abhängig ist. Durch den Index p bringen wir zum Ausdruck, daß die Gleichgewichtskonstante auf die Partialdrücke bezogen ist. (Sie wird manchmal auch auf die Konzentrationen bezogen.)

Aus dem ersten und zweiten Hauptsatz der Wärmelehre erhält man mit der Annahme $Q_p \neq f(T)$ für die Temperaturabhängigkeit der Gleichgewichtskonstanten [21]

$$K_p = \text{const} \, e^{\frac{Q_p}{RT}}. \tag{13.11}$$

282

Hierin ist Q_p die Reaktionswärme bei konstantem Druck. Ein Vergleich von (13.10) und (13.11) ergibt noch

$$Q_p = E_{AR} - E_{AH} \,. \tag{13.12}$$

Die Reaktionswärme ist also identisch mit der Differenz der Aktivierungsenergien von Rück- und Hinreaktion.

Beziehen wir die Partialdrücke der Reaktionspartner auf den Gasdruck p, dann können wir Gleichung 13.9 auch in der Form

$$w_R = k_R\, e^{-\frac{E_A}{RT}} \left[\left(\frac{p_A}{p}\right)^{\nu_A} \left(\frac{p_B}{p}\right)^{\nu_B} \cdots \right] p^{\nu_A + \nu_B + \cdots}$$

anschreiben. Mit der weitgehend zutreffenden Annahme, daß sich die Gemischzusammensetzung innerhalb der Zündverzugszeit praktisch noch nicht verändert, gilt dann für die Reaktionsgeschwindigkeit in dieser Anlaufphase des Stoffumsatzes

$$w_R = \text{const}\; p^n\, e^{-\frac{E_A}{RT}} \,. \tag{13.13}$$

Hierin kennzeichnet der Exponent n die Reaktionsordnung, die angibt, mit welcher Potenz der Gasdruck in das Geschwindigkeitsgesetz eingeht. Dieser Exponent ist meistens nicht identisch mit der Summe aller ν_i, die sich rein formal aus den Bruttoreaktionsformeln ergibt. Es sei hier noch einmal erwähnt, daß die Reaktionen im allgemeinen über viele Zwischenschritte ablaufen, so daß n als Mittelwert der Reaktionsordnungen all dieser Einzelschritte aufzufassen ist. Ersetzt man in Gleichung 13.13 die Konstante durch einen von der Gemischzusammensetzung abhängigen Faktor, dann gilt sie natürlich auch für die Reaktionsgeschwindigkeit in der Hauptumsetzungsphase.

Es ist nun völlig klar, daß in einer Triebwerksbrennkammer eine stabile Verbrennung nur dann zu realisieren ist, wenn die Durchströmgeschwindigkeit der Reaktionspartner nicht größer ist als die Geschwindigkeit, mit der sich die Flamme relativ zur Strömungsbewegung in dem Brenngemisch ausbreitet. Bei Vorgabe der Strömungsgeschwindigkeit bzw. der den Gemischteilchen verfügbaren Reaktionszonen-Verweilzeit, die natürlich auch maßgebend ist für den Ausbrenngrad, führt die oben beschriebene Abhängigkeit der Reaktionsgeschwindigkeit vom Druck, von der Temperatur und von der Zusammensetzung des Brenngemischs zu dem in Bild 13.2 schematisch dargestellten Verlauf der Stabilitätsgrenze. Die Gefahr eines Verlöschens der Brennkammer ist also beim Höhenflug besonders groß. Es ist nämlich noch zu berücksichtigen, daß die p_0- und T_0-Abnahme nicht nur den zeitlichen

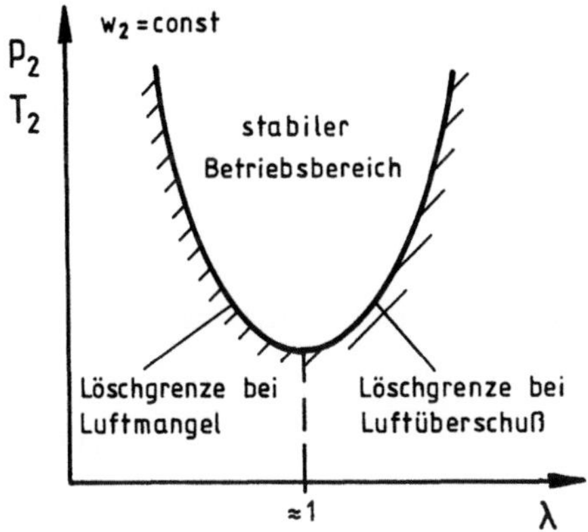

Bild 13.2. Brennkammer-Stabilitätsgrenze

Ablauf der chemischen Reaktionen negativ beeinflußt, sondern auch die Randbedingungen für die physikalischen Aufbereitungsvorgänge der Kraftstoffzerstäubung und der Kraftstoffverdampfung verschlechtert. Deshalb ist hier eine rasche Vergrößerung oder Verkleinerung der eingespritzen Kraftstoffmenge, bei der die Luftverhältniszahl λ wegen des anfänglich noch unveränderten Luftmassenstroms die Stabilitätsgrenzwerte überschreiten kann, unbedingt zu vermeiden. Daß sich das Stabilitätsproblem auch verschärft, wenn Teillasten mit großen Massenströmen und kleinen Brennkammertemperaturen, also mit einer Abmagerung des Reaktionsgemisches gefahren werden, wurde schon an anderer Stelle erwähnt.

Zur groben Abschätzung des Gesamtvolumens V_{BK} einer Strahltriebwerksbrennkammer, das erfahrungsgemäß für eine möglichst vollständige Freisetzung der in der Zeiteinheit zugeführten Kraftstoffenergie $\dot{Q}_K$ erforderlich ist, kann die Brennkammerbelastung

$$B_{BK} = \frac{\dot{Q}_K}{V_{BK}\, p_{BKg}} \tag{13.14}$$

etwa mit $B_{BK} \approx 600 \; 1/s$ angenommen werden.

Bei Raketentriebwerken bezieht man das Brennkammervolumen auf den Düsenhalsquerschnitt und definiert hier die charakteristische Länge durch

$$l_{ch} = \frac{V_{BK}}{A^*} \qquad \cdot \tag{13.15}$$

Ist t_{BK} die gesamte, zur Aufbereitung und Verbrennung des Treibstoffs benötigte Zeit, dann erhält man das notwendige Brennraumvolumen aus

$$V_{BK} = \frac{\dot{m}_T}{\varrho_{BKg}}\, t_{BK} \; .$$

Mit Berücksichtigung von (10.10) und (10.11) kann für die charakteristische Länge auch angeschrieben werden

$$l_{ch} = \bar{\kappa}^2 w_{ch} t_{BK} \; . \tag{13.16}$$

Je nach Treibstoffart liegt dieser Dimensionierungsparameter etwa zwischen 0,5 und 2,0 m [17].

Kommen wir jetzt noch einmal auf das Massenwirkungsgesetz zurück, nach dem sich bei jedem Stoffumsatz ein Gleichgewichtszustand zwischen den Ausgangs- und Endprodukten einstellt. Dabei bewirkt eine zunehmende Temperatur eine Vergrößerung des Anteils der Ausgangsstoffe und auch einen verstärkten Zerfall molekularer in atomare Gase. Nachstehend werden die wichtigsten Dissoziationsreaktionen und die zugehörigen, auf die Partialdrücke (p_i in bar) bezogenen Gleichgewichtskonstanten angeführt.

Dissoziation des Kohlendioxids:

$$CO_2 \rightleftharpoons CO + \tfrac{1}{2} O_2 \; , \tag{13.17}$$

$$K_{pCO_2} = \frac{p_{CO}\sqrt{p_{O_2}}}{p_{CO_2}} = 25 \cdot 10^3 e^{-\frac{33660}{T}} \; . \tag{13.18}$$

Dissoziation des Wassers:

$$H_2O \rightleftharpoons H_2 + \tfrac{1}{2} O_2 \; , \tag{13.19}$$

$$K_{pH_2O} = \frac{p_{H_2}\sqrt{p_{O_2}}}{p_{H_2O}} = 10^3 e^{-\frac{30030}{T}} \; . \tag{13.20}$$

Dissoziation des Wassers mit Hydroxylbildung:

$$H_2O \rightleftharpoons \frac{1}{2} H_2 + OH, \tag{13.21}$$

$$K'_{pH_2O} = \frac{\sqrt{p_{H_2}} \, p_{OH}}{p_{H_2O}} = 5{,}6 \cdot 10^3 \, e^{-\frac{34870}{T}}. \tag{13.22}$$

Dissoziation des Wasserstoffs:

$$H_2 \rightleftharpoons 2H, \tag{13.23}$$

$$K_{pH_2} = \frac{p_H^2}{p_{H_2}} = 1{,}8 \cdot 10^6 \, e^{-\frac{54080}{T}}. \tag{13.24}$$

Dissoziation des Sauerstoffs:

$$O_2 \rightleftharpoons 2O, \tag{13.25}$$

$$K_{pO_2} = \frac{p_O^2}{p_{O_2}} = 9{,}3 \cdot 10^6 \, e^{-\frac{60890}{T}}. \tag{13.26}$$

Dissoziation des Stickstoffs:

$$N_2 \rightleftharpoons 2N, \tag{13.27}$$

$$K_{pN_2} = \frac{p_N^2}{p_{N_2}} = 9{,}6 \cdot 10^6 \, e^{-\frac{115610}{T}}. \tag{13.28}$$

Die Verbindung von (13.17) und (13.18) mit (13.19) und (13.20) ergibt noch die Gleichung

$$H_2 + CO_2 \rightleftharpoons H_2O + CO, \tag{13.29}$$

für die sogenannte Wassergasreaktion mit der Gleichgewichtskonstanten

$$K_{pw} = \frac{p_{CO} \, p_{H_2O}}{p_{CO_2} \, p_{H_2}} = 25 \, e^{-\frac{3630}{T}}. \tag{13.30}$$

Sie liefert nur deshalb noch eine zusätzliche Information, weil sich die K_{pW}-Werte unterhalb einer Temperatur von $T \approx 1800$ K, bei der die Reaktionsgeschwindigkeiten sehr klein werden, praktisch nicht mehr verändert.

Bei all diesen Reaktionen bewirkt also eine zunehmende Gastemperatur eine Konzentrationserhöhung der jeweils im Zähler der K_p-Gleichung auftretenden Substanzen. Daneben beeinflußt aber auch der Gasdruck die Dissoziationvorgänge. Gehen wir bei einer allgemeinen Dissoziationsreaktion

$$X_2 \rightleftharpoons 2\,X$$

mit der Gleichgewichtskonstanten

$$K_p = \frac{p_X^2}{p_{X_2}}$$

von einem Mol x_2 aus, dann sind nach Zerfall des Bruchteils α noch $(1-\alpha)$ Mol x_2 und $2\,\alpha$ Mol x vorhanden, zusammen also $(1+\alpha)$ Mol. Damit ergeben sich beim Gesamtdruck p die Partialdrücke aus dem Verhältnis der Molzahl des betreffenden Stoffes zur Mol-Gesamtzahl in der Form

$$p_{X_2} = \frac{1-\alpha}{1+\alpha}\,p$$

für den Ausgangsstoff und

$$p_X = \frac{2\alpha}{1+\alpha}\,p$$

für das Dissoziationsprodukt. Das Einsetzen dieser Partialdruckwerte in die K_p-Gleichung liefert für die Gleichgewichtskonstante den Zusammenhang

$$K_p = 4\,\frac{\alpha^2}{1-\alpha^2}\,p \quad .$$

Da K_p nur von der Temperatur abhängig ist, ergibt sich für den Dissoziationsgrad bei kleinen α-Werten (d.h. bei $1-\alpha^2 \approx 1$) und bei einer bestimmten Temperatur

$$\alpha_{(T)} = const\,\sqrt{\frac{1}{p}} \quad . \tag{13.31}$$

Danach wird also die Dissoziation durch abnehmende Gasdrücke verstärkt.

Eine weitere, vor allem für das Schadstoffemissionsverhalten sehr wichtige Reaktion ist die der Stickoxidbildung

$$O_2 + N_2 \rightleftharpoons 2\,NO \tag{13.32}$$

mit der Gleichgewichtskonstanten

$$K_{pNO} = \frac{p_{NO}^2}{p_{O_2}\,p_{N_2}} = 20{,}5\; e^{-\frac{21740}{T}} \; . \tag{13.33}$$

Die Stickoxidbildung wird also durch hohe Gastemperaturen gefördert und ist natürlich auch abhängig von der Konzentration der Reaktionspartner Sauerstoff und Stickstoff.

Neben den sieben, voneinander unabhängigen K_p-Gleichungen stehen für die Berechnung der elf unbekannten Partialdrücke, aus denen sich der Gesamtdruck

$$p = p_{CO_2} + p_{CO} + p_{H_2O} + p_{H_2} + p_H + p_{OH} + p_{O_2} + p_O + p_{N_2} + p_N + p_{NO} \tag{13.34}$$

zusammensetzt, noch die vier Massenbilanzgleichungen

$$p_c = p_{CO_2} + p_{CO} \; , \tag{13.35}$$

$$p_h = 2p_{H_2O} + 2p_{H_2} + p_H + p_{OH} \; , \tag{13.36}$$

$$p_o = 2p_{CO_2} + 2p_{O_2} + p_{CO} + p_{H_2O} + p_O + p_{NO} + p_{OH} \; , \tag{13.37}$$

$$p_n = 2p_{N_2} + p_N + p_{NO} \; , \tag{13.38}$$

zur Verfügung. Hierin sind die $p_{c;h;o;n}$-Werte die durch die Zusammensetzung der Ausgangsmischung und durch die allgemeine Gasgleichung vorgegebenen Drücke, die jedes Element annehmen würde, wenn es in dem Gesamtvolumen als einatomiges Gas allein vorhanden wäre.

Die Dissoziationsreaktionen - und die dadurch gebundenen Energiebeträge - sind bei dem hohen Temperaturniveau in Raketenbrennkammern unbedingt zu berücksichtigen. Problematisch ist dabei aber noch die Berechnung des Expansionsvorganges in der Schubdüse. Die abnehmenden Temperaturen verringern nämlich die Geschwindigkeiten der Rekombinationsreaktionen, so daß Rechnungen mit der Annahme eines "gleitenden Gleichgewichts" - sofortige Einstellung des der jeweiligen Temperatur zugeordneten Gleichgewichts - für die freigesetzte Energie und damit für die Austrittsgeschwindigkeit zu günstige Werte liefern, während die Annahme eines bei der höchsten Verbrennungstemperatur "einfrierenden" Gleichgewichts zu ungünstige Werte ergibt. In erster Näherung können hier den Leistungsberechnungen die entsprechenden Mittelwerte zugrunde gelegt werden.

288

Bei der Kreisprozeßberechnung luftatmender Triebwerke können die Dissoziationsvorgänge im allgemeinen unberücksichtigt bleiben. Theoretische Untersuchungen zu Fragen der Abgasqualität liefern aber nur in Verbindung mit den Dissoziationsrechnungen brauchbare Ergebnisse [23].

In unseren Berechnungsbeispielen hatten wir die Temperaturabhängigkeit der spezifischen Wärmekapazitäten nur sehr grob durch Vorgabe einiger Mittelwerte berücksichtigt. Hier sei jetzt noch als eine ausreichend gute Näherungsgleichung für die wahren spezifischen Wärmekapazitäten der Verbrennungsgase eines Luft-Kohlenwasserstoffgemischs der Zusammenhang

$$c_{pA} = 980 + \left(0{,}15 + \frac{1}{10\,\lambda} \right) T \tag{13.39}$$

(mit c_{pA} in J/kg K) angegeben. Mit $\lambda \rightarrow \infty$ ist diese Gleichung auch für Luft gültig.

13.1.2 Thermogasdynamik

Bei unseren Ausführungen über die schubsteigernde Maßnahme der Nachverbrennung (Kap. 7.2) hatten wir bereits festgestellt, daß die Aufheizung eines strömenden Mediums nach (7.12) mit einem Gesamtdruckverlust verbunden ist, die Unterschallströmung nach (7.13) in einer zylindrischen Brennkammer beschleunigt und an der thermischen Verstopfungsgrenze die Schallgeschwindigkeit erreicht wird.

Wir wollen die Untersuchungen von Kap. 7.2 jetzt noch etwas ergänzen, wobei wir die Ein- und Austrittsebenen einer Brennkammer verallgemeinernd wieder durch die Indizes 1 und 2 kennzeichnen. Mit den Abkürzungen $\dot{m}_s = \dot{m}/A$ für die Massenstromdichte und v für das spezifische Volumen erhält man aus (7.8) und (7.9) die Gleichung der *Rayleigh*-Linie

$$p_1 + \dot{m}_s^2\, v_1 = p_2 + \dot{m}_s^2\, v_2 = \text{const} \ . \tag{13.40}$$

In einem p-v-Diagramm, siehe Bild 13.3, stellt sich diese Linie als eine Gerade dar. Für ihren Steigungswinkel α gilt

$$\tan \alpha = \left(\frac{\partial p}{\partial v} \right)_{\dot{m}_s} \ . \tag{13.41}$$

In differentieller Schreibweise lautet die Gleichung der *Rayleigh*-Linie

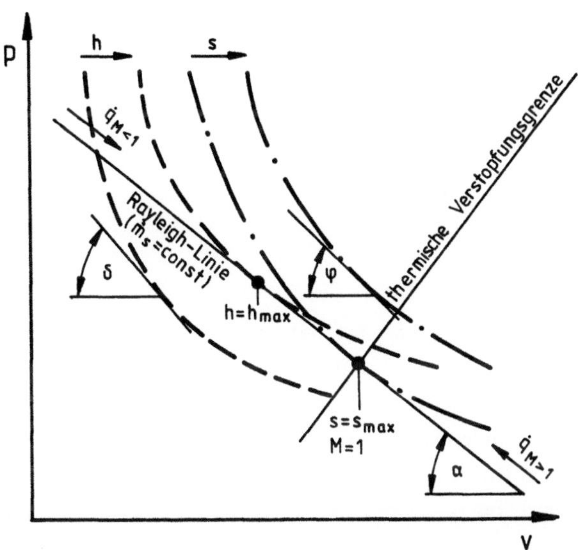

Bild 13.3. *Rayleigh*-Linie, Isenthalpen und Isentropen im p-v-Diagramm

$$\left(\frac{\partial p}{\partial v}\right)_{\dot{m}_s} = -\dot{m}_s^2 = -\frac{w^2}{v^2} = -\kappa\,\frac{p}{v}\,M^2. \tag{13.42}$$

In dem p-v-Diagramm sind auch Kurven konstanter Enthalpie eingezeichnet. Sie folgen der Gasgleichung

$$p\,v = RT = \frac{\kappa-1}{\kappa}h = const. \tag{13.43}$$

Für ihren Steigungswinkel δ gilt

$$\tan\delta = \left(\frac{\partial p}{\partial v}\right)_h = -\frac{p}{v}. \tag{13.44}$$

Will man nun die Enthalpie eines strömenden Mediums durch Wärmezufuhr erhöhen, dann ist das nur möglich bis zum Tangierungspunkt der *Rayleigh*-Linie mit einer Linie h = const. Dieser Punkt ist festgelegt durch die Bedingung tan α = tan δ bzw. durch die Gleichung

$$\kappa \, \frac{p}{v} \, M^2 = \frac{p}{v} \; .$$

Daraus ergibt sich für die beim Enthalpiehöchstwert erreichte *Mach*-Zahl

$$M_{h=h_{max}} = \frac{1}{\sqrt{\kappa}} \; . \tag{13.45}$$

Eine weitere Wärmezufuhr kann die Enthalpie bzw. die statische Temperatur des Mediums nicht mehr vergrößern. Sie führt nur zu einer weiteren Beschleunigung der Unterschallströmung, wobei sogar ein Teil des Zuwachses an kinetischer Energie der Strömung mit einer Abnahme der Enthalpie verbunden ist. Die Wärmezufuhr wird aber schließlich begrenzt, wenn die *Rayleigh*-Linie eine Kurve konstanter Entropie tangiert, wenn also das Maximum der Entropie erreicht wird. Im p-v-Diagramm folgen die Kurven konstanter Entropie der Isentropengleichung

$$p \, v^{\kappa} = const \; . \tag{13.46}$$

Diese Entropiekurven verlaufen also etwas steiler als die Enthalpiekurven. Für ihren Steigungswinkel φ gilt

$$\tan \varphi = \left(\frac{\partial p}{\partial v} \right)_s = \left(\frac{\partial p}{\partial \varrho} \right)_s \left(\frac{\partial \varrho}{\partial v} \right)_s$$

und mit Berücksichtigung von (3.8)

$$\tan \varphi = - \frac{a^2}{v^2} \; . \tag{13.47}$$

Im Tangierungspunkt bei $\tan \alpha = \tan \varphi$ wird dann

$$\kappa \, \frac{p}{v} \, M^2 = \frac{a^2}{v^2} \; .$$

Daraus erhält man

$$M_{s=s_{max}} = 1 \; . \tag{13.48}$$

Damit wird noch einmal verdeutlicht, daß man einem strömenden Medium bei unveränderter Massenstromdichte nur soviel Wärme zuführen kann, bis es beim Entropiemaximum die Schallgeschwindigkeit erreicht. Das gilt auch für eine Überschallströmung, die bei einer Wärmezufuhr im Grenzfall bis auf die Schallgeschwindigkeit verzögert wird. (Eine weitere Aufheizung bringt die Strömung durch einen Verdichtungsstoß - bei abnehmendem Massenstrom - in das Unterschallgebiet.) In Bild 13.4 sind die mit (7.12) und (7.13) berechneten Gesamtdruckverluste und Brennkammer-Ausgangsmachzahlen als Funktion der Einströmmachzahl und des Temperaturverhältnisses T_{2g}/T_{1g} aufgetragen. Abgesehen von den Flammenstabilitätsproblemen sollte also die Eintrittsmachzahl auch mit Rücksicht auf die Strömungsverluste so weit wie möglich begrenzt werden. Außerdem wird bei zu großen M_1-Werten, wie sie in Nachverbrennungskammern und in den Brennkammern von Staustrahltriebwerken auftreten können, durch Erreichen der thermischen Verstopfungsgrenze auch die zuführbare Wärmemenge bzw. der Stützmassenstrom verringert.

(Es sei hier nur nebenbei noch erwähnt, daß man durch eine Erweiterung des Brennkammerquerschnitts von A_1 auf $A_2 = A_1 T_2/T_1$ die Strömungsgeschwindigkeit bzw. den statischen Druck auch konstant halten und damit (im Unterschallbereich) den Gesamtdruckverlust verringern könnte. Dabei würde die *Mach*-Zahl $M_2 = M_1\sqrt{T_1/T_2}$, also im Unterschall- und Überschallbereich durch die - theoretisch jetzt unbegrenzte - Wärmezufuhr

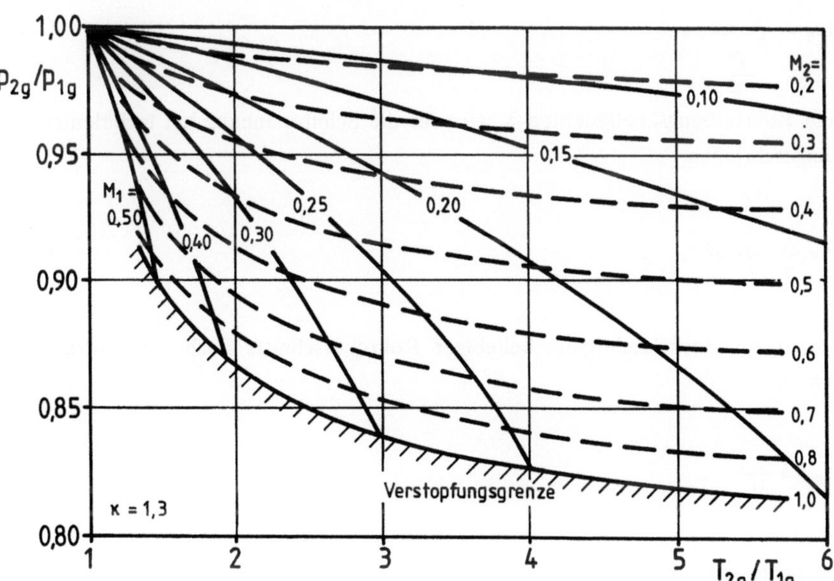

Bild 13.4. Gesamtdruckverluste und *Mach*-Zahlen bei der Wärmezufuhr in einem zylindrischen Rohr

stets kleiner. Da solche Querschnittserweiterungen aus baulichen Gründen aber nur in einem sehr begrenzten Maße zu verwirklichen sind, hat die reine Gleichdruckverbrennung für Triebwerksbrennkammern keine praktische Bedeutung.)

Bei den vorstehenden Betrachtungen hatten wir eine reibungsfreie Strömung vorausgesetzt. Für die nachfolgende Untersuchung des Reibungseinflusses gehen wir nun umgekehrt von einer adiabaten Strömung aus. Die gemeinsame Wirkung der Wärmezufuhr und der Reibung erhält man dann durch eine Überlagerung der beiden Einzelwirkungen.

Bezeichnen wir mit dp_R den reibungsbedingten, statischen Druckverlust entlang des Strömungsweges dx, dann lautet die Impulsgleichung

$$-dp - dp_R = \varrho\, w\, dw \quad . \tag{13.49}$$

Mit den Abkürzungen

A   = Rohrquerschnitt,
U   = benetzter Rohrumfang,
τ = Schubspannung

wird der Reibungsdruckverlust

$$dp_R = \frac{\tau U}{A}\, dx \quad . \tag{13.50}$$

Mit dem Rohrreibungskoeffizienten λ wird für die Schubspannung bei turbulenter Strömung angeschrieben

$$\tau = \frac{\lambda}{4}\, \frac{\varrho}{2}\, w^2 \quad . \tag{13.51}$$

Führt man zur Berücksichtigung beliebiger Rohrquerschnitte noch den hydraulischen Durchmesser

$$d_h = 4\, \frac{A}{U} \tag{13.52}$$

ein, dann wird aus (13.49)

$$\frac{dp}{p} + \frac{\varrho}{p}\, w\, dw + \frac{\lambda}{2 d_h}\, \frac{\varrho}{p}\, w^2 dx = 0$$

oder mit Verwendung der *Mach*-Zahl

$$\frac{dp}{p} + \kappa M^2 \frac{dw}{w} + \frac{\lambda}{2d_h} \kappa M^2 dx = 0 \,. \tag{13.53}$$

Mit der thermischen Zustandsgleichung in der differentiellen Form

$$\frac{dp}{p} - \frac{dT}{T} = \frac{d\varrho}{\varrho}$$

kann für die Kontinuitätsbedingung

$$\frac{dw}{w} + \frac{d\varrho}{\varrho} = 0$$

auch angeschrieben werden

$$\frac{dp}{p} = \frac{dT}{T} - \frac{dw}{w} \,. \tag{13.54}$$

Daraus erhält man in Verbindung mit (13.53)

$$\frac{\lambda}{2d_h} \kappa M^2 dx = \left(1 - \kappa M^2\right) \frac{dw}{w} - \frac{dT}{T} \,. \tag{13.55}$$

Der Energiesatz

$$c_p \, dT + w \, dw = 0 \tag{13.56}$$

kann mit Berücksichtigung von Gleichung 3.10 und ihrer differentiellen Form

$$\frac{dw}{w} = \frac{dM}{M} + \frac{1}{2} \frac{dT}{T} \,. \tag{13.57}$$

nach kurzer Zwischenrechnung ausgedrückt werden durch

$$\frac{dT}{T} = \frac{(1-\kappa) M^2}{1 + (\kappa - 1) M^2 / 2} \, \frac{dM}{M} \,. \tag{13.58}$$

294

Die Zusammenfassung von (13.55), (13.57) und (13.58) ergibt schließlich

$$\frac{\lambda}{2\,d_h}\,\kappa\,dx = \frac{1-M^2}{M^3\left[1+(\kappa-1)\,M^2/2\right]}\,dM\;.\tag{13.59}$$

Die Integration von $x = 0$ bis $x = l$ (l = Rohrlänge) liefert das Ergebnis

$$\lambda\,\frac{l}{d_h} = \frac{1}{\kappa}\,\frac{M_2^2-M_1^2}{M_1^2\,M_2^2} + \frac{\kappa+1}{2\kappa}\,\ln\frac{M_1^2\left[1+(\kappa-1)M_2^2/2\right]}{M_2^2\left[1+(\kappa-1)M_1^2/2\right]}\;.\tag{13.60}$$

Die der Reibungsarbeit entsprechende, auf die Masseneinheit bezogene Wärmemenge dp_R/ϱ ergibt den Entropieanstieg

$$ds = \frac{1}{T}\,\frac{dp_R}{\varrho} = \frac{1}{T\varrho}\,\lambda\,\frac{\varrho}{2}\,w^2\,\frac{dx}{d_h} = \frac{\lambda}{2\,d_h}\,\kappa\,R\,M^2\,dx\;.$$

Mit Berücksichtigung von (13.59) gilt dann für die Ableitung der Entropie nach der *Mach*-Zahl

$$\frac{ds}{dM} = R\,\frac{1-M^2}{M\left[1+(\kappa-1)M^2/2\right]}\tag{13.61}$$

und nach Integration dieser Gleichung für die Entropieänderung

$$s_2-s_1 = R\,\ln\frac{M_2}{M_1}\left[\frac{1+(\kappa-1)M_1^2/2}{1+(\kappa-1)M_2^2/2}\right]^{\frac{\kappa+1}{2(\kappa-1)}}\tag{13.62}$$

Da die Entropie nach dem zweiten Hauptsatz der Wärmelehre nur zunehmen kann, wird also eine Unterschallströmung durch die Reibung beschleunigt und eine Überschallströmung verzögert. Dabei kann im Grenzfall nur wieder die Schallgeschwindigkeit erreicht werden, denn beim Entropiemaximum, das heißt für $ds/dM = 0$, erhält man aus (13.61) $M_{s=s,\max} = 1$.

Die Beschleunigung der Unterschallströmung ist natürlich verbunden mit einer Abnahme und die Verzögerung der Überschallströmung mit einer Zunahme der Enthalpie. Diese Enthalpieveränderungen lassen sich z.B. in einem h-s-Diagramm darstellen. Aus dem Kontinuitätssatz

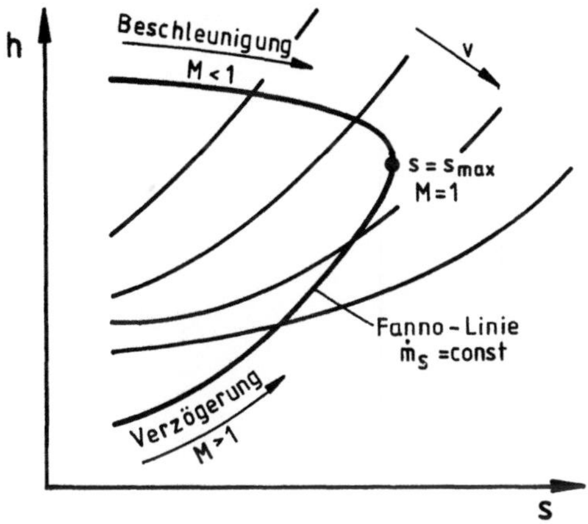

Bild 13.5 *Fanno*-Kurve und Isochoren im h-s-Diagramm

$$\dot{m}_s = \frac{w_1}{v_1} = \frac{w_2}{v_2}$$

und aus der Energiegleichung

$$h_1 + \frac{w_1^2}{2} = h_2 + \frac{w_2^2}{2}$$

ergibt sich der Zusammenhang

$$h_1 + \frac{1}{2}\,\dot{m}_s^2\,v_1^2 = h_2 + \frac{1}{2}\,\dot{m}_s^2\,v_2^2 = \text{const.} \tag{13.63}$$

Das ist die Gleichung der *Fanno*-Kurve, die in einem h-s-Diagramm den in Bild 13.5 skizzierten Verlauf hat.

Aus der Kontinuitätsbedingung in der Form

$$\frac{p_1}{RT_1}\,\frac{w_1}{a_1}\,\sqrt{\kappa\,RT_1} = \frac{p_2}{RT_2}\,\frac{w_2}{a_2}\,\sqrt{\kappa\,RT_2}$$

folgt für das statische Druckverhältnis

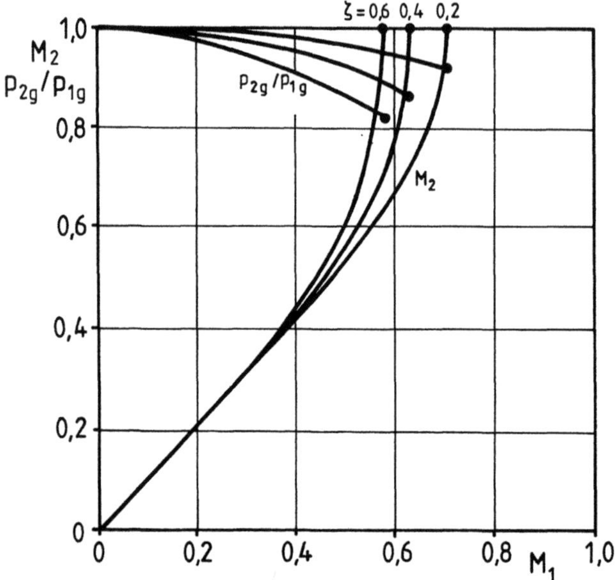

Bild 13.6. Gesamtdruckverluste und *Mach*-Zahlen bei reibungsbehafteter Rohrströmung

$$\frac{p_2}{p_1} = \frac{M_1}{M_2} \sqrt{\frac{T_2}{T_1}}$$

und mit (3.12)

$$\frac{p_2}{p_1} = \frac{M_1}{M_2} \left[\frac{1+(\varkappa-1)M_1^2/2}{1+(\varkappa-1)M_2^2/2} \right]^{\frac{1}{2}} . \tag{13.64}$$

Nach (3.13) wird dann das Gesamtdruckverhältnis

$$\frac{p_{2g}}{p_{1g}} = \frac{M_1}{M_2} \left[\frac{1+(\varkappa-1)M_2^2/2}{1+(\varkappa-1)M_1^2/2} \right]^{\frac{\varkappa+1}{2(\varkappa-1)}} . \tag{13.65}$$

Bild 13.6 zeigt einige Beispiele für die Gesamtdruckverluste und für die Machzahländerungen bei einer reibungsbehafteten Rohrströmung. Da in einer Brennkammer neben den Wandreibungsverlusten auch noch andere Strömungsverluste auftreten, wurde hier anstelle des Ausdrucks $\lambda l/d_h$ der Verlustfaktor ζ eingeführt.

13.2. Ausführungen

Der prinzipielle Aufbau einer Triebwerksbrennkammer kann anhand der schematischen Darstellung einer sogenannten Rohrbrennkammer von Bild 13.7 erläutert werden. Die vom Verdichter zuströmende Luft wird zunächst in einem Einlaufdiffusor verzögert und in zwei Massenströme aufgeteilt. Der kleinere, durch eine Drosselscheibe (Dosierungsdrossel) bemessene Luftstrom gelangt sofort in das Flammrohr und der restliche Teilstrom in den äußeren Ringraum. Das Aufteilungsverhältnis ist abhängig von der erwünschten Turbineneintrittstemperatur, da man zur Optimierung des Reaktionsablaufes für die im wesentlichen in der Primärzone ablaufende Verbrennung etwa eine stöchiometrische Gemischzusammensetzung anstrebt. Der Kraftstoff wird mit Drücken in der Größenordnung von 100 bar in Form eines Sprühkegels aus der Einspritzdüse in das Flammrohr gespritzt, wo er dann nach seiner physikalischen Aufbereitung mit der Luft ein zünd- und brennfähiges Gemisch bildet. Da die Fortpflanzungsgeschwindigkeit einer Kohlenwasserstoffflamme erheblich kleiner ist als die nach der Verzögerung vorhandene Luftgeschwindigkeit, kann man ein Abreißen der Flamme, d.h. ein Verlöschen der beim Start zunächst fremd gezündeten Brennkammer, nur durch zusätzliche Maßnahmen verhindern. Eine solche Maßnahme ist z.B. die in Bild 13.7 skizzierte Anordnung eines kegelförmigen Flammenhalters, der durch Strömungsablösungen ein Totwassergebiet, also eine Zone mit einem gegenüber der Hauptströmung abgesenkten Druck erzeugt, wodurch eine flammenstabilisierende Rückströmung heißer Gase hervorgerufen wird. Anstelle dieser Abreiß-Flammenhalter verwen-

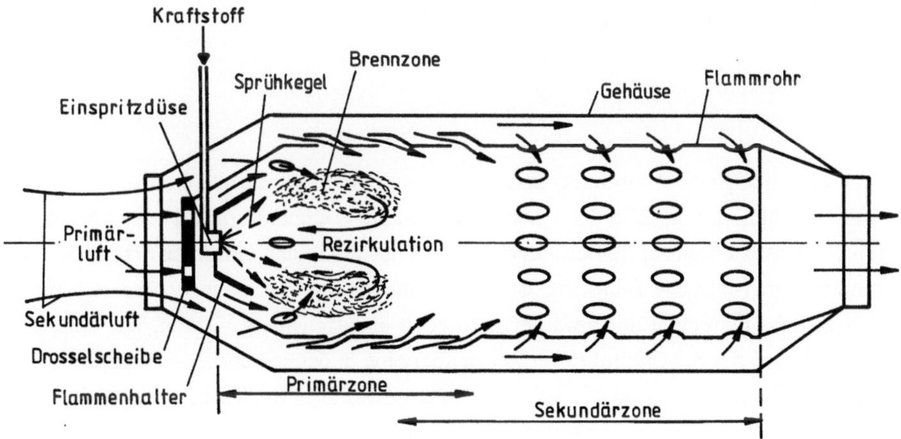

Bild 13.7. Schema einer Rohrbrennkammer

298

det man auch Dralleinsätze, die die Primärluft um die Brennkammerachse in Rotation versetzen. Dabei wird der für eine Rezirkulation erforderliche Druckgradient unter dem Einfluß der Fliehkraft aufgebaut. Die durch die Rezirkulation erhöhte Verweilzeit der Reaktionspartner in Zonen hoher Temperatur verbessert natürlich auch den Ausbrenngrad. Leider bedingt die längere Einwirkung hoher Temperaturen aber auch eine verstärkte Stickoxidbildung [57], so daß hier stets ein Kompromiß erforderlich wird.

Zum Hitzeschutz der Flammrohre wird ein Teil der Ringraumluft durch Kühlschlitze an die Flammrohrinnenwände herangeführt, wo sie entlang der Rohrwand einen Kühlluftfilm aufbaut. Die übrige Ringraumluft wird dann in der Sekundärzone durch Bohrungen in das Flammrohr eingeschleust, vermischt sich hier mit den heißen Verbrennungsgasen und reduziert die Temperatur auf den für die Turbine zulässigen Wert.

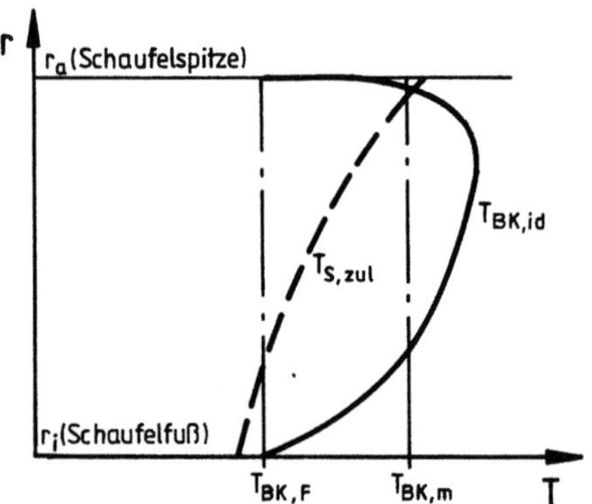

Bild 13.8. Radiales Temperaturprofil am Brennkammerausgang

Durch eine geeignete Anordnung und Dimensionierung der Zumischbohrungen ist man darum bemüht, das in Bild 13.8 skizzierte, radiale Temperaturprofil am Austritt der Brennkammer zu realisieren. Berücksichtigt man nur die in den einzelnen Schnitten unterschiedliche mechanische Belastung der Turbinenlaufschaufeln, dann ergäbe sich für die zulässige Schaufeltemperatur etwa der gestrichelt eingezeichnete Verlauf. Die hohen Beanspruchungen des Schaufelfußes verlangen aber eine in den nabennahen Schnitten stärker abfallende Temperatur, wodurch auch der Wärmeabfluß in die Turbinenscheiben verringert wird. Da die Gastemperaturen zur Begrenzung der Aufheizung des Turbinengehäuses auch im Kopfbereich abnehmen sollen, ergibt sich schließlich für den idealen Verlauf der Brennkammeraustrittstemperatur die ausgezogene $T_{BK,id}$-Linie. Dabei kann die für den Kreisprozeß entscheidende Mitteltemperatur $T_{BK,m}$ um bis zu 100 K größer sein als der zulässige Wert eines homogenen Temperaturfeldes, der ja durch $T_{BK,F}$ vorgegeben wäre.

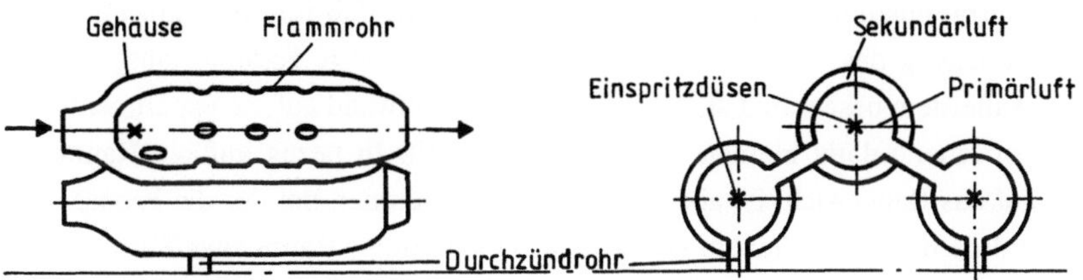

Rohr - Brennkammer

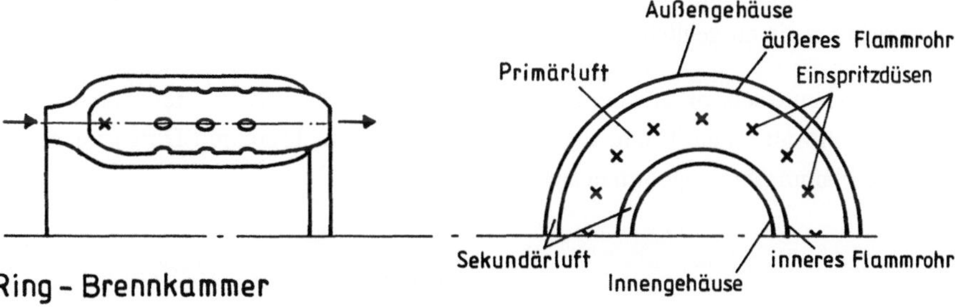

Ring - Brennkammer

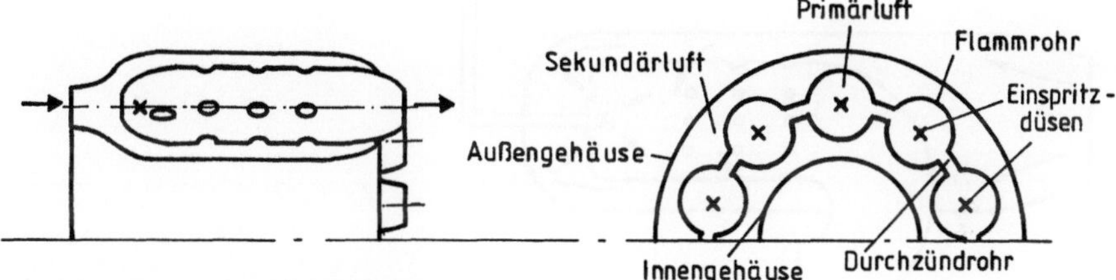

Ring - Rohr - Brennkammer

Bild 13.9. Brennkammerbauarten

Die vorstehenden Betrachtungen sind natürlich grundsätzlicher Art, das heißt unabhängig von der speziellen Ausführungsform einer Brennkammer. Von den in Bild 13.9 schematisch dargestellten Konstruktionstypen wird die oben beschriebene Rohrbrennkammer heute kaum noch verwendet. Ein komplettes System besteht hier aus mehreren, konzentrisch um die Triebwerksachse angeordneten Brennkammern, die an die einzelnen Luft- bzw. Heißgaskanäle des Verdichteraustritts- bzw. des Turbineneintrittsgehäuses angeschlossen sind. Da die Zündung beim Triebwerksstart nur in zwei Kammern erfolgt, sind alle Flammrohre über Durchzündrohre, die auch etwaige Druckunterschiede ausgleichen können, miteinander verbunden.

300

Ein solches Rohrbrennkammersystem hat zwar den Vorteil, daß im Reparaturfall ohne eine weitere Zerlegung des Triebwerks vielleicht nur eine einzige Kammer ausgetauscht werden muß. Außerdem beschränkt sich der Entwicklungsaufwand auf die experimentellen Untersuchungen einer relativ kleinen Konstruktionseinheit. In bezug auf die Raumausnutzung und auf das Baugewicht ist aber die Ring-Brennkammer, bei der die Primär- und Sekundärluftströme nur jeweils einem (Ring- bzw. Doppelring-) Raum zugeführt werden, einer Ausführung mit Einzelrohrbrennkammern deutlich überlegen. Darüber hinaus können die Übergänge zum Verdichter und zur Turbine wesentlich strömungsgünstiger gestaltet werden. Man benötigt natürlich auch keine Durchzündrohre und erzielt in der Umfangsrichtung ein ausgeglicheneres Temperaturfeld am Turbineneingang.

Auch bei dem heute sehr oft angewandten Mischsystem der Ring-Rohr-Brennkammer wird die Sekundärluft nur einem Raum zugeführt, in dem aber mehrere, mit Durchzündrohren verbundene Flammrohre angeordnet sind.

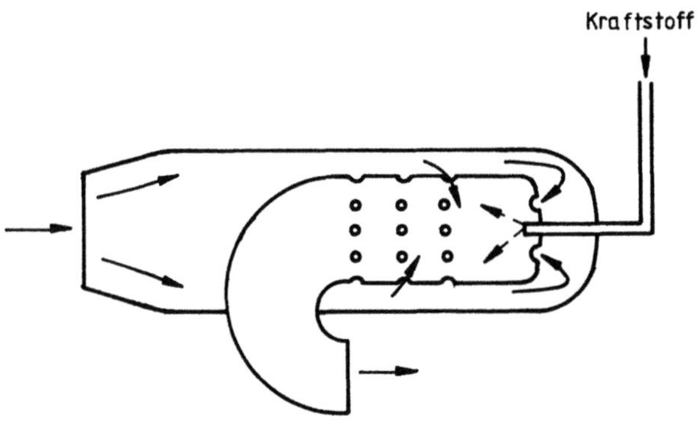

Bild 13.10. Gegenstrom-Brennkammer

Bei all diesen Brennkammertypen handelt es sich um Gleichstrom-Brennkammern, in denen die Luft ohne eine Veränderung der Hauptströmungsrichtung vom Verdichter zur Turbine gelangt. Vor allem in Verbindung mit Radialverdichtern werden bei kleineren Triebwerken auch Gegenstrom-Brennkammern eingesetzt. Dabei ist der Lufteintritt nach dem Schema von Bild 13.10 auf dem relativ großen Durchmesser des Radialverdichteraustritts angeordnet. Die Luft wird dann um 360° umgelenkt und dem auf einem kleineren Durchmesser liegenden Turbineneintritt zugeführt. Die durch die Umlenkung zusätzlich erzeugte Verwirbelung unterstützt zwar die Gemischbildung, erhöht allerdings auch den Druckverlust.

Die Kraftstoffeinspritzung hatten wir bisher immer als eine sogenannte Mitstrom-Einspritzung skizziert. Grundsätzlich möglich ist aber auch eine Gegenstrom-Einspritzung, bei der dem Kraftstoff eine dem Luftstrom entgegen gerichtete Geschwindigkeitskomponente erteilt wird. Durch die höhere Relativgeschwindigkeit zwischen der Luft und dem Kraftstoffstrahl erzielt man eine bessere Zerstäubung und eine raschere Verdampfung des Kraftstoffs, der sich im Vergleich zur Mitstromeinspritzung auch etwas länger in der Brennzone aufhält, wodurch insgesamt die Gemischbildung und Verbrennung verbessert werden kann. Außerordentlich nachteilig ist aber die hohe thermische Beanspruchung der dem Heißgasstrom ausgesetzten Düsen, die dadurch leicht verkoken und verzundern können.

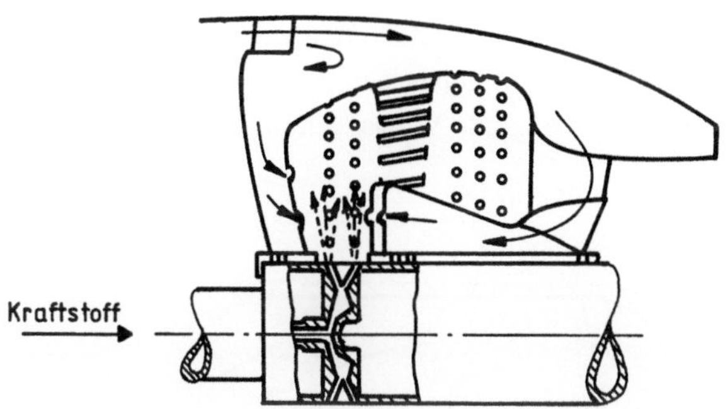

Bild 13.11. Querstromeinspritzung

Bild 13.11 zeigt noch ein bei kleineren Triebwerken in Kombination mit einer Umkehr-Ringbrennkammer angewandtes Verfahren der Querstromeinspritzung (*Turboméca*). Hier wird der Kraftstoff unter dem Einfluß der Fliehkraft aus den Bohrungen eines mit der Triebwerkswelle rotierenden Zerstäuberrads mit großer Geschwindigkeit in die Brennkammer geschleudert. (Nur beim Anlassen des Triebwerks wird er durch Druckeinspritzung über zwei, in der Skizze nicht dargestellte, Startdüsen in die Brennkammer eingebracht.)

Abgesehen von diesem Sonderfall der Einspritztechnik wird der Kraftstoff heute immer mit Hilfe einer Hochdruckpumpe - das ist z.B. eine Taumelscheibenpumpe - durch die Einspritzdüsen in den Brennraum transportiert. Dabei wird ihm zur Realisierung eines breiten Sprühkegels durch Bohrungen, die tangential in den Düsenvorraum einmünden, noch ein Drall erteilt. Ein großer Mangel dieser Druckeinspritzung liegt darin, daß der für die Kraftstoffverteilung und -zerstäubung verfügbare Einspritzdruck bei konstantem Ausflußquerschnitt mit dem Quadrat des Kraftstoffdurchsatzes abnimmt. Eine etwas bessere Einspritzcharakteristik wird dadurch erzielt, daß man in den Düsen zwei konzentrische Ausflußquerschnitte anordnet (Duplex-Brenner), wobei im Teillastbereich nur der kleinere Querschnitt mit Kraftstoff versorgt und bei zunehmender Einspritzmenge und Überschreiten eines bestimmten Druckwertes der Kraftstoff auch aus dem zweiten Düsenringquerschnitt abgespritzt wird.

Wenn auch die derzeitigen Verbrennungssysteme hinsichtlich der Brennkammerleistungen und -wirkungsgrade schon ein ausreichend gutes Funktionsverhalten aufweisen, so bedarf es aber noch erheblicher Entwicklungsanstrengungen zur weiteren Verbesserung der Abgasqualität. In Anbetracht des ständig zunehmenden Luftverkehrs wird es nämlich unumgänglich sein, die in Tabelle 1.6 angegebenen und von neueren Triebwerken auch eingehaltenen Schadstoffemissionsgrenzwerte noch ganz erheblich zu reduzieren. Dabei besteht das vorhin schon erwähnte Problem, daß eine ausreichend geringe Emission von Produkten unvollständiger Verbrennung neben einer guten Kraftstoffaufbereitung eine möglichst große Verweilzeit der Reaktionspartner in Zonen hoher Temperatur verlangt, die Stickoxidbildung aber durch hohe Temperaturen und große Verweilzeiten begünstigt wird.

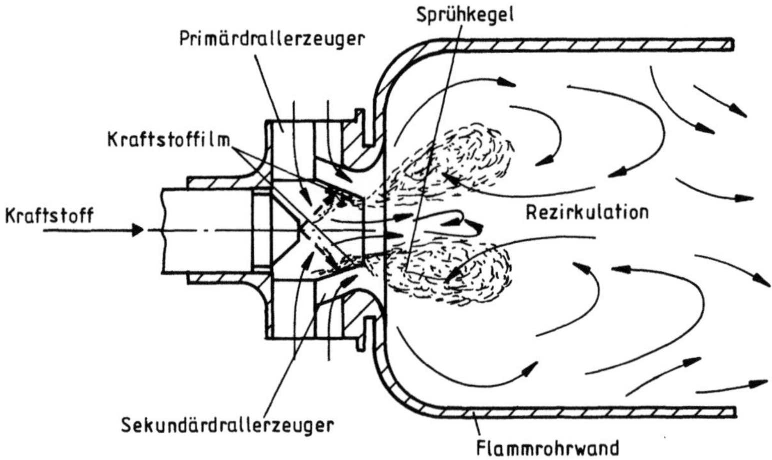

Bild 13.12. Schema einer Gegendrall-Luftzerstäuberdüse

Die Gemischbildung könnte durch den Einsatz von Luftzerstäuberdüsen erheblich verbessert werden. Bild 13.12 zeigt ein Konzept [58], bei dem der Kraftstoff auf die Innenwand einer Venturidüse aufgetragen, durch den primären Luftwirbel an die Düsenkante transportiert und dort mit Unterstützung des gegenläufigen Sekundärluftwirbels zerstäubt wird.

Wird der Kraftstoff - so wie heute üblich - in flüssiger Form in den Brennraum eingebracht, dann sind im engsten Bereich der Kraftstofftröpfchenoberflächen Luftmangelzonen nicht

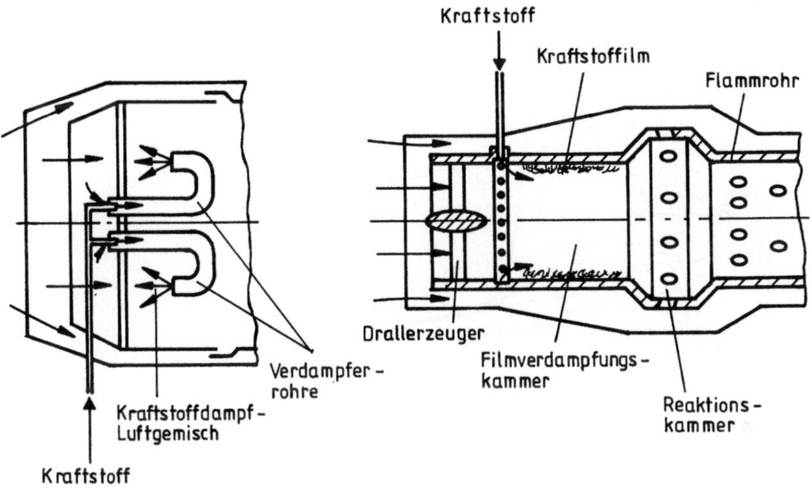

Bild 13.13. Verdampfungsbrennkammern

zu vermeiden. Die Aufheizung dieser fetten Gemischbereiche führt aber durch Dehydrierungs- und Crackprozesse zur Bildung von Rußteilchen, die später oft nicht mehr vollständig verbrannt werden können [23]. Es wäre deshalb wesentlich günstiger, der Reaktionszone ein bereits vorgemischtes Kraftstoffdampf-Luftgemisch zuzuführen. Das geschieht bei dem im linken Teil von Bild 13.13 dargestellten und heute in modifizierter Form weiterverfolgten Konzept dadurch, daß der Kraftstoff mit einem Druck von nur einigen bar in das Verdampferrohr eingespritzt wird, in die auch ein Teil der Primärluft einströmt. In den mit den Heißgasen beaufschlagten Rohren entsteht dann ein Kraftstoffdampf-Luftgemisch, das nach zweimaliger, rechtwinkliger Umlenkung, die eine gute Durchwirbelung hervorruft, entgegen der Hauptströmungsrichtung in die Brennzone eingebracht wird. Beim Start werden die Rohre durch Zündflammen vorgeheizt. Eine andere Ausführungsmöglichkeit ist die im rechten Bildteil skizzierte Filmverdampfungsbrennkammer [59]. Hier wird der Kraftstoff durch feine Bohrungen oder durch poröse Materialien auf die Wand der Verdampfungskammer aufgebracht, wo er durch die Luftströmung zu einem Film ausgebreitet wird. Dieser Kraftstoffilm wird dann im wesentlichen durch die von der rotierenden Luft durch Konvektion auf die Wand übertragene Wärme verdampft und mit der Luft vermischt. Bei Eintritt in die Reaktionskammer wird die im Filmverdampfungsrohr radial noch sehr ungleichmäßige Konzentrationsverteilung durch die starke Wirbelbildung infolge der plötzlichen Querschnittserweiterung vergleichmäßigt und das nun schon sehr homogene Kraftstoff-Luftgemisch weitgehend rußfrei verbrannt. Im Unterschied zu dem Prinzip der Röhrchenverdampfer, in denen der Kraftstoff zum Teil auch noch flüssig bleibt und in Tröpfchenform in den Brennraum eingebracht wird, soll (und muß) er in einer

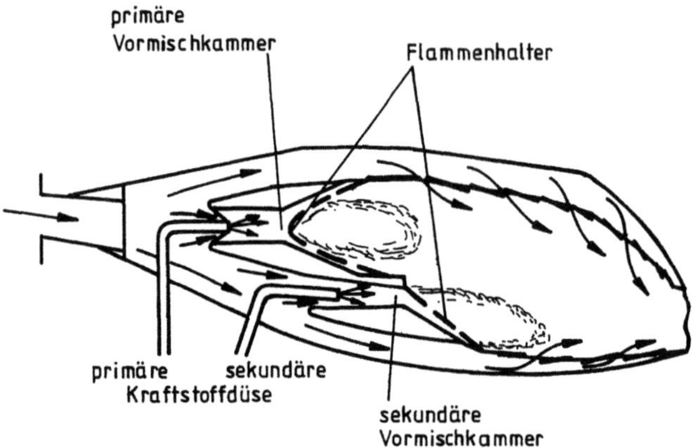

Bild 13.14. Schema einer Stufenbrennkammer

Filmverdampfungskammer vollständig verdampfen. Bisher ist es aber noch nicht gelungen, eine für die großen Kraftstoffdurchsätze eines Flugtriebwerks geeignete Filmverdampfungsbrennkammer zu verwirklichen.

In Kap. 13.1.1 hatten wir festgestellt, daß die größten Flammenausbreitungsgeschwindigkeiten mit einer etwa stöchiometrischen Brenngasmischung zu erreichen sind. Aus dieser Feststellung ergab sich der Hinweis, daß man zur Optimierung des Reaktionsablaufs in der Primärzone einer Triebwerksbrennkammer eine Luftverhältniszahl von $\lambda \approx 1$ anstrebt. Es ist jetzt noch zu ergänzen, daß dabei unter Optimierung die Sicherstellung einer möglichst stabilen und vollständigen Verbrennung zu verstehen war. Mit Rücksicht auf die NO_x - Emission wäre es aber vorteilhafter, zur Absenkung der Verbrennungsspitzentemperaturen die Luftverhältniszahl in der Primärzone bis auf $\lambda \geq 1,6$ anzuheben. Bei solchen λ -Werten eines homogenen Brenngasgemischs könnte nämlich die Stickoxidbildung weitgehend unterdrückt werden [23]. Deshalb bestehen auch andere, vornehmlich auf eine weitere Verringerung der Stickoxidemission ausgerichtete Abgasverbesserungsmaßnahmen darin, zur Bereitstellung eines abgemagerten, aber auch im Teillastgebiet durch eine Begrenzung des Luftüberschusses noch stabil und vollständig verbrennenden Reaktionsgasgemisches das Aufteilungsverhältnis der Primär- und Sekundärluft mit der Last zu verändern [60, 61].

Zur Entschärfung der bei einer Luftüberschußverbrennung natürlich wesentlich größeren Stabilitäts- und Ausbrandprobleme könnte die Brennkammer z.B. nach dem Schema von Bild 13.14 als ein zweistufiges System ausgebildet werden, bei dem die Brennzone - im Teillastgebiet nur noch über eine der Einspritzdüsen - mit einem in Vormischkammern für die Verbrennung schon gut aufbereiteten Kraftstoff-Luftgemisch versorgt wird [62].

Schließlich wird versucht, den Entflammungs- und Verbrennungsvorgang katalytisch zu beschleunigen [63]. Auch dadurch wäre es vielleicht möglich, ohne Beeinträchtigung der Flammenstabilität und des Ausbrenngrades (d.h. ohne Zunahme der Emission unverbrannter Abgasbestandteile) die Temperatur in der Reaktionszone durch einen Luftüberschußbetrieb abzusenken und damit wieder der NO-Bildung entgegenzuwirken.

Im Zusammenhang mit dieser Diskussion der Abgasqualitätsfragen sei noch auf folgendes hingewiesen: In Kap. 9.1 wurde erwähnt, daß die für einen Hyperschallflug erforderliche Überschallverbrennung mit Wasserstoff eher zu realisieren sein wird als mit den konventionellen Kraftstoffen. Obschon damit die Emissionen von Kohlenmonoxid, von unverbrannten Kohlenwasserstoffen und von Rußteilchen eliminiert würden, wäre es aber falsch, den schädlichen Umwelteinfluß einer in großen Höhen ablaufenden Wasserstoffverbrennung zu unterschätzen. Zum einen würde nämlich das Niveau der Stickoxidemission praktisch gar nicht verändert und die im Stratosphärenbereich des Ozongürtels emittierten Stickoxide könnten sich durch eine Zerstörung dieses, für das Leben auf der Erde so wichtigen "UV-Filters" sogar besonders nachteilig auswirken [64]. Außerdem ist zu berücksichtigen, daß nicht nur die - bei einem Wasserstoffbetrieb natürlich ausgeschaltete - Kohlendioxidemission, sondern auch die gegenüber dem Wert der Kohlenwasserstoffverbrennung etwa um den Faktor 2,3 erhöhte Emission von Wasserdampf (Bildung von Cirruswolken) den Strahlungshaushalt der Erde beeinflussen und eine Zunahme des Treibhauseffektes herbeiführen kann [65].

Abschließend soll jetzt noch ganz kurz die Einleitung der Verbrennung und dabei auch der gesamte Triebwerksstart angesprochen werden. Die anfängliche Entflammung erfolgt durch elektrische Zündfunken und aus Sicherheitsgründen immer mit zwei Zündkerzen, die von zwei getrennten Zündanlagen mit Energie versorgt werden. Um auch unter ungünstigen Entflammungsbedingungen eine sichere Zündung - oder Wiederzündung - zu gewährleisten, arbeitet man mit einer sehr hohen Zündenergie, die in einer Größenordnung von etwa 10 Joule liegt. Da man unter extremen Bedingungen mit einer Dauerzündung fahren muß, um eine etwa verloschene Bennkammer sofort wieder zu entflammen, benutzt man zur Verringerung des Kerzenabbrands für den zweiten Zündkreis oft eine etwas energieärmere Anlage. Im Einsatz sind aber auch Zündsysteme mit variabler Energie.

Die für den Anlaßvorgang erforderliche Antriebsenergie des Gasgenerators wird bei Kleintriebwerken von einem Elektrostarter bereitgestellt. Bei größeren Triebwerken wird der Kompressor des Gasgenerators über ein Untersetzungsgetriebe und eine Überholkupplung von einer hochtourigen Luftturbine angetrieben, die von einem Kompressor-Bodenaggregat oder von einer im Flugzeug mitgeführten APU (auxiliary power unit) mit Druckluft versorgt wird. Bei fehlender Bodenversorgung kann die Luftturbine auch mit dem Gas einer Brennkammer beaufschlagt werden, der die Verbrennungsluft aus Druckflaschen zugeführt wird. Unabhängig von einer Bodenversorgung ist auch der Gasturbinen-Anlasser. Das ist eine kleine, komplette Gasturbinenanlage mit eigenem Kraftstoff-, Zünd-, Schmieröl- und Startsystem und einer Nutzleistungsturbine, die den Verdichter des Gasgenerators antreibt.

Nach dem Anlaufen des Verdichters wird zunächst die Zündung und dann die Kraftstoffzufuhr eingeschaltet. Nach Einleitung der Entflammung wird der Gasgenerator weiter beschleunigt, bis er schließlich die Selbstlaufdrehzahl erreicht, bei der das vom Triebwerk erzeugte Drehmoment gerade so groß wird wie das Anlasserdrehmoment. Kurz danach wird der Anlasser abgeschaltet und das Triebwerk läuft aus eigener Kraft bis zur Bodenleerlaufdrehzahl hoch. Es versteht sich, daß auch die einzelnen Schaltvorgänge eines solchen Startvorgangs durch das Triebwerkregelungssystem automatisiert sind.

14 Schubdüsen

14.1 Berechnungsgrundlagen

Da die theoretischen Grundlagen der isentropen und der reibungsbehafteten Düsenströmung bereits in Kap. 3.1 und Kap. 12.1.2. behandelt wurden, soll hier jetzt zunächst nur noch ein Vergleich der Wirksamkeit konvergenter und konvergent-divergenter (*Laval*-) Düsen angestellt werden [17].

Entsprechend der Definition (4.4) gilt für die resultierende Geschwindigkeit am Ausgang einer konvergenten Düse (Index K) unter Berücksichtigung der Reibung

$$w_{aK,res} = w_{kr} + \frac{p_{kr} - p_0}{g_{kr}\, w_{kr}} = \varphi_{SD}\, w^* + \frac{p_{kr} - p_0}{g_{kr}\, \varphi_{SD}\, w^*} \quad . \tag{14.1}$$

(Das Sternchen und der Index kr kennzeichnen wieder die kritischen Zustandswerte bei verlustloser bzw. verlustbehafteter Expansion.) Mit Einführung des resultierenden Schubdüsen-Reibungskoeffizienten

$$\varphi_{SD,res} = \varphi_{SD}\, \frac{w^*}{w_{a,is,0}} + \frac{p_{kr} - p_0}{g_{kr}\, \varphi_{SD}\, w^*\, w_{a,is,0}} \tag{14.2}$$

kann auch angeschrieben werden

$$w_{aK,res} = \varphi_{SD,res}\, w_{a,is,0} \quad . \tag{14.3}$$

Darin ist $w_{a,is,0}$ die bei isentroper Entspannung vom Düseneingangsdruck p_{1g} auf den Umgebungsdruck p_0 erreichbare Geschwindigkeit. Mit Berücksichtigung von (3.5), (12.17) und (12.19) wird aus (14.2)

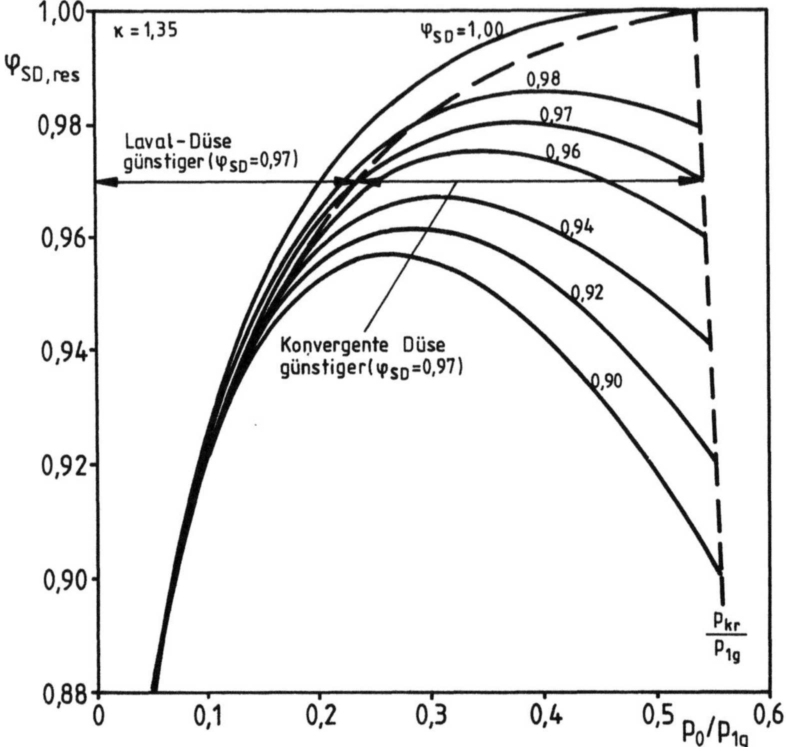

Bild 14.1. Geschwindigkeitsbeiwerte einer verlustbehafteten Düsenströmung

$$\varphi_{SD,res} = \varphi_{SD}\sqrt{\frac{1-\left(p_{kr}/p_{1g}\right)^{\frac{\kappa-1}{\kappa}}}{1-\left(p_0/p_{1g}\right)^{\frac{\kappa-1}{\kappa}}}}$$

$$+ \frac{\kappa-1}{\kappa}\ \frac{\left\{(p_{kr}/p_{1g})-(p_0/p_{1g})\right\}\left\{1-\varphi_{SD}^2\left[1-(p_{kr}/p_{1g})^{\frac{\kappa-1}{\kappa}}\right]\right\}}{2\varphi_{SD}(p_{kr}/p_{1g})\sqrt{\left[1-(p_{kr}/p_{1g})^{\frac{\kappa-1}{\kappa}}\right]\left[1-(p_0/p_{1g})^{\frac{\kappa-1}{\kappa}}\right]}}\ . \tag{14.4}$$

Bild 14.1 zeigt die Auswertung dieser Gleichung. Wie man sieht, ist z.B. bei einem Reibungskoeffizienten von φ_{SD} = 0,97 die für den Schub maßgebliche, resultierenden Austrittsgeschwindigkeit $w_{a,K,res}$ bei einer konvergenten Düse bis zu einem überkritischen Druckverhältnis von p_0/p_{1g} = 0,24 etwas größer als die Ausflußgeschwindigkeit

$$w_{a,L} = \varphi_{SD}\ w_{a,is,0} \tag{14.5}$$

aus einer *Laval*-Düse (Index L) bei verlustbehafteter Entspannung auf den Düsenausgangsdruck $p_a = p_0$. Hier wirkt sich also der durch den längeren Strömungskanal erhöhte Reibungsverlust einer *Laval*-Düse stärker aus als der Verlust durch die unvollständige Gasentspannung in einer nur konvergenten Düse. Eine weitere Vergrößerung des Druckgefälles führt aber dann zu einer rapiden Verschlechterung der $\varphi_{SD,res}$-Werte, so daß für diesen Betriebsbereich nur noch eine *Laval*-Düse in Frage kommt. (Siehe hierzu auch den Düsenvergleich bei den Rechnungsergebnissen von Bild 4.4.)

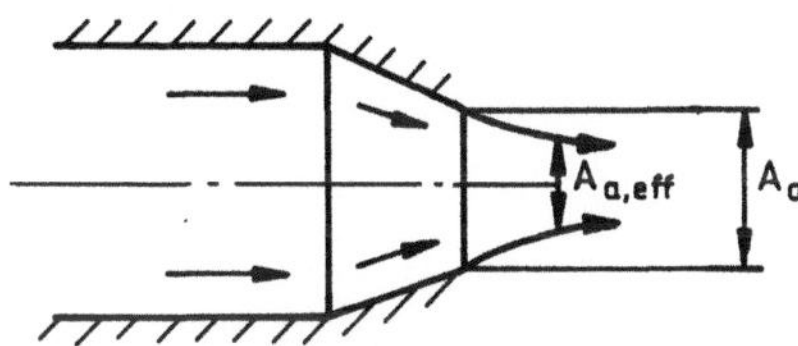

Bild 14.2. Strahlkontraktion

Bei der realen Schubdüsenströmung ist schließlich noch die in Bild 14.2 angedeutete Strahlkontraktion in Rechnung zu stellen. Mit der Kontraktionsziffer

$$\mu_A = \frac{A_{a,eff}}{A_a} \tag{14.6}$$

gilt hier mit Berücksichtigung von (12.14) für den Massenstrom

$$\dot{m} = \frac{\varphi_{SD}}{k_T}\,\mu_A\,\dot{m}_{is} = \alpha_{SD}\,\dot{m}_{is}\;. \tag{14.7}$$

Darin ist α_{SD} die schon früher eingeführte Durchflußziffer. Bild 14.3 zeigt ein Beispiel für die an einer konvergenten Düse gemessenen Kontraktionsziffern [36].

Vor einer weiteren Diskussion der Düsenströmung soll noch kurz auf die expandierende Überschall-Eckenströmung (*Prandtl-Meyer*-Eckenströmung) eingegangen werden. Dazu betrachten wir eine ebene Strömung, die mit Schallgeschwindigkeit entlang einer Wand geführt und durch eine plötzliche, den Strömungsquerschnitt vergrößernde Änderung der Wandrichtung auf Überschallgeschwindigkeit beschleunigt wird. Aus der Skizze von Bild 14.4 erhält man für den Umlenkwinkel $d\vartheta$ einer Stromlinie beim Übergang von dem Strömungsquerschnitt A_1 (mit dem *Mach*-Winkel $\alpha_1 = 90^\circ$) auf den etwas größeren Querschnitt A (mit dem *Mach*-Winkel $\alpha < 90^\circ$) mit Berücksichtigung von

310

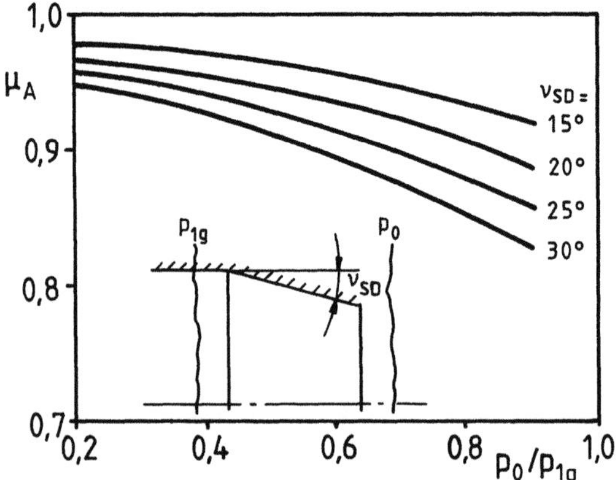

Bild 14.3. Kontraktionsziffern konvergenter Kreisdüsen

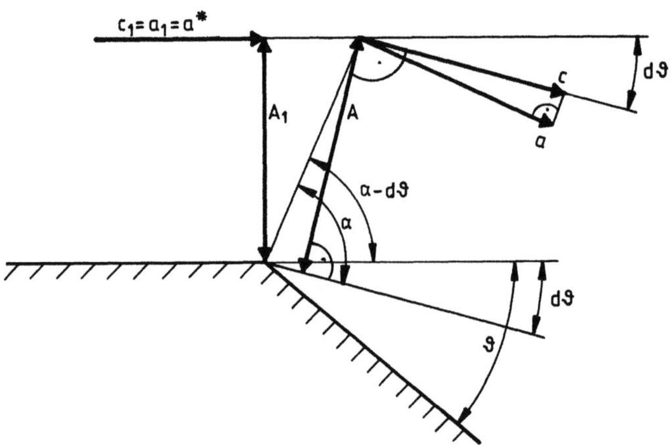

Bild 14.4. *Prandtl-Meyer*-Eckenströmung

$$\sin(\alpha - d\vartheta) = \sin\alpha - d\vartheta \cos\alpha$$

den Wert

$$d\vartheta = \frac{\sin\alpha}{\cos\alpha}\left(1 - \frac{A_1}{A}\right)$$

oder für einen beliebigen Schritt vom Querschnitt A zum Querschnitt A + dA

$$d\vartheta = \frac{\sin\alpha}{\cos\alpha}\left(1-\frac{A}{A+dA}\right)\,. \tag{14.8}$$

Die Kontinuitätsbedingung lautet

$$\frac{A}{A+dA} = \frac{gc+d(gc)}{gc} = 1 + \frac{d(gc)/g^*a^*}{gc/g^*a^*}\,. \tag{14.9}$$

Für den *Mach*-Winkel gilt

$$\sin\alpha = \frac{a}{c} = \frac{1}{M^*}\sqrt{\frac{T}{T^*}}\,. \tag{14.10}$$

Die Geschwindigkeitsgleichung

$$c = \sqrt{a^{*2} + \frac{2\kappa}{\kappa-1}RT^*\left[1-(p/p^*)^{\frac{\kappa-1}{\kappa}}\right]}$$

liefert für das Temperaturverhältnis den Zusammenhang

$$\frac{T}{T^*} = \frac{\kappa+1}{2}\left(1-\frac{\kappa-1}{\kappa+1}M^{*2}\right)\,. \tag{14.11}$$

Schließlich gilt noch

$$\frac{gc}{g^*a^*} = \left(\frac{T}{T^*}\right)^{\frac{1}{\kappa-1}}M^*\,. \tag{14.12}$$

Aus dieser Gleichung erhält man mit Berücksichtigung von (14.8) bis (14.11) nach einigen Zwischenrechnungen für die Ableitung des Umlenkwinkels nach der kritischen *Mach*-Zahl

$$\frac{d\vartheta}{dM^*} = \frac{1}{M^*}\sqrt{\frac{M^{*2}-1}{1-(\kappa-1)M^{*2}/(\kappa+1)}}$$

und mit Einführung der realen *Mach*-Zahl

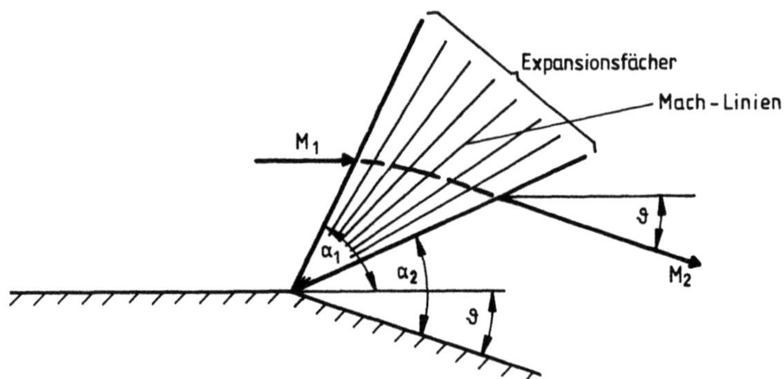

Bild 14.5. Expansionsfächer der *Prandtl-Meyer*-Eckenströmung

$$\frac{d\vartheta}{dM} = \frac{\sqrt{M^2-1}}{M[1+(\kappa-1)M^2/2]} \cdot \tag{14.13}$$

Die Integration ergibt für den Zusammenhang zwischen den *Mach*-Zahlen und dem Umlenkwinkel mit der Abkürzung

$$b = \sqrt{\frac{\kappa+1}{\kappa-1}} \tag{14.14}$$

das Ergebnis

$$\vartheta = b \arctan \frac{\sqrt{M_2^2-1}}{b} - \arctan\sqrt{M_2^2-1} - b \arctan \frac{\sqrt{M_1^2-1}}{b} + \arctan\sqrt{M_1^2-1} \cdot \tag{14.15}$$

Die schematische Darstellung von Bild 14.5 zeigt die Umlenkung einer Strömung, die bereits mit Überschallgeschwindigkeit an den Wandknick herangeführt wird. Sie wird also innerhalb des sogenannten Expansionsfächers, das heißt im Bereich zwischen den durch die *Mach*-Zahlen M_1 und M_2 vorgegebenen *Mach*-Linien, um den Winkel ϑ abgelenkt und strömt dann wieder parallel zur Wand.

Eine solche Strömungsumlenkung und Strahlerweiterung erfolgt nun auch am Austritt einer Schubdüse, wenn dort $p_a > p_0$ ist. Wie im linken Teil von Bild 14.6 dargestellt, werden die vom Düsenrand ausgehenden und sich kreuzenden Verdünnungswellen der Expansionsfächer am Strahlrand, an dem ja die Bedingung $p = p_0$ vorgegeben ist, als Verdich-

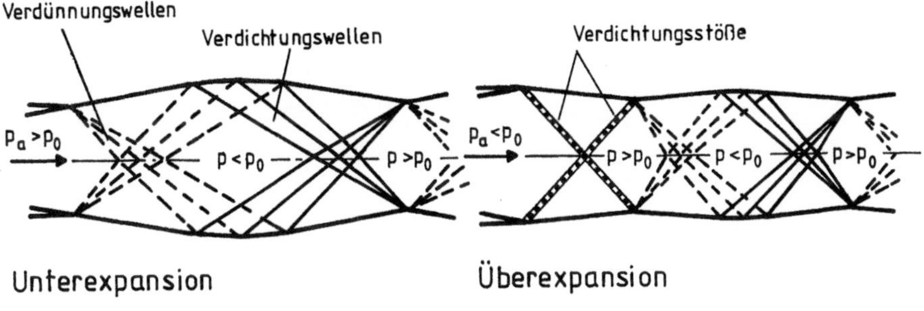

Bild 14.6. Düsenstrahlen

tungswellen reflektiert, die dann wieder Verdünnungswellen auslösen usw. Diese periodische Folge von Expansion und Kompression bewirkt eine entsprechende Veränderung der äußeren Kontur des Düsenstrahls, in dessen Kern auch Drücke auftreten, die kleiner oder größer sind als der Umgebungsdruck. Durch die Vermischung mit der Umgebungsluft werden diese Strahlschwingungen gedämpft, so daß schließlich in einem bestimmten Abstand von der Düse nur noch ein Unterschallstrahl vorhanden ist.

Im rechten Teil von Bild 14.6 ist der Fall $p_a < p_0$ skizziert. Eine solche Überexpansion ist natürlich nur in einer *Laval*-Düse möglich, wenn dort der Enddruck bei einer zu großen Erweiterung des divergenten Kanalabschnitts kleiner wird als der Umgebungsdruck. Hier werden am Düsenrand schräge Verdichtungsstöße ausgelöst, die mit einer Strahleinschnürung verbunden sind. Dabei sind die anfänglichen Ablenkwinkel und die zugehörigen Winkel der Schrägstoßfronten als Funktion des Druckverhältnisses p_0/p_a durch die früher schon angegebenen Schrägstoßgleichungen festgelegt. Wenn die ersten, sich kreuzenden Schrägstöße am Strahlrand angelangt sind und dort als Verdünnungswellen reflektiert werden, ergibt sich für den weiteren Strömungs- und Druckverlauf das gleiche Bild wie bei einer Unterexpansion.

Es sei nur noch der Vollständigkeit halber darauf hingewiesen, daß die Ausbildung des Düsenstrahls auch Rückwirkungen hat auf die äußere Düsenumströmung und damit auf den aerodynamischen Düsen-Heckwiderstand [66]. Umgekehrt kann aber auch die Außenströmung das Strömungsfeld am Düsenende erheblich beeinflussen und dadurch Schubverluste herbeiführen.

Bild 14.7 zeigt die Druckverläufe in einer *Laval*-Düse, die sich bei einem vorgegebenen Erweiterungsverhältnis A_a/A^* ergeben, wenn der Umgebungsdruck p_0 (bzw. das Druckverhältnis p_0/p_{1g}) verändert wird. Bei angepaßter Düse erreicht der Düsenausgangsdruck p_a im Punkt A gerade den Umgebungsdruck $p_{0,A}$. Im Punkt B ist der Düsenenddruck größer als der Umgebungsdruck. Bei dieser Unterexpansion ergibt sich das im linken Teil

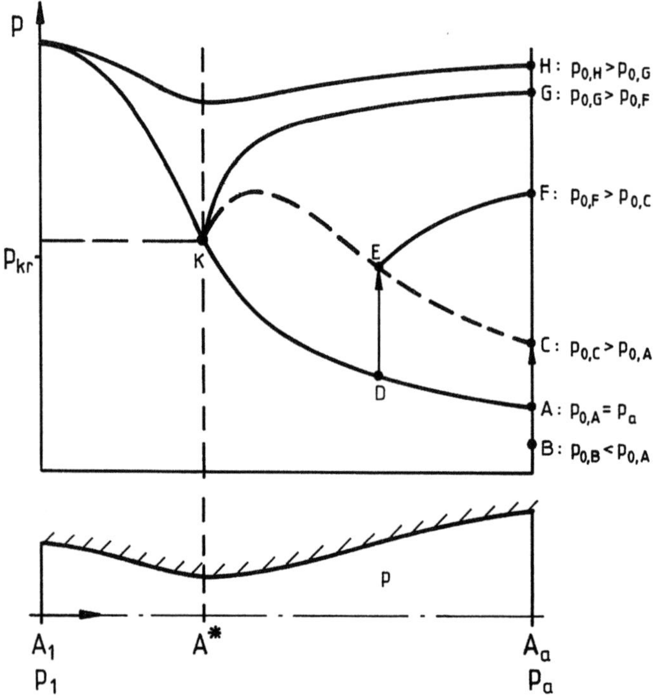

Bild 14.7. Druckverläufe in einer *Laval*-Düse

von Bild 14.6 skizzierte Strahlverhalten. Ist der Umgebungsdruck nur etwas größer als der Düsenenddruck, dann erhält man die im rechten Teil von Bild 14.6 dargestellten Schrägstöße. Bei weiterer Zunahme von p_0 geht der Schrägstoß schließlich in einen Geradstoß über. Im Grenzfall liegt dieser Geradstoß genau am Düsenende, wenn mit dem Drucksprung vom Punkt A zum Punkt C der Umgebungsdruck erreicht wird. Bei weiterer p_0-Vergrößerung erfolgt der Drucksprung schon im Inneren der Düse zum Beispiel vom Punkt D zum Punkt E. Die danach vorliegende Unterschallströmung wird dann weiter verzögert, wobei der Druck bis zum Punkt F auf den Umgebungsdruck ansteigt. Der gestrichelte Kurvenzug K-E-C kennzeichnet also die Drücke nach der Geradstoßfront, die dann nach der weiteren Strömungsverzögerung jeweils den Umgebungsdruck erreichen. Beim Umgebungsdruck $p_{0,G}$ wird im Düsenhals gerade noch die Schallgeschwindigkeit erreicht und die Strömung dann sofort wieder verzögert. Bei einem dem Punkt H entsprechenden Umgebungsdruck wird die *Laval*-Düse schließlich nur noch mit Unterschallgeschwindigkeit durchströmt.

Der bei einer Überexpansion schon in der Düse auftretende Verdichtungsstoß verursacht natürlich eine ganz erhebliche Verschlechterung des Düsenwirkungsgrades, der in der realen, reibungsbehafteten Strömung durch stoßinduzierte Strömungsablösungen noch weiter verringert wird. Außerdem entsteht unter den Einflüssen der Grenzschichtverdickungen und der Strömungsablösungen nicht nur ein gerader Verdichtungsstoß, sondern auch ein kompliziertes - und labiles - System sich überlagernder Schrägstöße [1, 42]. (Siehe hierzu auch den Hinweis in Kap. 11.2.2 auf die Ausbildung des Strömungsfelds im inneren Diffusor eines überkritisch arbeitenden Überschalleinlaufs.) Insgesamt ergibt sich also eine sehr verlustreiche und instabile Strömung, die durch eine den jeweiligen Betriebsbedingungen angepaßte Querschnittsregelung der *Laval*-Düse unbedingt zu vermeiden ist.

14.2 Ausführungen

Wie an anderer Stelle schon erwähnt und begründet, verwendet man bei Triebwerken für den Unterschallflug im allgemeinen nur konvergente und nicht regelbare Schubdüsen. Beim Einsatz von Nachverbrennungsanlagen muß aber der engste Schubdüsenquerschnitt veränderlich sein. Diese Querschnittsveränderung erfolgt nach den schematischen Darstellungen von Bild 14.8 z.B. durch zwei schwenkbare Regelklappen, durch eine Anzahl sich überlappender Verstellsegmente oder auch durch einen axial verschiebbaren Regelpilz.

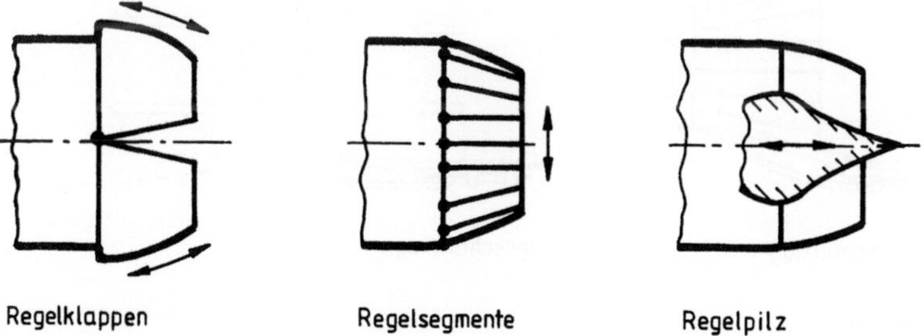

Bild 14.8. Konvergente Regeldüsen

Die für den schnellen Überschallflug erforderlichen *Laval*-Düsen sind meistens als Ejektordüsen ausgebildet. Eine solche Ejektordüse besteht im einfachsten Fall nach der Prinzipskizze von Bild 14.9 aus einer regelbaren, konvergenten Düse, die von einem zylindrischen Rohr umgeben ist. Die durch dieses Rohr durch die Ejektorwirkung des

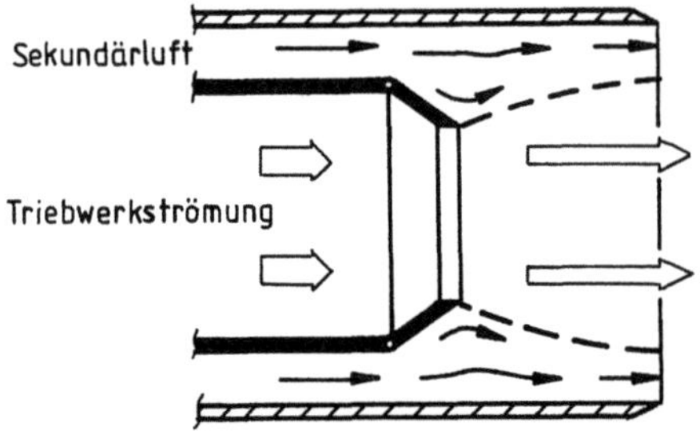

Bild 14.9. Ejektordüse mit festem Endquerschnitt

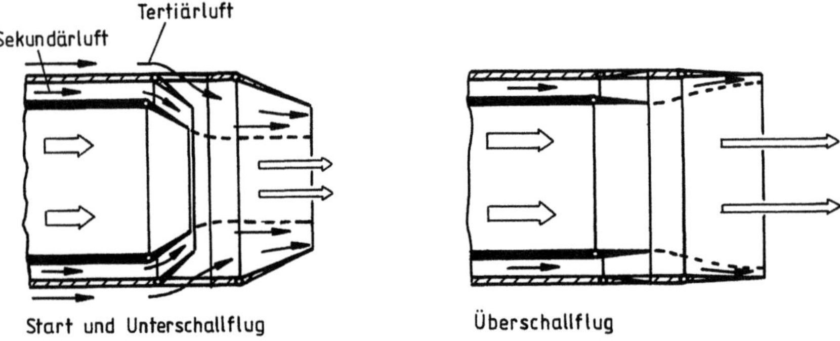

Bild 14.10. Ejektordüse mit Einlauftüren und variablem Endquerschnitt

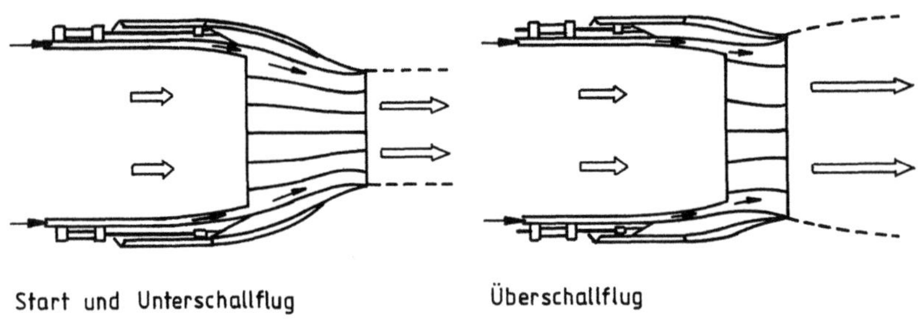

Bild 14.11. Irisdüse

Düsenstrahls angesaugte Sekundärluft - das ist die Luft zur Kühlung und Durchspülung des Raums zwischen dem Triebwerk und der Triebwerksverkleidung, siehe auch Bild 11.34 - umhüllt den Düsenstrahl und wirkt bei überkritischem Düsendruckgefälle, zumindest näherungsweise, so wie die feste Wand einer sich erweiternden *Laval*-Düse. Eine genauere Anpassung an die jeweiligen Betriebszustände erfordert aber auch eine Veränderung des

Primärkreisdüse

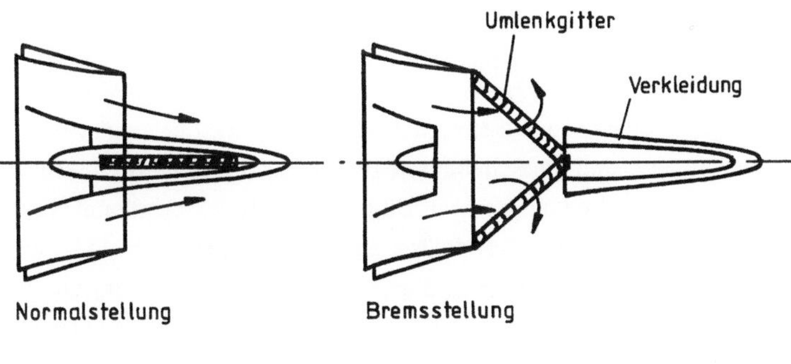

Sekundärkreisdüse

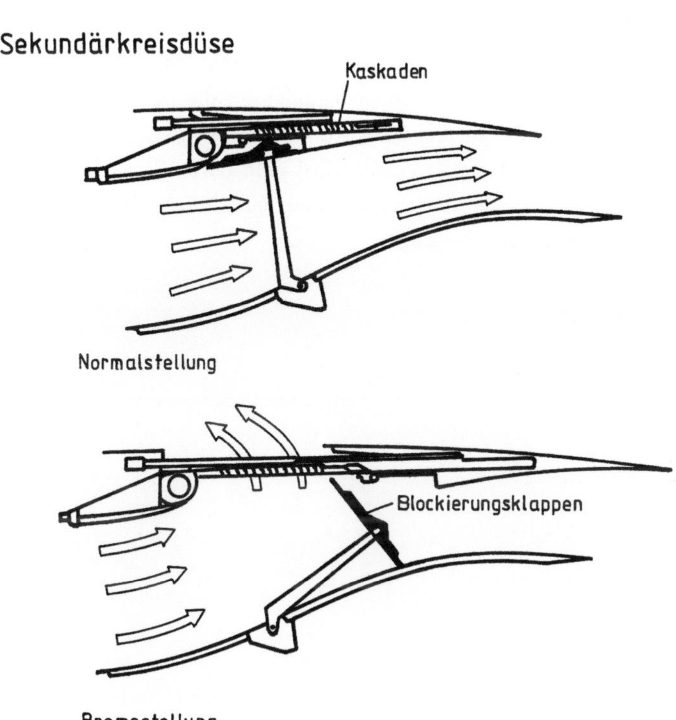

Bild 14.12. Vorrichtungen zur Schubumkehr bei einem ZTL-Triebwerk

Düsenendquerschnitts, siehe Bild 14.10. Beim Start und im Langsamflug wird hier durch die geöffneten Einlauftüren zur Vergrößerung des Ejektorluftstroms noch Tertiärluft angesaugt.

Bild 14.11 zeigt schließlich noch das Schema einer Iris-Düse. Mit dieser aufwendigeren Konstruktion erzielt man im Vergleich zu den Ejektordüsen bei optimaler Querschnittsanpassung eine bessere Strömungsführung für den Düsenstrahl und im Betrieb mit verkleinertem Düsenendquerschnitt auch eine widerstandsärmere Außenumströmung.

Um bei den relativ großen Landegeschwindigkeiten der Strahltriebwerksflugzeuge die verfügbaren Bremskräfte zu erhöhen, sind die Schubdüsen zur Erzeugung eines Bremsschubs mit Vorrichtungen zur Strahlumlenkung ausgerüstet. Bild 14.12 zeigt das Schubumkehrsystem der Primärkreis- und Sekundärkreis-Schubdüse eines ZTL-Triebwerks [47]. Der Heißgasstrahl wird hier über zwei Umlenkgitter geführt, die in der Normalstellung zusammengeklappt und mit einer strömungsgünstigen Verkleidung abgedeckt sind. Zur Herstellung der schon nach etwa zwei Sekunden erreichten Bremskonfiguration werden die Umlenkkaskaden nach dem Ausfahren der Verkleidung in ihre Bremsposition geschwenkt. Auch die Umlenkung des Kaltstrahls erfolgt über Schaufelgitter, die in Form mehrerer Einzelkaskaden über den Umfang verteilt und im Normalbetrieb von einer Verkleidung abgedeckt sind. In der Umkehrstellung werden diese Kaskaden durch Zurückfahren der Verkleidung freigelegt, wobei gleichzeitig eine Anzahl über den Umfang verteilter Blokkierungsklappen den Schubdüsenausgang versperrt.

Literaturverzeichnis

1 Prandtl,L., Oswatitsch,K., Wieghardt,K.: Führer durch die Strömungslehre. Braunschweig: Vieweg & Sohn 1984

2 Brüning,G., Hafer,X.: Flugleistungen. Berlin: Springer 1978

3 Schlichting,H., Truckenbrodt,E.: Aerodynamik des Flugzeuges. Band 1. Berlin: Springer 1967

4 Schlichting,H., Truckenbrodt,E.: Aerodynamik des Flugzeuges. Band 2. Berlin: Springer 1969

5 Dubs,F.: Aerodynamik der reinen Unterschallströmung. Basel: Birkhäuser 1979

6 ---: Lufthansa-Jahrbuch '88. Köln. Deutsche Lufthansa Aktiengesellschaft 1988

7 Schesky,E., Kral,M.: Flugzeugtriebwerke. Berlin: VEB Verlag für Verkehrswesen 1977

8 Müller,R., Bretschneider,W.: Theorie der Luftstrahltriebwerke. Berlin: Militärverlag der Deutschen Demokratischen Republik 1980

9 Hünecke,K.: Flugtriebwerke. Stuttgart: Motorbuch Verlag 1983

10 Hagen,H.: Fluggasturbinen und ihre Leistungen. Karlsruhe: G.Braun 1982

11 Grasmann,K.: Die modernen Flugtriebwerke. Herford: E.S. Mittler & Sohn 1982

12 Berg,W.: Aufwand und Probleme für Gesetzgeber und Automobilindustrie bei der Kontrolle der Schadstoffe von Personenkraftwagen mit Otto- und Dieselmotoren. Dissertation Technische Universität Braunschweig, 1980

13 ---: ICAO, Aircraft engine emissions. Annex 16, Volume II, 1981

14 Bürck,W.: Die Schallmeßfibel. München: Rohde & Schwarz 1960

15 ---: FAR Part 36, Aircraft noise. Chapter 19, Amnd. 36-15, 1988

320

16 Hufnagel,S.: Thermische Antriebe für Luftfahrzeuge. Darmstadt: Wehr und Wissen
    Verlagsgesellschaft MBH 1970

17 Münzberg,H.G.: Flugantriebe. Berlin: Springer 1972

18 Au,G.F.: Elektrische Antriebe von Raumfahrzeugen. Karlsruhe: Braun 1968

19 Auweter-Kurz,M.: Lichtbogenantriebe für Weltraumaufgaben. Stuttgart: Teubner 1992

20 Peschka,W.: Neue Energiesysteme für die Raumfahrt. München: Goldmann 1972

21 Schmidt,E.: Thermodynamik. Berlin: Springer 1963

22 Urlaub,A.. Verbrennungsmotoren, Bd.1. Grundlagen. Berlin: Springer 1987

23 Urlaub,A.: Verbrennungsmotoren, Bd.2. Verfahrenstheorie. Berlin: Springer 1989

24 Urlaub,A.: Verbrennungsmotoren, Bd.3. Konstruktion. Berlin: Springer 1989

25 Eck,B.: Technische Strömungslehre. Berlin: Springer 1957

26 Bronstein,I.N., Semendjajew,K.A.: Taschenbuch der Mathematik. Thun: Harri Deutsch
    1984

27 Petermann,H.: Strömungsmaschinen. Berlin: Springer 1972

28 Aronson,R.B.: Return of propeller. Machine Design, February 23, 1978

29 Mikkelson,D.C., Blaha,B.J.,: Design and performance of energy efficient propellers for
    Mach 0,8 cruise. NASA TMX-73612, 1977

30 Szlenkier,T.K.: Review of prop-fan propulsion. Airbus Industries, TD-152180, 8/1980

31 Rek,B.: Verkehrsflugzeugpropeller, Metalle weichen Verbundstoffen. Interavia 6/1983

32 Schimming,P.: Der Propfan leitet eine neue Triebwerksgeneration ein. DFVLR-
    Nachrichten, Heft 46, Nov. 1985

33 Alexandrow,W.L.: Luftschrauben. Berlin: VEB Verlag Technik 1954

34 Isay,W.-H.: Propellertheorie. Berlin: Springer 1964

35 v.Hörsten,D.: Untersuchungen zur Frage der Wirtschaftlichkeit beim Einsatz von
    Flugzeugen mit Gasturbinen-Propeller-Antrieb. Dissertation Technische Universität
    Braunschweig, 1983

36 ---: The jet engine. Derby: Rolls-Royce plc 1986

37 Münzberg,H.G., Kurzke,J.: Gasturbinen - Betriebsverhalten und Optimierung. Berlin: Springer 1977

38 Hafer,X., Sachs,G.: Senkrechtstarttechnik. Berlin: Springer 1982

39 Brauch,W., Dreyer,H.-J., Haack,W.: Mathematik für Ingenieure. Stuttgart: B.G. Teubner 1985

40 Barrere,M., Jaumotte,A., Fraeijs de Veubeke,B.,Vandenkerckhove,J.: Raketenantriebe. Amsterdam: Elsevier Publishing Company 1961

41 Richter,H.: Die Stabilität der Verdichtungsstöße an einer konkaven Ecke. Z. angew. Math.Mech. Bd.28, 11/12, 1948

42 Oswatitsch,K.: Grundlagen der Gasdynamik. Wien: Springer 1976

43 Oswatitsch,K.: Physikalische Grundlagen der Strömungslehre. Handbuch der Physik. Bd. 8/1. Berlin: Springer 1959

44 Traupel,W.: Thermische Turbomaschinen. Berlin: Springer 1977

45 Eckert,B., Schnell,E.: Axial- und Radialkompressoren. Berlin: Springer 1980

46 Pfleiderer,C.: Strömungsmaschinen. Berlin: Springer 1957

47 Stammer,D., Jährig,H.-P.: Konstruktion der Luftstrahltriebwerke. Berlin: Militärverlag der Deutschen Demokratischen Republik 1981

48 Jantzen,E.: Öle für Flugturbinenantriebe. Forschung und Entwicklung in den 90er Jahren. DLR-Nachrichten 58, Nov. 1989

49 Kruse,H.: Zur Filmkühlung von Turbinenschaufeln. DFVLR-Nachrichten, Heft 30, Juni 1980

50 ---: MTU-Taschenbuch der Luftfahrttechnik. München: MTU Motoren- und Turbinen-Union 1981

51 Krüger,W., Hüther,W.: Metal ceramic guide vanes - New design concept. MTU Focus 2/1990

52 Seidl,D.: Tendenzen in der Instandhaltung ziviler Großtriebwerke. Interavia 4/1983

53 Abraham,R.: Die Bedeutung der Strahlturbinentriebwerke für den Luftverkehr. DGLR-Bericht 89-05, 1989

54 Schäfer,K.: Statistische Theorie der Materie, Bd.1. Allgemeine Grundlagen und Anwendungen auf Gase. Göttingen: Vandenhoeck & Ruprecht 1960

55 Jost,W.: Explosions- und Verbrennungsvorgänge in Gasen. Berlin: Springer 1939

56 Sitkei,G.: Kraftstoffaufbereitung und Verbrennung bei Dieselmotoren. Berlin: Springer 1964

57 Wark,K., Warner,C.F.: Air pollution. Its origin and control. New York: Harper& Row 1981

58 Roberts.R., Fiorentino,A.J., Diehl,L.: The pollution reduction technology program for can-annular engines - description and results. AIAA paper 76-761, 1976

59 Eisfeld,F.: Die Filmverdampfungsbrennkammer und ihre physikalischen Grundlagen. Teil 1, MTZ 31 2/1970; Teil 2, MTZ 33 1/1972

60 Mularz,E.J.: Lean, premixed, prevaporized combustion for aircraft gas turbines. AIAA/SAE/ASME 15th Joint Propulsion Conference. Paper 79-1318, 1979

61 Simon,B.: Entwicklung neuer Brennkammerkonzepte für schadstoffarme Flugzeugantriebe. MTU Focus 2/1990

62 Goldberg,P., Segalman,I., Wagner,B.: Potential and problems of premixed combustors for application to modern gas turbine engines. AIAA paper 76-727, 1976

63 Ekstedt,E.E., Lyon,T.F., Sabla,P.E., Dodds,W.J., Szaniszlo,A.J.: NASA clean catalytic combustor program. ASME paper 82-JPGC-GT-11, 1982

64 Crutzen,P.J.: The atmospheric chemical effects of aircraft operations. Air traffic and the environment - background, tendencies and potential global atmospheric effects. Berlin: Springer 1990

65 Grassl,H.: Possible climatic effects of contrails and additional water vapour. Air traffic and the environment - background, tendencies and potential global atmospheric effects. Berlin: Springer 1990

66 Zacharias,A.: Experimentelle und theoretische Untersuchungen über die Wechselwirkung zwischen Triebwerksstrahl und dem umgebenden Strömungsfeld. Dissertation Technische Universität Braunschweig, 1980

Sachverzeichnis

MIX
Papier aus verantwortungsvollen Quellen
Paper from responsible sources
FSC® C105338

If you have any concerns about our products,
you can contact us on
ProductSafety@springernature.com

In case Publisher is established outside the EU,
the EU authorized representative is:
Springer Nature Customer Service Center GmbH
Europaplatz 3, 69115 Heidelberg, Germany

Printed by Libri Plureos GmbH
in Hamburg, Germany